高职高专国家示范性院校课改规划教材
专业群平台课程

计算机网络与通信

主　编　曾瑶辉
副主编　陈　戈　李东陵

西安电子科技大学出版社

内 容 简 介

本书是“高职高专国家示范性院校课改规划教材”，是交通安全与智能控制专业“计算机网络与通信”项目化课程的配套教材。本书以完成高速公路的计算机网络与通信系统的集成与维护所需的知识、技能和素质为背景，按照从易到难、通俗易懂的原则设置了 18 个项目，主要包括计算机网络及数据通信的基础知识、局域网组建、TCP/IP 协议及配置、交换机和路由器的具体配置、DNS/DHCP/FTP/Web 服务器等应用层程序的配置、企业网规划与组建、网络布线、因特网接入、高速公路通信系统组建等方面的内容。全书以项目化形式展开，采用项目化考核，以思科的网络模拟软件 PacketTracer 作为主要的虚拟实训环境。

本书可作为高职院校交通运输类专业“计算机网络与通信”或“计算机网络”等相关课程的教材，也可作为计算机网络与通信领域有关技术人员的培训或自学参考书。

本书配套提供课件、幻灯片、实训软件等资源，有需要的老师可扫二维码上网查找。

图书在版编目(CIP)数据

计算机网络与通信 / 曾瑶辉主编. — 西安：西安电子科技大学出版社，2017.8(2017.9 重印)
（高职高专国家示范性院校课改规划教材）
ISBN 978-7-5606-4646-6

Ⅰ. ① 计… Ⅱ. ① 曾… Ⅲ. ① 计算机网络 ② 计算机通信 Ⅳ. ① TP393 ② TN91

中国版本图书馆 CIP 数据核字(2017)第 187179 号

策划编辑 李惠萍
责任编辑 董柏娴 阎 彬
出版发行 西安电子科技大学出版社(西安市太白南路 2 号)
电 话 (029)88242885 88201467 邮 编 710071
网 址 www.xduph.com 电子邮箱 wmcuit@cuit.edu.cn
经 销 新华书店
印刷单位 陕西天意印务有限责任公司
版 次 2017 年 8 月第 1 版 2017 年 9 月第 2 次印刷
开 本 787 毫米×1092 毫米 1/16 印 张 20
字 数 473 千字
印 数 501～3500 册
定 价 38.00 元
ISBN 978-7-5606-4646-6/TP

XDUP 4938001-2

***** 如有印装问题可调换 *****

前 言

进入21世纪,我国高速公路飞速发展,高速公路机电系统也随之迅猛发展,并且在通信、收费、监控等方面发挥着越来越重要的作用，由此形成的智能交通系统对提高交通运输的效率、保障交通运输的安全性等方面起着关键作用。

正是在这样一个大背景下，湖南交通职业技术学院的交通安全与智能控制专业成为中央财政支持的重点建设专业，担负起智能交通人才培养的任务。

在交通安全与智能控制专业设立之初，为了强化学生在高速公路通信系统建设与维护方面的技能，学院开设了“高速公路通信系统集成”、“高速公路通信系统典型设备”两门课程，每门64课时，前者强调系统集成，后者强调设备使用与维护细节。后因为实训室内高速公路通信设备严重缺乏,“高速公路通信系统典型设备”课程无法按照预设的教学大纲实施，就在2011级教学计划中取消了这门课，将其中的部分内容合并到系统集成课程并改名称为“高速公路通信系统集成与维护”。后随着专业群的发展，专业群内其它专业也需要开设计算机网络方面的课程，其中绝大部分内容和本专业的通信系统集成与维护课程是相同的，为了整合教学资源，于是在修订2012级教学计划时将高速公路通信系统集成与维护这门课程改造为专业群平台课程——“计算机网络与通信”，交通安全与智能控制专业需学习全部内容，其余专业学习项目1至项目17。

本书以学生就业为宗旨，本着实用、通俗易懂的原则来编写，内容采用项目化组织方式，基础理论方面不做过多、过深的论述，以够用为度。

全书共设置了18个项目，主要包括计算机网络及数据通信的基础知识、局域网组建、TCP/IP协议及配置、交换机和路由器的具体配置、DNS/DHCP/FTP/Web服务器等应用层程序的配置、企业网规划与组建、因特网接入、网络布线、高速公路通信系统组建等方面的内容。全书以项目化形式展开，采用项目化考核，以思科的网络模拟软件PacketTracer作为主要的虚拟实训环境。

本书由湖南交通职业技术学院曾瑶辉教授任主编，陕西交通职业技术学院陈戈副教授和湖南省高速公路监控中心主任李东陵高工任副主编；曾瑶辉教授编写项目1至项目15，陈戈副教授编写项目16、17和项目4的部分内容，李东陵高工编写项目18；全书由曾瑶辉教授统稿。

感谢西安电子科技大学出版社的编辑们付出的辛勤劳动！

编　者

2017年5月

目　录

项目 1　初识计算机网络

知识目标

熟练掌握计算机网络的含义及分类、计算机网络的构成、计算机网络的体系结构与模型、计算机网络采用的各种数据交换技术。

技能目标

能够描述身边的计算机网络的构成。

素质目标

培养观察与分析的素质。

1.1　计算机网络的含义及分类

1.1.1　计算机网络的含义

什么是计算机网络？这个问题一直没有一个严格的定义。 随着计算机技术和通信技术的发展，计算机网络这个概念在不同的时期有不同的含义。作者给出如下定义：计算机网络是由两台以上独立的计算机，按照约定的协议，通过媒体连接而成的集合体，它具有通信和资源共享的功能。

这里的媒体指的是传输介质，包括同轴电缆、双绞线、光纤等有线介质和无线电波、红外线等无线介质。这里的协议指的是网络上通信双方或多方约定的对话规则，包括交换信息采用的格式和顺序，发出或接收到信息后采取的行动等。

通信和资源共享的含义如下：

- 通信：在计算机之间传递数据。这是计算机网络最基本的功能，它使得地理上分散的计算机能连接起来互相交换数据，就像电话网使得相隔千山万水的人们能互相通话一样。如果没有网络，两台计算机要交换文件就要人工传递磁盘了，而有了网络，通过发送电子邮件就可以解决问题。时下流行的 QQ 聊天、微信和手机短信更是通过网络提供了实时的信息交换功能。
- 资源共享：包括硬件、软件和信息资源的共享。这是计算机网络最具吸引力的功能，它极大地扩充了单机的可用资源，并使获取资源的费用大大降低，时间大大缩短。现在无数的单位和个人在 Internet 上发布信息、提供信息资源和软件资源，人们不出门就能够轻易从网上获得想要的资源。

在上述基本功能上可产生出许多其它的功能，比如利用网络使计算机互为后备以提高可靠性；利用网络上的计算机分担计算工作以实现协同式计算；利用网络进行电子商务活动等。

1.1.2 计算机网络的分类

计算机网络可以按不同的标准进行分类，这和人们讨论问题所站的角度有关。 较为通俗和流行的标准是按涉辖范围划分，主要有以下三类：

- 局域网(LAN，Local Area Network)；
- 城域网(MAN，Metropolitan Area Network)；
- 广域网(WAN，Wide Area Network)。

局域网覆盖范围一般在 10 km 以内，属于一个部门或单位，其重要特征是不租用电信部门的线路。例如一个家庭或一个公司某部门里几台电脑通过集线器或交换器组成的网络，公司的一栋或几栋办公楼里若干部门的小局域网联成的大局域网等。

城域网的覆盖范围一般为一个城市或地区，从几千米到上百千米。例如，长沙市几十所中学的校园局域网及长沙市教育局办公楼内的局域网通过租用长沙电信的光纤组成了一个长沙市中学教育城域网。

广域网的涉辖范围更大，一般从几十千米到几万千米，可覆盖一个地区、一个国家，直至全球。例如，中国电信建设的 ChinaNet 就是覆盖中国大陆的广域网。中国人寿总公司租用电信部门线路建设的连接各省、市、区公司的企业网也是一个广域网。

要注意的是，不要把上述关于覆盖范围的数据看成绝对的，有的局域网覆盖范围可以到几十千米，而近在咫尺的两台计算机却可能是通过广域网连接的。

此外还有其它的分类标准，比如按网络拓扑结构分类，按传递数据所采用的技术分类，按服务对象分类等，在此不一一叙述。

1.2 考察 Internet

1.2.1 从局部的角度看 Internet

Internet(因特网)是目前访问者最多的一个网络，所以本书将其作为讨论计算机网络架构的主要原型。那么，什么是 Internet 呢？如果要用一句话来概括的话，Internet 就是“全球范围的计算机互联网”。它连接了全球范围的数以千万计的计算设备(数目仍在不断增加)，其中有传统的桌面 PC、基于 Unix 的工作站以及用来存储和传输网页及电子邮件的所谓服务器。移动计算设备也正在连接到 Internet 上。图 1-1 描绘了 Internet 的局部组成部分。

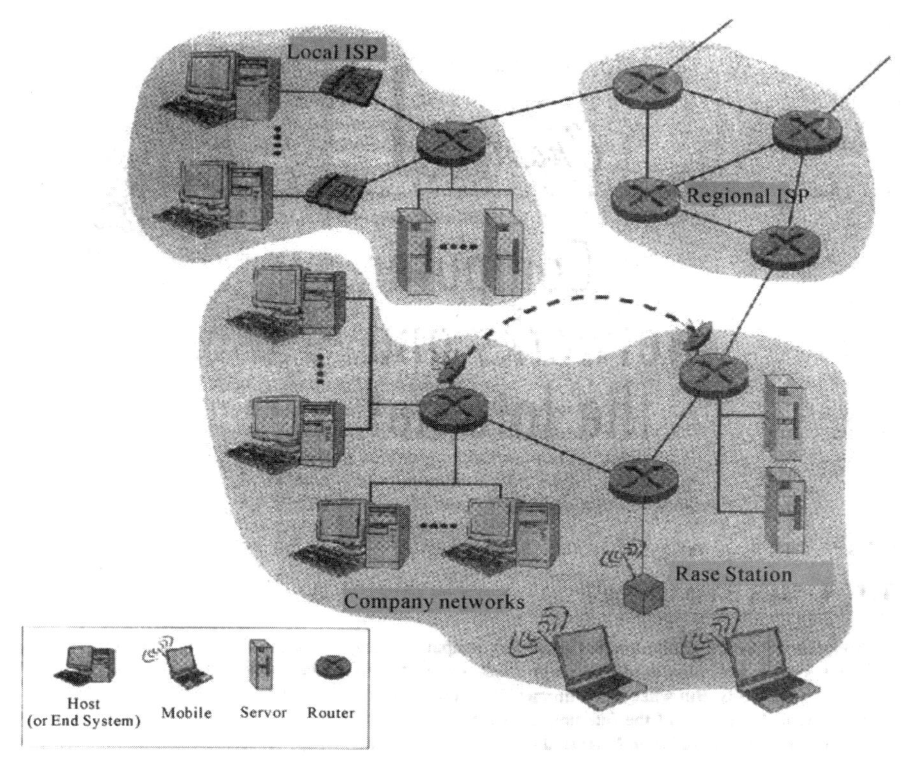

图 1-1　Internet 局部

图中所示的 Internet 局部组成大致可以归纳为：端系统→Local ISP 或 Company networks→Regional ISP。

按照 Internet 的行话，上述桌面 PC、Unix 工作站、网页和电子邮件服务器、移动计算机等通称为主机或端系统。我们所熟悉的浏览器和 Web 服务器、电子邮件客户程序和服务器程序及媒体播放器等就是运行在这些端系统上的网络应用程序。

主机有时被进一步分为两类：客户机(**clients**)和服务器(**servers**)。不太严格地说，客户机通常是桌面 PC 或工作站，服务器是更强大的计算机。严格地说，在计算机网络领域有一个客户机/服务器模型(**client/server model**)，客户程序和服务器程序分别运行在端系统上，客户程序向服务器程序请求信息，服务器程序向客户程序提供信息。这是目前在 Internet 上运行应用程序所采用的最盛行的方式。在这种模式中，由于应用程序分布在若干端系统上，所以也称为分布式应用(**distributed application**)。另外还有一种 B/S(Browser/Server)模式，即浏览器/服务器模式。

这些端系统以及 Internet 内的其它许多部件都要按照规定的协议来控制信息在 Internet 内的发送和接收。其中最重要的两个协议分别是传输控制协议 **TCP(the Transmission Control Protocol)**和网际协议 **IP(the Internet Protocol)**。我们把 Internet 所采用的主要协议的集合称为 **TCP/IP** 协议簇。

端系统通常是通过许多通信链路连接起来的。通信链路是多种多样的，构建通信链路的物理传输介质也是多种多样的，例如同轴电缆、铜质双绞线、光纤等有线介质和无线电波、红外线等无线介质。不同的链路有不同的传输速率，链路传输速率通常称为链路带宽，以 b/s(bit per second，位每秒，也有文献书籍等用 bps)作为计量单位。

端系统通常不是由一条单一的通信链路直接连接起来的，而是通过许多中间交换设备间接地连接起来的，这些中间交换设备称为路由器。路由器负责从它的某个链路上接收传来的信息并且将其转发到另外某个链路上去。路由器接收和发送信息的格式由 IP 协议来规定。信息从源端系统发出，经过一系列通信链路和路由器，最后到达接收端系统所经过的路径称为通过网络的路由或路径。我们以后会讨论确定路径所采用的算法。

普通电话网络每次为两个拨通的端提供一条专用的链路，即使在通话双方没有话要说的时间里这条专用链路也不会再提供给别人使用，一直到一方挂断电话为止，这种方式我们称为电路交换技术。Internet 对通信链路的使用则采用了新的规则：分组交换技术。分组交换技术允许多个端系统同时共享同一条通信链路或其中的一段。

Internet 各个部分的互连结构是一种松散的分层结构。粗略地说，从低层到高层依次是端系统、接入网和 Internet 服务提供商(Internet Service Provider，ISP)。接入网可以是公司或大学内的局域网、带调制解调器的拨号电话线、基于有线电视电缆或非对称数字用户环线(Asymmetric Digital Subscriber Loop，ADSL)的较高速网络、高速的光纤接入网络等。本地 ISP 会连接到地区 ISP，地区 ISP 又会连接到国家 ISP 或国际 ISP，国家或国际 ISP 作为最高层连接在一起。

在 Internet 的研发过程中，许多技术方面的 Internet 标准被 Internet 工程任务小组(the Internet Engineering Task Force，IETF)创建、测试和实现。记载这些标准的文档称为请求评注(Request for Comments，RFC)文档。目前这样的文档已经超过数千份，在 http://www.ietf.org 上可以查到这些文档。

Internet 是提供给公众使用的。此外还有许多专有网络，如一些企业内部的或政府内部的网络，它通常采用与公众 Internet 同样的技术和拓扑结构，但这些网络上的主机只能被接在专有网络上的计算机访问，不能被没有接到专有网络上的公众计算机访问。这样的专有网络称为内部网(Intranet)。

1.2.2 从服务的角度看 Internet

Internet 允许分布式应用运行在其端系统上，互相交换数据。这些应用包括：远程登录、文件传输、电子邮件、音频视频流、实时音频视频会议、分布式游戏、WWW 等等。

Internet 为上述应用提供两类服务：面向连接的服务和无连接的服务。宽松地说，面向连接的服务保证数据最终会按顺序完整地交给接收者；而无连接的服务对最终能否交付不作保证。一般来说，一个分布式应用只采用两类服务中的一类，而不会同时采用两类服务。

前面已经讲到，为了完成某些任务，端系统之间要按照某个应用层协议互相交换信息，而通信链路、路由器及 Internet 的其它一些部件则提供在端系统应用程序之间传递消息的手段，也称为服务。那么它们所提供的通信服务有什么特征呢？Internet(更通用地说应该是应用 TCP/IP 协议的网络)为应用程序提供两种类型的服务：无连接的服务(**connectionless service**)和面向连接的服务(**connection-oriented service**)。应用程序的开发者在编写程序时就必须确定使用两种服务中的哪一种。本小节只简要地描述一下这两种服务，更加详细的描述将放在传输层协议一章中。

当应用程序使用面向连接的服务时，客户方和服务方先要相互发送控制分组，然后才发送包含真正数据的分组。事先相互发送控制分组的过程称为“握手”，也是提醒双方准备接收分组的开始。有趣的是，这种开始时要“握手”的程序与人类交际时的行为非常类似。

一旦“握手”程序完成，我们就说在两个端系统之间建立了连接，但这种连接是非常松散的，因此就赋予其“面向连接”这样一个名字。说它是松散的连接，是因为只有端系统自己知道这个连接，Internet 内的分组交换设备(即路由器)完全不记得这个连接，它们不维持任何与连接状态有关的信息。

Internet 提供的面向连接的服务是与若干其它的服务捆绑在一起的，包括可靠的数据传输、流控制和拥塞控制。

所谓**可靠的数据传输**，指的是所建立的连接可以把一个端系统上的应用程序交来的全部数据没有差错地、按适当顺序交给另外一个端系统上的应用程序。这个可靠性是通过**确认—重传机制**来得以实现的：假设 A、B 两个端系统已经建立了连接，当 B 收到 A 发来的数据包以后就给 A 发一个对该包的确认包，A 收到确认包后就知道对应的包已经传给 B；如果 A 发出一个包后没有收到对应的确认包，就认为 B 没有收到该包，于是重新发送该包。

流控制就是保证连接的任何一方不要因为以很快的速度发送了太多的包而使对方来不及处理，即淹没了对方。当可能出现淹没风险时，流控制服务就强制发送方降低发送速度。以后我们会看到，Internet 上的流控制是通过使用发送和接收缓冲区来实现的。

拥塞控制服务为的是避免网络进入一种 **gridlock(交通拥塞)**状态。当一个路由器变得拥塞时，它的缓冲区就会溢出，就会出现丢包现象。在这种境况下，如果每对连接的端系统继续以其最快的速度向网络灌输数据包的话，阻塞就会开始，数据包几乎传递不到目的地。Internet 通过在拥塞期间强制端系统降低其向网络发送数据包的速度来避免拥塞。当端系统一直接不到确认包时就被警示存在严重拥塞。

到目前为止，Internet 所提供的服务都不保证到底用多少时间就可以把数据从发送方传递到接收方。除了增加用户与 ISP 的连接速率外，目前还没有更好的减少延迟的服务。

前面我们从组成的角度和服务的角度两个方面描述了 Internet，但读者可能还是感到困惑不解，比如什么是 TCP？什么是路由器？什么是分布式应用？不要着急，后面会陆续讲清这些内容。

1.2.3　有关 Internet 的资料

我们想学习了解 Internet，那么到哪里去寻找有关 Internet 的知识呢？最好的原材料就在 Internet 上！为了帮助读者尽快找到所需要的资料，下面推荐几个 Web 站点，可以从中找到网络技术及有关 Internet 的资料。

• Http://www.ietf.org。这是因特网工程任务小组(Internet Engineering Task Force，IETF)的网站。IETF 是一个开放的国际化组织，是 1986 年由 IAB(Internet Architecture Board，因特网体系结构委员会)建立的，专门从事 Internet 及其结构的研究。IETF 受因特网协会(Internet Society)管理，因特网协会的网站是 http://www.isoc.org，上面有许多高质量的资料。

• http://www.w3.org。这是 WWW 协会(World Wide Web Consortium，W3C)的网站。

该协会于1994年成立，专注于WWW方面的通用协议的研究。该站点上有大量关于Web技术、协议和标准的最新资料。

- http://www.acm.org 和 http://www.ieee.org。这分别是计算机械协会(Association for Computing Machinery)和电子电器工程师协会(Institute of Electrical and Electronics Engineers)的网站。
- http://www.data.com。这是《数据通讯》(Data Communications)杂志所办的网站。该杂志是数据通信技术方面最好的杂志之一。
- http://www.mediahistory.com。读者可能希望了解Internet是如何起源的，电信又是从哪里发源的，甚至电信发明之前的通信技术是怎样的，类似的问题都可以从这个媒体历史网站上去寻找答案。

1.2.4 考察因特网核心

Internet 的核心是由许多互相连接的路由器组成的网。目前有两种基本方法用来构建Internet核心，那就是电路交换(**circuit switching**)和分组交换(**packet switching**)。

1. 电路交换(circuit switching)

在电路交换网络中，当允许发送端和接收端建立连接时，网络就分配了一条从发送端经过某些中间节点到达接收端的专用电路(或者多路复用电路中的一条逻辑电路)，利用这条专用电路在两个端系统间交换数据，只要没有任何一方主动中断连接，网络就一直把这条电路资源保留给双方使用，哪怕没有数据要传也保留此电路资源。只有当其中一方主动中断连接、释放这条占用的电路资源时，网络才可能把它分配给别的端系统使用。传统的电话系统就是一个典型的电路交换系统。

电路交换一般有下述三个步骤(三种状态)。

(1) 电路建立。源端提出通信请求，指明目的端地址，如源端拨目的端的电话号码。

与源端相连的第一个节点设备(如程控电话交换机)会接到这一请求，并且在源端和该节点间分配一条专用电路，再根据目的地址(如目的地电话区号)选择下一个节点设备，与之建立连接并分配一个专用电路，这个节点设备又根据目的地址选择下一个节点设备，与之建立连接并分配一个专用电路，如此下去，直到与那个与目的端直接相连的节点建立连接并分配专用电路，最后这个节点要测试目的端是否忙，如果不忙就向目的端发送呼叫请求信号，如果目的端同意建立本次连接(如拿起话筒)，就发应答信号，这样两端之间的专用电路就建立起来了。如果目的端忙或者不同意建立连接，则释放所有分配的电路资源。

(2) 数据交换。一旦电路建立，就可在源端和目的端之间利用这条专用信道传输数据，一般来说这种连接是全双工的，可从两个方向同时传输数据。一般来说，只要双方都不发出拆除连接的信号，这条信道就一直存在，即使不传输数据也一样保留，别人不能用。

(3) 电路拆除。数据传送完毕后，两个站中的任何一个都能发出拆除连接信号，这个信号会传播到电路上的每个节点设备，使其释放所分配的专用信道。

电路交换有如下特点：

- 节点设备接收和发送的速度必须相同。
- 一旦建立链接，传输延迟就很少，实时性好。

- 电路利用率低，连接建立后可能出现大量的空闲时间。

2. 多路复用

在电路交换网络中，如果要为每一对端系统提供一条真正的铜质物理电路，那么一个电信局节点机房到另外一个电信局节点机房之间就要拉成千上万条铜线。那将需要巨大的资金，也会造成巨大的浪费。实践中节点机到节点机之间往往采用多路复用技术，现在就连端系统到节点机之间也采用了多路复用技术。

所谓**多路复用**(Multiplexing)，就是在一条物理电路(由物理介质及有关设备组成)上同时传输多路信号，以充分利用介质的可用带宽。常用的有频分多路复用(Frequency-Division Multiplexing，FDM)和时分多路复用(Time-Division Multiplexing，TDM)。

实际的传输电路是一个由分布电阻、电感和电容组成的分布参数系统，不同频率的信号在线路上传送时遇到不同的阻抗，从而产生不同的衰减或失真，这就是所谓**线路的频率特性**。当传输某段频率范围内的信号基本不失真时，就称这段频率范围为该物理信道的“**通频带**”，通频带的上限值与下限值之差就称为带宽。带宽越大，线路容量(指线路能达到的最大传输能力，以每秒能传输的最大位数为指标)也越大。

如果物理线路的可用带宽超过单路原始信号带宽，就可将该物理线路的总带宽分割成若干子信道，各子信道间还要保留一个宽度(称为保护带)，每个子信道可传输一路信号，这就是**频分多路复用(FDM)**。多路原始信号在频分复用前，首先要用与子信道相应的载波对原始信号进行调制，使其变成频率范围在子信道内的信号。在接收端用带通滤波器加以分离，并分别还原(解调)成原始信号。例如有线电视上用的就是频分复用，一根同轴电缆上可同时传输几十路信号而互不干扰。图1-2示意了频分多路复用(电子教案中有对应的动画文档可供播放，见出版社网站)。对于数字信号，一般不用FDM。

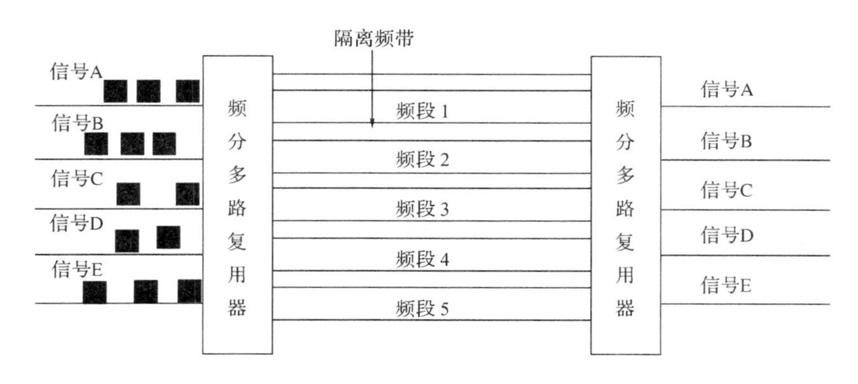

图1-2　频分多路复用示意图

如果物理电路能达到的位传输速率超过单路信号所要求的数据传输率，就可将一条物理电路按时间片轮换地分配给多路信号使用，每个时间片内传送一路信号，这就是**时分多路复用**(TDM)的基本思路。更具体地说，时间被分成存续期固定不变的帧，每一帧又被分成固定数目的时间槽，网络在建立连接时就把每一帧中的同一个时间槽分配给一条连接，在该时间槽内放置和传输该连接两端的系统的数据。时分多路复用可用图1-3示意(电子教案中有对应的动画文档可供播放)。

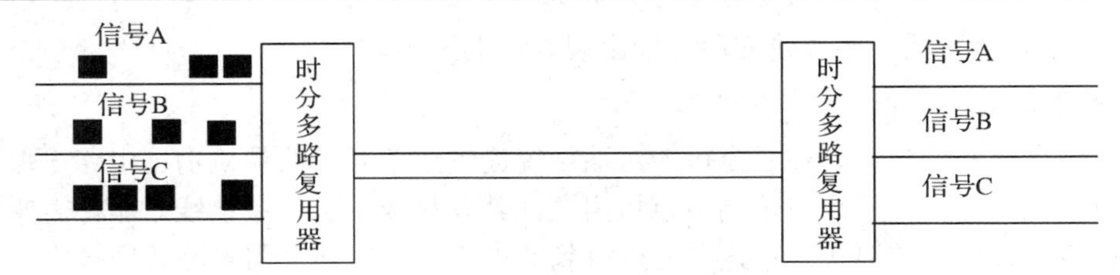

图 1-3　时分多路复用示意图

时分多路复用又分为同步时分多路复用(同步 TDM)和异步时分多路复用(异步 TDM)。异步 TDM 又称为统计复用。

同步时分多路复用是指分配给每路信号源的时间片是事先定好、固定不变的。不管某路信号源是否真的有信息发送，都按事先定好的顺序轮流让各路信号源占用物理电路。在接收端，根据时间片序号便可判断是哪一路信息，从而将信号送给相应的目的地。电信部门建造的数字数据网(DDN)中的专用电路采用的就是同步时分复用技术。T1 和 E1 载波也采用同步 TDM。一条 T1 线路上可以同时传输 24 路 64 kb/s 的信号，一条 E1 线路上可以同时传输 32 路 64 kb/s 的信号。

T1 系统采用时分多路复用技术，它具有 24 路语音信号，8 bit/路，125(μs)/周期，一个周期为 8(bit × 24 路 + 1(同步位) = 193(bit)，传输速率为 193(bit)/(125 × 10^{-6}) = 1.544 Mb/s。T1 系统帧结构如图 1-4 所示。

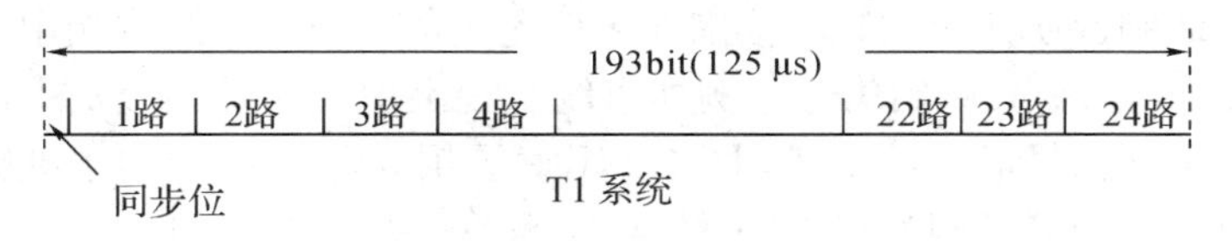

图 1-4　T1 系统帧结构

如图 1-5 所示，TDM 技术还可以将更多路较低速的信号复用到速率更高的信道上。例如：4 路 T1(1.544 Mb/s)复用到 T2(6.312 Mb/s)，7 路 T2 再复用到 T3(44.736 Mb/s)。

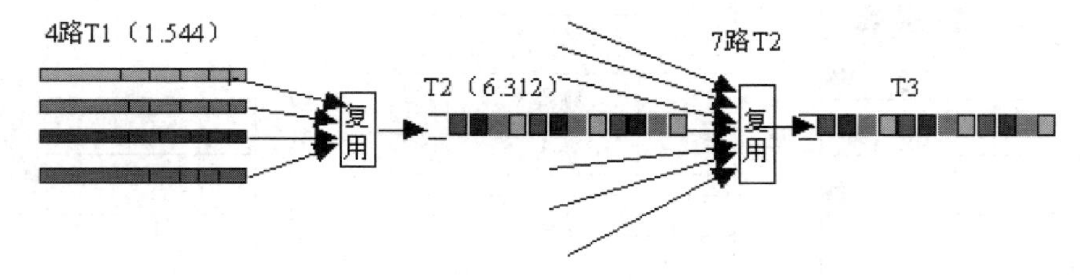

图 1-5　多级复用示意图

E1 系统采用时分多路复用技术，它有 32 路信号，8 bit/路，125 μs/周期，传输速率为 (32 × 8) / (125 × 10^{-6}) = 2.048Mb/s。E1 系统复用帧格式示意图如图 1-6 所示。

异步时分多路复用允许动态地分配时间片。如果某路信号源暂不发送信息，其它信号源则可占用它的时间片，这样便可大大减少时间片的浪费。当然，实现起来要比同步 TDM 困难一些。在接收端无法根据时间片的序号来断定接收的是哪路信号源的信息，因此需要在所传输的信息中带有相应的信号源识别信息。帧中继网(Frame Relay)和异步传输模式网(ATM)采用的就是异步 TDM。

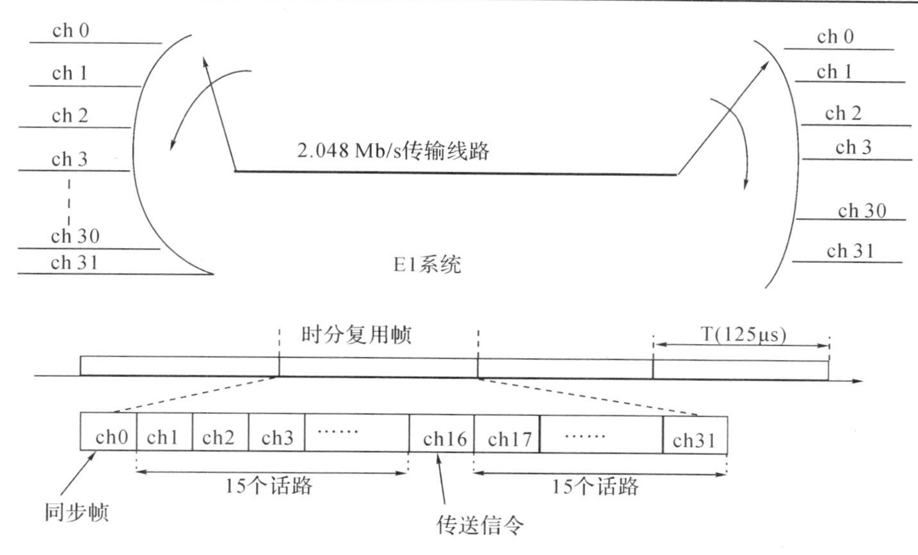

图 1-6　E1 系统及复用帧格式示意图

一条物理电路采用 FDM 或 TDM 技术后就可同时传输多路信号，就像有多条物理电路一样，但又不是真正的多条物理电路，我们把它称之为逻辑电路或逻辑信道。

波分多路复用(Wavelength Division Multiplexing)实质上是利用了光具有不同的波长的特征。随着光纤技术的使用，基于光信号传输的复用技术得到重视。

波分多路复用的原理如图 1-7 所示，利用波分复用设备将不同信道的信号调制成不同波长的光，并复用到光纤信道上。在接收方，采用波分设备分离出不同波长的光。

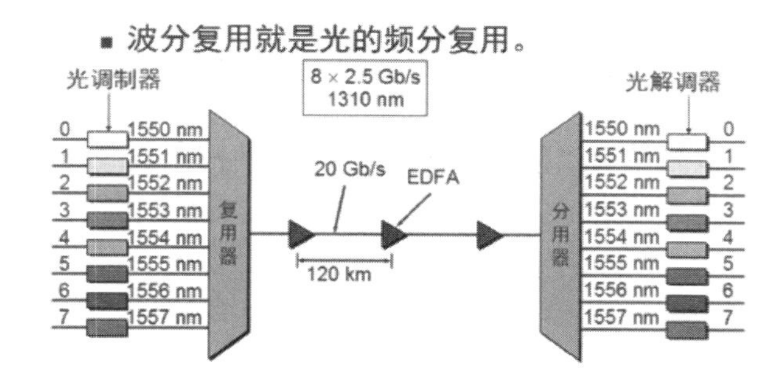

图 1-7　波分多路复用原理示意图

(此处为了说明方便，把光载波的间隔写成了 1nm，实际上对于密集波分复用，间隔是 0.8 nm 或 1.6 nm。EDFA 是掺铒光纤放大器(Erbium Doped Fiber Amplifier)。)

3. 分组交换(packet switching)

如前所述，电路交换的优点是时间延迟少，适宜传输像话音这样实时性要求高的信息。缺点是电路利用率低，连接建立后可能出现大量的空闲时间。为了最大限度地利用电路，尽量减少其空闲时间，人们开发出了分组交换技术。

在学习分组交换技术之前，先了解一下报文交换(message switching)的概念。

和电路交换不一样，报文交换在两个端系统之间不会建立一条专用通路，而是像普通邮件投递一样，源端把要发送的数据连同目的地址打成一个封包(称为报文)传输给与其直接相连的第一个节点设备，该节点将报文暂存起来，在合适的时机再把报文交给下一个节点，如此下去，直到交给与目的端直接相连的节点，由该节点在合适的时机把报文交给目的端。报文交换有如下特点：

- 节点设备必须有存储转发报文的能力，通常为路由器或通用计算机。
- 有较大的时延，不能满足实时或交互式通信的要求。
- 源端所发的第一个报文所经过的节点序列(称为路径)与下次所发的报文经过的节点序列可能不一样，即源端与目的端之间没有一条固定的信道。

如果要发送的数据长度很大，用上述的报文交换方式传输时就会产生很大的延时(稍后给出计算依据)。改进的方法是限制所传输的数据封包的长度，源端要发送超过最大长度的数据时，必须将其拆分成多个较小的分组，然后逐次发送这些分组，每个分组的发送与报文交换相似。

那么如何保证被拆开的分组在到达目的地后能被正确地拼装起来呢？

有两种方法，形成了两种分组交换技术。

1) 数据报分组交换

每个分组独立地处理，就像在报文交换中每个报文独立地处理一样。这种独立处理的分组称为**数据报(datagram)**。

这样一来，各分组所经过的路径可能不一样，后发送的分组可能先到。于是每个分组中必须含有能标明其原来次序的信息，目的端根据这种信息把收到的分组重新按正确次序拼装成原来的报文。这种方式具有如下特点：① 高度可靠；② 由于每个分组都要寻找路径，因此节点计算机的负担重。

2) 虚电路分组交换

在发送数据分组之前，先发送一个呼叫请求分组，就像报文交换一样把这个分组传送到目的地。如果目的端同意建立这个连接，就沿同样路径发送回一个呼叫接收分组到源端。

以后的分组就沿呼叫请求分组所经过的路径逐站存储转发。这就相当于在源端和目的端之间建立了一条固定的逻辑链路，所有分组都在这条链路上传送，这条逻辑链路(节点序列)就称为虚电路。

传送完毕后，两端中的任意一个用拆除请求分组来结束本次连接。分组交换如图 1-8 所示。

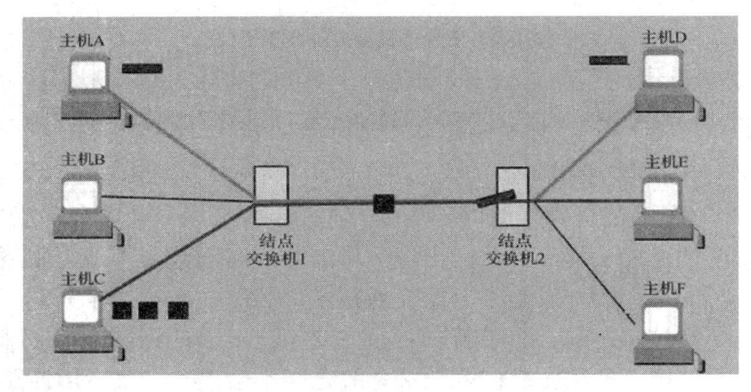

图 1-8　虚电路分组交换示意图

这种方式具有如下特点：

- 由于不必为每个分组寻径，故节点计算机的计算负担轻。
- 由于所有分组都经过同一路径传送，不会出现后发的分组先到的情况，故目的端无需检查收到的分组的次序。
- 可靠性不如数据报分组交换好，因为一个节点失效，通过该节点的所有虚电路就都将失效。

前面讲到当要发送的数据长度很大时，用报文交换方式会产生很大的延时，用分组交换方式就好些，下面就来给出计算依据。

考虑一个 7.5 Mbit 长的报文，假设在源端和目的端之间有两个分组交换路由器及三段链路，每段链路的传输速率为 1.5 Mb/s，且假定网络上没有拥塞，如图 1-9 所示。

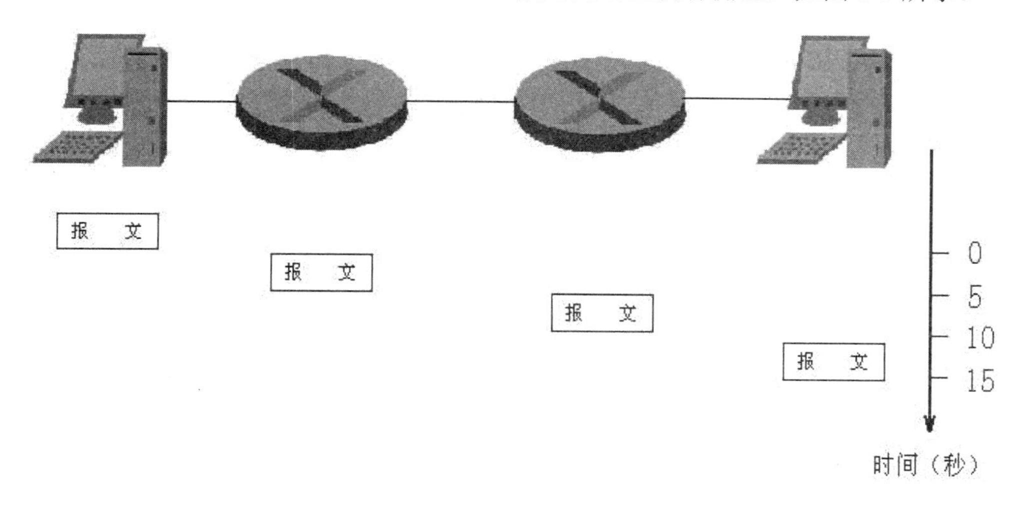

图 1-9　报文交换所花时间示意图

那么采取报文交换方式要花多少时间才能够把 7.5 Mbit 长的报文从源端传送到目的端呢？把该报文从源端传送到第一个路由器需要的时间为 5 秒(7.5 Mb/s)/(1.5 Mb/s)，因为路由器采用存储-转发传送(store-and-forward transmission)方式，要等到接收完该报文的最后一位后才可以开始向输出链路上发送该报文的第一位，在输出链路上发送完该报文需要的时间同样为 5 秒，因此报文从源端到第二个路由器需要的时间就为 10 秒，按此逻辑推理，报文从源端到目的端需要的时间就为 15 秒。

采用分组交换方式要花多少时间呢？假设源端把 7.5 Mbit 长的报文分割为 5000 个分组，每个分组的长度便为 1.5 kbit。仍然假定网络上没有拥塞。现在来计算把 5000 个分组从源端传送到目的端所需要的时间。

如图 1-10 所示，源端把第 1 个分组送到第一个路由器需要的时间为 1 ms(1.5 kb/s)/(1.5 Mb/s)，第一个路由器把该分组送到第二个路由器需要的时间为 1 ms，第二个路由器把该分组送到目的端需要的时间为 1 ms，分组从源端到目的端需要的时间就为 3 ms。

注意：在第 1 个分组从第一个路由器向第二个路由器传送的同时，第 2 个分组也从源端向第一个路由器传送，所以第 2 个分组在第 2ms 处到达第一个路由器，在第 3 ms 处到达第二个路由器，在第 4 ms 处到达目的端。按此推算，第 5000 个分组在第 5000 ms 处到达第一个路由器，5001 ms 处到达第二个路由器，5002 ms 处到达目的端。5000 个分组全部送到目的端只需要 5002 ms，只有报文交换需要的 15 s 的 1/3。

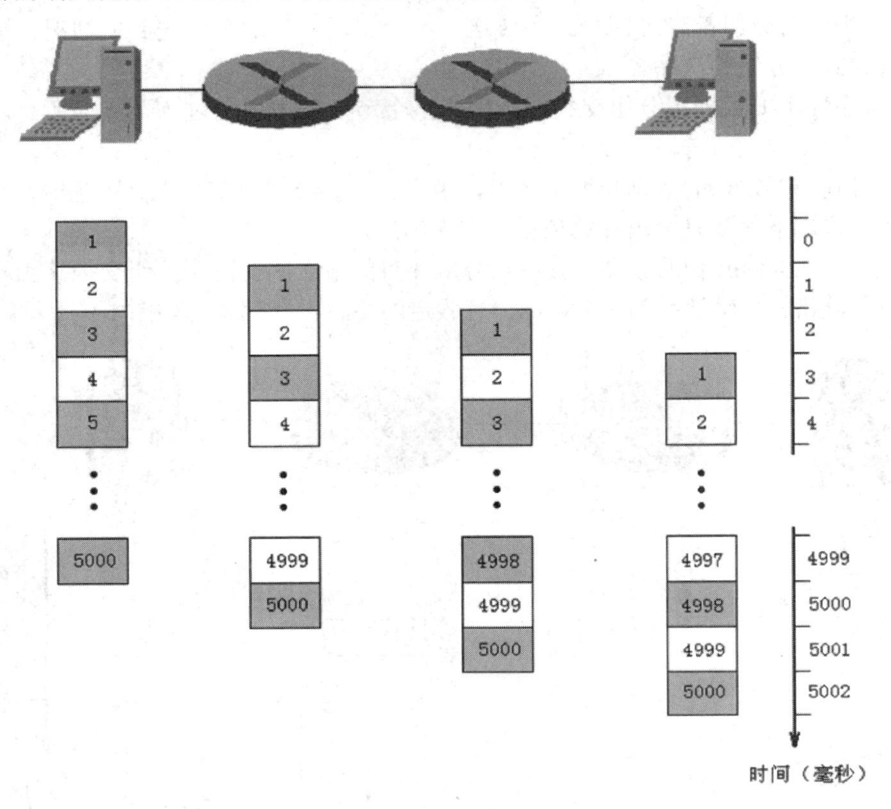

图 1-10　分组交换示意图

关键的差别在于分组交换可以并发传送，节点空闲的时间少了。

4. 分组交换网络中的路由

前一节讲到分组交换网络有两大类：数据报分组交换和虚电路分组交换。两者的差别在于分组是按目的主机地址确定传送路径还是按虚电路号确定传送路径。我们把所有按目的主机地址确定传送路径的网络称为**数据报网络(datagram network)**。Internet 使用的 IP 协议就是按目的主机 IP 地址确定 IP 分组的传送路径的，所以 Internet 是一个数据报网络；我们把所有按虚电路号确定传送路径的网络称为**虚电路网络(virtual circuit network)**，虚电路网络的例子有 X.25、Frame Relay(帧中继)、ATM(异步传输模式)。

学习虚电路网络，我们主要要了解虚电路是怎么标识的。设分组交换网络如图 1-11 所示，其中 PS(Packet Switch)代表分组交换设备，它的每个接口都有一个接口号。主机 A 请求网络建立一条到主机 B 的虚电路，假定网络选择的路径为 A—PS1—PS2—B，又假定为该路径上的三段链路分配的虚电路号码分别为 12、22、32。当分组离开主机 A 时，虚电路号字段的值就是 12，当分组离开 PS1 时，虚电路号字段的值就是 22，离开 PS2 时，虚电路号字段的值就是 32。

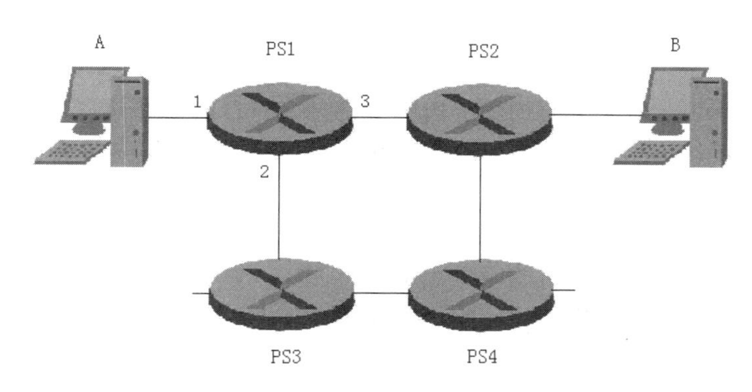

图 1-11　虚电路网络示意图

那么当分组横穿交换设备时，交换设备如何确定应该把分组发到哪个虚电路号上呢？办法很简单，在每个交换设备里都放一张虚电路号转换表，比如 PS1 上的虚电路号转换表如表 1-1 所示。

表 1-1　PS1 上的虚电路号转换表

输入接口号	输入虚电路号	输出接口号	输出虚电路号
1	12	3	22
2	63	1	18
3	7	2	17
…	…	…	…

现在当 PS1 从 1 号接口收到虚电路字段号为 12 的分组时，只要查一下表中的第一行，就知道应该把该分组从 3 号接口转发出去，且虚电路字段号应该替换为 22。

当然，当建立一条虚电路时，在该虚电路通过的每个交换设备的虚电路号转换表里就要增加一行；当撤销一条虚电路时，就去掉一行。在虚电路网络里，每个交换设备都需要维持正在进行的连接的状态信息。

读者也许纳闷，为什么一个分组的虚电路号字段的值在整条路径上不保持恒定不变，而要不断更换呢？有两个方面的原因：第一个原因是每段都更换虚电路号就可以把虚电路号字段的长度做短些；第二个原因也是更加重要的原因，是这样做可以简化网络管理。为什么说简化了网络管理呢？因为现在每个交换设备可以独立地选择输出段的虚电路号，如果要求整个路径上的每段都用同一个恒定虚电路号的话，那么路径上的所有交换设备就增加了一项交流这个恒定虚电路号的工作。

前面讲述了虚电路分组交换网络中的路由，作为对照，下面来了解一下数据报分组交换网络中的路由。

数据报网络在许多方面都和邮递服务类似。发信人要把信发到目的地，就得把写好的信纸封装到信封里，并且在信封上面写明目的地址。目的地址是分层结构的。例如：寄往中国的信的地址包括国家(中华人民共和国)、省(如湖南)、市(如长沙)、街道(如五一路)及门牌号码(如 108 号)。邮政服务就使用信封上的地址确定把信传到目的地的路径。例如，有一封信是从美国寄出的，美国的邮政服务就会直接把信传到中国的一个邮政中心，该邮政中心再把信传递到湖南长沙的邮政中心，最后一个邮政中心的工作人员将把信送到最终目的地。

在数据报网络中，每个要传递的分组的头部都含有目的地址信息。和邮政地址一样，目的地址也是分层结构的。当一个分组到达交换设备时，交换设备就会检查其目的地址部分，然后将其转发到一个相邻的交换设备，每一个交换设备内都有一张路由表，将这个路由表和目的地址(或者目的地址的一部分)进行对照就可以确定应该转发到哪个相邻的交换设备，也同时确定从哪个输出链路上发出去。

我们以后还要详细讨论数据报网络中的路由，现在只是要提醒读者一点，和虚电路网络不一样，数据报网络不需要在交换设备内维持连接状态信息。因而数据报网络就比虚电路网络来得简单，Internet 使用的就是数据报分组交换网络。

在 Windows 2000 中使用 Tracert 命令就可以看到实际分组在 Internet 上所走过的路径。

我们已经引入了若干重要的网络概念：电路交换，报文交换，分组交换，虚电路，无连接服务和面向连接服务。如何把它们组合到一起呢？下面我们就来看看图 1-12。

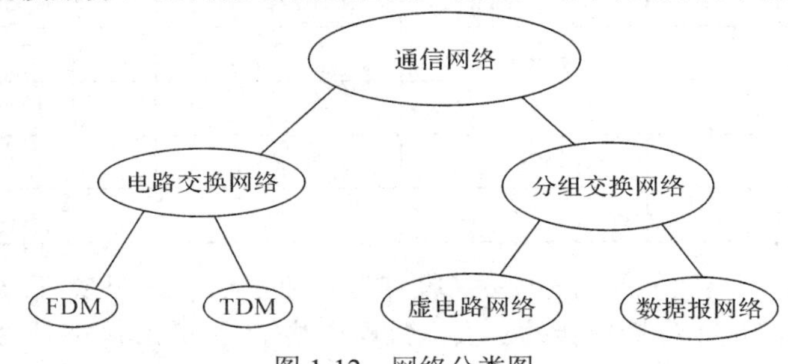

图 1-12　网络分类图

分组交换网络中的路由可以总结如下：虚电路分组交换网络中的交换设备按分组的虚电路号决定分组传送路径，需要维护连接状态；数据报分组交换网络中的交换设备按分组的目的地址决定分组传送路径，不需要维护连接状态。

但有一点千万不要弄错，那就是：

数据报网络既不是面向连接的也不是无连接的网络。事实上，数据报网络既可以为某些应用提供无连接服务，也可以为另外一些应用提供面向连接的服务。例如 Internet 就是一个数据报网络，它的 UDP 提供的是无连接服务，它的 TCP 提供的是面向连接的服务。

另外，还要记住一点：

虚电路网络(X.25，Frame Relay，ATM)总是面向连接的。

1.2.5　考察接入网络

本节我们讨论接入网络——把端系统连接到边界路由器的物理链路，这里的边界路由器指的是从本地端系统到远地端系统这条路径上的第一个路由器。

接入网络大致可以划分为三大类：家庭接入网络，公司或园区接入网络，移动接入网络。下面分别进行介绍。

1. 家庭接入网络

家庭接入网络负责把一个家庭的端系统(通常是 PC，现在还包括智能手机)接入因特网。最常见的接入方式有：

(1) 通过 Modem 和传统模拟拨号电话线路与 ISP 连接是个古老的方案。家庭方的 Modem 把 PC 的数字输出转换成模拟信号在电话线上传输，ISP 方的 Modem 把模拟信号转换为数字形式作为 ISP 路由器的输入。这种简单的点对点物理链路使用的是双绞电话线。Modem 最高传输率为 56 kb/s。但由于家庭和 ISP 之间的双绞线的质量问题，实际传输率往往要低于 56 kb/s。采取此种接入方式时，打电话和上网不能够同时进行。

(2) 和模拟电话线路相比，窄带 ISDN(Integrated Service Digital Network)提供了在上面传输数字信号的“数字电话”线路，对家庭来说，一般租用的是 BRI(2B + D)接口，传输速率为 128 kb/s，俗称一线通。采取此种接入方式时，需要配备 ISDN 适配器，打电话和上网可以同时进行。

(3) ADSL 接入网络(Asymmetric digital subscriber line，非对称数字用户线)曾经很流行，它是在概念上与拨号 Modem 类似的新 Modem 技术，使用现存的双绞电话线，但从 ISP 路由器到家庭端系统的下行传输速率可以达到 8 Mb/s，从家庭端系统到 ISP 路由器的上行传输速率可以达到 1Mb/s(实际传输率和链路长度、双绞线规格、电器接口的品质有关)。因为两个方向的传输率不一样，所以就称为非对称的。这种安排也是考虑到家庭用户主要是信息的消费者(从网上下载信息)，而不是信息的产生者(上传信息到网上)。ADSL 使用频分复用技术，把家庭到 ISP 路由器的物理链路分成三个频带：高速下载频道，50 kHz～1 MHz；中速上传频道，4 kHz～50 kHz；普通电话频道，0～4 kHz。如图 1-13 所示为 ADSL Modem。

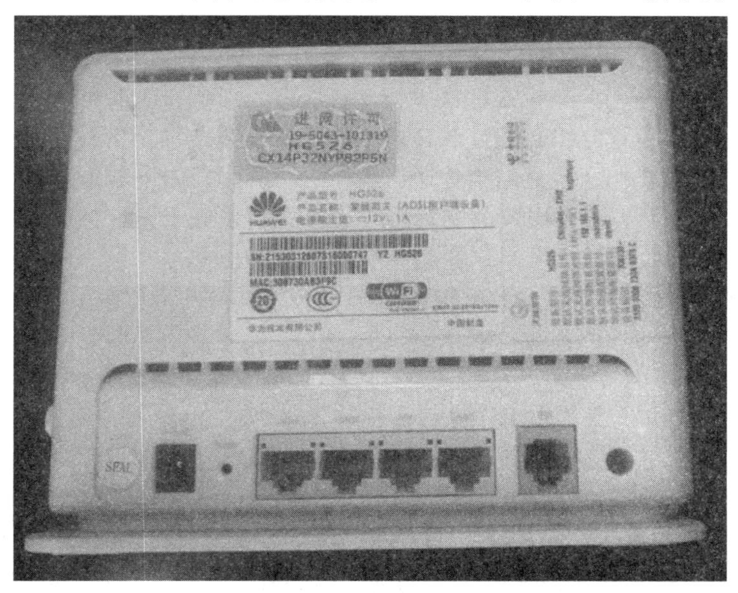

图 1-13　ADSL Modem

(4) 随着光纤到家庭的快速发展势头，通过光猫(EPON ONU，Ethernet Passive Optical Network ，Optical Network Unit，以太网无源光网络)和家庭路由器将家庭以太网络通过光纤以 20 Mb/s、50 Mb/s、100 Mb/s 的速度接入因特网的方式在 2014 年后取得快速发展。这种方式除了可以上因特网外还可以通过光猫的 iTV 接口看电视，中国电信公司正在以这种方式抢占有线电视网络公司的市场。如图 1-14 所示为光纤 Modem。

图 1-14　光纤 Modem

(5) HFC(Hybrid fiber coaxial cable，光纤与同轴电缆混合)是另外一种宽带接入网络。它是现有的有线电视用的同轴电缆系统的扩展，把同轴电缆汇接到光纤节点上再做进一步的汇接。这种方式需要一个特殊的 Modem，称为**电缆 Modem**，它通常通过一个 10-BaseT 口接到家庭 PC。电缆 Modem 把 HFC 网络划分为上行、下行两个频道，下行频道的传输率一般为 10 Mb/s，上行频道的传输率一般为 768 kb/s，但与 ADSL 不一样，这个带宽是许多家庭共享的。HFC 是一个共享式广播媒体，这是它区别于 ADSL 的一个重要特征。由汇接节点发出的每一个下行分组会通过该节点上的所有电缆传播到所有家庭 PC；由家庭 PC 发出的每一个分组都会在上行频道上传送。由于这个原因，如果若干用户同时在下行频道上下载因特网视频节目，每个用户的实际接收速率会明显低于下行频道的速率。如图 1-15 所示为 Cable Modem。

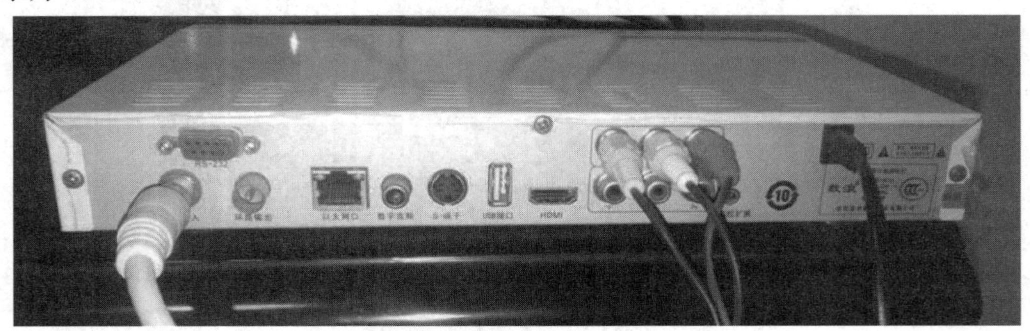

图 1-15　Cable Modem

(6) 现在的 4G 智能手机移动上网峰值传输速率已经达到 150 Mb/s，不但自己上网非常快，还可以作为 WiFi 热点，把笔记本电脑带上网。

(7) iPad 也有插 SIM 卡的款，支持移动上网。

2. 公司或园区接入网络

公司或园区接入网络负责把一个公司或一个校园里的端系统接入因特网。在公司访问网络中，常通过局域网将端系统和边界路由器相连。虽然有许多不同的局域网技术，但从目前来看，以太网技术是公司网络中最普遍采用的访问技术。在以太网中，数据的传送速度可达 10 Mb/s 或 100 Mb/s 甚至可达 1 Gb/s。以太网主要使用双绞线或同轴电缆把端系统彼此连接起来，并连接到一个边界路由器上。路由器主要负责为目的地在局域网外的数据包选择路由。

1.2.6　因特网层次结构

前面我们已经介绍过，Internet 的拓扑是松散的层次结构，粗略地说就是自底向上，由端系统(PC，工作站等)连接到当地 Internet 服务供应商(ISP)，当地 ISP 又连接到地区 ISP，地区 ISP 又连接到国家和国际 ISP，国家和国际 ISP 在这个层次结构的最高层进行互连。新的分支随时可以加到这个层次结构里去。

本节我们以美国的 Internet 拓扑为例来介绍这一层次结构。最顶层的是国家 ISP，称为国家服务供应商(National Service Providers，NSP)。NSP 们各自建成了跨越北美(通常扩展到了国外)的独立骨干网。就像在美国有多个长途电话公司一样，也有多家 NSP 在竞争网络流量和客户。NSP 通常拥有高带宽传输链路，从 1.5 Mb/s 到 622 Mb/s 甚至更高。每个 NSP 都拥有许多汇接设备把这些链路互连起来并允许地区 ISP 接入。

NSP 们必须进行互连，互连时要引入交换中心，称为**网络访问点(Network Access Points，NAPs)**。网络访问点的核心通常使用高速 ATM 交换技术，并在 ATM 的顶部加上 IP。整个层次结构如图 1-16 所示。

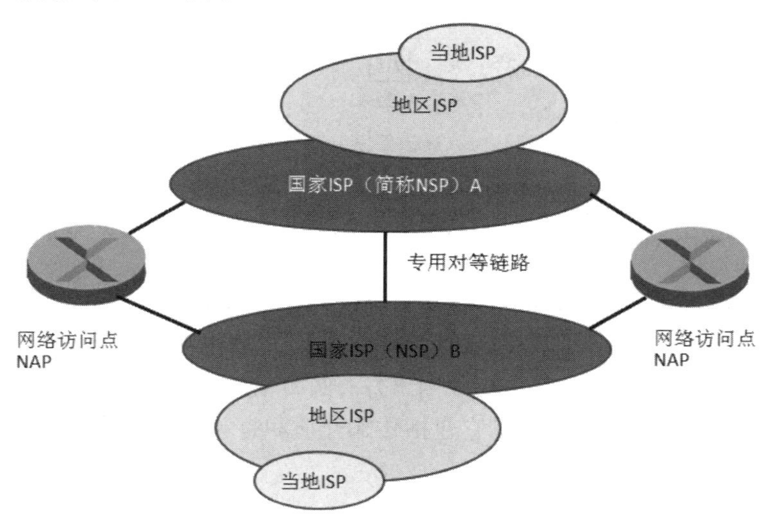

图 1-16　Internet 骨干网络层次结构图

地区 ISP 也是一个复杂的网络，由路由器和传输链路组成。链路速率在 64kb/s 以上。地区 ISP 通常接到一个 NSP 上，但也可以直接接到一个 NAP 上。

本地 ISP 接到当地的一个地区 ISP 上。大学和公司能充当本地 ISP，骨干服务供应者也能在当地以本地 ISP 的身份提供服务。

实际上任何人只要有一个 Internet 连接就可担当本地 ISP。

1.3 网络体系结构和模型

在详细了解了 Internet 的组成以后，我们有必要学习一下计算机网络的体系结构，为后续的学习打下必要的理论基础。关于计算机网络的体系结构有多种描述方法。本节主要介绍国际电话与电报顾问委员会、国际标准化组织和美国国防部的三个模型。

1.3.1 CCITT 模型

国际电报电话咨询委员会是一个电信方面的国际标准化组织，简称 CCITT(Consultative Committee for International Telegraph and Telephone)，该组织把计算机通信网络抽象为一个由两层子网组成的模型，如图 1-17 所示。

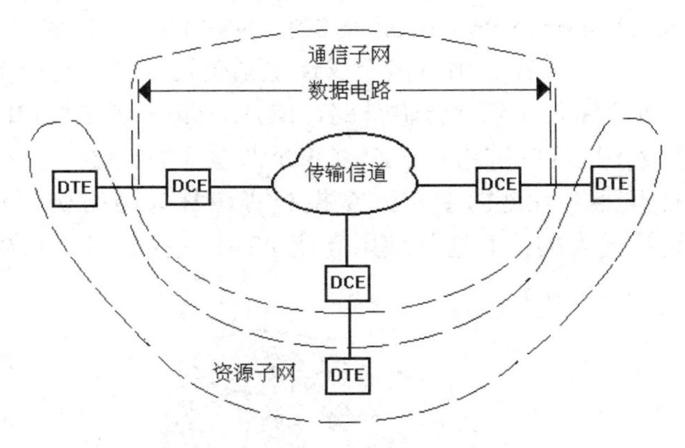

图 1-17　通信子网和资源子网

图中 DTE(Data Terminal Equipment)指的是数据终端设备，是对属于用户方的连网设备和工作站的通称，它们是数据的源或目的或者既是源又是目的，例如数据输入/输出设备，服务器或客户计算机。

DCE(Data Circuit-terminating Equipment 或 Data Communication Equipment)指的是数据电路终接设备或数据通信设备，前者是 CCITT 用的名称，后者是 EIA 用的名称，是对为用户设备提供入网连接点的设备的通称，一般属网络方，例如 Modem、NT1、CSU/DSU 等。

信道是传输信息所经过的路径，它包括传输介质和有关的中间设备(如节点计算机、交换机、路由器等)。

一般把 DCE 和传输信道通称为通信子网，负责数据的传输工作。而把通过通信子网连接起来的用户 DTE 集合称为用户子网或资源子网，它们提供或享受网络资源及网络服务。

1.3.2　OSI 模型

通过网络媒体在计算机系统之间传输信息是一个非常复杂的问题。为了实现也为了便于理解这个问题，通常要把它分解为若干个更小的、更容易管理的问题，每个问题由一层来解决；每一层都建立在它的下层之上；相邻层间有接口，下层通过层间接口向上层提供服务，但屏蔽具体的实现细节。这就是计算机网络中分层的概念。

两个以上的计算机系统要进行通信，必须遵守某些规则或约定，这些规则或约定的集合就称为协议。

由于网络上计算机系统间传输信息采用前述的分层通信的办法，故 A、B 两系统的通信也就分解为 A 系统的每一层与 B 系统的对应层的通信，于是 A、B 两系统通信所遵守的规则或约定也就分解为 A、B 两系统对应层通信时应遵守的规则或约定，即该层协议。

网络系统的层次划分和各层协议的集合就称为**网络体系结构**。

世界上的一些学术团体、标准化组织、研究机构和大公司推出过多种不同的网络体系结构(即不同的层次划分方法及层协议)，比较著名的有：

- TCP/IP 网络协议簇，由美国防部推出，又称为 DoD 模型。
- SNA(System Network Architecture)体系结构，由 IBM 公司推出。
- OSI/RM 开放系统互连参考模型，由 ISO 推出。

在上述体系结构中，OSI/RM 是国际标准化组织(International Organization for Standardization)于 1984 年公布的网络体系结构模型。 它给出的仅是一个概念和功能上的标准框架，而不是具体实现，也不包含具体的协议定义。

由于 OSI/RM 给出的是标准框架，所以推出每个具体的网络体系结构的商家在介绍他们的产品时都要与 OSI/RM 进行比较，因此 OSI/RM 是目前学习网络技术最通用的工具。该模型的最大作用就是提出了功能划分原则，描述了网络通信所需的各种服务。OSI/RM 的分层情况如图 1-18 所示。

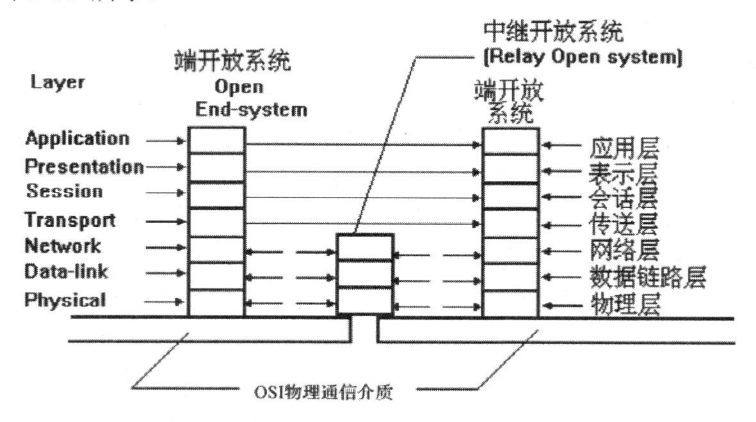

图 1-18　开放系统互联参考模型

OSI/RM 把“源系统”和“目的系统”(均属 DTE)划分为七个子系统，即七层。 如果二端系统之间不是通过物理介质直接相连，它们之间还要通过另一类开放系统进行数据中转(中继)。这类中继系统只需要七层中的下三层或两层。七层中的下三层就是前面提到的通信子网，高三层就是资源子网或用户子网，传输层是两子网的中介。

下面先简要叙述每一层的功能，再简要叙述一下信息的流动过程。

1. 各层功能简介

1) *物理层*

物理层主要包含以下三项协议内容：

- 传输介质的规格。
- 将数据以实际信号呈现并传输的规格。
- 接头的规格。

无论哪种通信，双方最终要通过实体的传输介质来连接，例如：同轴电缆、双绞线、无线电波、红外线等(要记得无线电波、光波也是实体的)。而不同的介质有不同的特性，所以 0 与 1 的数字信息在传送之前，可能会经过转换，将数字信息转变为光脉冲或电脉冲以方便传输，这些转换及传输工作便是由物理层负责。此外，决定传输带宽、工作脉冲、电压高低、相位等细节，也都是在此层规定。

例如：在个人计算机上广泛运用的 RS-232(EIA-232)，以及讨论调制解调器时必谈的 V.90、V.92 等，100BASE-TX 都是著名的物理层通信协议。

最终，物理层向上提供的服务是在物理线路上传输非结构的位流。

2) *数据链路层*

数据链路层利用物理层提供的服务，通过同步、分帧、检错与纠错、流控、链路管理以及对单条物理线路的复用或用多条物理线路分流等措施，把不可靠的非结构的二进制位流传输服务变为以帧为基础的相邻两点间的可靠的传送服务提供给网络层实体。

此层的主要工作包含以下三项：

(1) 同步。网络上可能包含五花八门、不同厂商的设备，没人敢肯定所有设备在时序上都能同步操作(即参考同一套时钟)。因此数据链路层协议在传送数据前，必须进行连接同步化，使传送与接收双方时序达到同步，确保数据传输的正确性。

(2) 检错。接收端收到数据之后，会先检查该数据的正确性，才决定是否继续处理。检查错误的方法有许多种，在数据链路层最常用的是：传送端对即将送出的数据，先经过数学运算产生一段 CRC(Cyclic Redundancy Check，循环冗余校验)代码，该数学运算保证：相同的原始数据计算出来的 CRC 是相同的，不同的原始数据计算出来的 CRC 是不同的，并将这个 CRC 码随着数据一起传过去。接收端将收到的原始数据经过相同的运算，得到另一个 CRC 码，将这个 CRC 码与对方传过来的 CRC 码相比较，即可判定收到的数据是否完整无误。其实接收端在许多层都会做检测工作，但数据链路层是把守第一关，若是过不了这一关，通常这份数据就会被直接舍弃掉。至于是否通知对方再重送一份，每种数据链路层协议的做法不同，有的自己做，有的交给上层的协议来处理。

(3) 制定介质访问控制方法。当网络上的多个设备要同时传输数据时，如何决定其优先顺序？是让大家公平竞争、先抢先赢？还是赋予每个设备不同的优先等级？这套管理办法通称为介质访问控制方法(Media Access Control Method)，我们在后面会详细说明目前局域网最普遍采用的媒体访问控制方法。

3) *网络层*

网络层利用数据链路层提供的帧传输服务为传输层实体提供交换网络服务数据单元

(数据包、分组、或数据报等)的能力。

网络层要解决的主要问题有两个：

(1) 定址，即确定网络设备的逻辑地址。在网络世界里，所有网络设备都必须有一个独一无二的名称或地址，才能相互找到对方并传送数据。至于究竟采用名称还是数字地址，命名时有何限制，如何分配地址，这些都是由网络层决定。

(2) 选径。由于源结点到目的结点的路径可能不止一条，所以网络层要解决最佳路由选择问题，这是网络层要解决的另一关键问题。一般有静态路由选择方式(在系统设计时确定，以后一般不变，要变也要人工修改路由表)和动态路由选择方式(自适应网络的动态变化，自动更新路由表)两种。

IP 协议就是著名的网络层协议。

此外网络层还要解决异种网络互连问题(即如何协调异种网络的不同寻址方法、不同分组长度、不同的低层协议等)；拥塞控制问题(即防止过多的分组出现在通信子网的某个部分而相互堵塞通路)；记帐问题(对每个用户发送了多少分组、字节或位进行计数)等。

4) *传输层*

传输层(又称为“传送层”或“运输层”)在下三层通信子网的支持下，为上层提供可靠的端到端(end-to-end)数据传输服务。此层的主要工作包含以下几项：

(1) 编定序号。当要传送的数据很长时，便会在此层切割成多段较短的数据，而每段传送出去的数据，未必能遵循“先传先到”的原则，有可能“先传后到”，因此必须为每段数据编上序号，以利接收端收到后能组回原貌。

(2) 确定在客户端的哪个应用程序端口与服务器端的哪个应用程序端口间传送数据。

(3) 控制数据流量。如同日常生活中难免遇到塞车一样，网络传输也会遇到堵塞(Congestion)的情况。此时传输层协议便负责通知发送端：“这里堵塞了，请暂停传送数据!”等到恢复通畅后，再告知发送端继续传送数据。换言之，就像交通指挥员一样，控制数据流(Data Flow)的通畅。

(4) 检测与错误处理。这里所用的检测方式，可以和数据链路层相同或不同，两者完全独立。一旦发现错误，也未必要求对方重送。例如：TCP 协议会要求对方重送，但 UDP 协议则不要求对方重送。

5) *会话层*

会话层、表示层和应用层一起构成了参考模型的高层，它们利用传输层提供的无差错传输通道，提供面向用户的服务。

该层的主要工作是负责通信双方在正式开始传输前的沟通，目的在于建立传输时所遵循的规则，使传输更顺畅、更有效率。沟通的议题包括：使用全双工模式或半双工模式？如何发起传输？如何结束传输？如何设置传输参数？

6) *表示层*

表示层除向应用层传递会话层提供的服务外，还要解决在不兼容机(即数据内部表示方法不相同的机器)间传送任意数据结构的问题，即数据结构的表示问题，以使系统间传送的信息能被正确接受和理解。

具体地说，表示层主要负责以下几项工作：

(1) 内码转换。我们在键盘上输入的任何数据，到了计算机内部都会转换为代码，这种内部用的代码称为“内码”。现今绝大多数的计算机都是以 ASCII(American Standard Code for Information Interchange)码为内码，可是早期的计算机却可能采用 EBCDIC(Extended Binary Coded Decimal Interchange Code)代码为内码，于是这台计算机的“0”就可能变成另一台计算机的“9”，如此势必天下大乱。遇到这种情况，表示层协议就可以在传输前或接收后，将数据转换为接收端所用的内码系统，以免解读有误。

(2) 压缩与解压缩。为了提高传输效率，传送端可在传输前将数据压缩，而接收端在收到后予以解压缩，恢复为原来的数据，这个压缩、解压缩工作可由表示层协议来完成。但实际上有些应用层的软件却能完成得又快又好，深受大众青睐。因此压缩、解压缩的工作反而较少由表示层协议来完成。

(3) 加密与解密。网络安全一直是令人头疼的问题，没人敢担保在线上传输的数据不会被窃取。因此在传输敏感数据前，应该予以加密。如此即使数据被截取，也未必能看懂真正的内容。从理论上说，加密的方法越复杂，被破解的概率越低，但耗时也越多，效率会下降。一种好的表示层协议，便能在安全与效率之间取得平衡，可靠又快速地执行加密任务。

7) *应用层*

应用层由若干个应用进程(应用程序)组成。建立计算机网络的目的就是通过这些应用进程为用户提供网络服务。常见的应用程序包括：

- 电子邮件(如 Outlook Express)；
- 文件传输(如 FTP)；
- 远程登录(如 Telnet)；
- WWW 服务器及浏览器(如 IIS 和 IE)。

在实际操作上，这些功能强大的应用程序甚至涵盖了会话层与表示层的功能，因此有人认为 OSI 模型的上三层(第五、六、七层)的分界已然模糊，往往很难精确地将产品归类于某一层。

2. 信息的流动过程

前面叙述了 OSI 参考模型的分层方法及分层功能。下面再来看看信息在网络系统中是如何流动的。

从用户来看，通信是在用户 A 和用户 B 之间进行的，双方遵守应用层协议，通信为水平方向，但是实际上，信息并不是从 A 站的应用层直接传送至 B 站的应用层。而是每一层都把数据和控制信息传给它的下一层，直至最底层。在物理介质上传送的是实际电信号。信息的流动过程可用图 1-19 表示。在图中，假设系统 A 用户向系统 B 用户传送数据，系统 A 用户的数据先进入最高层——第七层，该层给它附加控制信息 H7(称为头部信息，Header)后送给下一层——第六层，该层对数据进行必要的变换并附加控制信息 H6 后送给其下层——第五层，再依次向下传送。在第二层，不仅给数据段加头部控制信息，还加上尾部控制信息(一般为校检码)，组成帧后再送至第一层，并经物理介质传送至系统 B。读者不妨把“加上头部信息”想象为“套上一层信封”。这样系统 B 接收后，按上述相反过程，如同剥洋葱皮一样层层去掉控制信息，即每经过一层就拆掉一层信封，直到最上层，数据就恢复成当初从发送端最上层产生时的原貌，送给系统用户 B。

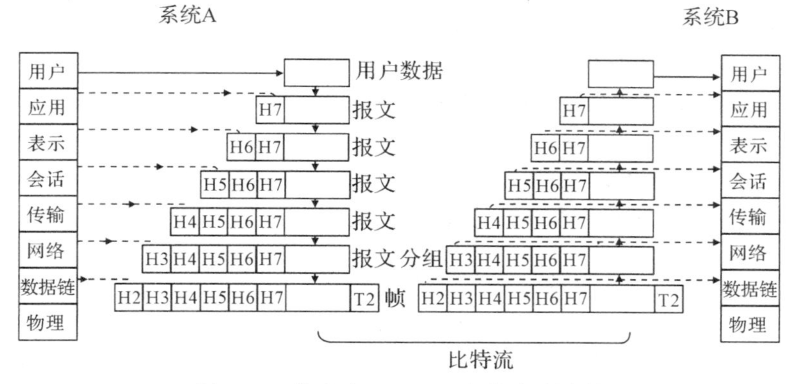

图 1-19　信息在 OSI/RM 中的流动过程

以网络术语说，这种每一层将原始数据加上头部信息的操作称为数据的封装(Encapsulation)，而封装前的原始数据则称为载荷(Payload)。

从上述讨论可以看出，对收发双方的同等层，从概念上说，它们之间的通信是水平方向的，而实际上，数据传送过程是垂直方向的。

另外，OSI/RM 把第 N 层待传送和处理的数据单元称为第 N 层的服务数据单元——SDU(Service Data Unit)。把同等层水平方向传送的数据单元称为该层的协议数据单元——PDU(Protocol Data Unit)。把相邻层接口间传送的数据单元称为接口数据单元——IDU(Interface Data Unit)，它是由 SDU 和接口控制信息 ICI(Interface Control Information)组成的。值得指出的是，PDU 在不同层有不同的叫法，在物理层中称为位流，数据链路层中称为帧，网络层中称为分组或包，传输层中称为数据段或报文段，应用层中称为报文等。

OSI/RM 也有不少缺点，层次数量与内容不是最佳的，会话层和表示层这两层几乎是空的，有些功能，如编址、流量控制和差错控制，会在每一层上重复出现，降低了系统的效率。

1.3.3　DoD 模型

OSI 模型虽然知名度很大，但大部分网络系统并没有按它来实现，世界上最大的网络 Internet 就是典型的例子。Internet 采用的是 TCP/IP 协议组合，它的诞生早于 OSI 模型。由于 TCP/IP 协议族是源于美国国防部(Department of Defense)的一个项目，所以它又被称为 DoD 模型，也有文件直接称之为 TCP/IP 模型。

实际上是先有了 TCP / IP 协议组合，后来才建立 DoD 模型。TCP / IP 协议组合大多数都定义在 RFC(Request For Comments)文件内。读者若有兴趣，可到 www.ietf.org 或 www.rfc-editor.org 网络下载。

DoD 模型所定的结构、分工不像 OSI 模型那么精细，只是简单地分为如图 1-20 所示的四层。

这四层的功用简述如下：

(1) 应用层：定义应用程序如何提供服务，例如：浏览程序如何与 WWW 服务器沟通、邮件软件如何从邮件服务器下载邮件等。

(2) 传输层：又称为主机对主机(Host-To−Host)层，负责传输过程的流量控制、错误处理、数据重送等工作，TCP 和 UDP 为此层最具代表协议。

(3) 网络层：又称为互联网(Internet)层，决定数据如何传送到目的地，例如：编定地址、选择路径等。IP 便是此层最著名的通信协议。

(4) 数据链路层：又称为网络接口(Network Interface)层，负责与硬件的沟通。例如网卡的驱动程序或广域网的帧中继(Frame Relay)便属此层。

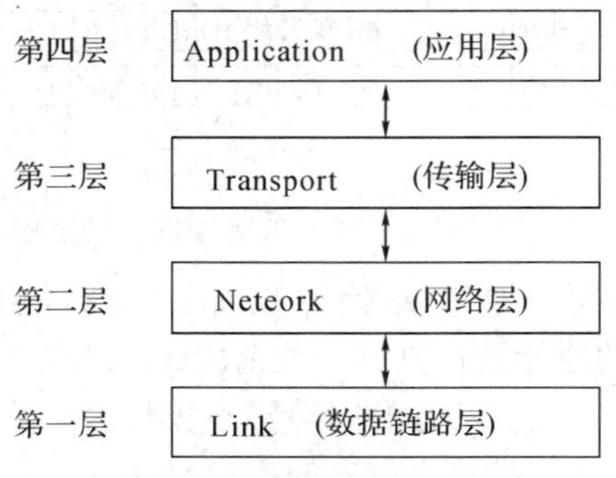

图 1-20 DoD 模型的分层

虽然 DoD 模型与 OSI 模型各有自己的结构，但是大体上两者仍能互相对照(没有严格的对照关系)，如图 1-21 所示。

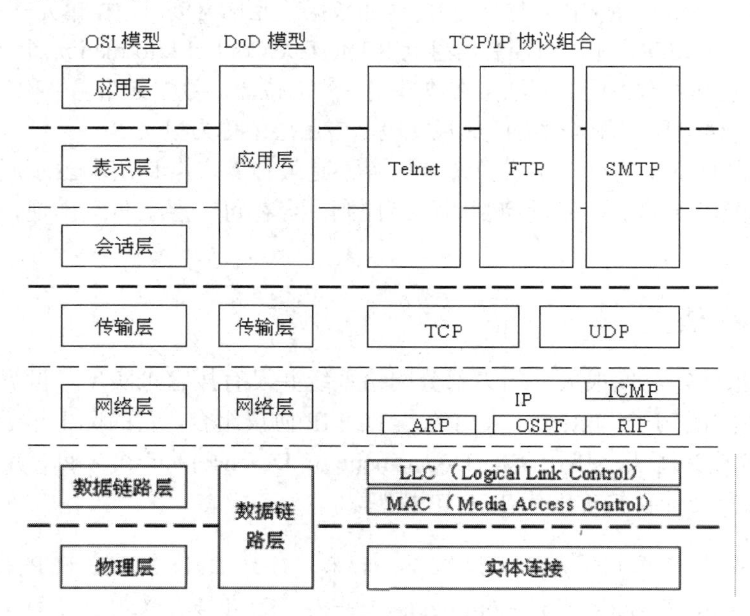

图 1-21 OSI 模型与 TCP/IP 协议组合的大致对照

由图可以看出，DoD 模型与 OSI 模型有以下两点重要差异：

• DoD 模型的应用层相当于 OSI 模型的第五、六、七层。

• DoD 模型的网络接口层相当于 OSI 模型的第一、二层。实际上 TCP/IP 协议组合对网络接口层下的物理网络没有做定义，不管什么物理网络，只要能够和 TCP/IP 的网络接口层接得上就行。

此外，DoD 模型的网络层对应 OSI 模型的网络层，DoD 模型的传输层对应 OSI 模型的传输层，双方不但功能相同，连名词都一样，读者应该能很容易记得。

项目 1 考核

每两人一组，各自选定一个网络环境(建议选用最熟悉的)，勾画出此时的通信子网和资源子网，标明 DTE 和 DCE 是哪些具体设备，尽可能分析其采用了哪种数据交换技术。

项目 2　学习数据通信技术基础

知识目标

了解介质、信号、编码、调制、同步、单双工、带宽等术语的含义。

技能目标

能够把二进制位流变为指定的基带信号，能够分辨现实网络中采用了何种数据通信技术。

素质目标

培养文献查阅素质、理论联系实际的素质。

2.1 传 输 介 质

传输介质是通信网络中发送方和接收方之间的物理通路。传输介质的特性对网络数据通信的质量有很大影响，这些特性是：

- 物理特性：说明介质的物理组成和结构、特性阻抗等。
- 传输特性：是指使用模拟信号还是数字信号进行发送，调制技术、传输速度及传输的频率范围。
- 连通性：点到点或多点连接。
- 地理范围：网上各点的最大连接距离。
- 抗干扰性：防止噪声对传输数据影响的能力。
- 相对价格：指元件、安装和维护的价格。

网络传输介质有无线(微波、卫星、红外等)和有线(同轴电缆、双绞线、光纤等)两大类。本节简单介绍三种常见的有线传输介质。

2.1.1 同轴电缆

在局域网中，采用同轴电缆(Coaxial Cable)的网络以10BASE-2为代表，采用的是RG-58同轴电缆，其构造如图2-1所示。

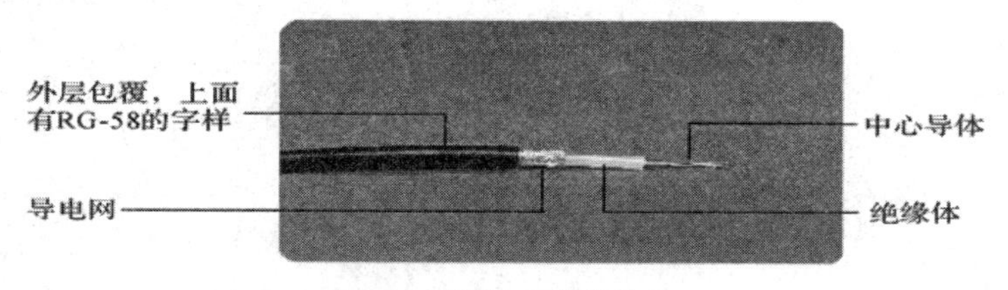

图 2-1　同轴电缆的构造

- 中心导体：RG-58 的中心导体通常为多芯铜线或一根实心铜线，网络上高速变动的电子信号主要就是靠它来传递。
- 绝缘体：用来隔绝中心导体和导电网，避免短路。
- 导电网：环绕中心导体的一层金属网，这层导电网一般作为接地来用，也可用来防止电磁波干扰。
- 外层包覆：用来保护网线，避免其受到外界的干扰，另外它也可以用来预防网线在不良环境(如潮湿、高温)中受到氧化或其它损坏。

注意：RG-58 和有线电视用的 RG-59 同轴电缆外形很相似，但阻抗特性不一样。前者是 50Ω 的，后者是 75Ω 的。

同轴电缆因为有双层的保护(金属铜网和绝缘外皮)，较不易受外界(例如：电磁波和湿气)干扰，而且其使用寿命也较长。

不过同轴电缆和双绞线相比，价格比较贵，而且也很重，同样提着 200 米的线材，同轴电缆可是重得让人手软。

2.1.2　双绞线

一般两芯的电线，多为外覆绝缘材料的两条平行铜线，而双绞线(Twisted Pair)却是由成对的外覆绝缘材料的铜线两两相绞而成的，如图 2-2 所示。

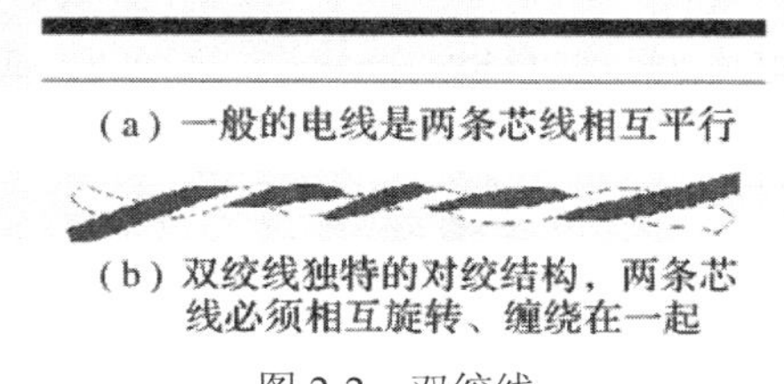

图 2-2　双绞线

为何要“两两对绞”呢？因为使用电波传送信号时，一定会产生电磁场，进而导致电磁干扰现象。“两两对绞”可降低两条线路传送信号时所产生的电磁场相互干扰的影响，而且对绞的次数越多(绞得越密)，抗干扰的效果越好。

双绞线一般又可分为两种：非屏蔽双绞线(Unshielded Twisted Pair，UTP)和屏蔽双绞线(Shielded Twisted Pair，STP)，两种线都有各自的特点，以下我们就分别来探讨。

1. 屏蔽双绞线

屏蔽双绞线外部最大的特点，是在绞线和外皮间夹有一层铜网或金属层的屏蔽，因此能抑制外来的电磁干扰并减少信号的辐射。这样的结构，使得缆线的外观较粗，但传输质量较佳，价钱也较贵，如图 2-3 所示。

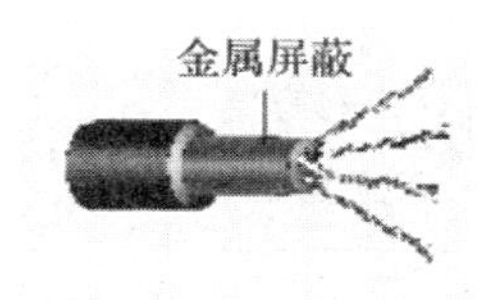

图 2-3　屏蔽双绞线

2. 非屏蔽双绞线

从名称上不难理解，非屏蔽双绞线在绞线和外皮间没有铜网或金属屏蔽层，因此不具有防止干扰的作用。但其价钱较低，使用率远大于屏蔽双绞线，所以我们常见的双绞线大多是非屏蔽双绞线，如图 2-4 所示。一般用户若无特别用途，使用这种非屏蔽双绞线即可。

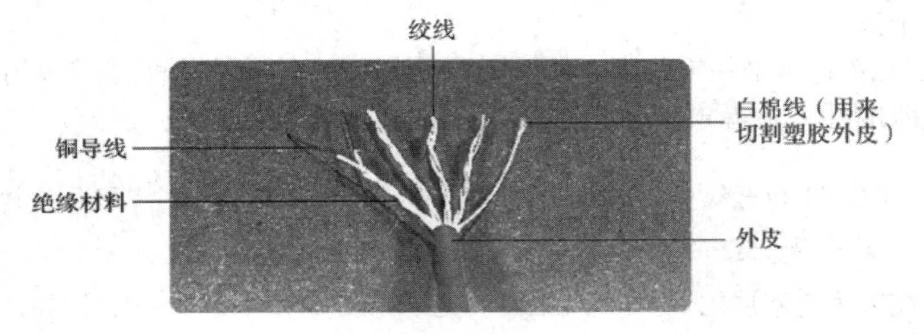

图 2-4　非屏蔽双绞线

双绞线的质量等级如表 2-1 所示。

表 2-1　双绞线的线材等级

等　级	最高传输速率	常见用途
Category 1	2 Mb/s	语音通信
Category 2	4 Mb/s	语音通信、4 Mb/s 令牌环网络
Category 3	16 Mb/s	10BASE-T、16 Mb/s 令牌环网络
Category 4	20 Mb/s	100BASE-T4、16 Mb/s 令牌环网络
Category 5	100 Mb/s	100BASE-TX
Category 5e	1000 Mb/s	1000BASE-TX
Category 6	24 Gb/s	1000BASE-TX

双绞线按照所使用的线材不同而有不同的传输性能，目前最普遍使用的是 Cat5e，速度可达 100 Mb/s 到 1000 Mb/s，而双绞线的明日之星则是 Cat6，用于 1000BASE-T，速度可达 1000 Mb/s，在某些特定的实验状况下甚至可达到 2.4 Gb/s。

此外，还有一个 7 类线，是 ISO 7 类/F 级标准中最新的一种双绞线，它主要为了适应万兆位以太网技术的应用和发展。7 类线是一种屏蔽双绞线，它的传输频率可达 500 MHz，是 6 类线的 2 倍以上，传输速率可达 10 Gb/s。

2.1.3　光纤

光纤(Optical Fiber)的导光材质是极细小的玻璃纤维(5～100 μm)，柔性好(当然，毕竟它还是玻璃，超过一定的折角还是会坏的)，非常适合传输光波信号，其结构如图 2-5 所示。

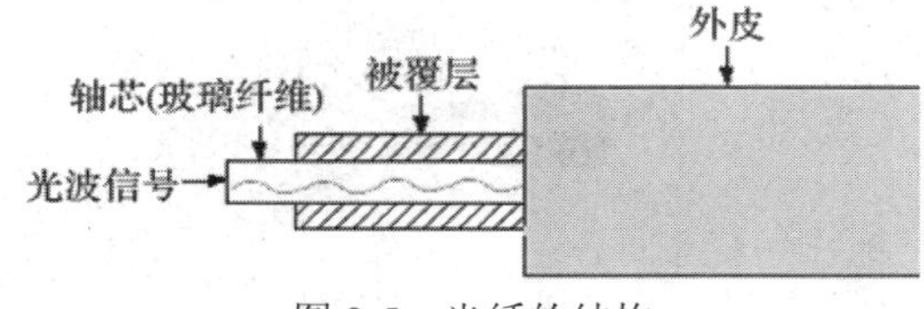

图 2-5　光纤的结构

• 轴芯：也就是极细小的玻璃纤维，用来传送光波信号。

• 被覆层：折射率低的物质，当光波信号在轴芯传送时，便是通过被覆层与轴芯的接触面进行反射。

• 外皮：不透光的材质，用以隔绝外在的干扰源，也能保护脆弱的轴芯。

1. 光纤的类型

光纤按照其轴芯的模式，又可以分为两种：

• 单模式光纤：轴芯直径较细，约 5～10 μm，散射率小，传输效率极佳，适合长距离传输，但价格较贵。

• 多模式光纤：轴芯直径较宽，约 50～100 μm，传输效率略差于单模式光纤，适合短距离传输，价格较低。

2. 光纤的优缺点

光纤最大的优点有三项：

• 传输速度快：光纤的传输速度可以超过 2 Gb/s，为目前传输速率最高的介质。

• 抗电磁干扰：因为光纤是用光波传输信号，几乎不受电磁干扰的影响。

• 传输安全性高：光纤在传输时不会有光波信号散射出来，因此不用担心被人从散射的能量中盗取信息。再者，光纤一旦被截断，要用融接的方式才能接起来，因此若有人想要截断缆线窃取信息，不但费时费力，而且较易被发现。

光纤的缺点是因为光纤的接头都得融接，所以架设不易，要分接线路也很麻烦，而且光纤的价格较高，不适合一般小型局域网使用。

2.2　模拟与数字

2.2.1　模拟数据与数字数据

顾名思义，“数字数据”泛指一切可数的信息，“模拟数据”则是那些只能通过比较技巧进行区分的不可数信息。

数字信息由可数的信息元素所组成。可数的信息有最小的分阶单位，元素与元素之间，不存在任何中间状态，也就是说元素与元素之间不存在其它中间元素。依次将不可数元素排列起来会呈现出“锯齿状的不连续性分布”。

模拟信息由不可数的信息元素所组成。不可数的信息元素不分阶，元素与下一个元素之间可以存在无限多种中间状态，换句话说也就是元素与元素之间还存在无数个中间元素。依次将不可数元素排列起来会呈现出“流线型的连续性分布”

举例来说，传统的水银温度计就是模拟设备，现代的数字温度计则是数字设备。在传统的温度计上，水银的体积会随温度的变化而热胀冷缩，通过玻璃管上的刻度便可读出温度值。水银在管柱内升降时，不见得就会准确地落在刻度上，刻度与刻度之间，有着无限多种可能的高度，所以算是模拟设备。相比之下，现代的数字温度计上的温度有变化时，每个温度值则会直接跳到下一个温度值，两个温度值之间并不存在其它间隔状态，所以它是数字设备。

两种温度计上的信息的连续和离散分布形式如图 2-6 所示。

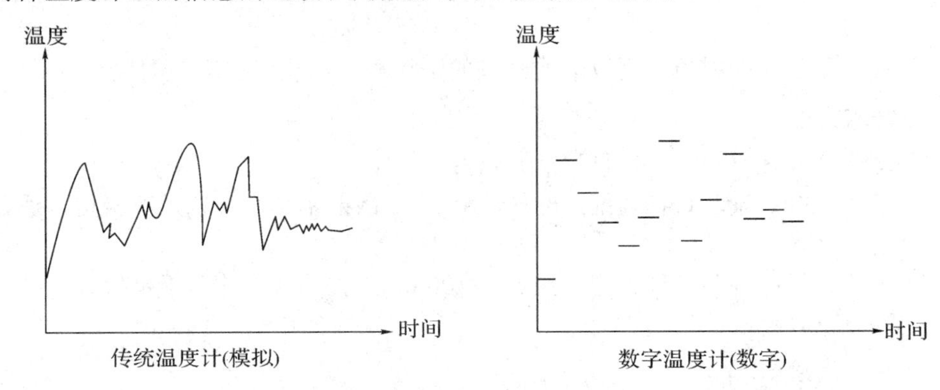

图 2-6　模拟信息的连续分布与数字信息的离散分布

未量化的模拟数据，经过量化的“采样”(Sampling)过程后，还是可以转换成数字数据。举例来说，水银温度计上的水银柱子停在 37℃和 38℃之间的某个地方时，医生读数时会根据比例关系取一个值，比如报出 37.8℃。由于模拟数据经过采样过程后就变成了数字信息，所以这种取样过程也常被称为“数字化”(digitize)过程。

这实际上是医生的眼睛和大脑在进行“采样”和“量化”工作。

2.2.2　模拟信号与数字信号

在传统的电话系统中，发话端利用声音的“模拟震动”直接改变传输电流大小，在铜质缆线上产生出“模拟电流变动”，接收端则根据“模拟电流变动”还原出“模拟震动”的声音。在整套传输过程中没有对信号的电流变化状态进行量化分阶操作，所以是模拟信息通过模拟信号传递的典型例子。

传统 AM/FM 广播电台也是通过相同方式以“模拟震动”产生“模拟无线电信号”的。

在现代的局域网中，采用的是数字信号传输技术，以二阶的基带信号传输为例，在传送由 0 与 1 所组成的数字信息时，发送端可能会按照数据位的内容(0 或 1)分别输出高低两种电位状态。接收端则根据电位的高低状态还原出数据内容。在传输过程中发送端送出的信号状态只有两种，接收端也只根据这两种信号状态还原数据。信号的制作与解读过程都对信号状态进行分阶操作，所以是数字信息通过数字信号传递的典型例子。

由于数字信号的信号状态有分阶，所以抗干扰与失真的能力较佳。以 +1 V 与 −1 V 所组成的二阶基带信号为例，发送端与接收端只承认这两种电位状态。发送端若送出一个 +1 V 信号，传输途中就算有一个 −0.1 V 的噪声混入，接收端依旧会将这个+0.9V 的信号视为 +1 V 信号，无形之中也就将噪声所造成的影响过滤掉了。

为了信息处理上的方便，以数字方式来处理各种信息已是大势所趋。日常生活中的声音、图像、图片等数据，通过数字化程序转变成数字数据，再做进一步的处理、压缩、传递与存储。早期还有通过模拟信号传递模拟信息的数据通信方式，现今随着数字通信技术的突飞猛进，模拟信息一律通过数字化程序转变成数字信息，再通过数字传输技术传送。

2.3　基带传输与宽带传输

数据要通过传输介质从发送端传递到接收端，必须先按照传输介质的特性，将数据转换成传输介质上所承载的信号。接收端自传输介质取得信号后，再将其还原成数据。不同传输介质所承载的信号类型各不相同，信号的物理特性也各异，铜质缆线承载的是电流信号，光纤缆线承载的是光信号，无线通信则通过天空传递电磁波信号。但有趣的是，无论各种信号之间的差异有多大，将数据转换成各类信号的方式却大致相同，有共通的脉络可循。

信号的传输方式分为两大类："基带(BASEband)传输"与"宽带(Broadband)传输"。其中，基带传输是"直接控制信号状态"的传输方式；宽带传输则是"控制载波(Carrier)信号状态"的传输方式。

要提醒注意的是，不要把这里的"宽带"与新闻媒体中常常出现的"宽带上网"这类字眼中的"宽带"搞混了。"宽带上网" 中的"宽带"是表示线路的传输带宽很"宽"，也就是链路的传输速率很快，相比之下传统的调制解调器连接则被称为"窄带连接"。此时的宽带，就跟有无载波全然无关了。只是不同的事物凑巧应用到同一个名称罢了。

2.3.1　基带传输

基带(BASEband)传输是"直接控制信号状态"的传输方式，以铜质缆线上的电流信号为例，便是直接改变电位状态来传输数据，如图 2-7 所示。基带传输有时也称为数字信号传输。

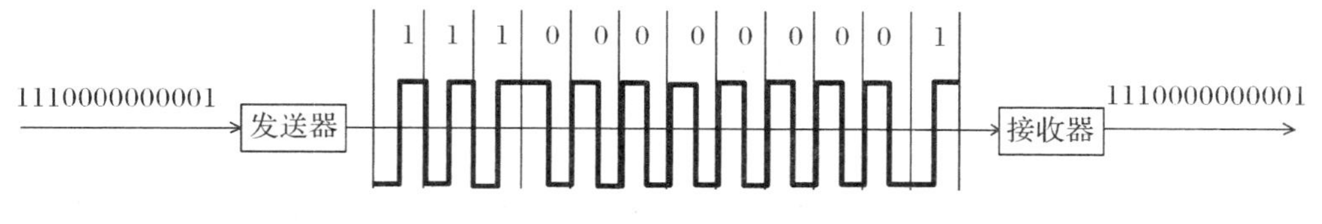

图 2-7　基带信号的发送与接收

2.3.2　宽带传输

要明白宽带传输技术，就一定得认识"载波(Carrier Wave)"这个主角。所谓的载波，是指"可以用来载送数据的信号"。因为数据并不是直接转换为信号送出去，而是要通过改变载波信号的特性来承载数据，信号到达目的地之后，才由接收端将数据从载波信号中分离出来。在实际操作中，通常是以正弦波信号作为载波，并根据数据内容是 0 或 1 来改变载波的特性(通常是改变频率、振幅或相位中的一种)，接收端收到这个被修改过的载波后，将它与正常的载波(正弦波)比较，便可得知哪些特性有变动，再从这些变动部分推算出原本的数据，这种传输方式便是宽带传输的重要特性，如图 2-8 所示。宽带传输有时也称为模拟信号传输。

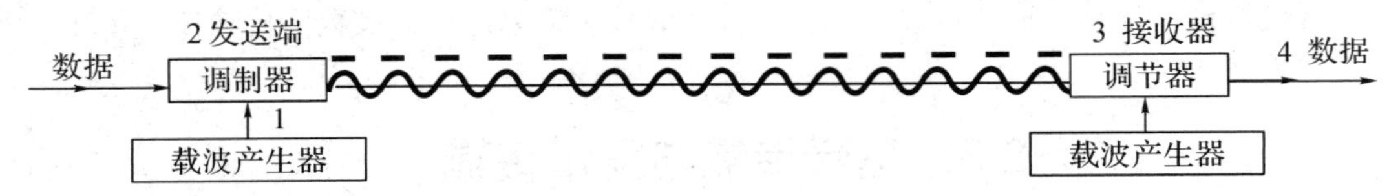

图 2-8　通过载波的特性变化来承载数据

宽带传输的过程大致有下面四个步骤：

(1) 发送端的载波产生器输出正弦波信号给调制器。

(2) 调制器根据数据内容改变正弦波信号的物理特性，送出信号。

(3) 解调器收到信号后，拿它跟接收端载波产生器所输入正弦波信号相比较，过滤出物理特性上的变动。

(4) 解调器根据信号物理特性上的变动，还原出数据内容。

上述将数据放上载波的操作称为“调制(Modulation)”，执行调制操作的装置或程序称为“调制器(Modulator)”；而将数据与载波分离的操作称为“解调(Demodulation)”，执行解调操作的设备或程序称为“解调器(Demodulator)”。

2.4　基带编码技术

本节以电流脉冲为例说明各种基带传输控制技术如何将数据转换成信号。

2.4.1　二阶基带信号的编码方式

在基带传输的演进过程中，最早出现的是采用二阶信号的基带传输。所谓的二阶信号，是指信号上仅能区分出两种逻辑状态。以电流脉冲来说，便是两端电位的“高”与“低”。图 2-9 至图 2-13 分别给出了五种基带信号的编码方式和它们的实际使用场合。

1. NonReturn-To-Zero(NRZ，不归零)

1 = 高电位

0 = 低电位

这是最原始的基带传输方式，100VG-AnyLAN 网络采用的便是这种传输方式，见图 2-9。

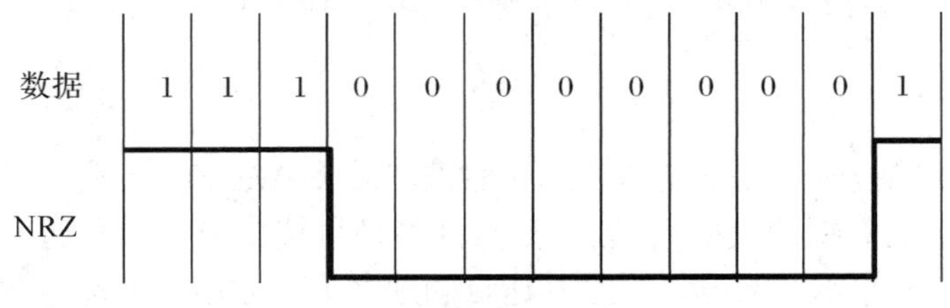

图 2-9　NRZ 示意图

2. Return-To-Zero(RZ，归零)

1 = 在位的前半段保持高电位，后半段恢复到低电位状态

0 = 低电位

10 Mb/s ARCNET 网络采用这种编码方式，见图 2-10。

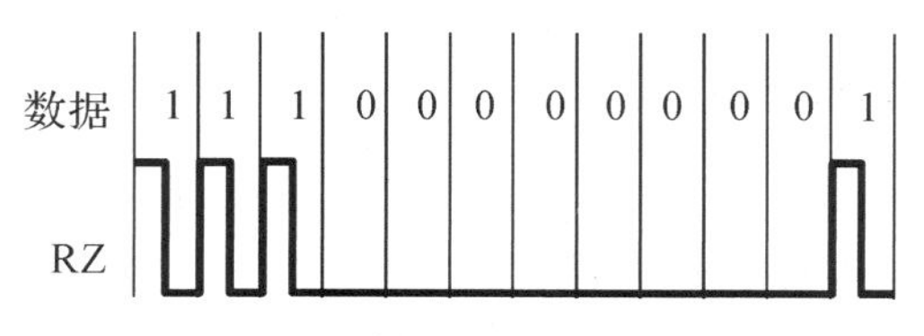

图 2-10　RZ 示意图

3. NonReturn-To-Zero-Inverted(NRZI，不归零反转)

1 = 变换电位状态

0 = 不变换电位状态

10BASE-F 网络采用这种编码方式，见图 2-11。

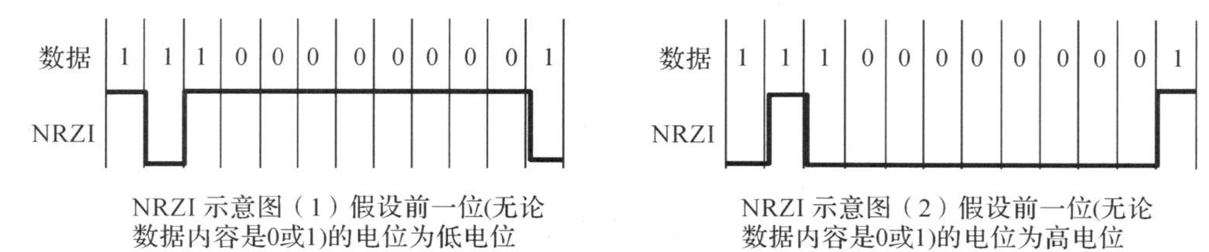

图 2-11　NRZI 示意图

4. Manchester (曼彻斯特)

1 = 由低电位变换到高电位

0 = 由高电位变换到低电位

10BASE-T 网络采用这种编码方式，见图 2-12。

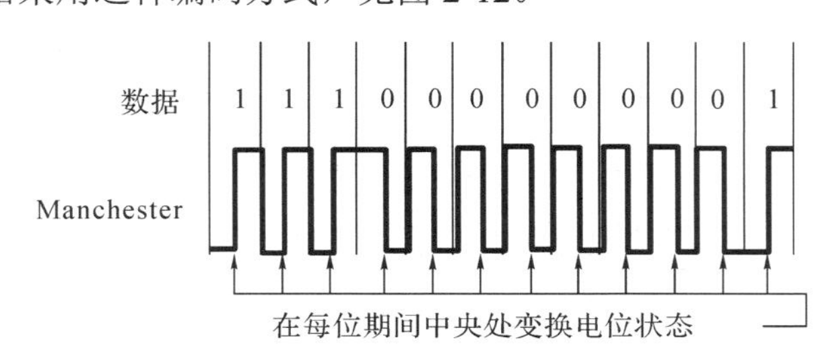

图 2-12　Manchester 示意图

5. Differential Manchester (微分式曼彻斯特)

1 = 颠倒上一位的电位状态变化方式

0 = 沿用上一位的电位状态变化方式

Token Ring 网络采用这种编码方式，见图 2-13。

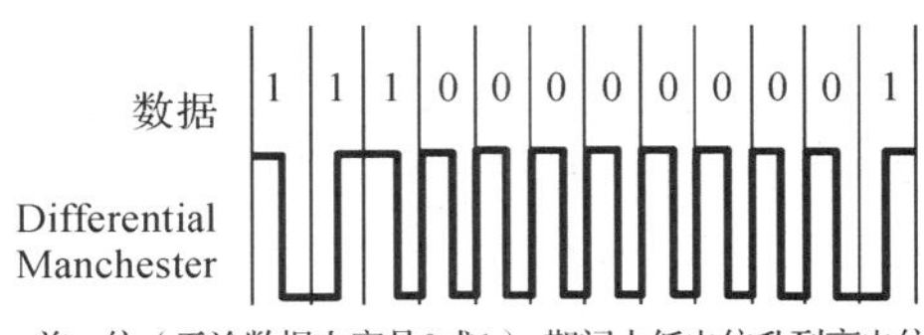

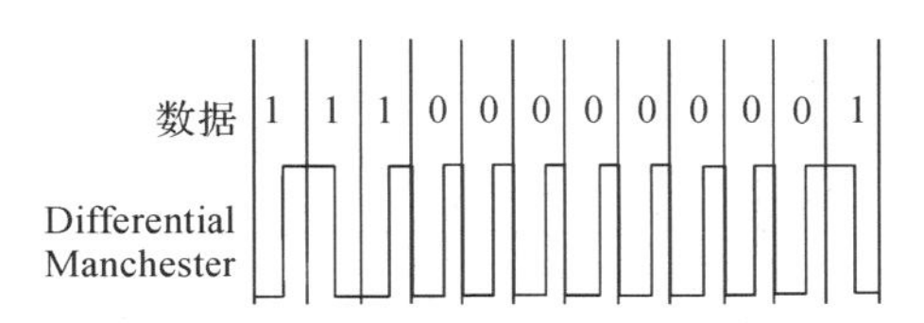

图 2-13　Differential Manchester 示意图

2.4.2　多阶基带信号的编码方式

就三阶的电流脉冲信号而言，信号通常区分成三种电位状态，分别为："正电位"、"零电位"、"负电位"。三阶的基带传输方式有：

- Bipolar Alternate Mark Inversion(Bipolar-AMI，双极交替记号反转)：早期的 T-Carrier 网络采用这种传输方式。
- Bipolar-8-Zero Substitution(B8ZS，双极信号八零替换)：新式 T-Carrier 网络采用这种传输方式。
- High Density Bipolar 3(HDB3，高密度双极信号 3)：E-Carrier 网络采用这种传输方式。
- Multilevel Transmission 3(MLT-3，多阶传输 3)：100BASE-TX 网络采用这种传输方式。

后来可以区分出五种逻辑状态的"脉冲振幅调制 5(PAM5)"基带传输也问世了，100BASE-T2 与 1000BASE-T 都采用这种五阶基带传输方式。

在众多三阶基带传输技术中，我们主要深入探讨 100BASE-TX 网络所采用的 MLT-3 传输方式。这是 Crescendo Communications 公司(在 1993 年被 Cisco 公司购并)所发明的基带传输技术，相传由 Mario Mazzola、Luca Cafiero 与 Tazio De Nicolo 三人共同开发出此技术，也因此将其命名为"MLT-3"。

MLT-3 的运作方式很简单，其电位时态变换示意图如图 2-14 所示。

0=不变化电位状态

1=按照正弦波电位顺序(0、+、0、−)变换电位状态。

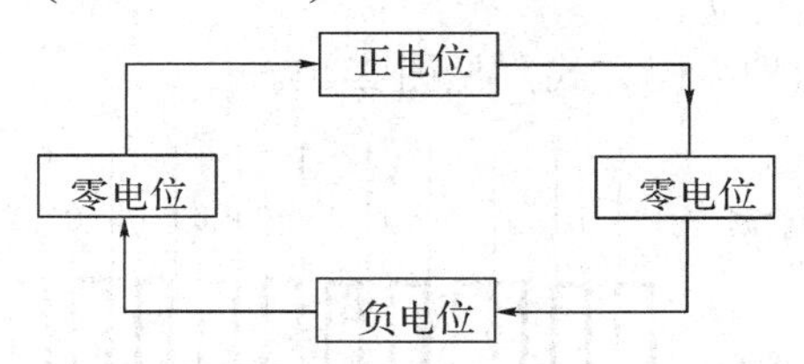

图 2-14　MLT-3 电位时态变换示意图

所以数据行"111000000001"将转变成下列四种信号状态变化方式，如图 2-15 所示。

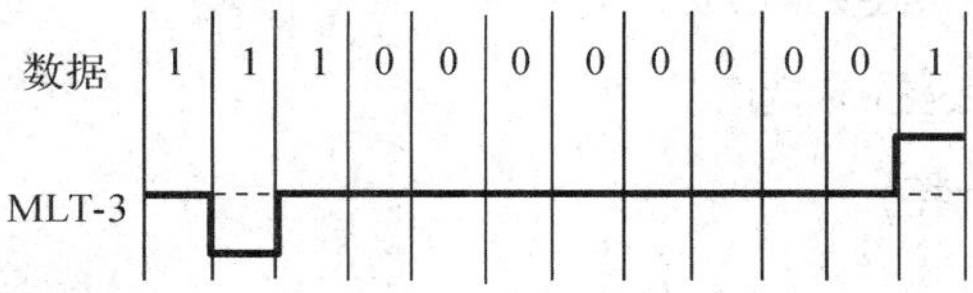

数据　1 1 1 0 0 0 0 0 0 0 0 1
MLT-3

前一位（无论数据内容是0或1）的电位为"正电位"

MLT-3 示意图（1）

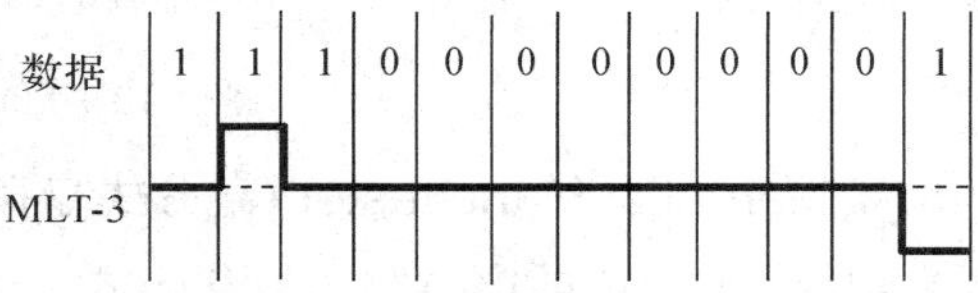

数据　1 1 1 0 0 0 0 0 0 0 0 1
MLT-3

前一位（无论数据内容是0或1）的电位为"负电位"

MLT-3 示意图（2）

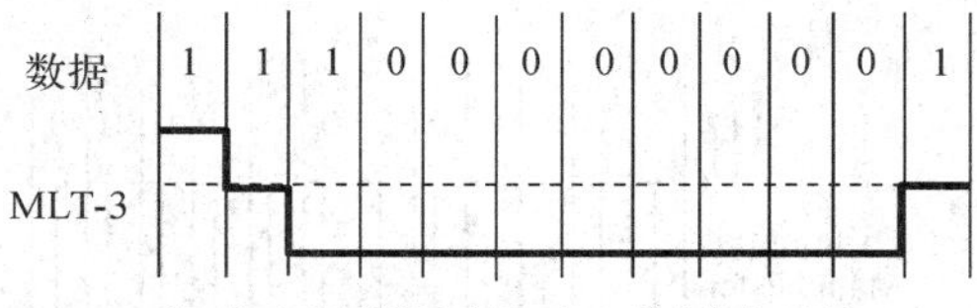

数据　1 1 1 0 0 0 0 0 0 0 0 1
MLT-3

前一位（无论数据内容是0或1）的电位为"零电位"，该电位的前一个相异电位为"负电位"。

MLT-3 示意图（3）

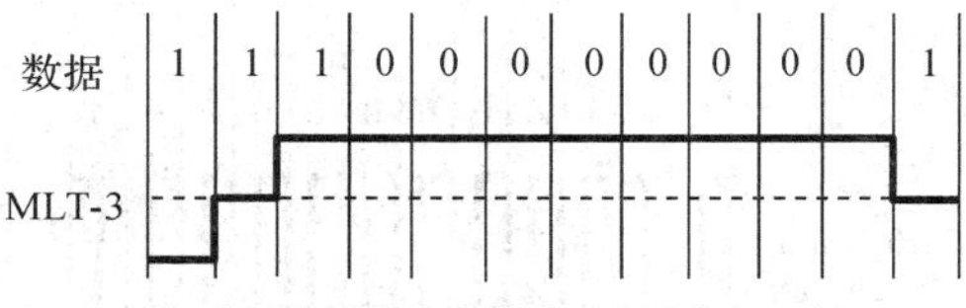

数据　1 1 1 0 0 0 0 0 0 0 0 1
MLT-3

前一位（无论数据内容是0或1）的电位为"零电位"，该电位的前一个相异电位为"正电位"。

MLT-3 示意图（4）

图 2-15　MLT-3 示意图

2.5　宽带调制技术

前面我们曾经说过，通过控制载波信号状态来传递数据的技术，便是宽带传输技术。发送端根据数据内容命令调制器(modulator)改变载波的物理特性，接收端则通过解调器(demodulator)从载波上读出这些物理特性的变化，将其还原成数据。

“调制”常通过改变载波的“振幅、频率、相位”三种物理特性来完成。控制载波振幅的技术称为“振幅调制”技术；控制载波频率的技术则为“频率调制”技术；控制载波相位的技术便是“相位调制”技术。

1. 振幅调制技术

控制载波振幅的调制技术为“振幅调制”(Amplitude Modulation，AM)技术，数字振幅调制技术称为“幅移键控”(Amplitude Shift Keying，ASK)调制技术，它以振幅较弱的信号状态代表 0，以振幅较强的信号状态代表 1，如图 2-16 所示。

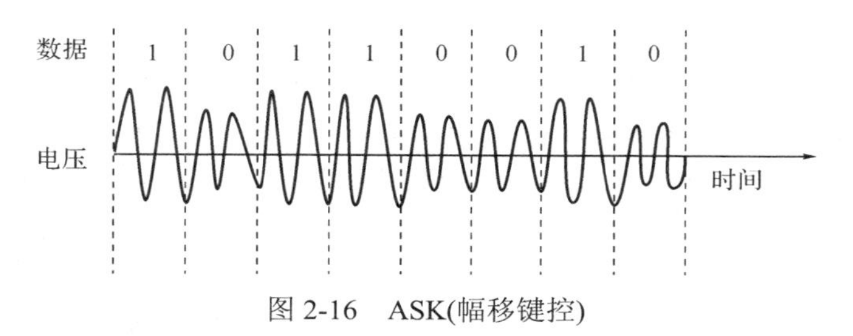

图 2-16　ASK(幅移键控)

2. 频率调制技术

控制载波频率的调制技术为“频率调制”(Frequency Modulation，FM)技术，数字频率调制技术称为“频移键控”(Frequency Shift Keying，FSK)调制技术，它以频率较低的信号状态代表 0，以频率较高的信号状态代表 1，如图 2-17 所示。

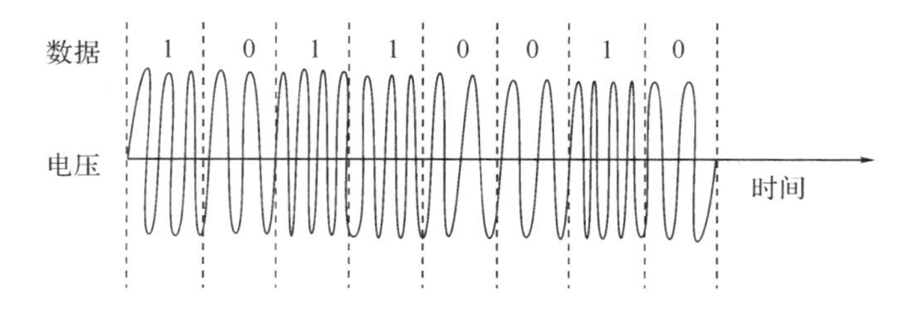

图 2-17　FSK(频移键控)

3. 相位调制技术

控制载波相位的调制技术为“相位调制”(Phase Modulation，PM)技术，数字相位调制技术则称为“相移键控”(Phase Shift Keying，PSK)调变技术，它以信号相位状态的改变代表 1，以信号相位状态不变代表 0，如图 2-18 所示。

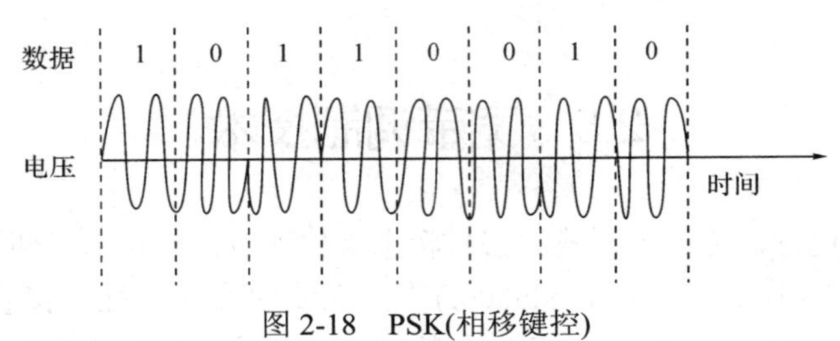

图 2-18　PSK(相移键控)

4. 正交幅度调制技术

除了上述三种调制方式外，人们也着手研发新的载波调制技术，“正交幅度调制”(Quadrature Amplitude Modulation，QAM)技术就在工程师们的努力之下问世了。QAM 是一种结合 ASK 与 PSK 的综合型调制技术，同时控制载波的“振幅强度”与“相位偏移量”，让同一个载波信号得以呈现出更多的逻辑状态。

2.6　同步(Synchronization)技术

发送端将数据转换成信号通过传输介质传递出去，接收端取得信号后再将其还原成原先的数据。在此过程中，发送端与接收端要相互配合，才能顺利完成数据的传递任务。接收端要顺利将信号转换成原先的数据，必须知道两件事：“从哪个时间点开始检测信号的逻辑状态”与“传输一位数据所占用的时间”。

为了解决第一个问题，传输控制机制就会定义一种“闲置(Idle)状态”。不传送数据时，传输介质便处于闲置状态下。一旦开始传送数据，传输介质便进入“数据传输状态”，并开始检测信号的逻辑状态。

要解决第二个问题，只需让发送端与数据端参考同一套时钟(Clock)即可。但除非传送端通过另一条传输线路将时序信号传送给接收端，让接收端得以随时修正时序(这个过程，便是“同步化”)，否则只要双方的时钟有些微的误差，长时间传输累积下来，便会使得取样过程出错，解译出错误的数据。

举例来说，采用 NRZ(不归零)基带传输，但发送端的时钟比接收端快了 1%，如此一来，发送端每送出 100 位，接收端便会以为收到了 99 位。除了平白短少一位数据外，由于取样的时间点走偏了，也会导致接收端将信号转译成错误的数据，如图 2-19 所示。

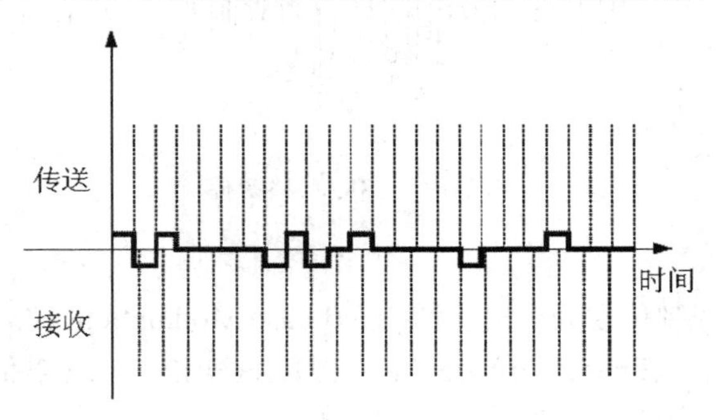

图 2-19　收发双方时钟不同步的结果

有些传输方式本身就有时序调整功能，从另一个角度来看，这些传输方式也算是在数据信号中混入了时序信号。例如“曼彻斯特”与“微分式曼彻斯特”传输方式固定在每位中变换信号逻辑状态，接收端可以借此修正取样时序。

至于其它本身不具时序调整功能的传输方式，就得另外想办法进行时序同步化了。例如以太网帧头部有七个字节的信息作为同步信号。

2.7　单工与双工

1. 单工(Simplex)

在此传输模式下，信息的发送端与接收端，两者的角色分得很清楚。发送端只能发送信息出去，不能接收信息；接收端只能接收信息，不能发送信息出去，如图 2-20 所示。

图 2-20　单工传输

其实单工传输在生活中很常见，例如电视机、收音机等，它只能接收来自电台的信息，但不能返回信息给电台。

2. 半双工(Half Duplex)

在此传输模式下，任一端都不能同时收发信息，发送时不能接收，接收时不能发送。市面上常见的无线对讲机就是采用半双工传输的典型例子，如图 2-21 所示，平常没按任何按钮时处于收话模式，可以接收信息；一旦按下“发话钮”，便立即转成发话模式，此时就不能接收信息，只能发送信息出去，直到放开“发话钮”才又恢复收话模式，才能继续接收信息。所以像这种虽然具有“收”与“发”两种功能(可以双工)，却不能“同时”收发并行(不能两“全”)的传输模式，便称为半双工传输。

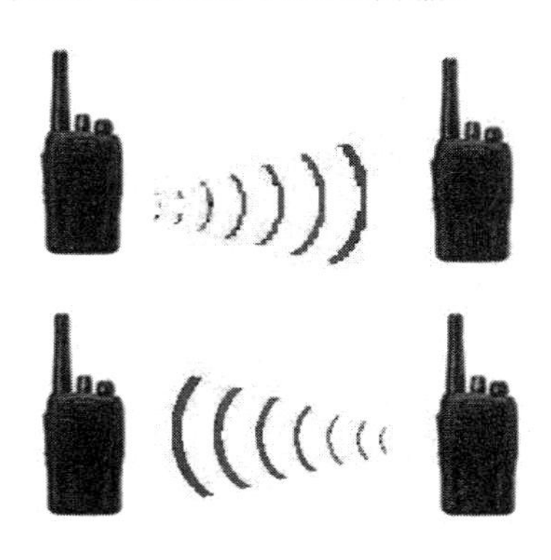

图 2-21　半双工传输

3. 全双工(Full Duplex)

顾名思义，在此传输模式下通信两端可以同时进行数据的接收与发送操作。

举例来说，电话便是一种全双工传输工具，我们在听对方讲话的同时，也可以发话给对方。像这种收发得以“同时两全”的传输模式，便称为全双工传输，如图 2-22 所示。

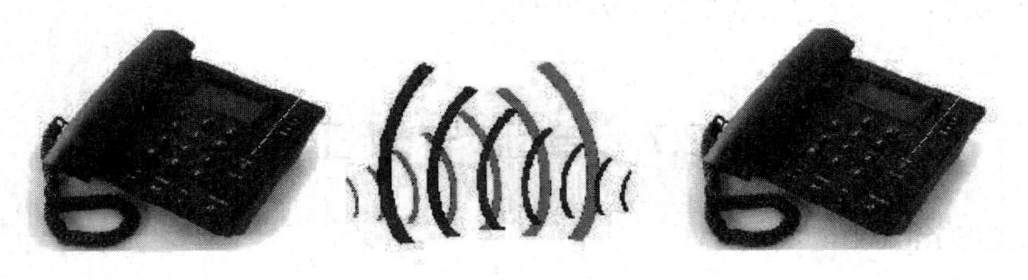

图 2-22　全双工传输

2.8 带　　宽

带宽(Bandwidth)一词问世的年代，可追溯到数字通信时代之前。当时指的是以模拟信号传递模拟数据时能通过的模拟信号频带宽度(Signal Bandwidth)。随着数字通信时代的来临，带宽一词，也用来代表数字传输技术的线路传输速率(Wire Speed)。

无论带宽一词到底指的是频带宽度、还是传输速率，反正带宽越大，可以承载的数据量就越高。承载的数据量越高，相对的传输效率也就越高。

1. 信号带宽——信号频率的变动范围

带宽一词最早出现在模拟通信时代，指的是信号频率的变动范围，通常由最高频率减去最低频率而得，单位为“赫兹”(Hertz，Hz)。以传统的模拟电话系统为例，电话线上的信号频率变动范围约 200 Hz～3200 Hz，所以说它的带宽为 3000 Hz(3200−200=3000)。

通常信号所占的带宽越大，越能够传输高质量的信号，例如：AM 无线电广播上用来传送一个单声道的信号带宽为 5000 Hz，所以 AM 收音机所输出的声音质量比电话好；而 FM 无线电广播上用来传送一个单声道的信号带宽高达 15kHz，所以 FM 收音机所输出的声音质量又比 AM 收音机更好，如图 2-23 所示。

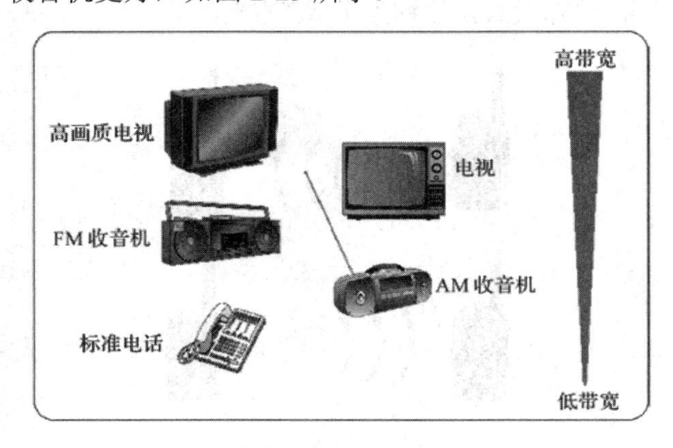

图 2-23　带宽与传输质量

2. 线路带宽——线路传输速率

随着数字传输技术的问世，带宽又指通信介质的“线路传输速率”(Wire Speed)，也就是传输介质(Media)每秒所能传输的数据量。由于数据传输最小单位为一位，所以线路带宽的单位为 b/s(Bit Per Second，bps)，即每秒传输的位数。

举例来说，10BASE-T 网络的线路传输速率为 10 Mb/s(传输线路每秒可传输 10 Mb 的数据)，100BASE-TX 网络的线路传输速率为 100 Mb/s(传输线路每秒可传输 100 Mb 的数据)。

通信网络实际操作中应该使用哪种传输方式：基带或宽带、全双工或半双工、三阶信号还是五阶信号，都要视网络介质特性与实际需求而定。不同的传输介质各有不同的适用场合，应按照各种应用需求搭配各种数据传输模式。

无论采用何种网络介质，都要考虑其传输距离、传输的可靠性、成本、网络设备的价钱等因素。各种网络介质与网络设备的介绍正是下一章我们所要探讨的。

项目 2 考核

选定某段网络环境(最好是高速公路上用的网络)，通过查阅文献的方式确定其采用何种传输介质，采用模拟还是数字信号进行传输、基带还是宽带传输，基带传输采用了哪种编码方式、宽带传输采用了哪种调制技术，采用了哪种同步技术、单工还是双工、带宽是多少等方面的信息，写成调查分析报告，交老师邮箱。

项目 3　组建总线式以太局域网

知识目标

了解以太网原理。

技能目标

能够组建单网段传统总线式以太网，能够制作双绞线。

素质目标

培养工程与团队素质。

3.1　局域网的基本概念

局域网指覆盖范围较小，互连设备有限的计算机网络。局域网与局域网直接互连可组成园区网。而目前用得很广的 Intranet 则多是由局域网通过公用线路实现远程互连而组成。局域网是计算机网络发展最迅速，技术最成熟的一个分支。

在各种社会活动中，本地和局部信息交流比外部的交流频繁，交换数据量通常比外部高出几个数量级。因此局域网的重要特点之一就是网络吞吐率高，通常以 Mb/s 为单位。目前的局域网技术中以 100 Mb/s 和 1000 Mb/s 多见，10000 Mb/s 已开始推向市场。

高吞吐率要求决定了局域网不能用传统的电话线路，而必须使用专用通信介质，如同轴电缆、光缆或优质双绞线。使用专用电缆或光缆的场合，由于成本较高，通常采用共享通信介质方式。为了保证共享通信介质的多台机器能分时交换信息，局域网必须具备控制通信介质的使用的机制，即 MAC(Medium Access Control)，通常译为介质访问控制。

传统局域网采用共享介质方式的优点是有利于实现网上广播和组地址访问功能。其缺点是随着挂在同一通信介质上的机器的增多，每台机器获得的实际有用带宽会迅速下降。之后出现的交换局域网是解决这一矛盾的有效措施。

局域网也可采用无线通信方式，包括短波、微波或红外线。无线局域网与有线局域网一样，也需要介质访问控制。它们的优点是不用敷设或架设线路，缺点是保密性差，通信速率较低，受频率管制的约束，也容易受外界电磁干扰及障碍物阻隔而影响通信等。一般适合用在敷设线路有困难的场合。

综上所述，局域网有如下四项基本技术：

- 传输介质；
- 拓扑结构(物理拓扑及逻辑拓扑)；

- 信号技术；
- 介质访问控制方法。

下面分别介绍一下这四项基本技术对组建局域网的影响。

1. 传输介质

传输介质是连接发送方和接收方的物理通路，是网络数据传输的载体。局域网中常用的有线传输介质有双绞线、同轴电缆和光纤等三种。传输介质的特性(包括物理特性、传输特性、连通性、地理范围、抗干扰性和相对价格等)对网络有诸多方面的影响。无线介质有微波等。

2. 拓扑结构

网络物理拓扑就是网上各站点用物理线路连接起来时形成的物理上的几何形状。而逻辑拓扑指的是介质访问控制策略采用的逻辑上的网络几何形状。常见的局域网基本拓扑结构有以下三种：

- 总线型：如图 3-1 所示。
- 星型：如图 3-2 所示。
- 环型：如图 3-3 所示。

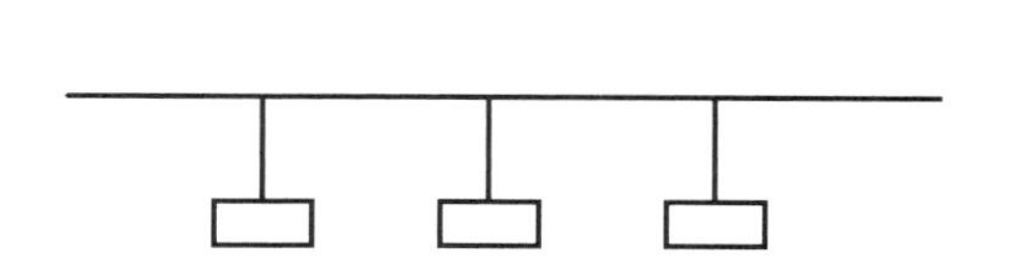

图 3-1　总线型拓扑结构

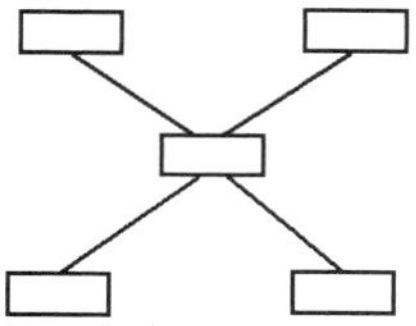

图 3-2　星型拓扑结构

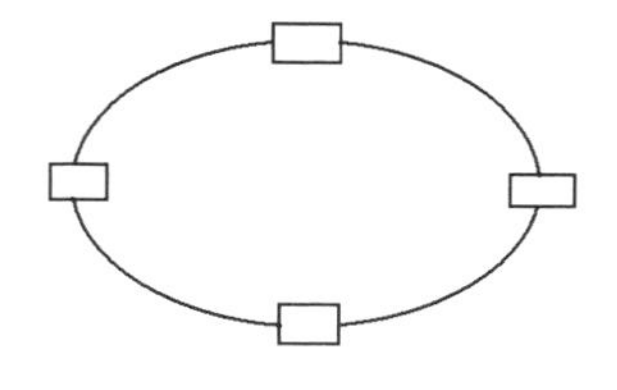

图 3-3　环型拓扑结构

它们又可混合形成其它形式的拓扑结构。一般地，一种拓扑结构往往对应一种特定的介质访问控制方法，所以选择拓扑结构很大程度上就相当于选定了网络的其它硬件(如网卡)，也就相应地选定了一种物理网络，对整个网络的建设和性能起着非常重要的作用。

一般选择网络拓扑应考虑下列因素：

- 电缆安装的复杂程度和费用；
- 网络的可扩充性；
- 隔离错误的能力；
- 是否易于重构。

3. 信号技术

信号技术指的是在传输介质上用的是数字信号还是模拟信号。 局域网中常使用数字信号进行传输，称为基带传输。由于基带传输时电信号的频率固定，一般不能采用频分多路复用技术。

如果在介质上用模拟信号进行传输，一般称为宽带传输。此时允许频分多路复用。

4. 介质访问控制

介质访问控制是局域网络最重要的技术之一，它对网络特性起着决定性作用。介质访问控制的任务就是保证网上站点能有效地、公平地利用共享通信介质发送和接收数据。目前局域网中常用的三种介质访问控制方法包括：

- CSMA/CD (载波监听多路访问/冲突检测)；
- Token-Ring (令牌环)；
- Token-Bus (令牌总线)。

本书只介绍用得最广泛的 CSMA/CD 的基本原理。

目前比较流行的局域网产品有基于 CSMA/CD 介质访问控制方法的以太网和 IEEE802.3 系列(都属总线网)；用令牌来控制介质访问的 IBM Token Ring 和 FDDI(都属于令牌环网)；令牌和总线技术相结合的 ARCnet、PLANnet(属于令牌总线网)等。本书只介绍最常见的总线以太网及其升级产品——交换以太网。对其它局域网感兴趣的读者可参阅有关书籍。

3.2　以太网基本原理

本节介绍总线以太网的介质访问控制方法，也就是以太网的基本工作原理。了解这一基本工作原理对以后学习组网非常有帮助。以太网(Ethernet)最初是由施乐(Xerox)公司开发成功的，物理上采用总线结构，吞吐率为 2.94 Mb/s。后来 Xerox 公司与 DEC 和 INTEL 公司一道联合起草了一个 10 Mb/s 以太网协议，再经 IEEE802 工作组的努力发展成为 IEEE802.3 标准，该标准经 ISO 确认后即成为 ISO 8802-3 标准。

3.2.1　信号的广播

以太网最大的特性在于：信号是以广播的方式传输。意思就是说，在网络上任一部计算机发送出去的信号，其它相连的计算机都会收到。让我们考虑一个简单的局域网，如图 3-4 所示。

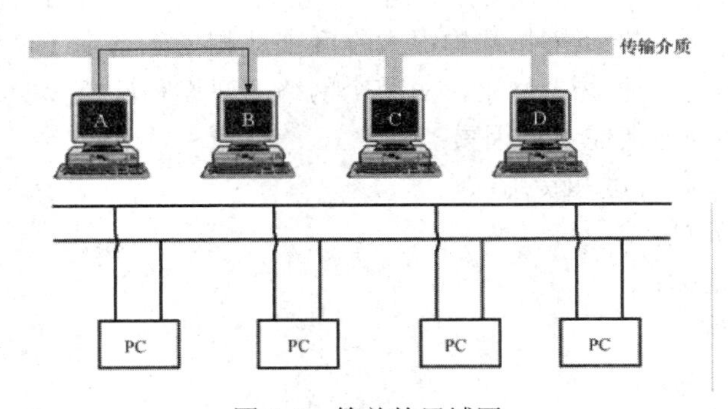

图 3-4　简单的局域网

当 A 要传递数据给 B 时，其发送出的信号并不会自动流向 B。正确的情况应该如图 3-5 所示，当 A 要传递数据给 B 时，其发送出的信号会通过介质传输到 B、C、D 三部计算机。

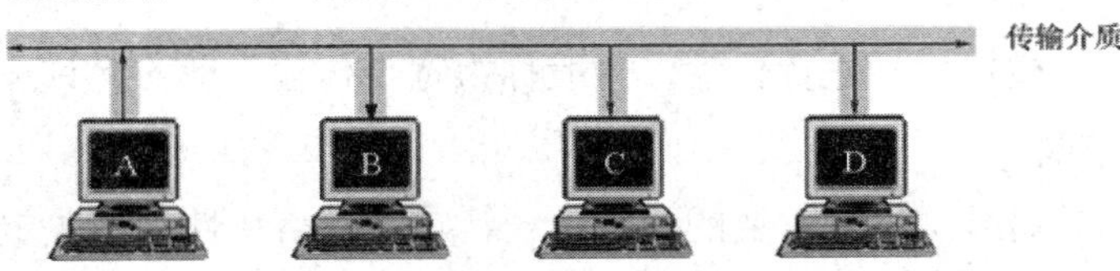

图 3-5　信号是以广播的方式来发送

那么，在这种情况下，如何确保 B 计算机能够接收到信息，其它的计算机不接收信息呢？这时候就需要使用定址(Addressing)的方法来解决。

3.2.2　MAC 地址与定址

MAC 是介质访问控制(Medium Access Control)的缩写。传输数据前，必须决定数据由谁接收，就好像在大庭广众之下，要跟某人讲话会先叫他的名字一样。当然网络上的设备也都有它用来标识自己的名字，称为地址。以以太网为例，如图 3-6 所示。

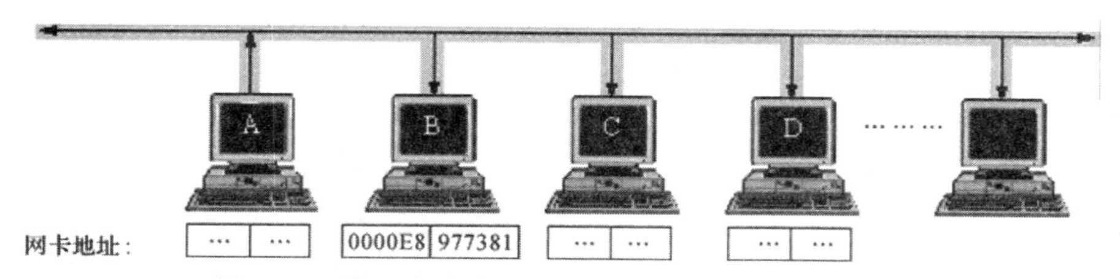

图 3-6　网络设备会收下目的端地址与自己相同的数据

在图 3-6 中的 0x0000E8-977381 是电脑 B 的网卡的 MAC 地址，每个网卡有它自己的 MAC 地址，其前三字节为厂商代号，后三字节为流水号。厂商代号是由网卡制造商向 IEEE 统一注册登记而来的，如此可使每个 MAC 地址保持全球独一无二。当 A 要传递数据给 B 时，会注明数据的目的端为 B 的 MAC 地址，B 接收到数据并予以响应，其它 MAC 地址不同的计算机对此数据都不予以响应。

在数据中记录目的端与来源端的地址，以决定数据的接收及响应对象，这就是所谓的定址(Addressing)。

其实数据在传输到介质之前，会划分为特定大小的数据单元，称为帧(frame)。帧中除了要传输的数据外还加入一些控制用的数据，以提供管理的功能，例如：目的端与来源端的地址值。这就像寄信一样，传输的数据相当于信件的内容，而控制用的数据相当于信封上的姓名、住址、邮政编码等数据。

3.2.3　冲　突

定址虽然能够处理在信号广播之下，由谁来接收数据的问题，但是如果在 A 传送数据给 B 的同时，C 也将数据传送给 D，就会产生冲突，如图 3-7 所示。

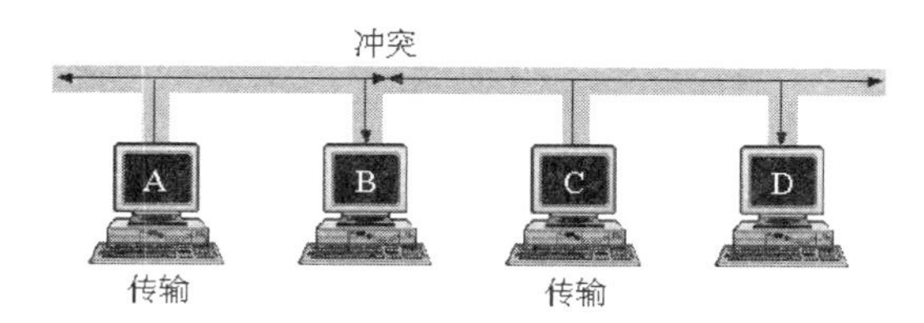

图 3-7　两部计算机的信号互相冲突

此时两个信号会叠加在一起，使得信号的意义无法识别，这就是所谓的冲突(Collision)。为了避免发生冲突，使同一介质同时只有一个设备在传输数据，必须要有一种办法用来管理、协调各计算机对介质的使用，以决定哪一部计算机可在介质上传输信号，这就是下面要讲到的“介质访问控制”。

3.2.4　CSMA/CD

以太网是以 CSMA/CD(Carrier Sense Multiple Access/Collision Detection，载波监听多重访问/冲突检测)的方式来进行介质访问控制的，其目的是为了避免发生冲突。就好像会议室规定只能有一个人发言，这时候就以按铃抢答的方式，来取得发言权。取得发言权的人在发言完毕之后，其它人又可以再争取发言权。这也表示在按铃抢答之前要先听听看是否有人正在发言？如有人发言，则不必按钮。

在以太网上，假设当 A 有数据需要传送出时，A 会先检测介质上是否已经有信号(Carrier Sense)，如果没有则再等候 9.6 μs(9.6×10^{-6} s)的空当之后，立刻将数据以信号形式传输出去。

所谓 9.6 μs 的真正地用意是“96 bit-time”。Bit-time 是指发送 1 个位(bit)的时间。所以在 10 Mb/s 下 96 bit-time 等于 9.6 μs(9.6×10^{-6} 秒)。其作用是要让半双工的网卡有足够的时间由传输模式切换为接收模式，以接收即将传来的数据。96bit-time 是 IEEE 802.3 的标准规格，称为帧间隔(Inter Frame Gap，IFG)，间隔 96 bit-time 以确定接收端能来得及接收，如图 3-8 所示。

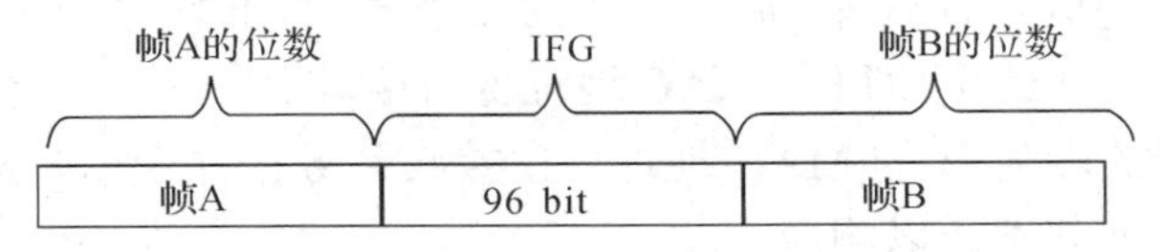

图 3-8　以太网上的帧间隔

信号传输的过程中同时也检测介质上的信号。如果发现冲突则立即停止发送并且改为输出一个“扰乱信号(Jamming Signal)”，通知每一部计算机发生冲突，使得所有需要送出帧的计算机等待一段随机时间之后重新抢送数据。

完整的 CSMA/CD 流程如图 3-9 所示。

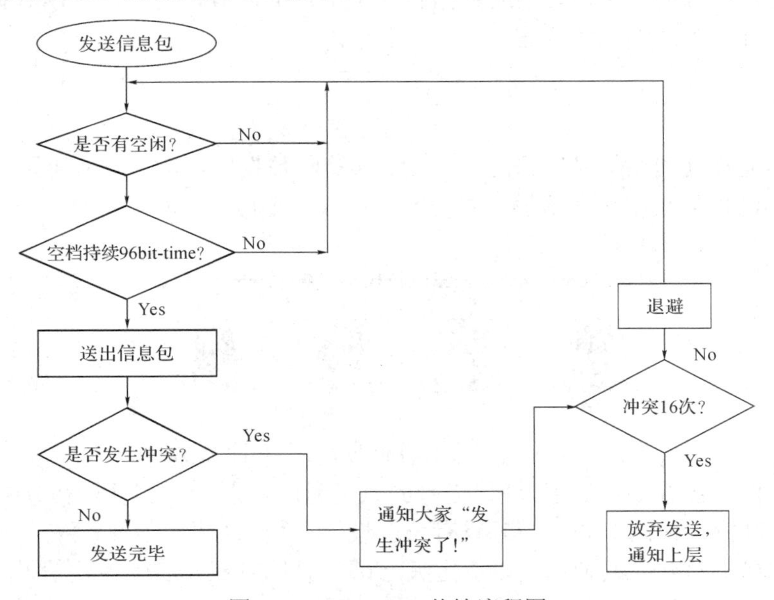

图 3-9　CSMA/CD 传输流程图

综上所述，CSMA/CD 就是一种减少冲突发生概率，提高信道利用率的介质访问控制策略(或称为算法)，形象一点说，该策略就是先听后说，边说边听，冲突时退避。

1. 先听后说

先听后说即站点在发送帧之前，首先监听信道是否空闲，如果监听到信道空闲，且空闲持续 96bit-time，则立即发送(即此时发送概率为 1)；如果监听到信道上有载波信号(即忙)，则坚持继续监听，直到监听到信道空闲后，立即发送帧。所谓 1-坚持 CSMA，就是监听到信道忙时坚持继续监听，听到信道空闲时发送概率为 1 的意思。

2. 边说边听

边说边听即采用边发送边监听的技术。若两个站总都检测到信道空闲而同时开始发送帧，就会发生冲突(对同轴电缆，此时收发器的电缆上的信号幅度会超过收发器本身发送信号的幅度)。由于站点收发器采用边发送边监听的策略(即冲突检测)，能随时检测到冲突。检测到冲突后立即停止发送帧，并在短时间里发送一串阻塞码，以确保其它站点知道发生了冲突，然后等待一段随机时间，重新监听信道，准备重发受到影响的帧。

3. 冲突退避

发阻塞码后等待多长时间呢？CSMA/CD 采用一种称为二进制指数退避的算法，算法过程如下：

(1) 对每个帧，当第一次发生冲突时，设置参数 L = 1。

(2) 退避时间取 0 到 L 个时间片中的一个随机数，1 个时间片等于信号在电缆上的最长来回时间。

(3) 当帧再次发生冲突，则第 i 次冲突发生后退避时间取 0 到 $2^i - 1$ 个时间片中的随机数。即第二次发生冲突时 L 取 0 到 3 个时间片中的随机数，且当 L≥1024(即冲突了 10 次)后就取 L 为 1023 个时间片。

(4) 设置一个最大重传次数(例如 16 次)，超过这个次数，则不再重传，而是向高层报告发送失败，进一步的恢复留待高层处理。

按照这个算法，未发生冲突或很少发生冲突的帧具有优先发送的概率，而发生过多次冲突的帧发送成功的概率反而小。

3.2.5　冲突域与最小帧限制

1. 冲突域

冲突域是帧送出时，会遭遇到冲突的范围，如图 3-7 所示，A 所发送出的信号，会传递到 B、C、D，而这一整段线路就是信号能自由传播的范围，因此也可看成是冲突信号会影响的范围。所有在同一个冲突域的计算机，其送出的帧，都有可能会相互冲突。

2. 最小帧限制

在传输介质线路的最大距离下，信号在介质上来回传输一次的时间，称为“来回时间”。当 A 发送出信号之后，在快要到达 B 之时，B 会以为介质上没有信号而发送出信号。接着 B 很快会发现发生冲突，而当冲突的信号返回 A 时，A 已经传输了一段时间。对 A 来说，这段时间是信号送出后会遭到冲突的危险期，如图 3-10 所示。

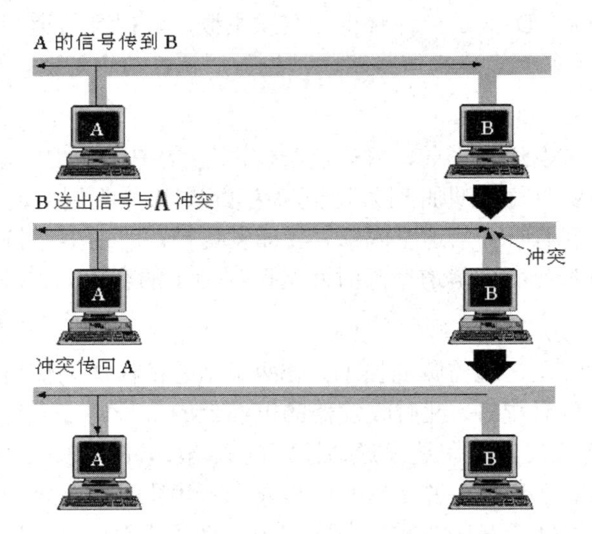

图 3-10　冲突检测的持续时间

因此在发送出帧后，必须持续检测一段“来回时间”，才能确定帧不会遭到冲突。为避免在还未确定之前，帧就已经发送完毕并开始发送下一个帧，所以帧不能太小。传统以太网帧长度的最小限制为 64 Byte = 512 bit。意味着必须持续检测 512 bit–Time，以 10 Mb/s 来说，就是 51.2 μs。

3.2.6　以太网帧格式

在了解了以太网和 IEEE802.3 的介质访问控制方法后，有必要了解一下它们的帧格式。Ethernet 帧格式及 IEEE802.3 的帧格式分别如图 3-11 和 3-12 所示。

先导字段	帧始符	目的地址	源地址	类型	数据	填充段	检验和
7Byte	1 Byte	6 Byte	6 Byte	2 Byte	0～1500 Byte	0～46 Byte	4 Byte

图 3-11　Ethernet 的帧格式

先导字段	帧始符	目的地址	源地址	数据长度	数据	填充段	检验和
7 Byte	1 Byte	2 或 6 Byte	2 或 6 Byte	2 Byte	0～1500 Byte	0～46 Byte	4 Byte

图 3-12　IEEE802.3 的帧格式

每帧以七个 Byte 的先导字段开头，其中各 Byte 的值为 10101010。这一模式的 Manchester 编码产生持续方波(对 10 Mb/s 标准，产生的是 10 MHz 持续 5.6 μs 的方波，56 位/10 Mb/s = 5.6 μs)，以便使接收器的时钟与发送器的时钟同步。

此后的一个 Byte 值为 10101011，这个与前一个 Byte 有一位之差的 Byte 标志着帧本身的开始。

帧内有两个地址：目的地址和源地址。尽管标准允许两字节和六字节两种地址，但 10 Mb/s 基带网标准所定义的参数只使用六字节地址。目的地址最高位为 0 时是普通地址，为 1 时是组地址，把一帧送到组地址时，组内的所有站点都接收该帧。全“ 1 ”地址保留做广播发送之用。目的地址为全“1”的帧将被所有站点接收，所有的桥接器将前传这种帧。

数据长度字段指数据字段(包括填充段)中的字节数，其值为 46～1500 Byte。

填充字段是用来保证帧长不短于规定的最小长度。802.3 规定有效帧中从目的地址到校验和最短长度为 64 Byte。当数据段长度为 0 Byte 时，就需要填充 46 个 Byte。规定最短帧长有两个原因：

(1) 当收发器检测到冲突时，它将当前帧其余部分丢弃，但已发送的残缺帧会出现在电缆上，为了区别有效帧和残缺帧，802.3 规定有效帧从目的地址到检测和字段最短长度为 64Byte。

(2) 为了防止某站发送短帧时，在第一比特尚未传到电缆的最远端就已完成，从而在可能发生冲突时检测不到冲突信号。

最后一字段是校验和，它由发送站点按某算法(一般是循环冗余校验码)产生，如果某些数据位由于噪音或干扰而出错，接收方重新计算的校验和就会与接收到的校验和字段不一致，即可确定该帧出了错。

最初的以太网的帧格式如图 3-11 所示。比较图 3-11 和图 3-12 可以看出，以太网的帧格式与 IEEE802.3 的帧格式稍有不同。以太网帧中跟在源地址后的是两 Byte 的类型(type)字段，它用来指明上一层使用的是什么协议，例如，当类型字段的值是 0x0800 时，就表示上一层使用的是 IP 数据报，当类型字段的值是 0x8137 时，就表示上一层使用的是 Novell IPX 数据报。

3.2.7　半双工/全双工

由于收发都在同一对线缆上传输，如 10BASE-2 中网卡只能使用同轴电缆来传输或接收数据，又没有采用频分复用，无法同时发送及接收，所以只能使用半双工传输。直到 10BASE-T 使用两对双绞线，一对用来发送、一对用来接收，才使全双工的理想成为可行。

目前市面上的以太网卡，都支持全双工，不过是否真的能达到全双工的功能，除了双绞线的使用外，还得使用点对点的连接方式才行。点对点连接方式，是指一条传输线路的冲突域只包含两个连接的设备，例如：两台计算机直接对接。在这种情况下，才能同时发送和接收，而不必考虑冲突检测的问题。实际应有中，当电脑网卡连接的是交换机时，就可以实现全双工，如果几台电脑通过普通 HUB 连接，还是达不到全双工，因为 HUB 内部还是像一根同轴电缆一样。

3.3　10Mb/s 以太网组网标准

3.3.1　10BASE-5 以太网

10BASE-5 以太网是最早出现的产品，因此被称为标准以太网。它采用由 DEC、Intel、Xerox 三家公司联合推出的标准以太网规范。本节即介绍这种组网规范。

1. 物理层标准

- 传输介质：50 Ω 粗同轴电缆 RG-11，外径 0.4 英寸(非法定单位，1 英寸 = 2.54 厘米)。

- 信号方式：基带传输(10BASE-5 中的 BASE 代表基带传输)。
- 拓扑结构：总线型或无根树型。
- 干线段最大长度：500 m 或 1000 m(3COM 硬件)，10BASE-5 中的 5 代表干线段长度。
- 最大覆盖范围：允许使用 4 个中继器，连接 5 个干线段，扩展为 2.5 km 范围。
- 每干线段可容纳站点数：100 个。
- 相邻收发器之间最小距离为：2.5 m。
- 全网最多工作站数：1024 个。
- 数据传输率：10 Mb/s(10BASE5 中的 10 代表 10 Mb/s)。

2. 数据链路层协议

- 介质访问方法：CSMA/CD。
- 帧格式：CSMA/CD 帧格式，32 位循环冗余检验码，细节参见 3.2.2 小节。

3. 组网时需要的硬件设备

(1) 粗的基带同轴电缆：50 Ω 特性阻抗，直径 0.4 英寸，如图 3-13 所示。单段电缆的最大长度(即两个终结器之间的粗缆长度)为 500 m。当使用 3COM 网卡和收发器时，可达 1000 m。

(2) N 系列电缆连接器：分 N 系列筒型连接器和 N 系列凸和凹型连接器，如图 3-14 所示。

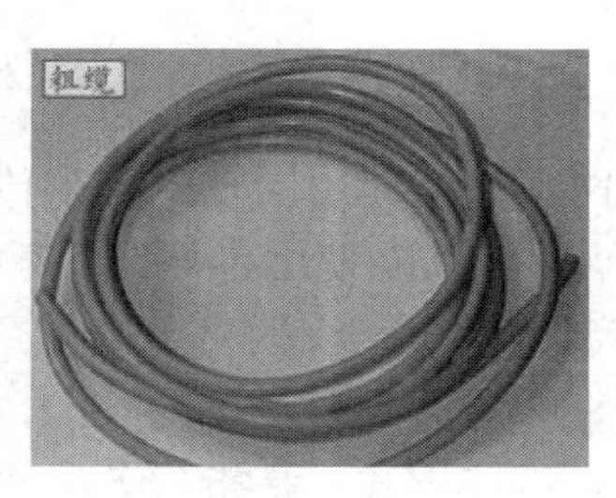

图 3-13　粗同轴电缆

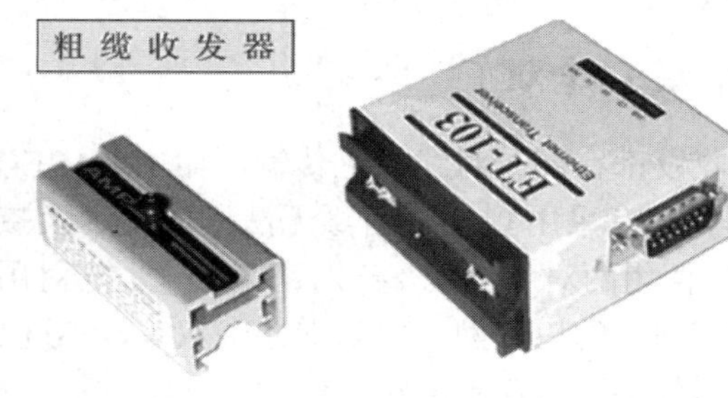

图 3-14　N 系列电缆连接器

(3) 终结器：每段干线电缆的两端都必须接一个与粗缆特性阻抗相匹配的 50 Ω 终结电阻，称为终结器。每段电缆两端的两个终结器中应该有一个接地。

(4) 外收发器：在粗缆以太网组网时，站点上的网络接口卡必须通过收发器电缆与直接连在粗缆上的外收发器相连(外收发器在 ISO 8802-3 文本中又称为介质接入单元 MAU)。外收发器负责的内容有：

- 把信号传给介质；
- 从介质上接收信号；
- 识别介质上信号的出现；
- 识别冲突发生。

(5) 收发器电缆：用来连接网卡和外收发器的多芯电缆，由 4 或 5 对无屏蔽双绞线外加总屏蔽构成，最大长度 50 m。两头采用 15 芯的 DIX 插头和插座，分别与网卡上的凹型 DIX 插座(也称 AUI)和收发器上的 DIX 接口相连。

(6) 中继器：是一个数字信号的再生放大器，用来连接两段干线电缆，扩大连网距离及改变拓扑结构。中继器为有源设备。中继器仅仅起信号放大、整形、然后重发到另一电缆段的作用，不具备缓冲和数据处理的能力。粗缆网中中继器也要通过收发器电缆与粗缆上的收发器连接。

(7) 网络接口卡(NIC)：每台入网计算机都应有支持粗缆的以太网络接口卡，卡上有DIX插座。典型的标准以太网络接口卡有3COM公司的3C501、3C503、3C505及NOVELL公司的NE2000系列。此外还有许多兼容产品。

另外，安装时应注意以下几点限制：

• 任意两个收发器间的距离最好为2.5 m的整数倍。这一间隔保证从相邻分接头来的反射不会造成同相叠加。

• 远程中继器之间的点到点链路最大长度为1000 m。

4. 粗缆以太网的几种典型连接方法

粗缆以太网的几种典型连接方法如图3-15所示。

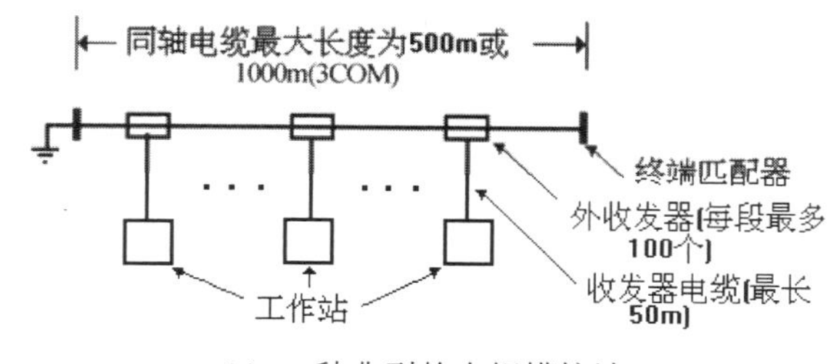

(a) 一种典型的小规模接法

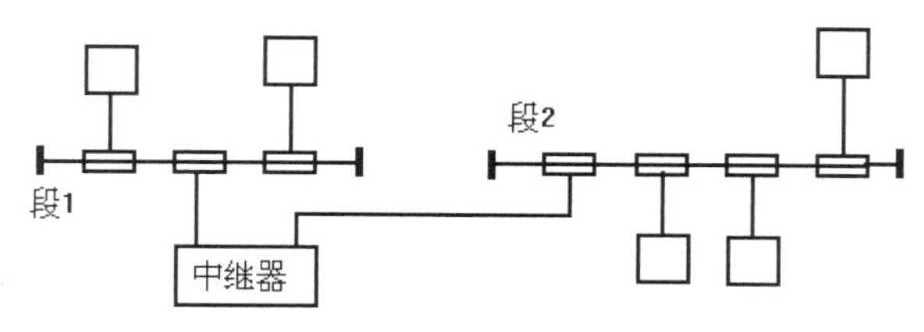

(b) 一种典型的中规模接法

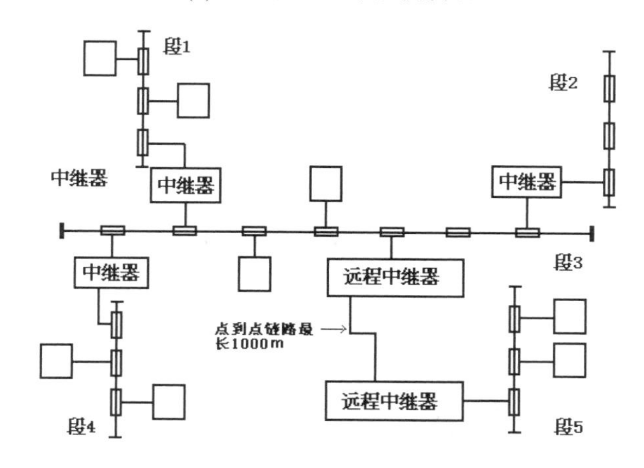

(c) 一种典型的大规模接法

图3-15　粗缆以太网的几种典型连接方法

从上述三种典型的接法中可以看出，粗缆以太网的物理拓扑可以是总线型或无根树型，但逻辑拓扑还是总线型的。

需要注意的是，当用中继器连接多段粗缆时，要保证任意两站点间的通路只有一条，不能有回路，如图 3-16 中的连接方法就是错误的(但是后来以太网有了生成树协议，允许冗余拓扑，这样连接就可以，但要用网桥代替中继器)。

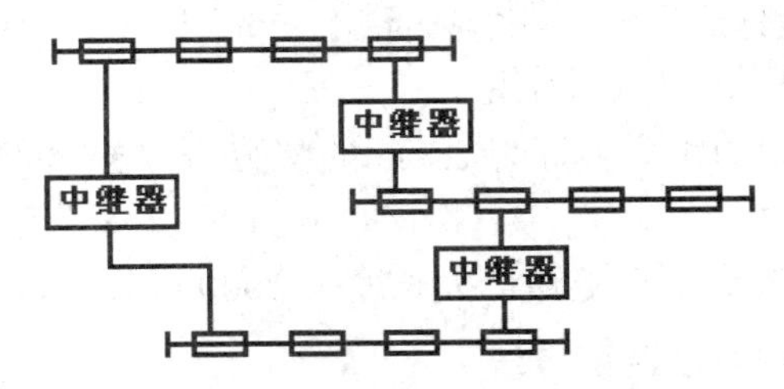

图 3-16　一种错误的连接方法

如果在中、大规模接法中把中继器改为网桥或交换机，在多数情况下会大大减少帧的冲突，提高网络性能。这方面的内容参见本书第 4 章。

3.3.2　10BASE-2 以太网

10BASE-2 又称为廉价以太网或细缆以太网，是对 10BASE-5 的改良。因使用细同轴电缆，而且不使用外收发器从而降低了建网费用。它的数据链路层和 10BASE-5 完全一致。这里不再介绍。

1. 物理层标准

- 传输介质：50 Ω 细同轴电缆 RG58 A/U，外径 0.2 英寸。
- 信号方式：基带传输。
- 拓扑结构：总线型或无根树型。
- 最大干线段长度：185 m(当使用 3COM 硬件时为 300 m)。
- 最大覆盖范围：允许使用 4 个中继器连接 5 个干线段，最大为 925 m(使用 3COM 硬件则达 1500 m)。
- 单段可容纳站点数：30 个。
- 相邻 T 型头之间的细缆最小长度为 1 m(实际可小到 0.5 m)。T 型连接头的接法如图 3-17 所示。

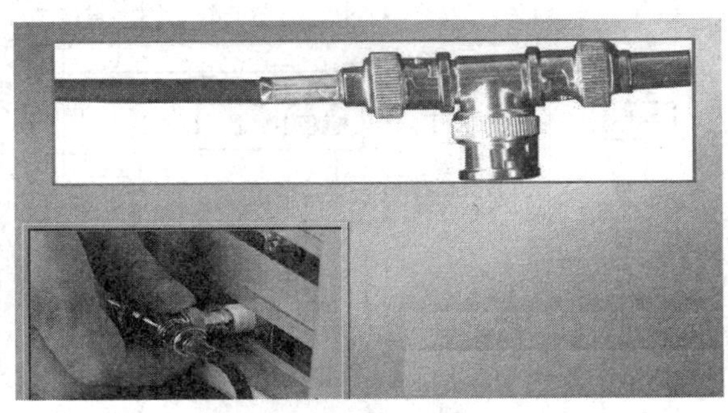

图 3-17　T 型连接头的接法

2. 组网时需用到的器件

(1) 支持细缆连接的以太网卡(即该网卡上有 BNC 接头)。

(2) BNC 系列细缆连接器：

• BNC 插头。焊接或压接在一根细缆的两端，用来与 T 型连接器或筒型连接器相接。连接时注意保证芯与屏蔽层不要短路。

• BNC T 型连接器。用于把网卡连到细缆上。

• BNC 终结器。即 50 Ω 的阻抗匹配器，接在每一段独立细缆的两端，其中一个应接地。

(3) 中继器。与粗缆网中的作用相同。连接两段细缆时不使用外收发器，而用中继器提供的 BNC 插头与细缆的 T 型头连接。

3. 典型连接示意图

细缆以太网的典型连接如图 3-18 所示。

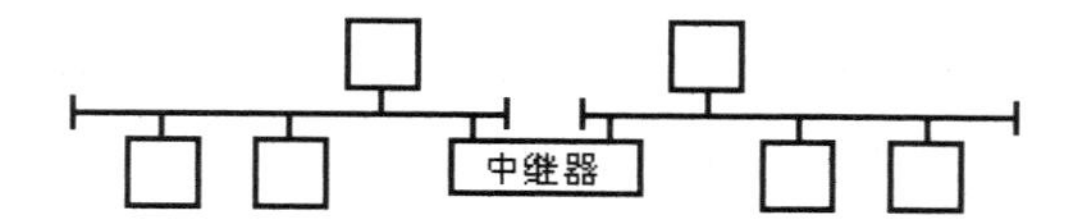

图 3-18　细缆以太网的典型连接示意图

如果把上图中的中继器换成网桥或交换器，大多数情况下都会大大降低冲突机会，提高网络性能，这方面的内容参见本书的第 4 章。

3.3.3　10BASE-T

10BASE-T 是 IEEE802.3 系列中较新的一个，也称为 IEEE802.3i。它以无屏蔽双绞线为传输介质，利用 HUB(集线器)组成物理上的星形和树型拓扑，极大地提高了网络安装、维护和扩展的灵活性。

它的数据链路层与 10BASE-5 和 10BASE-2 完全一致，逻辑上还是总线拓扑，这里不再介绍。

1. 物理层标准

• 传输介质：至少 3 类无屏蔽双绞线(24-AWG UTP)，采用四线对两两相绞，特性阻抗为 100 Ω。

• 信号方式：基带信号。

• 拓扑结构：星形或树型。

• 每段双绞线的最大长度：100 m。

• 最多允许 4 个 HUB 级联，HUB 与 HUB 之间的双绞线最大长度也为 100 m。

• 最大覆盖范围：500 m。

• 每个 HUB 最多可接站点数：96 个。

• 全网最多工作站个数：250 个。

• 数据传输率：10 Mb/s。

2. 组网用到的器件

• 3 类以上无屏蔽双绞线。

- RJ-45 接头(又称水晶头，如图 3-19 所示)。

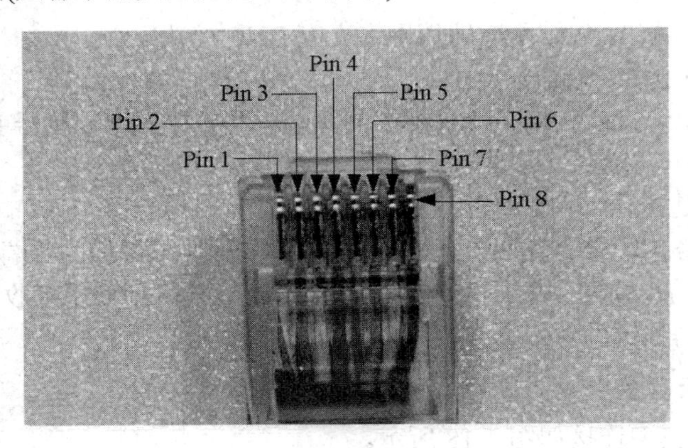

图 3-19　RJ-45 接头

水晶头接在每段双绞线的两端，用来与 HUB 或网卡上的 RJ-45 插座相连。如果用四线双绞线，就只用其中 1、2、3、6 四个引脚。如果用八线双绞线，则双绞线颜色次序遵循 TIA-568B 或 TIA-568A 标准。

TIA-568B 规定 RJ-45 上的双绞线颜色次序为：

白橙，橙，白绿，蓝，白蓝，绿，白棕，棕

TIA-568A 规定 RJ-45 上的双绞线颜色次序为：

白绿，绿，白橙，蓝，白蓝，橙，白棕，棕。

如果双绞线两端采用相同的颜色次序，则称为直连网线，用来把终端电脑网卡接到集线器、交换机上。

如果双绞线一端采用 TIA-568B，另外一端采用 TIA-568A，则称为交叉网线，用来把一台电脑的网卡直接接到另外一台电脑的网卡上，也用于集线器或交换机的级联。路由器和路由器直接连接的话也是用交叉网线。

直连网线和交叉网线如图 3-20 所示。

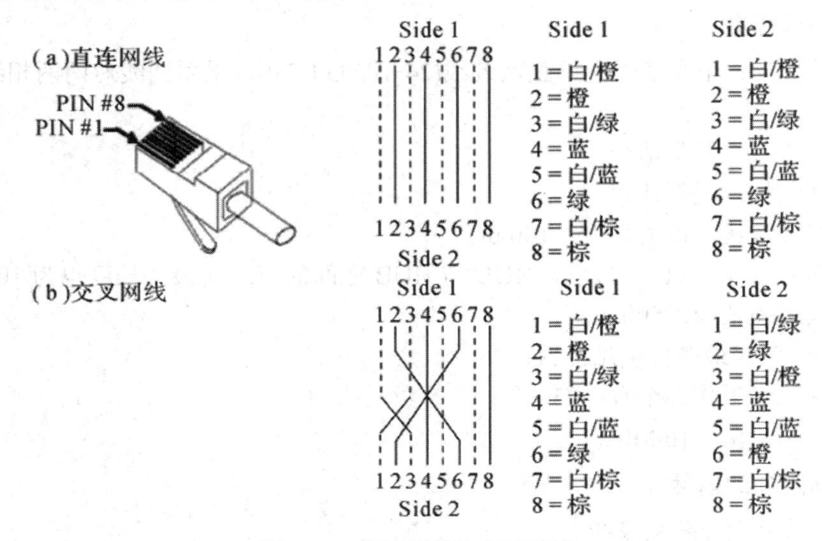

图 3-20　直连网线和交叉网线

• 支持 10BASE-T 的以太网卡。即网卡上有 RJ-45 插座。
• HUB(集线器，如图 3-21 所示)。

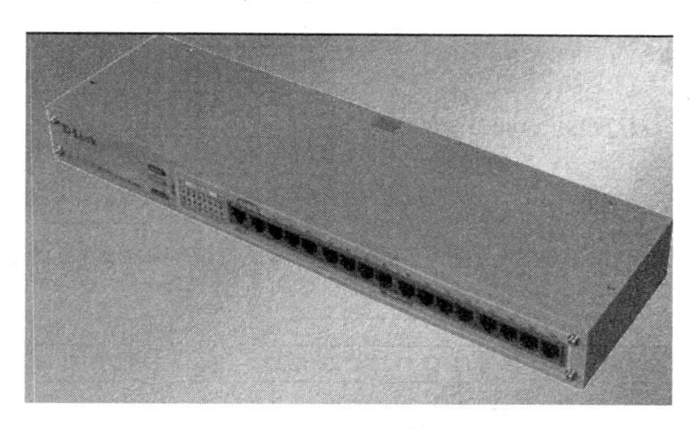

图 3-21　集线器

10BASE-T 物理上采用的是星型拓扑结构，却使用了以太网总线型 CSMA/CD 介质访问控制协议，这完全得助于 HUB。HUB 采用了网段微化的观点，将总线缩短到一个小盒子中，而将总线到工作站的距离延长，使用双绞线连接，于是构成 10BASE-T 的物理星(树)型结构，其中的小盒子就是 HUB，如图 3-22 所示。

HUB 是 10BASE-T 网络的核心，也称为网络中心部件，它由一个多路中继器(MPR)、若干个双绞线介质访问单元(TP-MAU)，和 1～2 个标准的 DIX 或 BNC 端口组成。其原理结构如图 3-22 所示，可抽象成图 3-23 的形式。

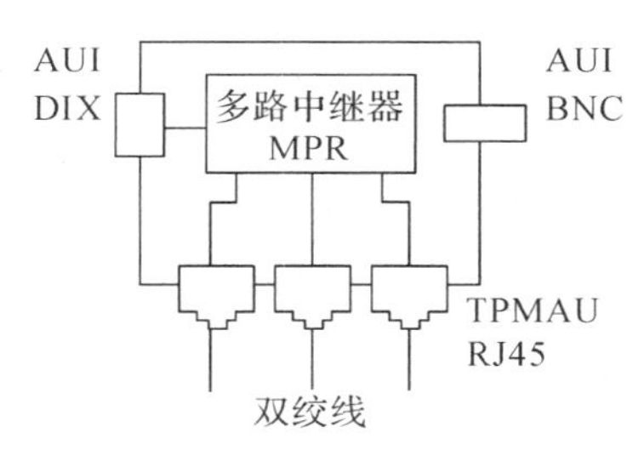

图 3-22　HUB 原理结构示意图

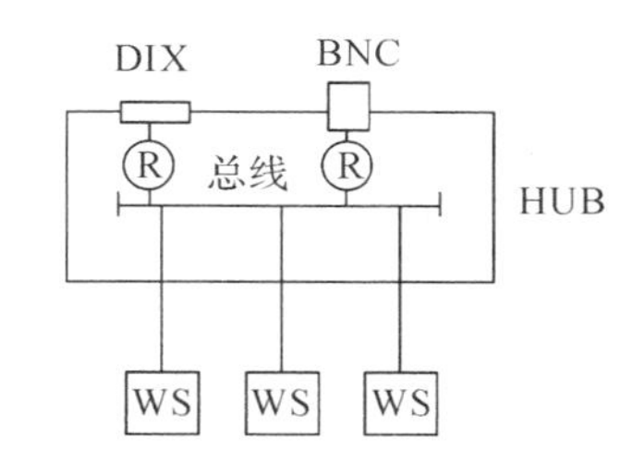

图 3-23　单总线 HUB 的抽象图

TP-MAU 可以支持长度不超过 100 m 的 UTP 挂接工作站，一般 HUB 可提供 8、12、16 或 24 个 RJ-45 接口，最多可有 96 个(或通过多个 HUB 的堆叠来提供 96 个 RJ-45 接口，就像一个 HUB 有 96 个 RJ-45 接口一样)。其 DIX 端口可与粗缆收发器电缆相连，BNC 端口用来与细缆 T 型头相连，从而形成混合介质和混合拓扑的以太网。HUB 一般还有一个端口用来与另一个 HUB 级联。

多端口中继器 MPR 将从某一支路接收的信号经过整形放大和重新定时后转发到其它所有支路和端口。当多个支路或端口的信号同时到达 MPR 时，则产生冲突，MPR 将冲突也转发到所有的站点，按照 CSMA/CD 协议进行冲突处理，这就是 10BASE-T 符合 CSMA/CD 协议的原因。MPR 具有异常情况的处理能力，当冲突次数过多或发现某条支路故障时，能自动锁定该支路以隔离故障，保证其它支路仍能正常工作。

3. 10BASE-T 的几种典型接法

图 3-24 是利用 HUB 组建 10BASE-T 的几种典型接法。值得注意的是，各厂家对 HUB

的可堆叠数目和可级联数目的限制不尽相同，使用时需参见安装说明书。

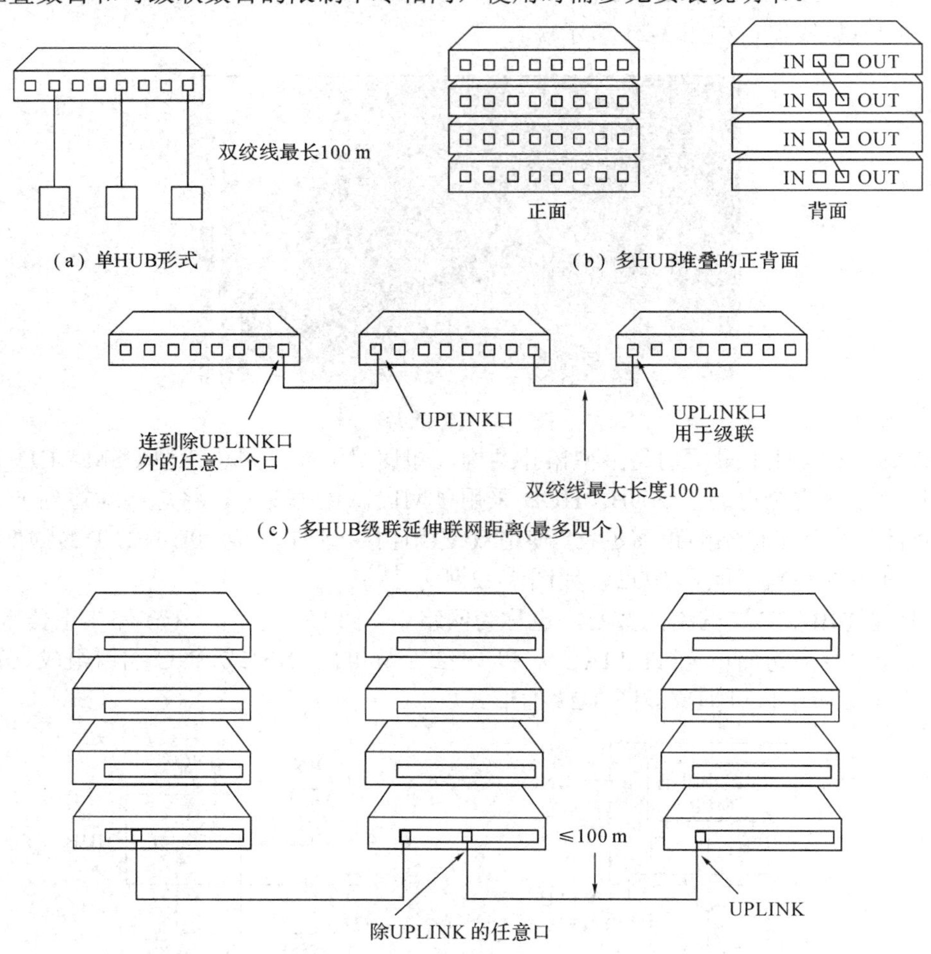

图 3-24　10BASE-T 的几种典型接法

3.3.4　10BASE-F

由于 10BASE-T 中双绞线的最大长度只有 100 m，有时难以满足多层楼房和楼间的需要，因此以光纤为传输介质的 HUB 便应运而生，这便是满足 10BASE-F 规范的产品。由于光纤具有传输距离远，抗电磁干扰能力强的优点，特别适合于楼间或楼内电磁干扰强的场合。实践中综合布线系统的楼房间和楼层间通信线路常采用光缆。

10BASE-F 的数据链路层与 IEEE802.3 的数据链路层完全一致，逻辑拓扑还是总线型。

1. 物理层标准

- 传输介质：双向(一对两根)光纤。实践中使用 62.5 μm/125 μm 多模光纤较多。
- 拓扑结构：星型(树型)。
- 每段光缆的最大长度：1 km 以上。

• 数据传输率：10 Mb/s。

2. 组网时需要的设备

(1) 光纤集线器(光纤 HUB，如图 3-25 所示)。光纤 HUB 除了提供若干个符合 10BASE−F 规范的光纤端口外，通常还有若干个 10BASE−T 端口，一个 DIX 或 BNC 端口，以便与同轴电缆及双绞线混合连接。

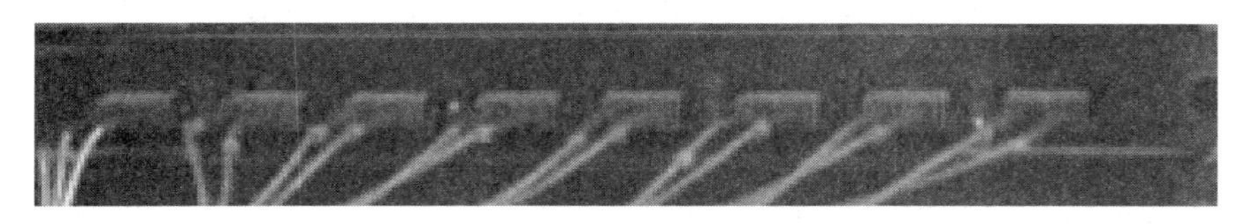

图 3-25　光纤 HUB

(2) 光缆及光缆插头。光缆中至少安装一对光纤，发送与接收信号各占一根。光缆两端接有光缆插头。常用 ST 接头。

ST/PC 型卡接式光尾纤接头如图 3-26 所示，常用在多模光纤 10Base-F 网络。

SC/PC 型方形光尾纤接头如图 3-27 所示，常用在单模 100Base-FX 网络，交换机路由器上用的最多。

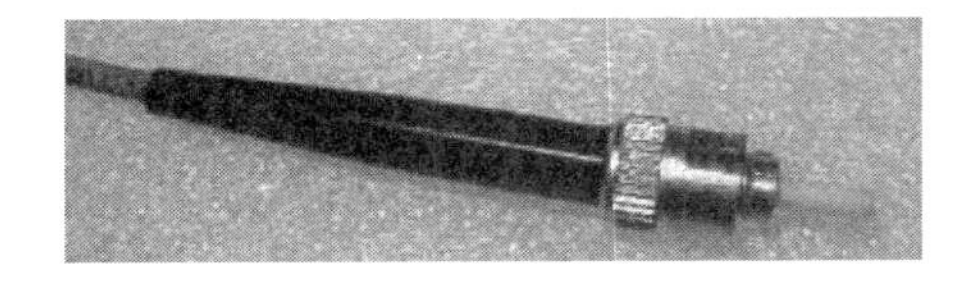

图 3-26　ST/PC 型卡接式光尾纤接头

图 3-27　SC/PC 型方形光尾纤接头

FC/PC 型圆形带螺丝扣光尾纤接头如图 3-28 所示，多用于单模光纤网路，配线架上用得最多。

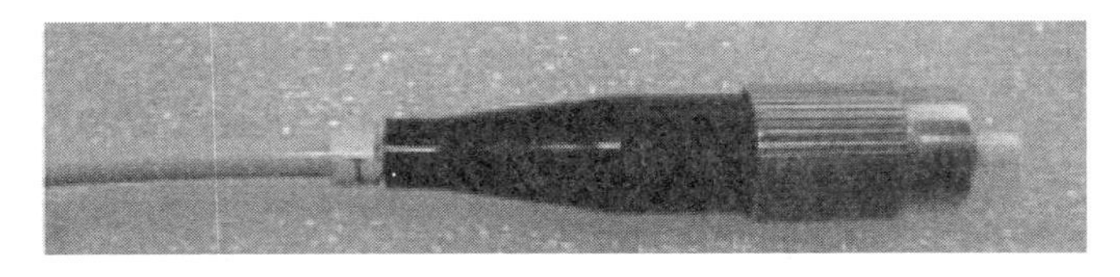

图 3-28　FC/PC 型圆形带螺丝扣光尾纤接头

LC 型插孔(RJ)闩锁光纤接头如图 3-29 所示，连接 SFP 模块，路由器常用。

图 3-29　LC 型插孔闩锁光纤接头

(3) 支持光纤的以太网卡。这样的网卡可直接连光纤，支持 10 Mb/s 传输速率。安装方法与其它以太网卡相同。

(4) 收发器及光电转接器。若用户原来在电脑上配的网卡不能连接光缆，则可以选用一个收发器，一端通过光缆连到光缆 HUB，一端通过 RJ-45 接口与网卡相连。图 3-30 是光电转换器接法示意图。图 3-31 是光电转换器的几种用法。

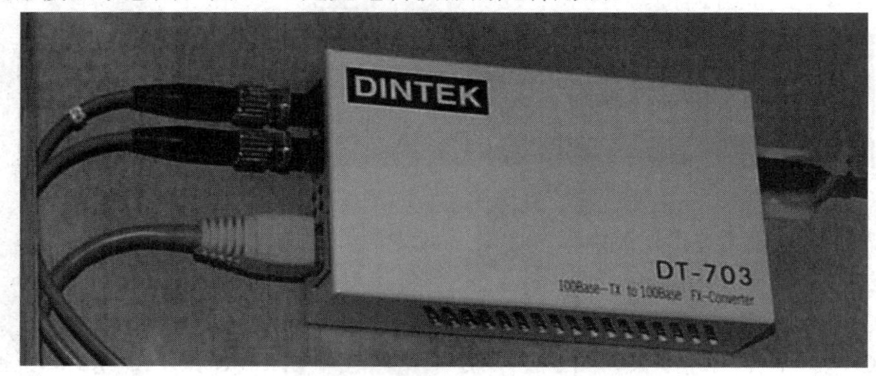

图 3-30　光电转换器接法示意图

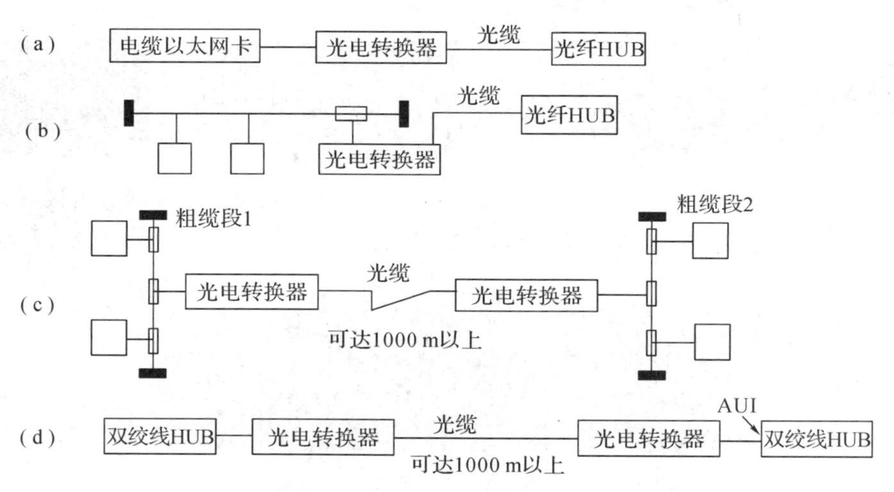

图 3-31　光电转换器的几种用法

3. 典型接法

图 3-32 和图 3-33 是 10BASE-F 的几种典型接法。

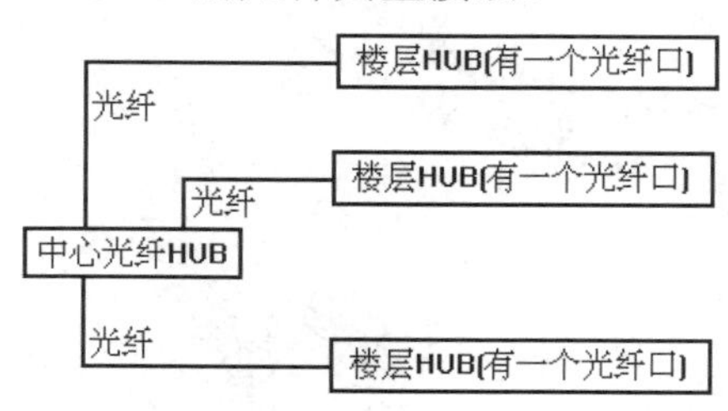

图 3-32　光纤作为大楼垂直主干

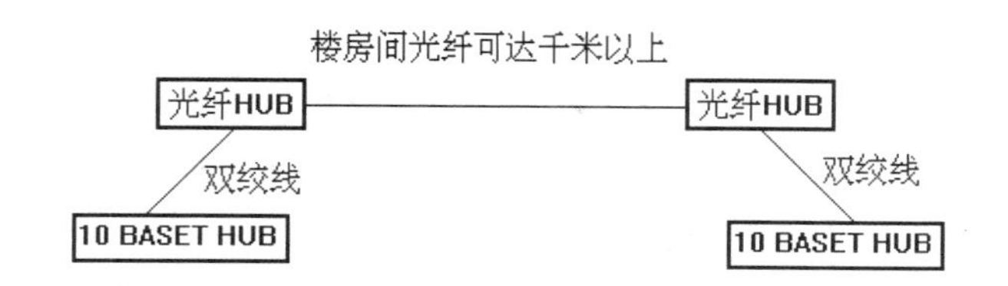

图 3-33　光纤连接两个楼房的 10BASE-T 网段

此外，还可以用网桥或交换器把两个或多个这样的网段桥接起来，进一步扩大连接距离。有关网桥和交换器的内容参见第 4 章。

为便于比较，我们把 10 Mb/s 以太网标准整理在表 3-1 中。

表 3-1　10 Mb/s 以太网标准

项　目	10BASE-5	10BASE-2	10BASE-T	10BASE-F
线　材	同轴电缆	同轴电缆	双绞线	光缆
接　头	DB15	BNC	RJ-45	ST
网段最大长度	500 m	185 m	100 m	2000 m
最大扩展范围	2500 m	925 m	500 m	500 m
最大节点数	100	30	1024	2 或 33
拓　扑	总线	总线	星型	星型
缆线电阻	50 Ω	50 Ω	100 Ω	—

ST(StraightTip)：用于连接光纤的接头，外观类似 BNC 接头，在 ISO 的正式名称为“BFOC / 2.5”。

表中的最大扩展范围是指利用集线器(或中继器)所扩展的最长距离。通常扩展之后的总长度会比原先的单一网段要长，如 10BASE-5 从 500 m 扩展为 2500 m。但是光纤却是例外，反而从 2000 m 缩短为 500 m。这是因为光纤使用集线器来分接时，会失去点对点连接的特性，所以虽然扩展出较多的网段，可是总长度却不如原本单一网段的长度。

3.4　100Mb/s 以太网组网标准(FastEthernet)

随着人们逐步转向客户机/服务器和分布式多媒体计算服务，10 Mb/s 的网络传输率已越来越不能满足要求，迫切需要提高网络的传输速度。

提高网络有效带宽的方法之一是将网络分段，然后用网桥将各段桥接起来，　由于网桥具有过滤作用，各网络段可并行工作，大大减少了冲突，从而提高每站点分配到的实际带宽。

提高网络有效带宽的方法之二是采用交换以太网技术，它相当于在方法之一中把网段细化到每段只有一个站点，然后用多路网桥把各站点连接起来，这样每个站点都可独享一个网段的带宽(例如 10 Mb/s)。

如果每网段的传输率还是传统的 10 Mb/s，则上述方法充其量使每个站点实际享有 10Mb/s 的带宽。显然更根本的方法是提高每个网段的传输率。本节就介绍传输率为 100

Mb/s 的快速以太网标准(IEEE 在 1995 年发布)。

1. 100BASE-TX

100BASE-TX 是市场上最早推出具有 100 Mb/s 的以太网标准，也称为 802.3 u。与 10BASE-T 一样都是使用双绞线传输，不过由于传输的频率较高，因此需要使用较高质量的双绞线，也就是要使用 Cat 5 等级的双绞线。也只用到 1、2、3、6 引脚等四根线。

100base-TX 是同步传输，在没有数据帧发送时，100base-TX 网卡持续发送一些空闲帧，在使用 CSMA/CD 时不是监听空闲，而是监听空闲帧。

100base-TX 采用了一种运行在 125 MHz 下的被称为 4B/5B 的编码方案。10BASE-T 的比特时间为 100 ns，100base-TX 的比特时间只有 10 ns。

2. 100BASE-FX

100BASE-FX 使用光纤来传输，传输的距离与所使用的光纤类型及连接方式有关。若使用多模光纤，在点对点的连接方式下，可达 2 km，而以单模光纤在点对点连接方式下，其传输距离更可高达 10 km。

100 Mb/s 的以太网与原先 10 Mb/s 以太网最大的不同，在于带宽及线材质量的提升，我们将规格整理如表 3-2 所示。

表 3-2　100 Mb/s 以太网标准

项　　目	100BASE-TX	100BASE-FX
线　　材	5 类双绞线	光纤
接　　头	RJ-45	ST、MIC、SC
网段最大长度	100 m	2/10 km
网 段 拓 扑	星型	星型

ST：Straight Tip，SC：Subscriber Connector，MIC:Medium-Interface Connector　100Base-TX 的直通线标准为两端要么都是 568A，要么都是 568B，交叉线的标准为一端是 568A，另外一端是 568B。

3.5　1000 Mb/s 以太网组网标准

追求速度是人之常情，因此 100 Mb/s 以太网出现后，仍有许多人持续投入研发更高速的传输技术，于是在 1998 年 IEEE 再度公布了三种超高速以太网(Gigabit Ethernet)标准。

1. 1000BASE-SX

1000BASE-SX 为短波长光纤以太网，只能使用多模光纤作为传输介质。若采用 62.5 μm 的多模光纤，在全双工模式下，最长传输距离为 275 m，若是使用 50 μm 的多模光纤，在全双工模式下，最长的传输距离为 550 m。

2. 1000BASE-LX

1000BASE-LX 长波长光纤以太网，可采用单模或多模光纤来传输。使用多模光纤时，在全双工模式下，最长传输距离为 550 m，若是采用单模光纤，在全双工模式下，传输距离则高达 5000 m。

3. 1000BASE-CX

1000BASE-CX 使用有屏蔽双绞线作为传输介质，最长的传输距离仅有 25 m，因此并不适合拿来架设网络，主要用于交换机之间的连接，还有比较适合用在主干交换机与服务器的连接上。

4. 1000BASE-T

1000BASE-T 是 IEEE 于 1999 年所发表的超高速以太网规格，也是最受人瞩目的规格。1000BASE-T 使用 Cat5e 的双绞线传输，最长传输距离为 100 m。大多数的 Cat5 电缆在重新端接之后(经过 TSB95 标准的认证测试)也可以使用，这样就使原来的基于 5 类线的 100BASE-TX 平滑升级到 1000BASE-T。

1000BASE-T 在一对线上每秒发送 125 M 个波形，一个波形传输 2 bit，因此一对线可以达到 250 Mb/s，四对线同时传输，可以达到 1000 Mb/s。当然，采用了每对线同时发送和接收而不引起冲突的方法。所以 1000BASE-T 只有直通线，没有交叉线。

1000BASE-T 的传输概念如图 3-34 所示。

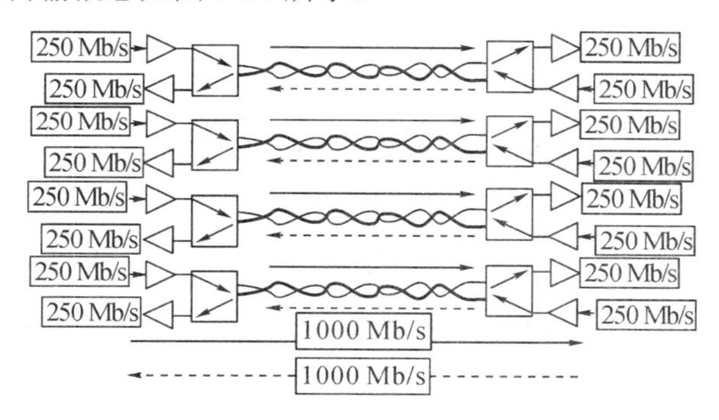

图 3-34　1000BASE-T 的传输概念

5. 1000BASE-TX

1000BASE-TX 也是基于四对双绞线，但却是以两对线发送，两对线接收(类似于 100BASE-TX)。其传输概念如图 3-35 所示。

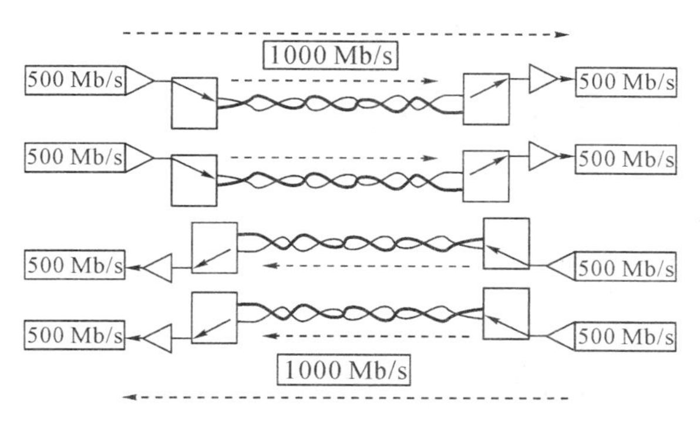

图 3-35　1000BASE-TX 的传输概念

与 100BASE-TX 交叉网线只需要交叉 1、2、3、6 不同，1000BASE-TX 交叉网线另外两对也需要交叉，具体如下：

1 对 3，2 对 6，3 对 1，4 对 7，5 对 8，6 对 2，7 对 4，8 对 5，如表 3-3 所示。

表 3-3　1000BASE-TX 交叉网线引脚接线颜色次序

白橙	橙	白绿	蓝	白蓝	绿	白棕	棕
1	2	3	4	5	6	7	8
白绿	绿	白橙	白棕	棕	橙	蓝	白蓝

1000Mb/s 以太网使用许多新的技术，以克服以太网在高带宽下传输距离越来越短的问题。上述标准总结在表 3-4 中。

表 3-4　1000Mb/s 以太网标准

项　　目	1000BASE-SX	1000BASE-LX	1000BASE-CX	1000BASE-T	1000BASE-TX
线　　材	光缆	光缆	屏蔽双绞线	双绞线 Cat5e	双绞线 Cat5e/Cat6
接　　头	SC	SC	RJ-45	RJ-45	RJ-45
网段最大长度	275/550 m	550/5000 m	25 m	100 m	100 m
网 络 拓 扑	星型	星型	星型	星型	星型

3.6　万兆以太网标准

万兆(10 Gb/s)以太网技术是以太网技术发展中的一个重要标准。它只适用于全双工模式，使用光纤，所以它不需要带有冲突检测的载波侦听多路访问协议(CSMA/CD)。除此之外，万兆以太网与原来的以太网模型完全相同，仍然保留了以太网帧结构，只是通过不同的编码方式或波分复用提供 10 Gb/s 传输速度。

在 Cat5e 或 Cat6 双绞线上的 10GBASE-T 标准也在研究中。

实训 1　制作以太网网线

一、实训目的

学会制作以太网直通双绞线、交叉双绞线。

二、实训内容

(1) 认识水晶头和双绞线。
(2) 认识几种制作工具。
(3) 制作直通双绞线及交叉双绞线。
(4) 现场考核制作质量(用网络测线仪测试，或者直接用电脑连接成功与否测试)。

三、认识水晶头、双绞线、几种制作工具

1. 认识 RJ–45 接头

RJ-45 接头又称水晶头，如图 3-36 所示。前端有 8 个凹槽，简称“8P(Position)”，凹槽内

的金属接点共有 8 个，简称“8C(Contact)”，因此业界普遍有“8P8C”的别称。常见和 RJ-45 很相似的有 RJ-11，是电话线使用的接头，它虽然有 6 个槽(Position)，但仅有 2 个或 4 个金属接点(Contact)，因此在一般耗材中，常可看到标着“6B2C”或“6P4C”的接头。

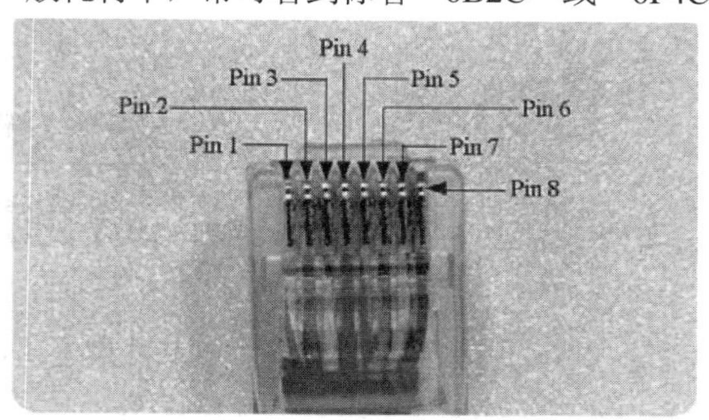

图 3-36　RJ-45 水晶头及引脚定义

从侧面观察 RJ-45，可见到平行排列的金属片，仔细数数，一共有八片，每片金属片前端有个突出透明方块的部分，从外部来看就是一只金属接点。金属片的脚是尖锐的，用来刺破双绞线的绝缘层扎到铜芯上，按金属片的尖脚形状来区分，又有“双叉式 RJ-45”和“三叉式 RJ-45”之别。

双叉式的金属片只有两只铡刀，三叉式的金属片则有三只铡刀。金属片的铡刀在压接缆线的过程中，必须刺入双绞线的芯线，并与芯线中的铜质内芯接触，以构成整个网线的连通。通常叉数越多，接触面越大，导通的效果越好，因此三叉式接头比双叉式的更适合高速网络。

再就是金属片的质量，通常含铜纯度越高，通信质量越好，镀金层越厚，越能抗氧化，不过并非所有的接头都有这么清楚的标识，而且即使标有这项数据，一般用户也无从查证，购买时只能全凭商家推荐。

虽然 RJ-45 的 8 只接脚长相都一样，不过它们可都有自己的名称，为了便于“指认”，按规定一律都以数字来称呼。

RJ-45 接头的一侧带有一条具弹性的卡榫，用来固定在 RJ-45 插槽上，翻过相对的一面，则可看到 8 只金属接脚，最左边的就是第“1”脚，然后往右依次为第“2”、第“3”…第“8”脚，如图 3-36 所示。

2. 准备基本工具

- 斜口钳：剪线用的，一般家庭 DIY 几乎都少不了它，如果手边真的找不到，先用大一点、利一点的剪刀也可以，如图 3-37 所示。

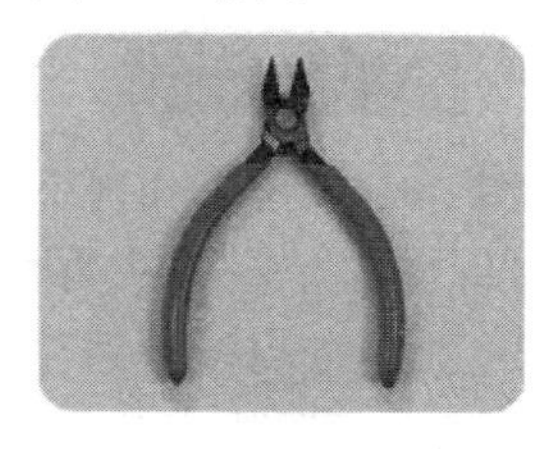

图 3-37　斜口钳

- 剥线器(如图 3-38 所示)：剥除双绞线外皮用的。当然，大部分压线钳也可以用来剥线，只是使用时要特别小心，别伤了里边的芯线。

· 压线钳(如图 3-39 所示)：最基本的功能是将 RJ-45 接头和双绞线咬合夹紧用的，一般从便宜的数十元一只到数百元一只都有，功能较完整的，一把即可压接 RJ-45、RJ-11 及其它类似接头，有的甚至可以用来剪线或剥线。制作双绞缆线时，这是必备的工具。

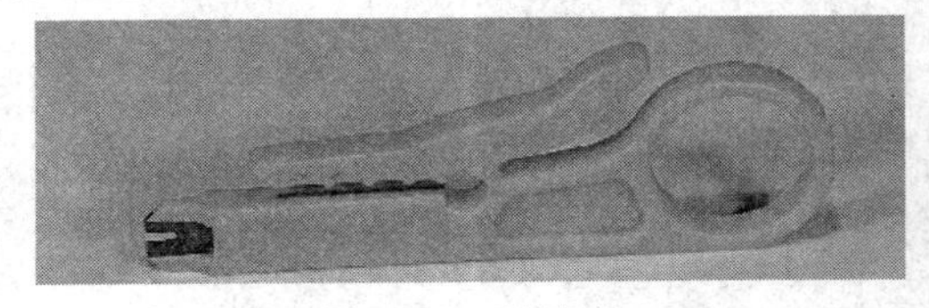

图 3-38　剥线器

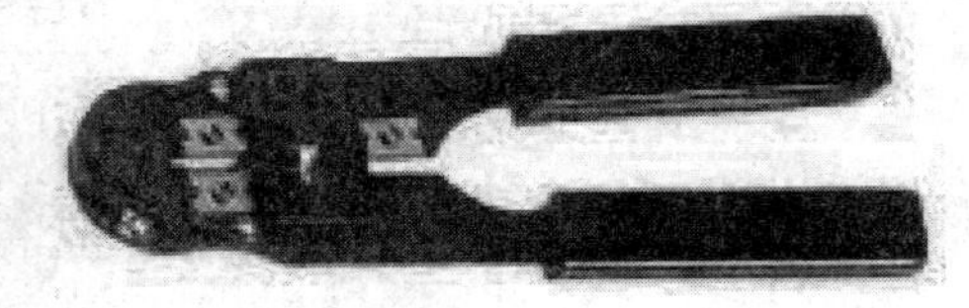

图 3-39　压线钳

· 护套(如图 3-40 所示)：还是准备一下好了，防止将来接头在遭到拉扯时，脱离插槽，无端造成断线。当然，没有护套的双绞线也一样可以用。

图 3-40　护套

四、制作步骤

此处将采用最普遍的 EIA/TIA 568B 标准来制作直通线，这也是目前公认的 10BASE-T 及 100BASE-TX 双绞线的制作标准。步骤如下：

(1) 利用斜口钳(或压线钳)剪取所需要的双绞线长度(每条线不得超过 100 m)，剪下后先将双绞线穿过护套，如图 3-40 所示。

(2) 采用剥线器(或压线钳)将双绞线外皮剥去适当长度。或把剪齐的一端插入到网线钳用于剥线的缺口中。顶住网线钳后面的挡位以后，稍微握紧网线钳慢慢旋转一圈，让刀口划开双绞线的保护胶皮，如图 3-41 所示。

图 3-41　用压线钳剥线

(3) 将四对线成扇状拨开、顺时针由左至右依次为“白橙/橙”、“白蓝/蓝”、“白绿/绿”、“白棕/棕”。

(4) 再将每一对线分开排成平行，注意调整 2、3 对线的位置，使 8 条芯线按“白橙”、“橙”、“白绿”、“蓝”“白蓝”、“绿”、“白棕”、“棕”的顺序，顺时针方向排列。并用网线钳将线的顶端剪齐，如图 3-42 所示。

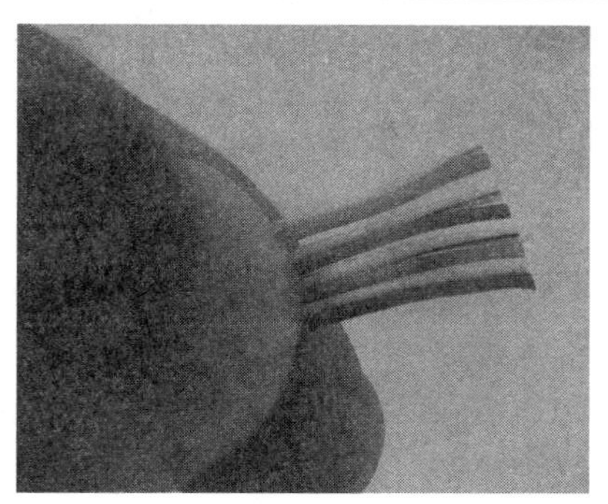

图 3-42　排对顺序并剪齐后的双绞线

注意：平行部分约 14 mm 的长度。平行的部分太长，芯线间的相互干扰就会增强，如果剪得太短，接头的金属闸刀无法全部接触到芯线，则会因接触不好而使线路不稳。这两个问题常是引起网络线路不稳定的祸首，绝对不能马虎。

(5) 将并拢的双绞线插入 RJ-45 接头中，注意“白橙”线要对着 RJ-45 的第一只脚，棕色线对着第八只脚，且线一定要插到底，如图 3-43 所示。

(6) 将插入双绞线的 RJ-45 插头插入网线钳的压线插槽中，用力压下网线钳的手柄，使 RJ-45 插头的针脚都能接触到双绞线的芯线，如图 3-44 所示。

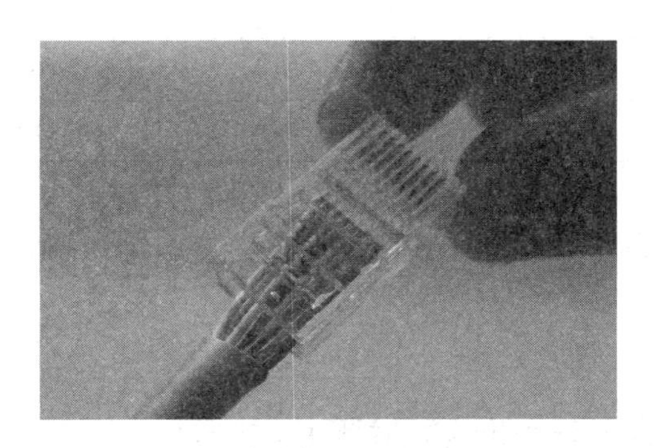

图 3-43　排对顺序后的双绞线插入水晶头的 8 个槽中

图 3-44　将插入双绞线的水晶头放入压线钳压紧

(7) 抽出接头后，再把护套推往接头方向，套住接头，就算完成单边接头的压接。接着重复步骤(1)～(7)，压好另一端的 RJ-45 接头后，这条双绞线就可以使用了。

(8) 将网线做好后，一端接到计算机的网卡接口上，另一端接到集线器或交换机的接口上，根据两端设备上的指示灯就可以判断网线是否做正确。有条件的话，也可以用简易网线测试仪测试网线是否做的正确。

网线测试仪(图 3-45)的应用：

我们把在双绞线两端的 RJ-45 水晶头插入测试仪的两个接口之后，打开测试仪电源就可以看到测试仪上的两组指示灯都在闪动。若测试的线缆为直通线的话，在测试仪上的两排八个指示灯应该依次为绿色闪过，证明网线制作成功。若测试的线缆为交叉线缆的话，其中一侧同样是依次由 1～8 闪动绿灯，而另外一侧则会根据 3、6、1、4、5、2、7、8 这样的顺序闪动绿灯。如果灯的闪动次序不对，就说明线的排列次序不对，要剪掉水晶头并重新制作。若出现任何一个灯不亮，都证明存在断路或者接触不良现象，此时最好先对两端水晶头再用网线钳压一次，然后再测，如果故障依旧，就要剪掉水晶头并重新制作。

图 3-45　双绞线测试仪

另外，直通线和交叉线的应用场合如表 3-6 中所示。

简易网线测试仪的使用由实训指导老师现场示范指导。

表 3-6　直通线和交叉线的应用场合

	主机	路由器	交换机普通口	交换机级连口	交换机光口
主机	cross	cross	normal	N/A	SC/ST
路由器	cross	cross	normal	N/A	SC/ST
交换机普通口	normal	normal	cross	Normal	N/A
交换机级连口	N/A	N/A	Normal	N/A	N/A
交换机光口	SC/ST	SC/ST	N/A	N/A	SC/ST

归纳起来就是同种设备相连用交叉线，异种设备相连用直通线。

(注意：后来的交换机已经具有线缆自动识别与自动适用功能，能够自动识别和适用交叉线和平行线。)

实训 2　用制作的网线组建对等以太网

一、实训目的

学会用直通、交叉双绞线组建简单以太局域网。

二、实训内容

(1) 用交叉线连接两台电脑，实现资源共享。

(2) 用直通线、交换机或集线器连接三台电脑，实现资源共享。

实验过程中需要设置电脑的 IP 地址及文件夹的共享，这些内容在实训老师指导下完成。

三、实训步骤

(1) 将做好的交叉线直接连接两台 PC。

(2) 将两台 PC 的 IP 地址配置为同一网段。

(3) 在提供资源的目标机上将某文件夹设为共享。

(4) 在另外一台计算机上可以查看共享文件夹，并可以复制其中的文件。

Windows 7 下设置文件夹共享的步骤：

(1) 将两台计算机的本地网络的连接属性按图 3-46 所示进行设置(把全部项目的钩都打上，要实现家庭组，需要 IPv6 组件)。

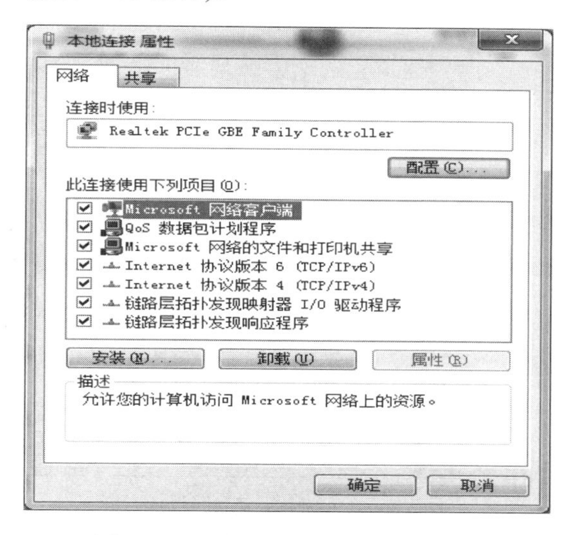

图 3-46　“本地连接属性”设置界面

(2) 将两台电脑的 IP 设置为同一网段，或者不设置 IP 地址，都由电脑自动分配 IP(如 169.254.x.x)。

(3) 在一台电脑上创建家庭组，并设置要共享的文件夹。

① 打开“网络和共享中心”，如图 3-47 所示，单击“公用网络”，在弹出的窗口中再单击“家庭网络”，出现如图 3-48 所示“创建家庭组”窗口。

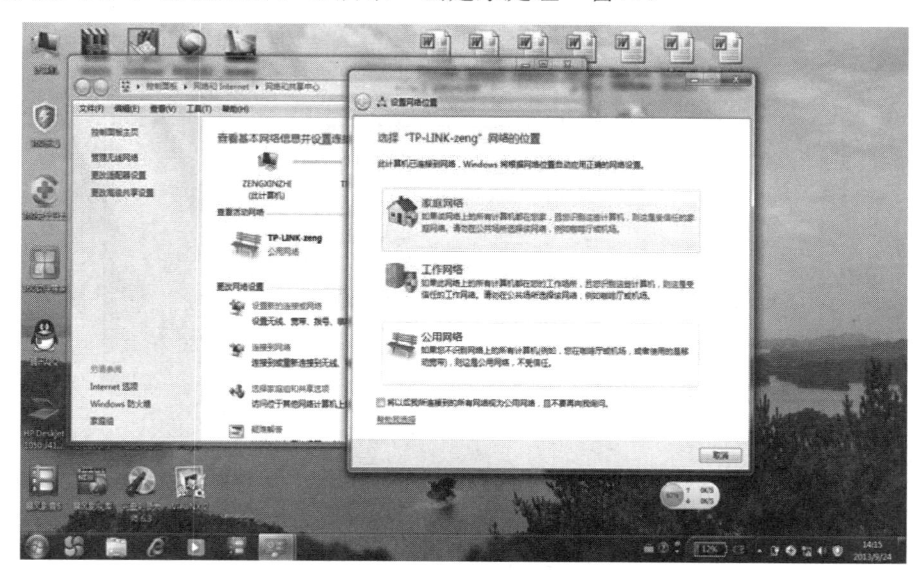

图 3-47　“网络和共享中心”界面

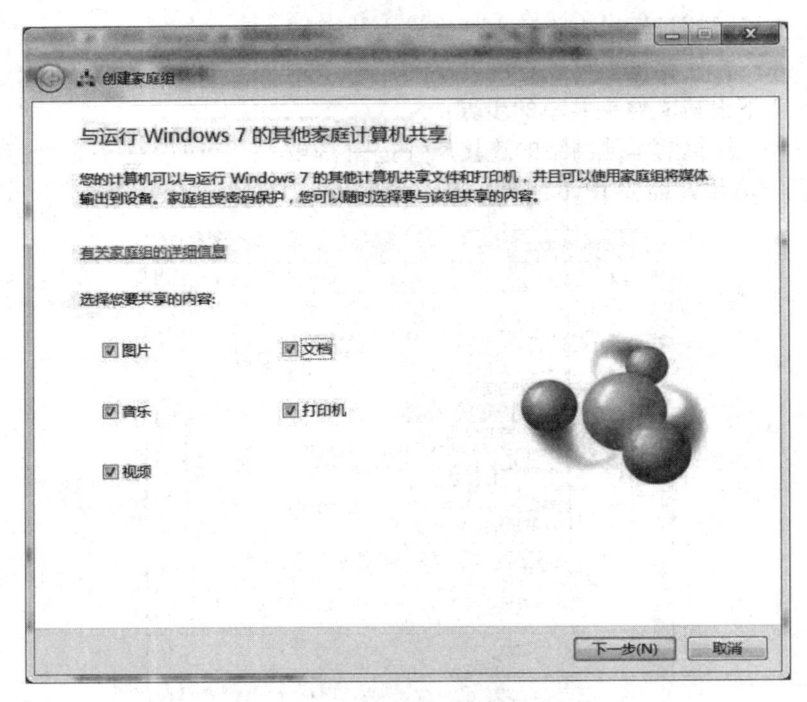

图 3-48　“创建家庭组”界面

② 把“文档”前的钩打上，单击“下一步”，出现如图 3-49 所示界面。

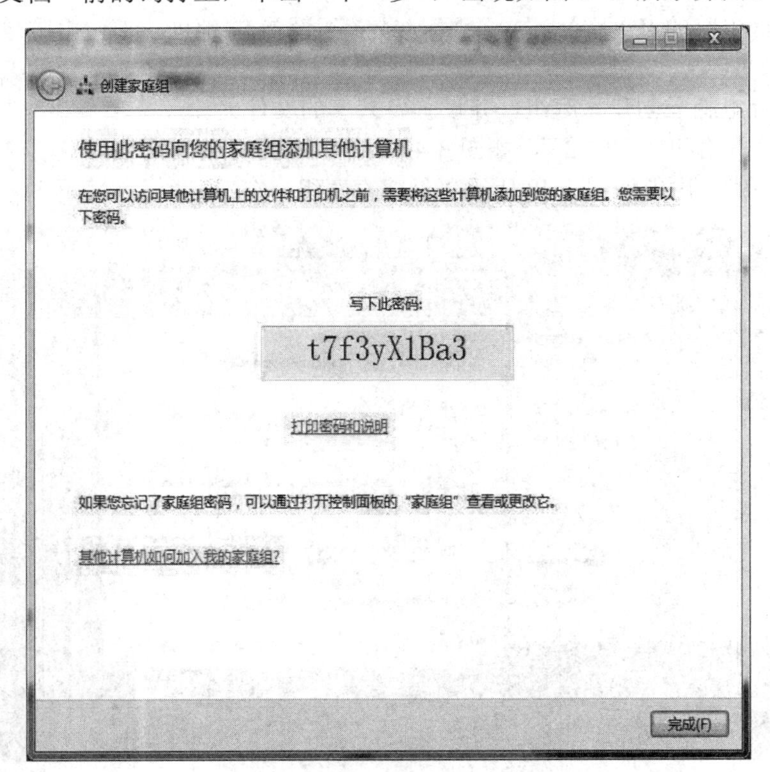

图 3-49　设置家庭组的密码界面

③ 单击“完成”。界面上显示原来的公用网络变为了家庭网络，如图 3-50 所示。

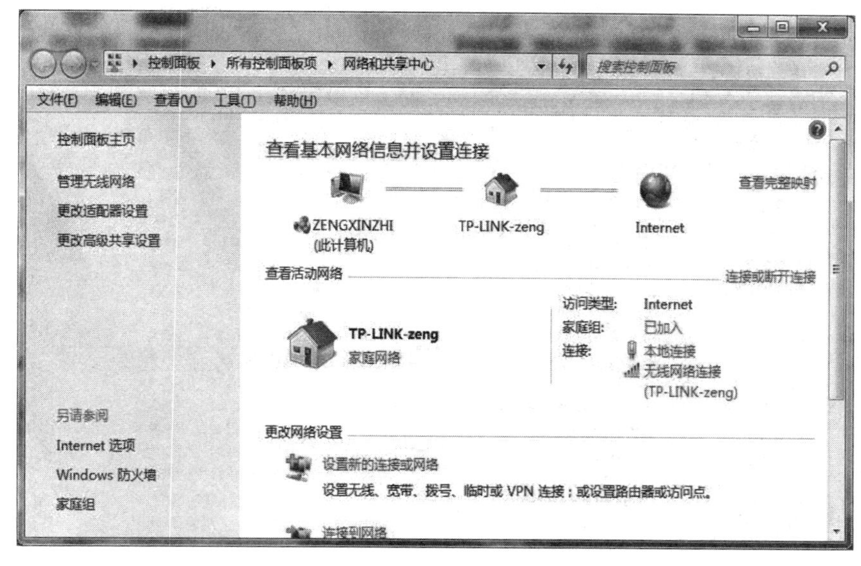

图 3-50　家庭网络创建成功

④ 选择要共享的文件夹，右击鼠标，出现如图 3-51 所示快捷窗口列表。

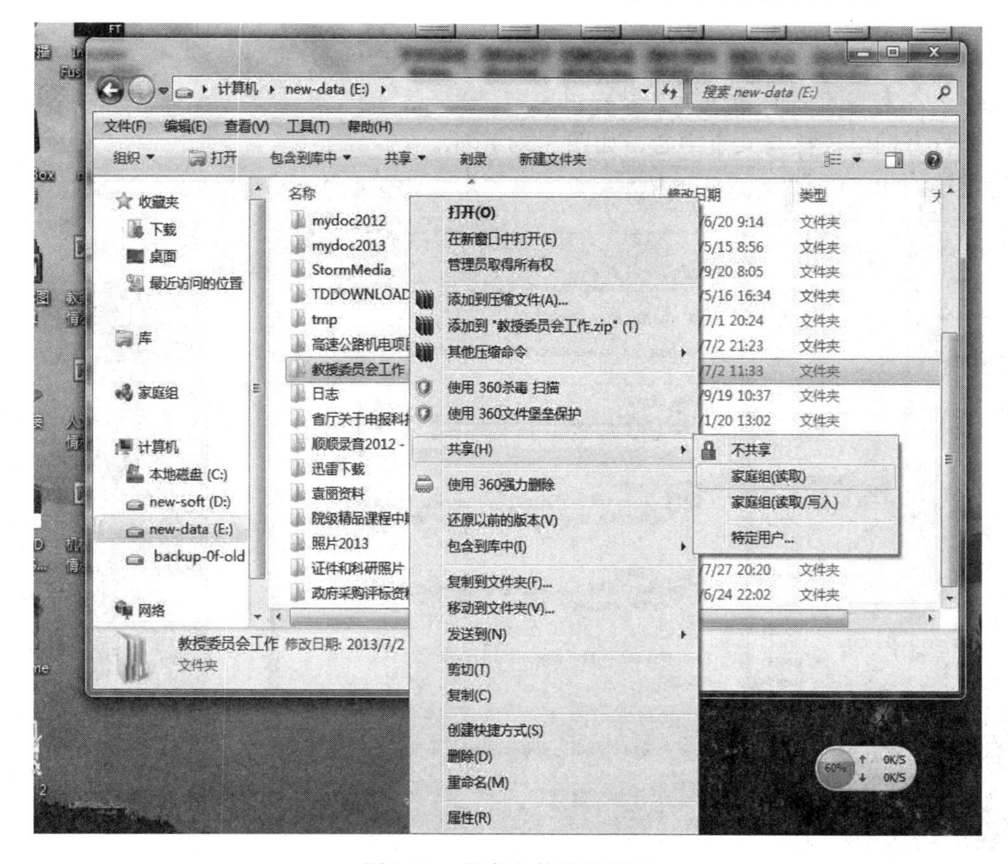

图 3-51　共享文件设置界面

⑤ 择“共享→家庭组”即可。下部的状态栏里显示目标文件夹的状态为“已共享”，如图 3-52 所示。

图 3-52　目标文件夹“已共享”

(4) 在另外一台计算机上加入家庭组。

① 打开网络连接与共享中心，如图 3-53 所示。

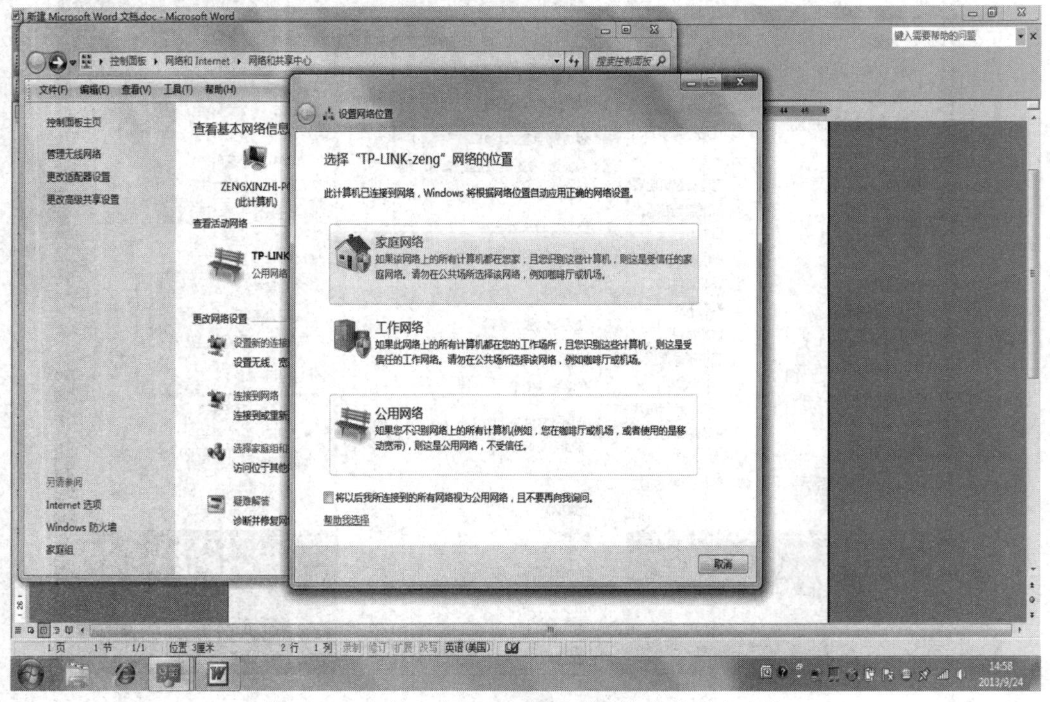

图 3-53　在另一台 PC 上打开“网络和共享中心”

② 单击“家庭网络”，出现图 3-54 所示界面。

③ 把“文档”前的钩打上，单击“下一步”，出现图 3-55 所示界面。

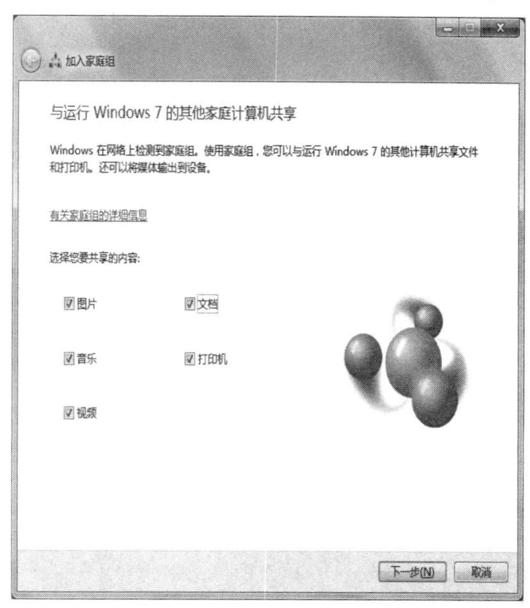

图 3-54　加入家庭组设置界面

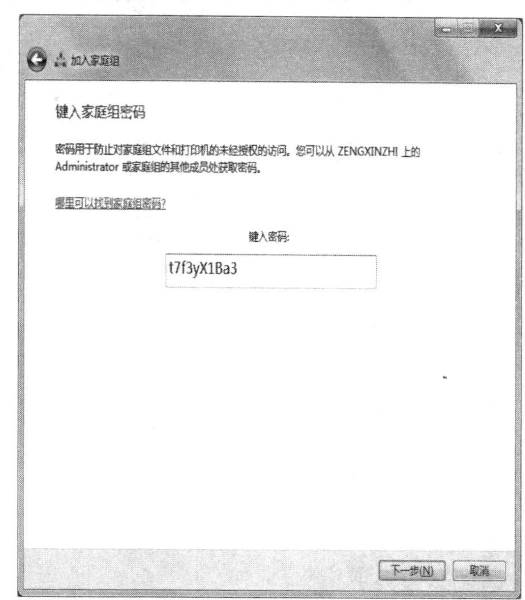

图 3-55　输入家庭密码界面

④ 再单击“下一步”，出现图 3-56 所示界面。

⑤ 单击“完成”，出现图 3-57 所示界面。

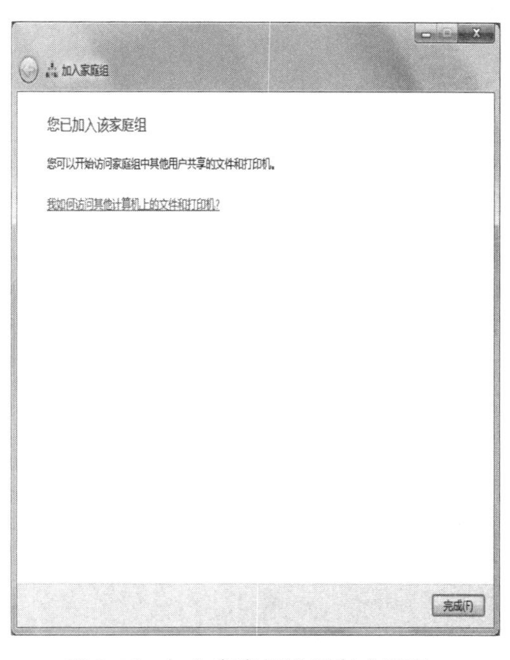

图 3-56　加入家庭组设置完成界面

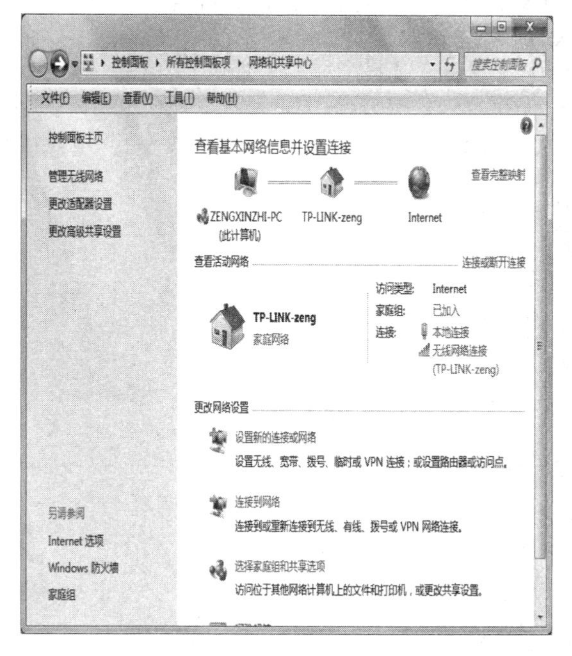

图 3-57　另一台计算机加入家庭网络

⑥ 双击桌面上的“计算机”，就可以看到“家庭组”上的另外一台计算机和它提供共享的文件夹了，如图 3-58 所示。

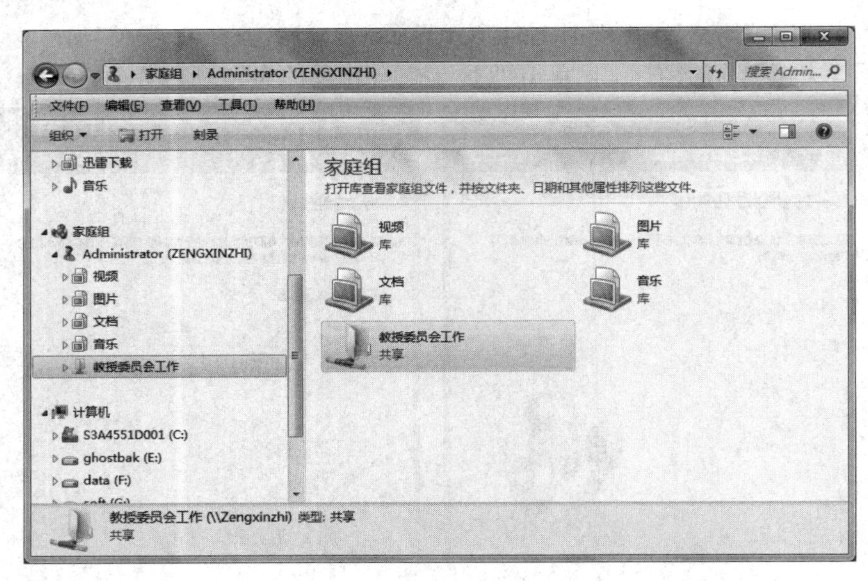

图 3-58　家庭组间共享的文件夹

项目 3 考核

完成实训 1 和实训 2，现场考核。即现场制作双绞线(直通线或交叉线)，并用交叉线直接将两台 PC 连接成为局域网(或用直通线和 HUB、交换机将两台电脑连接为局域网)，实现资源共享。

项目 4 组建交换式以太网

知识目标

掌握网桥与交换机原理。

技能目标

能够组建中大规模交换式局域网；能组建 VLAN；能够对交换机进行选型、评估性能指标。

素质目标

提高工程素质。

4.1 网络互连设备概述

所谓的网络互连，是指将地理位置上分散的若干个计算机网络，或者计算机网络与主机，或者远程工作站与计算机网络相互连接起来的做法。

网络互连可按不同层次的中继系统互连分类。中继系统是指网络互连所通过的中间设备。若中继系统在进行信息转发时与其它系统共享共同的第几层协议，此中继系统称为第几层中继系统。

从协议的层次看，可将中继系统分为四种，对应的也有四种连接方式。

1. 物理层中继系统

物理层中继系统是最底层的中间设备,即中继器或重发器(Repeater)。它负责连接各个电缆段，对信号进行放大和整形，用来驱动长线电缆,起到在不同电缆段间复制位信号的作用。严格地讲，中继器不能称作网间的连接器，它只用于网络范围的扩大。项目 3 中讲到的 HUB 实际上就是一种多路中继器。

物理层中继系统只负责对信号进行放大、整形和转发，不具备分帧和存储功能。

2. 数据链路层中继系统

数据链路层中继系统即网桥(Bridge)，负责在数据链路层将信息帧进行存储转发，主要用于连接同类局域网络。网桥一般不对转发帧做任何修改。

网桥具有下列优点：

(1) 网桥在链路层，不再受 MAC 定时特性的限制，因而可连接距离几乎无限。

(2) 网桥可将一大范围内的网络分成若干网段，允许各网段之间同时操作，可使单个网段上的负载减轻。

(3) 网桥可以隔离故障，隔离错误，提高可靠性。

(4) 利用网桥对广播帧的过滤功能可提高安全保密性。

以太网中应用广泛的 Switch 实际上就是一种多端口网桥。在交换机一节我们将以一个实例来说明网桥和中继器相比所具有的优越性。

3. 网络层中继系统

网络层中继系统即路由器(Router)，它在不同的网络之间存储转发分组。主要用于连接异种局域网，或局域网与广域网的互连，或广域网之间的互连。

4. 高层中继系统

高层中继系统指比网络层更高层次的中继系统，通常称为网关。它是网间连接器中最复杂的一种。现在的很多上网管理系统(例如防火墙)等就是。

4.2　透明网桥的工作原理

网桥有很多种，下面以以太网中常用的透明网桥为例说明其工作原理。

透明网桥(Transparent Bridge)工作在 MAC 子层，为 MAC 子层网桥，只能连接相同类型的局域网或干线段。在网桥内存有一张选径表(即 MAC 地址表，表内含有站点的 MAC 地址、对应网桥哪个端口、生存时间等栏目)，它能通过“自学习算法”不断扩大，完善和更新自己，并能通过某些算法(如生成树算法)防止路径循环。它的工作原理可归纳如下：

(1) 网桥刚接入时，路径选择表是空白的，网桥会在每个端口监听并且接收帧。

(2) 当从某个端口接收到某站发送来的信息帧时，就从该帧的源地址“逆向学习”到去该站点的路径，也就是记录该站点物理地址及对应哪个端口，在 MAC 地址表里完成一条记录的填写或刷新。

(3) 对接收到的每一帧，在 MAC 地址表中进行检索，若其目的物理地址和源物理地址对应同一个端口，则网桥将该帧丢弃，不予转发，这就是过滤；若其目的物理地址和源物理地址对应不同端口，就把该帧向目的物理地址对应端口转发，这就是选径；若在表中检索不到目的物理地址，就把该帧向除源端口外的所有端口转发，称扩散。

(4) 网桥对表中的每一个条目进行计时，并且删除那些规定时间内一直没有帧发送来的地址条目。

透明网桥的使用很方便，将其接入互连局域网就能运行，无需进行软硬件设置。

“透明”二字的含义指用户感觉不到网桥的存在，即网桥对桥两边的用户来说是透明的。

下面我们以一个实例来说明透明网桥的工作原理：

假如有局域网络如图 4-1 所示，一个四端口网桥连接了四个 HUB。网桥内部有一张 MAC 地址表，刚接入时该表是空白的，如表 4-1 所示。

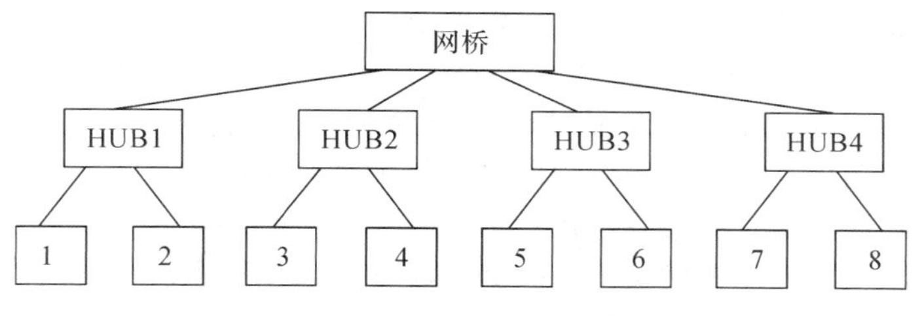

图 4-1　网桥工作原理

表 4-1　网桥内部的空白选径表

计算机网卡的 MAC 地址	该 MAC 地址对应网桥的哪个端口	生存时间

当该网络中任何一台电脑发送出一帧后，网桥就会接收到该帧，并且根据收到的帧的源 MAC 地址及接收端口，在 MAC 地址表中填写一行，如果八台电脑都发送过帧，则网桥内的 MAC 地址表会填成表 4-2 的样子。

表 4-2　网桥内部的 MAC 地址表

计算机网卡的 MAC 地址	该 MAC 地址对应网桥的哪个端口	生存时间
50-78-4C-66-DC-01	1	T1
50-78-4C-66-DC-02	1	T2
50-78-4C-66-DC-03	2	T3
50-78-4C-66-DC-04	2	T4
50-78-4C-66-DC-05	3	T5
50-78-4C-66-DC-06	3	T6
50-78-4C-66-DC-07	4	T7
50-78-4C-66-DC-08	4	T8

当这个 MAC 地址表填写好以后：

(1) 如果 1 号电脑发送一帧给 2 号电脑，网桥会接收到该帧，它看到目的地址和源地址都是 1 号端口，就丢弃该帧；

(2) 如果 1 号电脑发送一帧给 3 号电脑，网桥会接收到该帧，它看到目的地址和源地址对应不同端口，就把该帧向目的地址对应的 2 号端口转发；

(3) 如果 8 号电脑在规定的时间内没有发送帧(也许这是一台移动电脑，刚刚从 4 号 HUB 上拆除，准备移到 3 号 HUB 上)，则 T8 会倒计时到 0，网桥在表中删除该行，此时如果 1 号电脑发送一帧给 8 号电脑，网桥在表中找不到目的地址，就向除 1 号端口外的所有端口转发。

4.3　交换机及交换式以太网

基于 CSMA/CD 的共享介质以太网(指的是用中继器、集线器连接起来的以太网)有一个严重的缺点，就是随着网上站点的增多，每个站点分享到的实际带宽就会迅速下降。例如当网上站点增加到 100 个，并且同时频繁地访问网络总线时，每站点的平均带宽就变为信道传输率的 1/100，考虑到碰撞机会会大幅增加，每站点实际得到的有效带宽还会进一步减少。结果是站点有明显等待的感觉。

造成这种情况的根本原因在于任何时刻总线上都只能传输一个站点的帧，其它站点必须等待，就像河两边的人争着走独木桥一样。

解决的办法就是引入以太网交换机(Ethernet Switch)，用交换机代替中继器或集线器(HUB)，使得同一时刻允许传输多个站点的帧，从而大大提高每个站点分享到的有效带宽。

用交换机代替中继器或集线器，就像用立交桥代替独木桥(或红绿灯路口)可以解决交叉路口的交通阻塞一样。

以太网交换机提供多个(从几个到上百个)交换端口，本质上是一个多路透明网桥。每个端口可连 HUB 或单个电脑，交换机之间又可以级联。在交换机内部提供大容量动态交换带宽(可达数十 Gb/s)。交换机采用 MAC 帧交换技术，按帧中的目的地址对应的端口转发帧(而不是像一般 HUB 一样把帧广播到所有端口)，因而可在多对端口间同时建立多个并行的通信链路，使每端口上的设备独享该端口上的带宽(10 Mb/s 或 100 Mb/s)。

过去的网桥只有 2～4 个端口，现在的交换机端口数一般在 8～24 个。

目前以太网交换机有两种交换方式：

- Store-and-Forward(存储转发)交换方式；
- Cut-Through(直通)交换方式。

存储转发交换方式和透明网桥原理一样，完整地接收完毕一帧后再按帧中的目的地址对应的端口转发帧(发送时用 CSMA/CD 协议)，这样做带来了一点延迟，但避免或降低了冲突。

直通交换方式稍有不同，它收到一个帧的目的地址字段后就立即向对应的端口转发(就像两端直接连通一样)，而不是等到全帧接收完毕并存储下来后才开始转发，这样做几乎没有延迟，但当两站点同时向同一端口发送帧时就会产生冲突。还有，这种方式要求直通的两端口传输率一致。

目前市场上的许多交换机既支持存储转发式交换也支持直通式交换，用户可以根据网络实际流通情况决定选用那种交换方式，有些交换机可自动切换。

目前市场上的以太网交换机大致有三档：

(1) 全部为固定端口的接入层交换机。

(2) 具有灵活模块配置的汇聚层交换机。

(3) 高性能的核心交换机。

4.4　交换局域网组网实例

1. 小规模工作组级的交换局域网

在小规模的传统局域网中只要加一个低档交换器，即能将其升级为交换局域网并立即使网络带宽获得提高。图 4-2 是一个典型的小规模交换局域网实例。图中把 Catalyst 1700

的 100BASE-TX 端口接到服务器的 100 Mb/s 网卡上， 使服务器与交换器间形成 100 Mb/s 的高速主干。通信量大的 PC 机可直接接在交换器的 10BASE-T 端口上，独享 10 Mb/s 带宽。如果交换器的 10 Mb/s 端口不够用或需要延长距离，可把 10BASE-T HUB 接在交换器的某个端口上，再把 PC 机接到 HUB 上，此时接在 HUB 上的 PC 机共享该端口的 10 Mb/s 带宽。另外有一个 100BASE-TX 端口可用来向上连接到上级交换器(如果有的话)，或用来接另一台服务器或通信量很大的 PC 机。

图 4-3 是另一个典型的实例。采用的是 D-Link 公司的 DES-1008 八端口 10/100 Mb/s 自适应交换器。此时不管 PC 机的网卡是 100 Mb/s 还是 10 Mb/s，都可以直接连到交换器的一个端口上。只是对 100Mb/s 网卡来说要用 5 类 UTP。

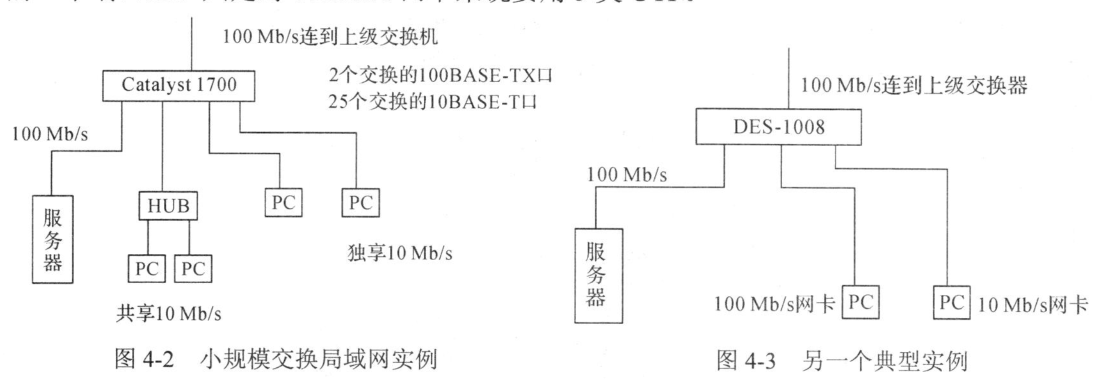

图 4-2　小规模交换局域网实例　　　　图 4-3　另一个典型实例

2. 多交换器组网示例

用多个交换器可以组成多级交换局域网。图 4-4 是一个典型的二级交换局域网示例。

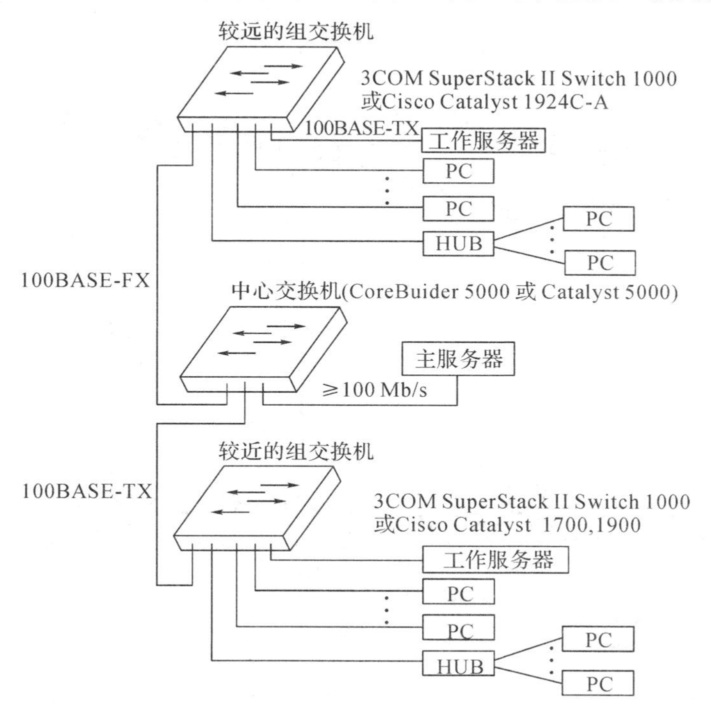

图 4-4　典型的二级交换局域网示例

图中用 3COM 公司的 CoreBuilder 5000 或 Cisco 公司的 Catalyst 5000 作为中心交换机。主服务器可以接到其 100BASE-TX 端口上。如果 100 Mb/s 带宽不够用，可以把主服务器的网卡换成全双工的 100BASE-TX 网卡，使主服务器与中心交换机间的主干带宽达到 200 Mb/s。

楼层交换器(或组交换器)即负责给相对独立的工作站提供 10 Mb/s 或 100 Mb/s 交换环境，又负责与中心交换机的光纤端口连接，距离较近的组交换器可以用 5 类 UTP 与中心交换机连接。

此外，中心交换机负责与中心路由器、访问服务器等远程组网设备的连接。这方面的内容参见本书后续内容。

现在较常用的还有三级交换，其一般拓扑如图 4-5 所示。图 4-6 和图 4-7 是两个典型示例。所谓三级交换，是指从客户 PC 机到核心服务器经过接入、汇聚、核心三层交换机。

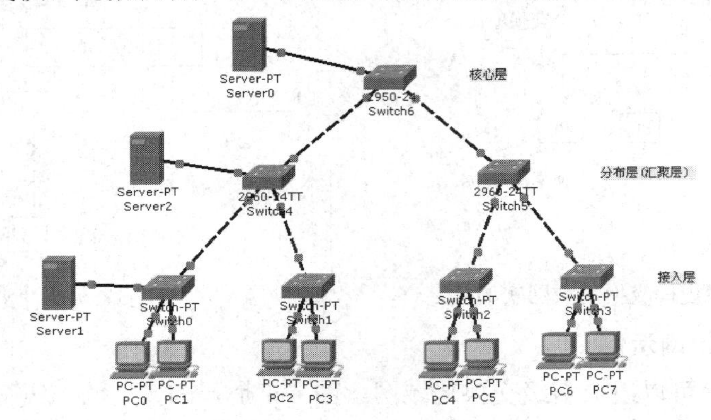

图 4-5　三级交换的一般拓扑

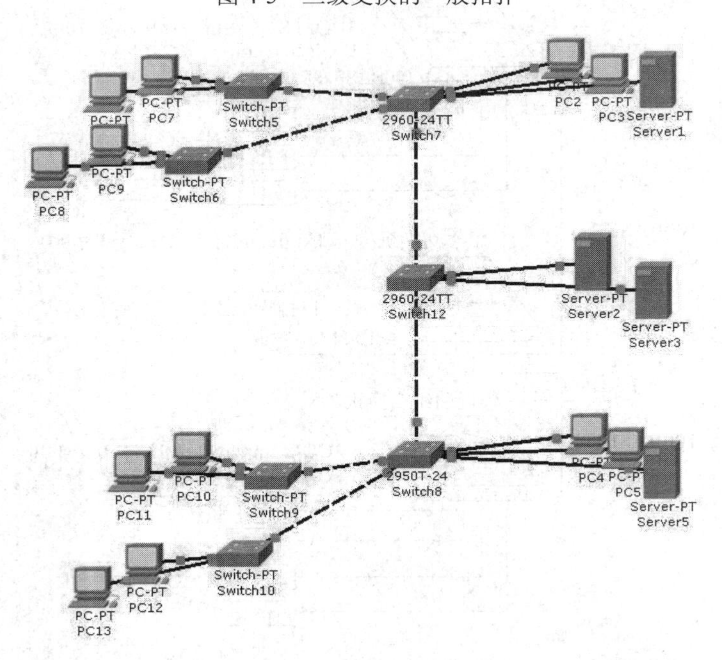

图 4-6　三级交换的大楼内布局拓扑

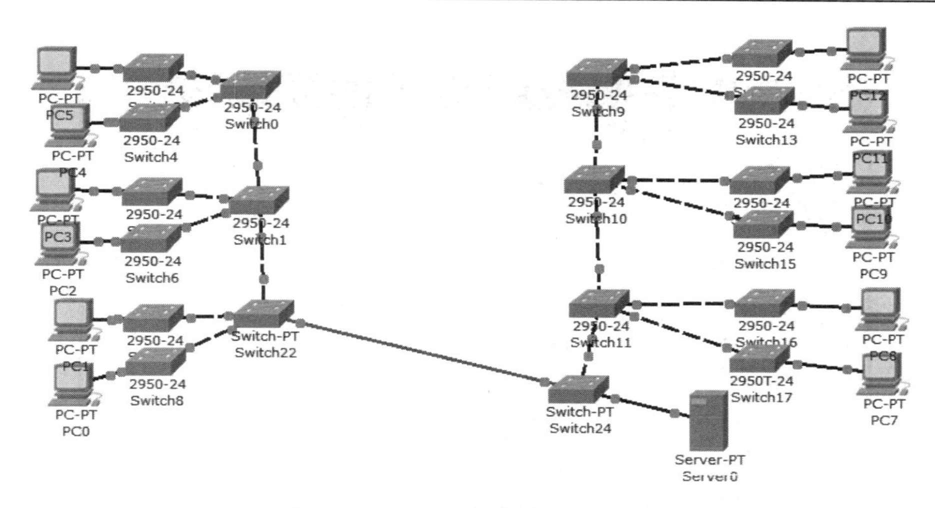

图 4-7　三级交换的大楼间布局拓扑

4.5　虚拟局域网

在此前学习的局域网中，网络中的计算机互相是可见的，可以共享资源。有些情况下这样做会带来安全方面的问题。就引出一个需求：接在同一个交换机或同一个局域网上的计算机可能要按部门或其它安全需求划分为几个看起来像物理上相互间隔离的局域网，这就是虚拟局域网。

1. 单交换机基于端口的 VLAN

就是在一个交换机上指定哪些端口是一个虚拟局域网，哪些端口是另外一个虚拟局域网。图 4-8 中把左边三台计算机设置为一个 VLAN，右边三台计算机设置为一个 VLAN。

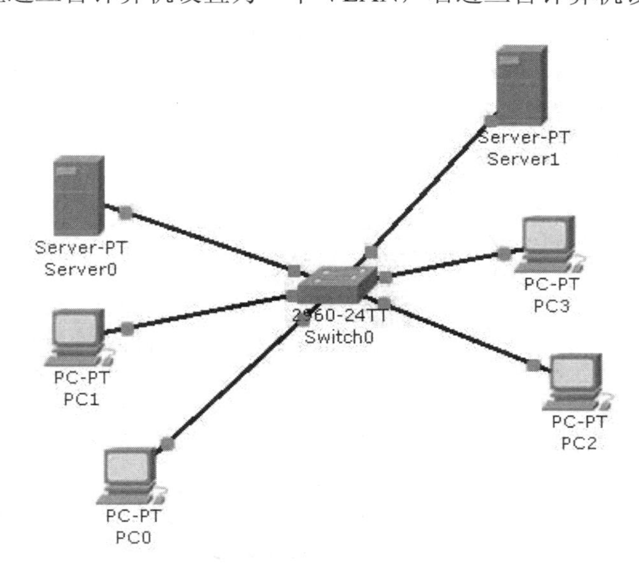

图 4-8　单交换机基于端口的 VLAN 示例

图 4-9 是设置界面。

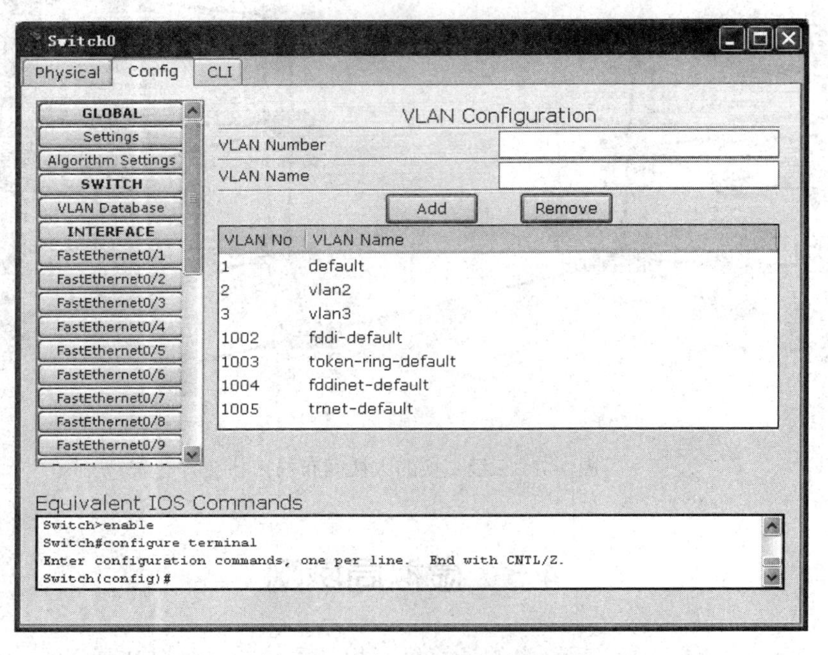

图 4-9　虚拟局域网设置界面

(1) 如图4-9中所示，在VLAN Database中添加两个VLAN号和VLAN名称(2，VLAN2；3，VLAN3)。

(2) 把左边的三个接口设置为 Access VLAN 2，如图 4-10 所示。

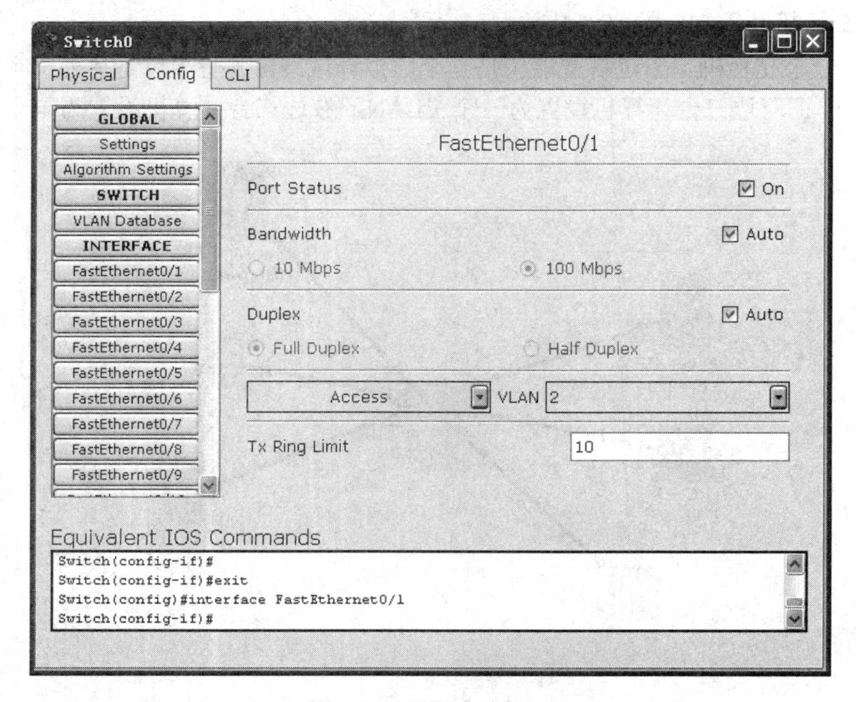

图 4-10　设置左边接口

(3) 把右边的三个接口设置为 Access VLAN 3，如图 4-11 所示。

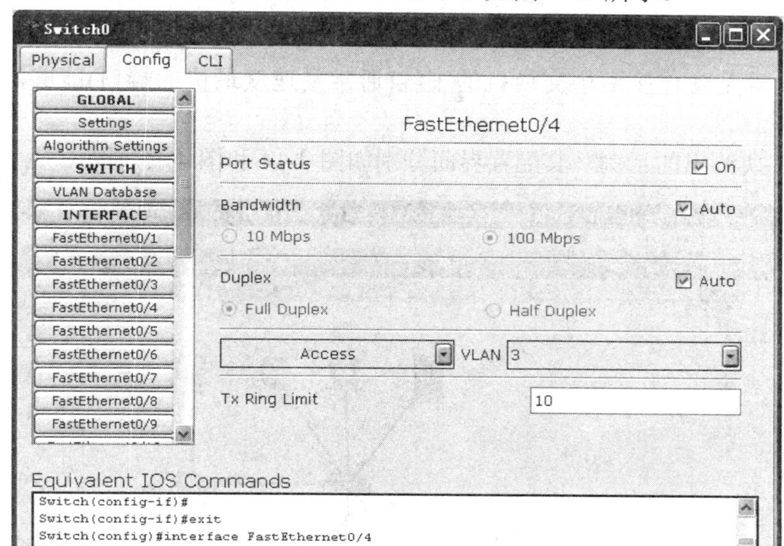

图 4-11　设置右边接口

检验办法：左边三台计算机互相可以 ping 通，右边三台计算机互相也可以 ping 通。但是左边的计算机与右边的计算机互相不能够 ping 通。

2. 多交换机基于端口的 VLAN

图 4-12 中要求上边四台计算机属于一个 VLAN，下边四台计算机属于一个 VLAN。

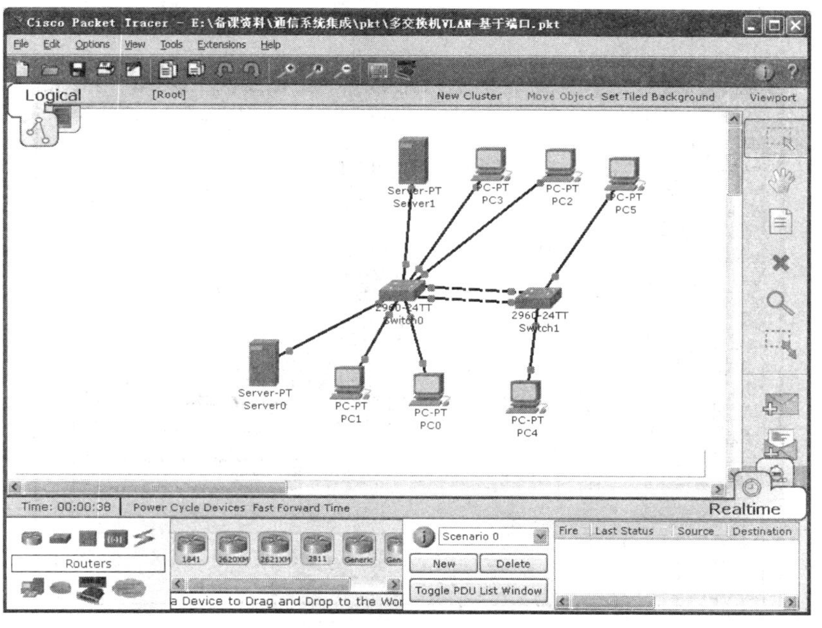

图 4-12　多交换机基于端口的 VLAN 示例

只要把连接交换机的上(下)边一根线的两端口在两台交换机上都分配到上(下)边同一

个 VLAN 就可以了。

3. 多交换机使用干线协议构建 VLAN

干线协议就是使连接两个交换机的干线(通常是速度最快的端口)能够同时通过几个 VLAN 的数据。

如图 4-13 所给出的示例，其配置界面分别如图 4-14 和图 4-15 所示。

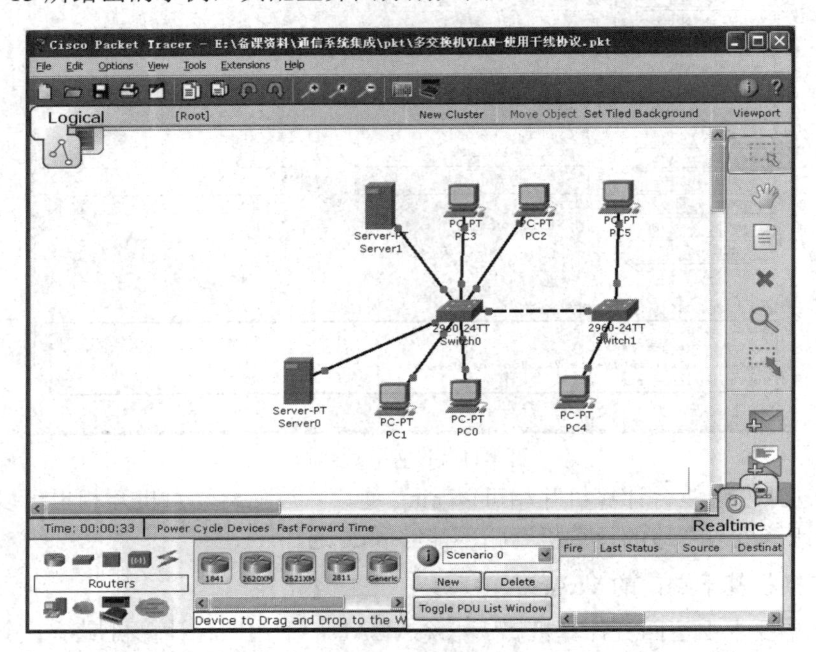

图 4-13　多交换机使用干线协议构建 VLAN 示例

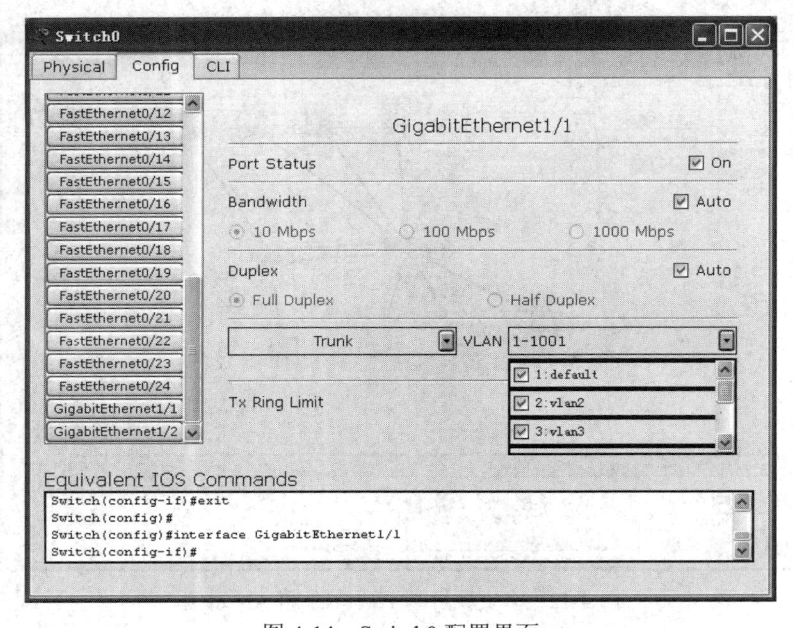

图 4-14　Switch0 配置界面

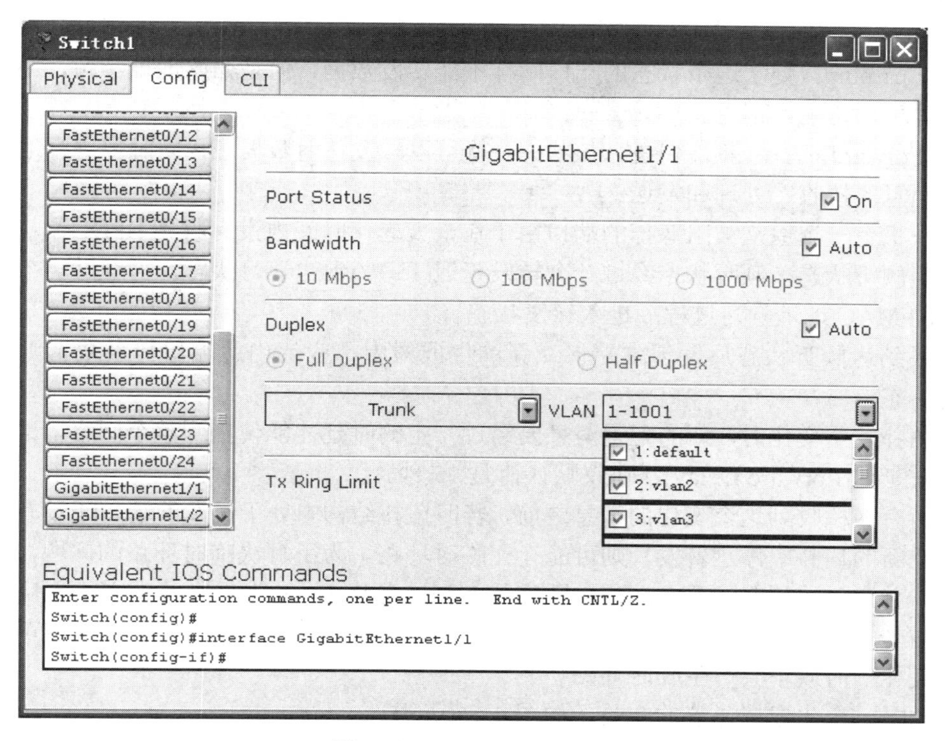

图 4-15 Switch1 配置界面

4.6 生成树协议

大家在看新校区网络拓扑图时就发现自接入层交换机到核心交换机之间有两条链路，提供冗余拓扑，一条出故障时另外一条接替，减少网络中的不可用时间。现在就来学习怎么实施。

我们知道以太网是不能够有物理环路的，否则有可能会造成：广播风暴、重复帧传送、MAC 地址表不稳定。

既要有冗余又要避免物理环路，于是就有了生成树协议。生成树协议(Spanning Tree Protocol)内容如下：

(1) STP 的目的是维持一个无环的网络拓扑。

(2) 当交换机发现有环时，就会阻塞一个或更多冗余端口，环就切断了。

(3) 当主链路坏了时，交换机就会自动发现连接丢失了，就会解除对冗余端口的阻塞，冗余链路接替主链路，网络是通的(称为生成树的重新计算)。

交换机的端口在 STP 环境中共有五种状态：阻塞 Blocking、监听 Listening、学习 Learning、转发 Forwarding、关闭 Disable。

• Blocking：处于这个状态的端口不能够参与转发数据报文，但是可以接收配置消息，并交给 CPU 进行处理。 不过不能发送配置消息，也不进行地址学习。

• Listening：处于这个状态的端口也不参与数据转发，不进行地址学习；但是可以接收并发送配置消息。

- Learning：处于这个状态的端口同样不能转发数据，但是开始地址学习，并可以接收、处理和发送配置消息。
- Forwarding：一旦端口进入该状态，就可以转发任何数据了，同时也进行地址学习和配置消息的接收、处理和发送。

交换机上一个原来被阻塞掉的端口由于在最大老化时间内没有收到 BPDU，从阻塞状态转变为倾听状态，倾听状态经过一个转发延迟(15 秒)到达学习状态，再经过一个转发延迟时间的 MAC 地址学习过程后进入转发状态。

如果到达倾听状态后发现本端口在新的生成树中不应该由此端口转发数据则直接回到阻塞状态。

当拓扑发生变化时，新的配置消息要经过一定的时延才能传播到整个网络，这个时延称为转发延迟(Forward Delay)，协议默认值是 15 秒。

在所有网桥收到这个变化的消息之前，若旧拓扑结构中处于转发的端口还没有发现自己应该在新的拓扑中停止转发，则可能存在临时环路。为了解决临时环路的问题，生成树使用了一种定时器策略，即在端口从阻塞状态到转发状态中间加上一个只学习 MAC 地址但不参与转发的中间状态，两次状态切换的时间长度都是 Forward Delay，这样就可以保证在拓扑变化的时候不会产生临时环路。

下面是一个生成树协议的实验，如图 4-16 所示。

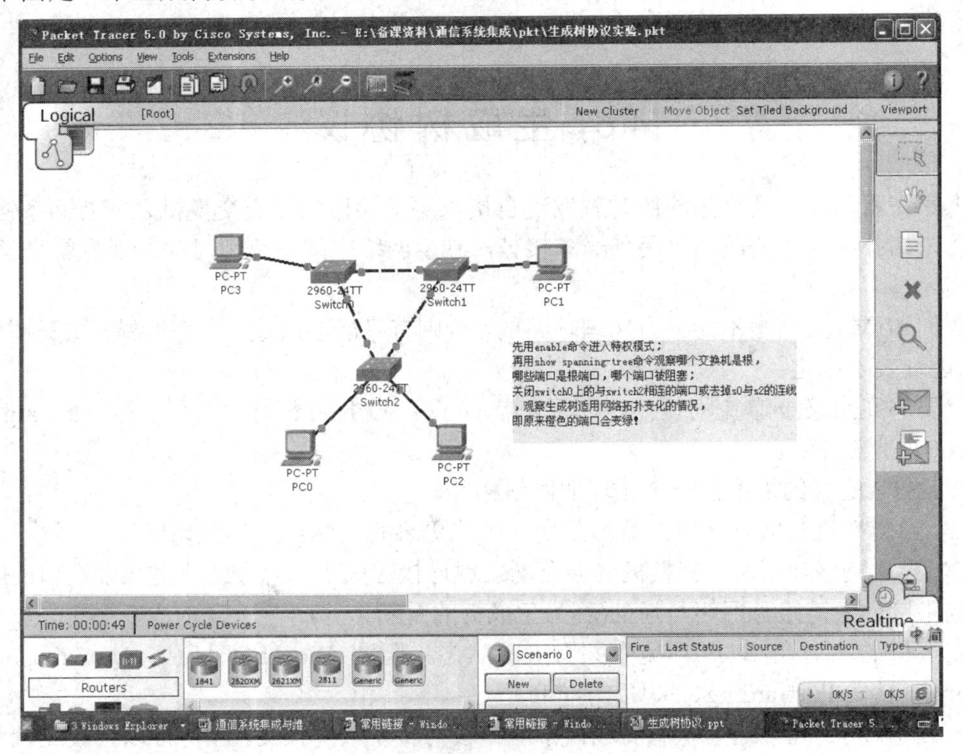

图 4-16　生成树协议的实验

在 Switch0 上用 show spanning-tree 命令可以看到它的 Fa0/1 是根端口(即到根桥开销最

小的端口)，如图 4-17 所示。

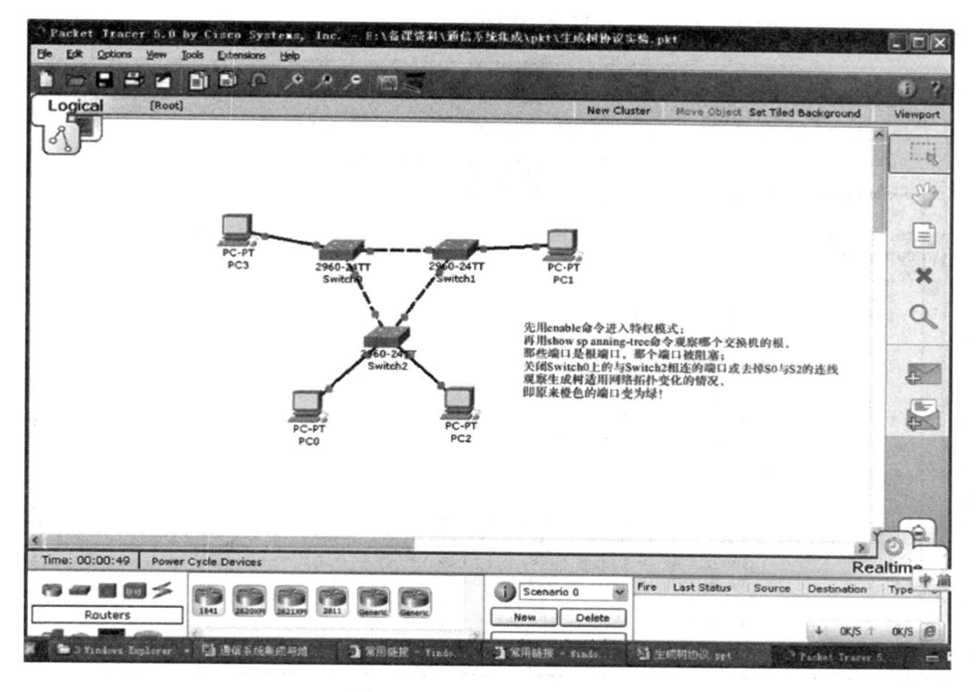

图 4-17　Switch0 端口信息

在 Switch1 上用 show spanning-tree 命令可以看到它的 Fa0/1 口被阻塞。Fa0/2 是根端口(即到根桥开销最小的端口)，如图 4-18 所示。

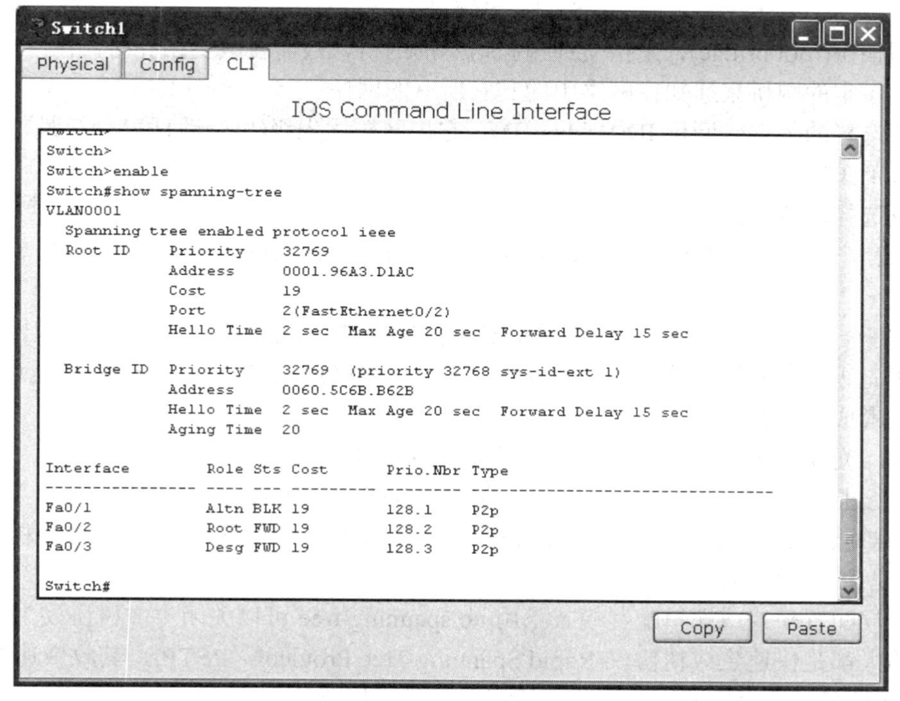

图 4-18　Switch1 端口信息

在 Switch2 上用 show spanning-tree 命令可以看到它是根桥(This bridge is the root)，没有根端口(根桥是没有根端口的)，如图 4-19 所示。

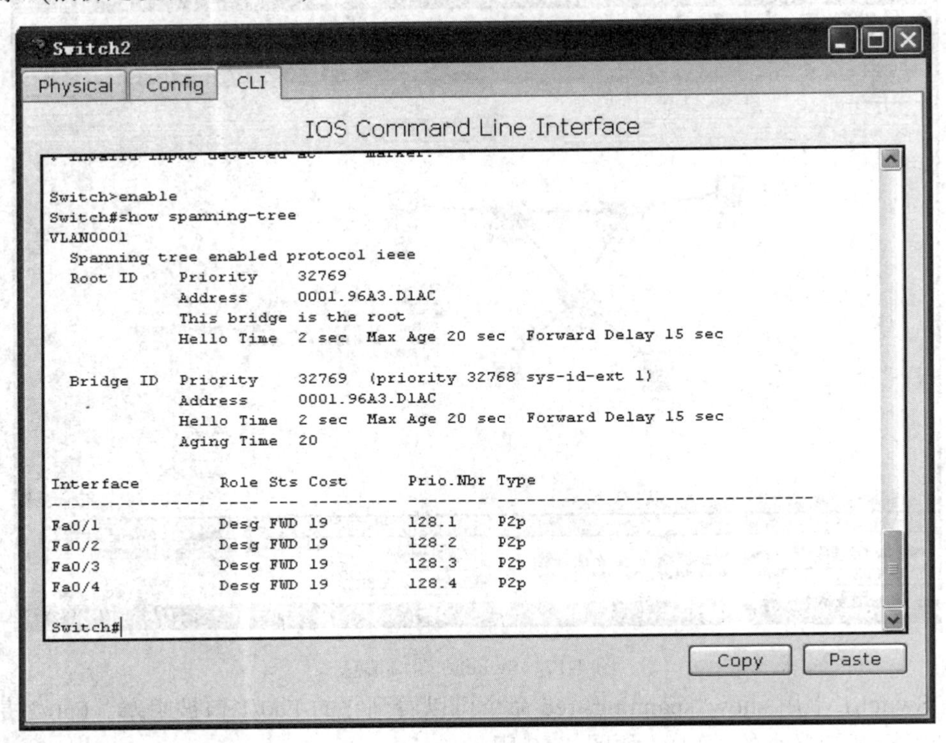

图 4-19　Switch2 端口信息

所谓根桥(root bridge)，是指交换拓扑信息的网桥，当需要改变拓扑时，在一个生成树执行中由指定的网桥来通知在网络中的其它所有的网桥。

根桥选择的依据：网桥 ID(Bridge ID)，它由网桥优先级(可修改)和 MAC 地址(不可被用户修改)组成。

根桥选择的流程如下：

(1) 第一次启动交换机时，自己假定是根网桥，发出 BPDU(桥接协议数据单元)宣告报文。

(2) 每个交换机分析报文，根据网桥 ID 选择根网桥，网桥 ID 小的将成为根网桥(先比较网桥优先级，优先级值较低者成为根桥，如果优先级值相等，再比较 MAC 地址，MAC 地址较低者成为根桥)。

注意，交换机出厂时网桥优先级一般都是相同的。

(3) 经过一段时间，生成树收敛，所有交换机都同意某网桥是根网桥。

(4) 若有网桥 ID 值更小的交换机加入，它首先通告自己为根网桥。其它交换机比较后，将它当作新的根网桥而记录下来。

在全局配置模式或端口配置模式下用 no spanning-tree 可以关闭生成树协议。目前交换机上用的大都是快速生成树协议(Rapid Spanning Tree Protocol，RSTP)，其收敛速度更快。下图 4-20 是在三级交换网络中生成树协议自动阻止环路的生成。

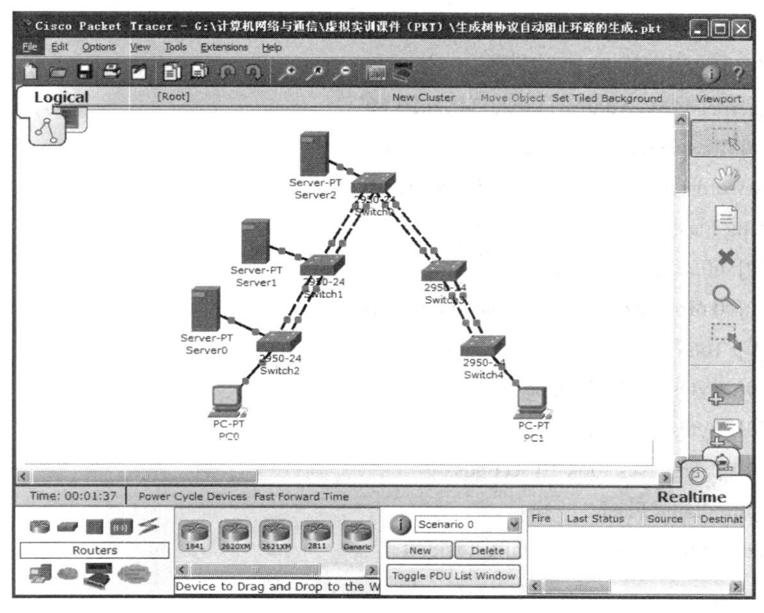

图 4-20　生成树协议自动阻止环路的生成

项目 4 考核

1. 用实物交换机组建典型的两级交换局域网。

分组，每组 5～6 人，2～3 台交换机，2～3 台电脑，自己准备直通双绞线，按图 4-4 类似的方式组建两级交换局域网，以能够 ping 通为考核标准。

2. 在 PacketTracer 中用虚拟设备组建典型的三级交换局域网。

分组，每组两人，在 PacketTracer 中组建与图 4-4 类似的三级交换局域网，以能够 ping 通为考核标准。做好的 PKT 文档发老师邮箱。

3. 交换机的配置实操。

本项目以 Cisco Catalyst 系列交换机为例，平台如图 4-21 所示。

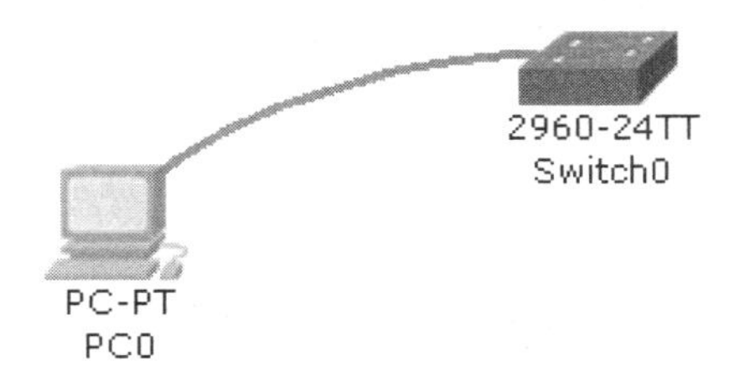

图 4-21　Cisco Catalyst 系列交换机配置实操平台

首先熟悉交换机 led 指示灯。主要有：系统 led；冗余供电 led；端口 led。

为了配置或检查交换机的状态，可以将 PC 的 COM 口用全反电缆接到交换机的控制台端口，然后在 PC 上运行超级终端。连接的默认通信参数配置为：波特率：9600；数据位：8；奇偶校验：无；停止位：1；数据流控制：无。

交换机加电时在 PC 的终端窗口可以看到启动过程显示的提示信息：

----实际的 Cisco 交换机启动情况：

```
Base ethernet MAC Address: 00:23:34:2d:29:00
Xmodem file system is available.
The password-recovery mechanism is enabled.
Initializing Flash...
flashfs[0]: 606 files, 19 directories
flashfs[0]: 0 orphaned files, 0 orphaned directories
flashfs[0]: Total bytes: 32514048
flashfs[0]: Bytes used: 8339968
flashfs[0]: Bytes available: 24174080
flashfs[0]: flashfs fsck took 10 seconds.
...done Initializing Flash.
Boot Sector Filesystem (bs) installed, fsid: 3
done.
Loading "flash:c2960-lanbase-mz.122-35.SE5/c2960-lanbase
@@@@@@@@@@@@@@@@@@@@@@@@@@@@@@@@@@@@@@@@@@@@@@@@
@@@@@@@@@@@@@@@@@@@@@@@@@@@@@@@@@@@@@@@@@@@@@@@@@@@@@@
@@@@@@@@@@@@@@@@@@@@@@@@@@@@@@@@@@@@@@@@@@@@@@@@@@@@@@
@@@@@@@@@@@@@@@@@@
File "flash:c2960-lanbase-mz.122-35.SE5/c2960-lanbase-mz.122-35.SE5.bin" uncompr
essed and installed, entry point: 0x3000
executing...
⋮
          --- System Configuration Dialog ---

Would you like to enter the initial configuration dialog? [yes/no]:
```

当问你是否进入初始配置对话，回答 no 就会进入 CLI 界面，出现提示符：

```
switch>
```

输入 enable 并提供必要的密码就进入特权模式：

```
switch#
```

用 show flash，show version，show vlan 命令可以查看基本信息。

配置交换机的管理部分示例：

```
Switch>enable
Switch#config t
Enter configuration commands, one per line.  End with CNTL/Z.
Switch(config)#interface vlan1
Switch(config-if)#ip address 192.168.1.1 255.255.255.0
```

```
Switch(config-if)#no shutdown
Switch(config-if)#exit
Switch(config)#ip http server
Switch(config)#ip http port 80
```

如果交换机已经通过前面的超级终端方式配置了 VLAN1 的 IP，启动了 Web 服务器，以后就可以通过图形界面进行配置。

将 PC 通过以太网络与交换机任意口连接，在 PC 上启动浏览器，输入交换机 VLAN1 的 IP 地址，如 192.168.1.1，就可以进入交换机配置的图形界面，如图 4-22 所示。如果需要登录用户名和密码，就查用户手册，找到其默认的用户名和密码，例如思科的默认用户名和密码均为 Cisco。图 4-23 与图 4-24 分别是某款思科交换机登录过程及登录成功后的界面。可以在图像界面下完成 Cisco 交换机的大部分配置工作，包括恢复到出厂默认状态。

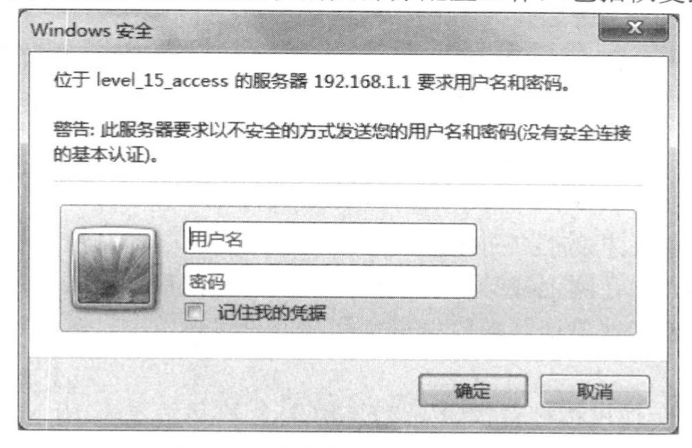

图 4-22　交换机配置的图形界面

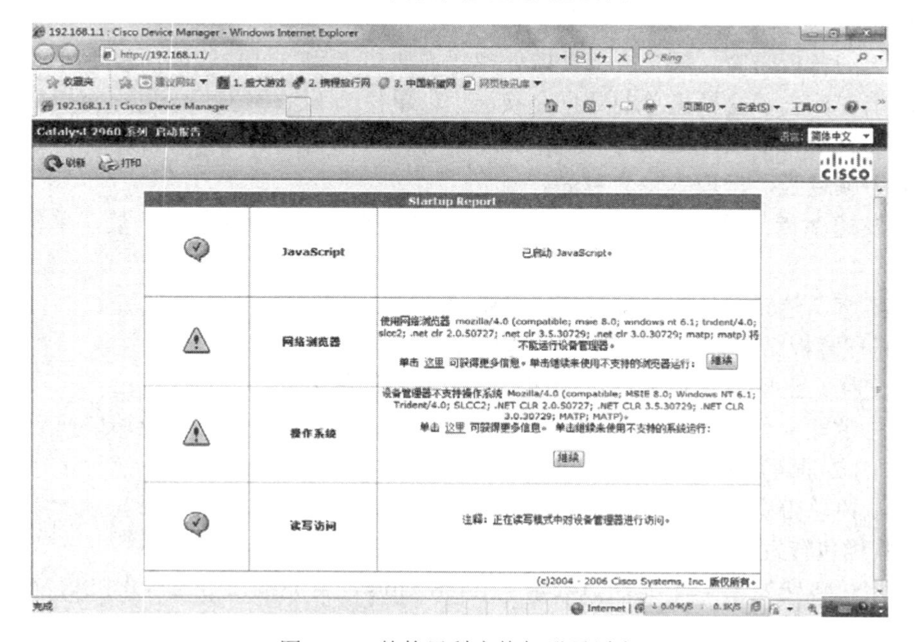

图 4-23　某款思科交换机登录过程

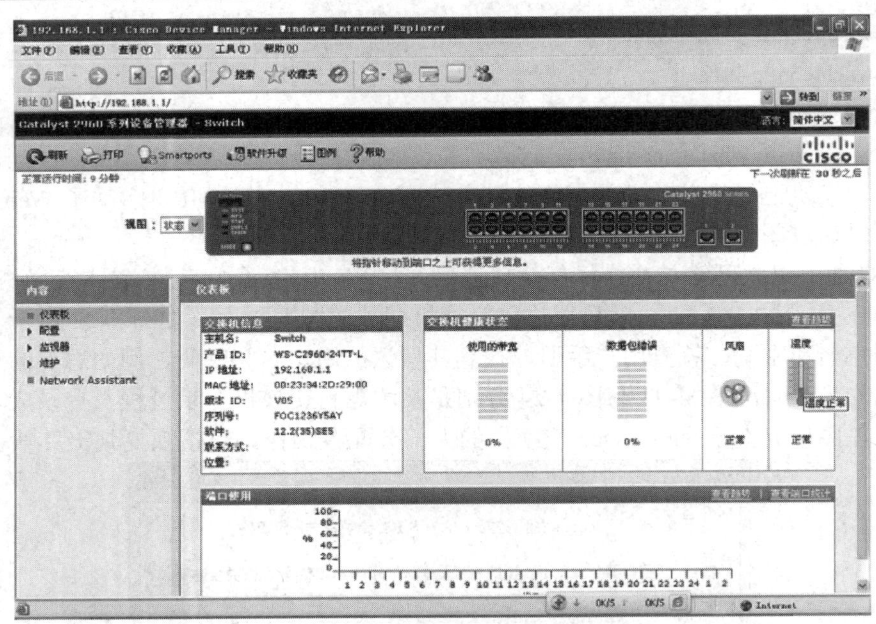

图 4-24　登录成功的界面

4. 理解并选择交换机的性能指标

分组，每组两人，在网上找一个交换机，找到它的标称背板带宽、标称包转发速率，再根据它的端口类型和数量计算端口总带宽和端口总包转发率，然后判断该交换机是否能够线速。

(参考数据：某交换机标称背板带宽 37 Gb/s，标称包转发率 10 Mp/s，24 个快速以太口，4 个千兆以太口)

背板带宽与包转发速率的定义如下：

交换机的背板带宽，是交换机接口处理器或接口卡和数据总线间所能吞吐的最大数据量。背板带宽标志了交换机总的数据交换能力，单位为 b/s(位每秒)，也叫交换带宽，一般的交换机的背板带宽从几 Gb/s 到上百 Gb/s 不等。一台交换机的背板带宽越高，所能处理数据的能力就越强，但成本也会越高。

包转发速率指的是单位时间内发送 64 Byte 的数据包(最小包)的个数，单位为 p/s(包每秒)。

背板带宽、包转发速率、端口速率的关系如下：

(1) 标称背板带宽、端口总带宽、是否线速：

考察交换机上所有端口能提供的端口总带宽，计算公式为

端口总带宽 = 百兆端口数 × 相应端口速率 × 2 + 千兆端口数 × 相应端口速率 × 2 + …

(其中的 2 是考虑全双工模式。)

如果端口总带宽≤标称背板带宽，那么在背板带宽上是线速的。

(2) 标称包转发率、端口总包转发率、是否线速：

端口总包转发率 = 千兆端口数量 × 1.488 Mp/s + 百兆端口数量 × 0.1488 Mp/s
　　　　　　　　+ 其余类型端口数 × 相应系数

如果端口总包转发率≤标称包转发速率(第二层或第三层)，那么交换机在交换(第二层

或第三层)的时候可以做到线速。

那么，1.488 Mp/s 是怎么来的呢?

对于千兆以太网来说，计算方法如下：

$$1\,000\,000\,000\ \text{b/s} \div 8\ \text{bit} \div (64 + 8 + 12)\ \text{Byte} = 1\,488\,095\ \text{p/s} \approx 1.488\ \text{Mp/s}$$

说明一下，当以太网帧为 64 Byte 时，需考虑 8 Byte 的帧头和 12 Byte 的帧间隙的固定开销。百兆以太网的线速端口包转发率正好为千兆以太网的十分之一，为 0.1488 Mp/s。

对于万兆以太网，一个线速端口的包转发率为 14.88 Mp/s。

对于 OC-12 的 POS 端口，一个线速端口的包转发率为 1.17 Mp/s。

对于 OC-48 的 POS 端口，一个线速端口的包转发率为 468 Mp/s。

如果背板带宽和包转发速率都是线速的，那么我们就说这款交换机真正做到了线性无阻塞。

背板带宽资源的利用率与交换机的内部结构息息相关。目前交换机的内部结构主要有以下几种：一是共享内存结构，这种结构依赖中心交换引擎来提供全端口的高性能连接，由核心引擎检查每个输入包以决定路由，这种方法需要很大的内存带宽，尤其是随着交换机端口的增加，中央内存的价格会很高，因而交换机内存成为性能实现的瓶颈；二是交叉总线结构，它可在端口间建立直接的点对点连接，这对于单点传输性能很好，但不适合多点传输；三是混合交叉总线结构，这是一种混合交叉总线实现方式，它的设计思路是，将一体的交叉总线矩阵划分成小的交叉矩阵，中间通过一条高性能的总线连接，其优点是减少了交叉总线数，降低了成本，减少了总线争用，但连接交叉矩阵的总线成为新的性能瓶颈。

MAC 地址表大小：交换机 MAC 地址数量是指交换机的 MAC 地址表中可以最多存储的 MAC 地址数量，存储的 MAC 地址数量越多，允许的网络规模就越大，那么数据转发效率也越高。通常交换机只要能够记忆 1024 个 MAC 地址基本上就可以了，当然越是高档的交换机能记住的 MAC 地址数就越多，这在选择时要视所连网络的规模而定了。

项目 5　组建无线局域网

知识目标

了解无线网络协议知识和无线网络拓扑知识。

技能目标

能够组建无线局域网。

素质目标

提高工程素质与协作素质。

5.1　无线网络基本知识

无线网络是指采用无线传输媒体的网络，这里的无线媒体可以是无线电波、红外线或激光。无线网络包括无线局域网和无线广域网，最新的发展也包括无线接入网。本书重点介绍无线局域网技术。

(1) 无线局域网(Wireless Local Area Network，WLAN)：指利用微波作为传输介质来传输数据信号的局域网络。

(2) 无线广域网(Wireless Wide Area Network，WWAN)：无线广域网的一种实现方法是无线分组通信(例如中国联通在 GMS 基础上的 GPRS，以及现在的 3G 和 4G 网络上的分组交换技术)。无线分组通信使用分组交换技术把数据从一个地方传送到另一个地方。

1. 无线网络的优缺点

无线网络的优点是：

(1) 移动性强：在大楼或园区内，用户随时随地可以联网。

(2) 无布线限制：无线技术可以使网络覆盖有线网络难以布线的地方。

无线网络的缺点是：

(1) 易受干扰。

(2) 易被非法接入 (需要加密)。

2. 无线局域网的常用设备

在无线局域网里，常见的设备有：无线网卡、无线 AP、无线路由、无线网桥、无线天线等。

3. 无线局域网的拓扑结构

根据无线局域网的应用方式，无线局域网络分为对等网络和结构化网络两种拓扑结构。

1) 对等网络

对等网络也称 AD-HOC 网络，如图 5-1 所示。对等网络用于一台无线工作站和另一台或多台其它无线工作站的直接通信，该网络无法接入有线网络中，只能独立使用。对等网络中的一个节点必须能同时“看”到网络中的其他节点，否则就认为网络中断，因此对等网络只能用于少数用户的组网环境，比如 4～8 个用户，并且它们之间的距离应足够近。

2) 结构化网络

结构化网络由无线接入点(AP)、无线工作站(STA)以及分布式系统(DSS)构成，覆盖的区域分基本服务区(BSS)和扩展服务区(ESS)，如图 5-2 所示。

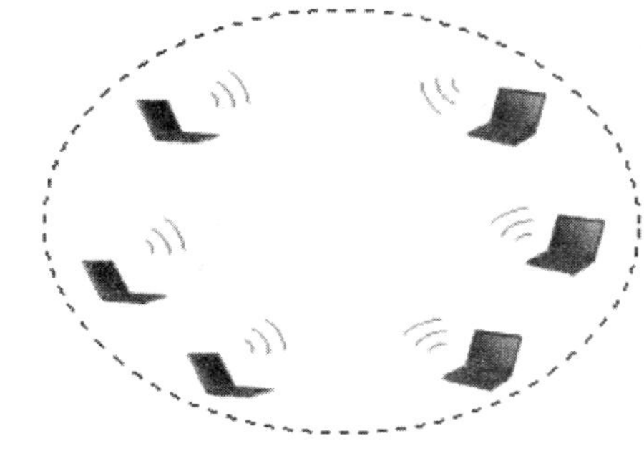

图 5-1　无线对等网络

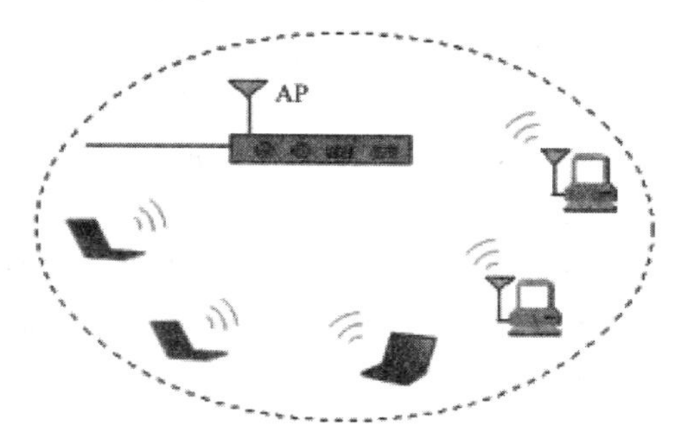

图 5-2　无线结构化网络

无线接入点(AP)：也称无线 HUB，用于在无线工作站(STA)之间、无线站和有线网络之间接收、缓存和转发数据。无线接入点通常能够覆盖几十至几百用户，覆盖半径从几十米达几百米。

基本服务区(BSS)：由一个无线接入点以及与其关联(Associate)的无线工作站构成，在任何时候，任何无线工作站都与该无线接入点关联。换句话说，一个无线接入点所覆盖的微蜂窝区域就是基本服务区。无线工作站与无线接入点关联采用无线接入点的基本服务区标示符(BSSID)。

扩展服务区(ESS)：是指由多个无线接入点以及连接它们的分布式系统(DSS)组成的结构化网络，如图 5-3 所示。扩展服务区中包含多个基本服务区。

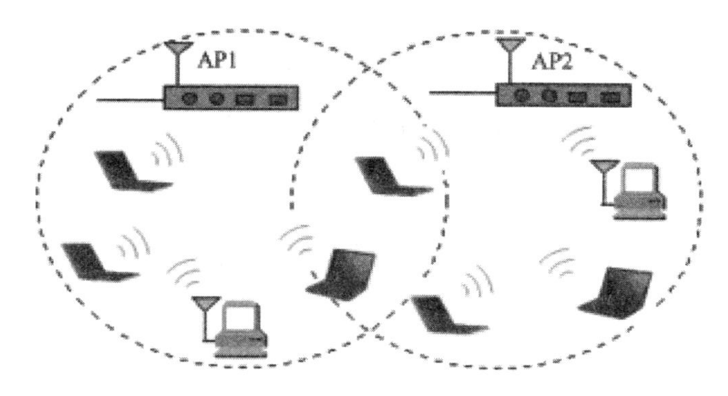

图 5-3　多个无线接入点的结构化网络

4. 无线局域网的范围

无线局域网所能覆盖的范围是指无线网络产品比如无线网卡、无线 AP 等设备发射信号所能达到的最远距离。根据 802.11 标准，一般无线设备所能覆盖的最大距离通常为 300 m，不过覆盖的范围与环境的开放与否有关，在设备不加外接天线的情况下，在视野所及之处约为 300 m；若属于半开放性空间，或有隔离物的区域，传输范围大约在 35～50 m。如果借助于外接天线，传输距离则可以达到 30～50 km 甚至更远，这要视天线本身的增益而定。

5.2　无线网络协议标准

目前常用的无线网络标准主要有美国 IEEE(The Institute of Electrical and Electronics Engineers)所制定的 802.11 标准(包括 802.11a 、802.11b、802.11g 等标准)、蓝牙(Bluetooth)标准以及 HomeRF(家庭网络)标准等。

- 802.11b：最高 11 Mb/s，2.4 GHz，DSSS(直接序列扩频调制)，CSMA/CA。
- 802.11a：最高 54 Mb/s，5 GHz，OFDM(正交频分复用调制)，CSMA/CA。
- 802.11g：混合标准，同时支持 802.11b 和 802.11a。
- 802.11n(草案)：最高 248 Mb/s。
- 蓝牙(Bluetooth)技术：是一种用于替代便携或固定电子设备上使用的电缆或连线的短距离无线连接技术。蓝牙技术的特点包括：

(1) 无需在任何电子设备间布设专用线缆和连接器，通过蓝牙遥控装置可以形成一点到多点的连接，即在该装置周围组成一个“微网”，网内任何蓝牙收发器都可与该装置互通信号；

(2) 蓝牙工作在全球通用的 2.4 GHz ISM(即工业、科学、医学)频段；

(3) 蓝牙的数据速率为 1 Mb/s，时分双工传输方案被用来实现全双工传输；

(4) 蓝牙收发器的一般有效通信范围为 10 m，最多可以达到 100 m 左右。

5.3　无 线 设 备

1. 无线网卡

无线网卡是无线网络的终端设备，是在无线局域网的覆盖下通过无线连接网络进行上网使用的无线终端设备。

无线网卡从标准上区分可划分为：

- IEEE 802.11b；
- IEEE 802.11a；
- IEEE 802.11g。

无线网卡从接口上区分可划分为：

- 台式机专用的 PCI 接口无线网卡；

- 笔记本电脑专用的 PCMCIA 接口网卡；
- 集成在笔记本主板上的无线网卡。

2. 无线 AP

无线 AP(Access Point，AP)是无线访问节点、会话点或存取桥接器)是一个包含很广的名称，它不仅包含单纯性无线接入点(无线 AP)，也同样是无线路由器(含无线网关、无线网桥)等一类设备的统称。

单纯性无线 AP 的功能与以太网集线器类似，射频是一种共享介质，接入点监听所有无线电通信，采用 CSMA/CA 避免冲突的介质访问控制方法。

3. 无线网桥

无线网桥可以用于连接两个或多个独立的网络段，这些独立的网络段通常位于不同的建筑内，相距几百米到几十公里。

无线网桥有三种工作方式：点对点、点对多点和中继连接。

4. 无线天线

当两个无线设备相距很远时，就必须借助于无线天线对所接收或发送的信号进行增益(放大)。无线天线涉及两个概念：

(1) 频率范围：指天线工作的频段。

(2) 增益值：天线功率放大倍数。

室内无线天线包括全向天线和定向天线两种。

- 室内全向天线：室内全向天线适合于无线路由、AP 这样的需要广泛覆盖信号的设备，它可以将信号均匀分布在中心点周围 360° 全方位区域，适用于链接点距离较近、分布角度范围大且数量较多的情况。

- 室内定向天线：室内定向天线适用于室内，因为它的能量聚集能力最强，所以其信号的方向指向性也极好。在使用的时候应该使得它的指向方向与接收设备的角度方位相对集中。

室外无线天线包括全向天线、定向天线和扇面天线三种。

- 室外全向天线：室外全向天线也会将信号均匀分布在中心点周围 360° 全方位区域，要架在较高的地方，适用于链接点距离较近、分布角度范围大且数量较多的情况。

- 室外定向天线：室外定向天线的能量聚集能力最强，信号的方向指向性极好。同样因为是在室外，所以天线也应架在较高的地方。当远程链接点数量较少，或者角度方位相对集中时，采用定向天线是最为有效的方案。

- 室外扇面天线：扇面天线具有能量定向聚集功能，可以有效地进行水平 180°、120°、90° 范围内的覆盖，因此如果远程链接点在某一角度范围内比较集中，则可以采用扇面天线。

5.4　无线局域网的应用方案

1. AD-HOC 对等网络应用方案

对等(Peertopeer)方式下的局域网，不需要单独的具有总控接转功能的接入设备，所有的基站都能对等地相互通信。

在 AD-HOCDemo 模式的局域网中，一个基站会自动设置为初始站，对网络进行初始化，使所有同域(SSID 相同)的基站成为一个局域网，并且设定基站协作功能，允许有多个基站同时发送信息。因此 AD-HOC 模式较适合组建临时性的网络，如野外作业、临时流动会议等。

下面给出装有 Windows 7 系统的无线笔记本配置对等网络的具体步骤：

(1) 单击桌面右下角的无线连接图标，出现如图 5-4 所示窗口。

(2) 在图 5-4 中单击“打开网络和共享中心”，出现如图 5-5 所示界面。

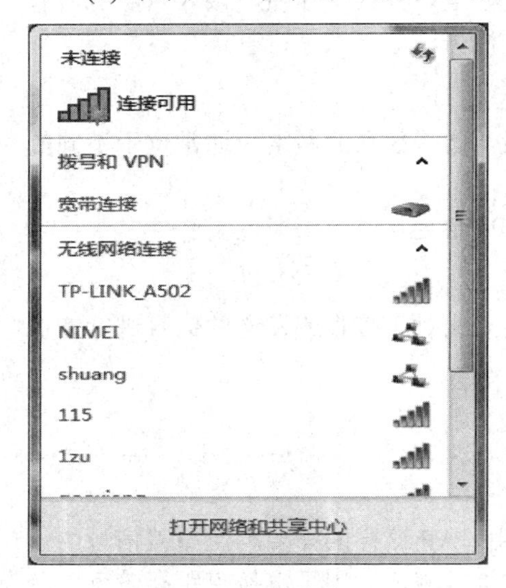

图 5-4　网络连接窗口

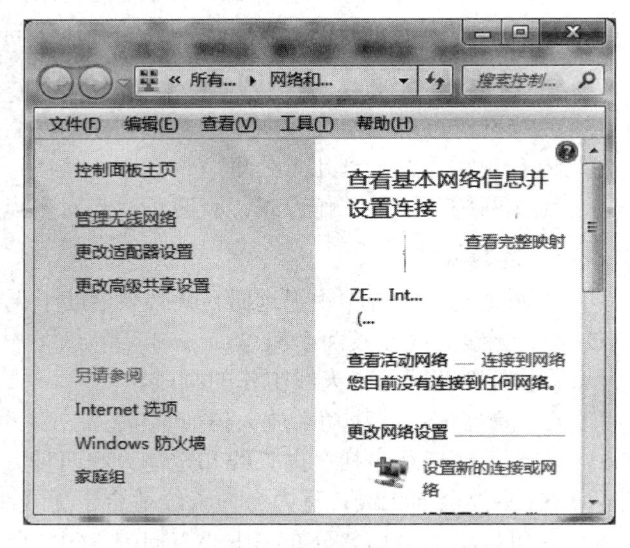

图 5-5　打开网络和共享中心界面

(3) 在图 5-5 中单击“管理无线网络”，出现如图 5-6 所示界面。

(4) 在图 5-6 中单击“添加”，出现如图 5-7 所示界面。

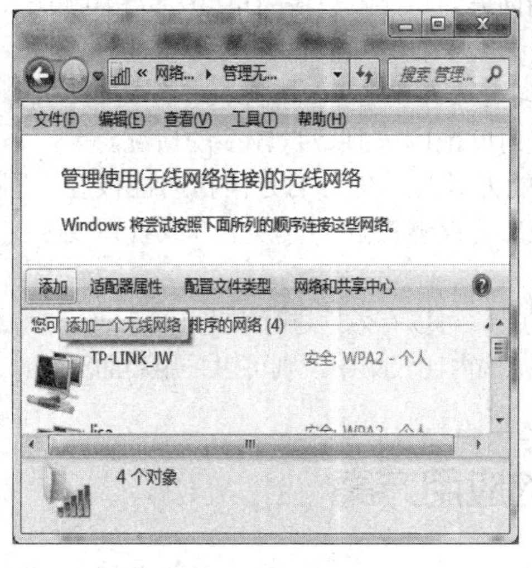

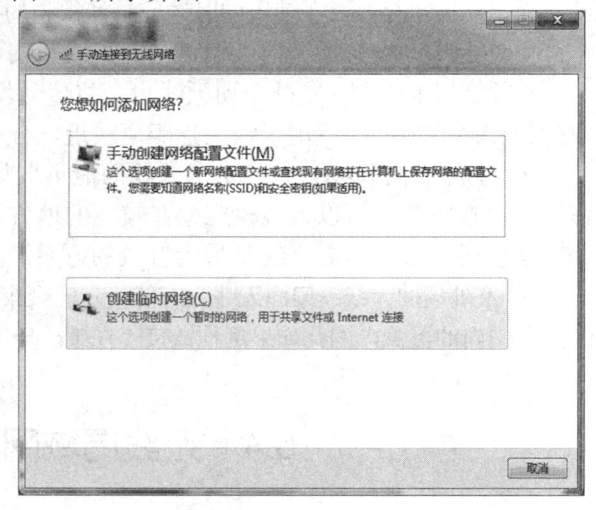

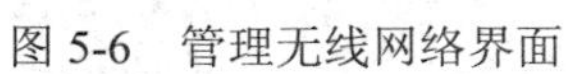

图 5-6　管理无线网络界面　　　　图 5-7　添加无线网络界面

(5) 在图 5-7 中单击“创建临时网络”，出现如图 5-8 所示界面。

(6) 在图 5-8 中单击“下一步”，出现如图 5-9 所示界面。

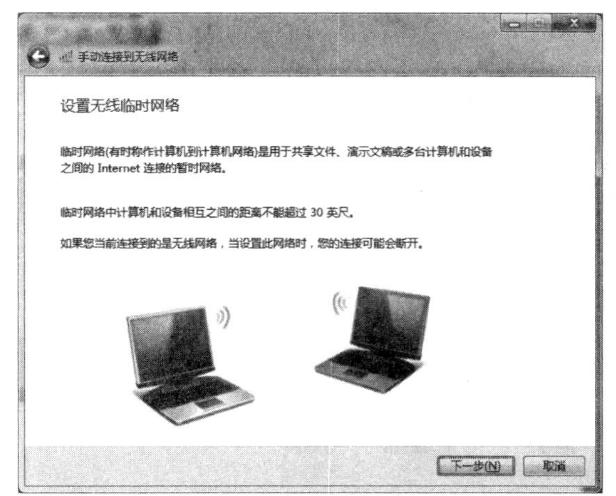

图 5-8　创建临时网络界面

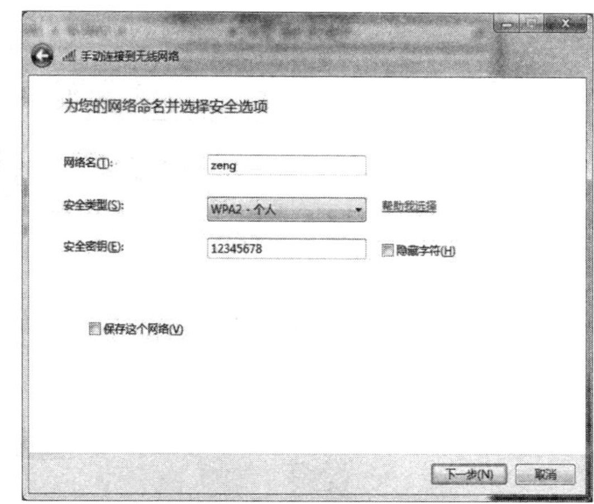

图 5-9　无线网络相关设置界面

(7) 在图 5-9 中输入网络名称，选择安全类型，输入安全秘钥，单击“下一步”，一个无线 AP 就创建好了。

在其余的电脑上只要找到名称为 zeng 的无线网络，并用图 5-9 中的密码与其连接就可以了，进行资源共享的步骤参见项目 3 的实训 2。

2. 基本架构模式方案

该方案如图 5-10 所示，其接入方式以接入点为中心，所有的基站通信要通过接入点转接。接入点能在内部建立一个像“路由表”那样的“桥连接表”，将各个基站和端口一一联系起来。当接转信号时，接入点就通过查询“桥连接表”进行。应用时，既可以接入点为中心独立建立一个无线局域网，也可以接入点作为一个有线网的扩展部分。这是无线局域网主要的应用方式之一。

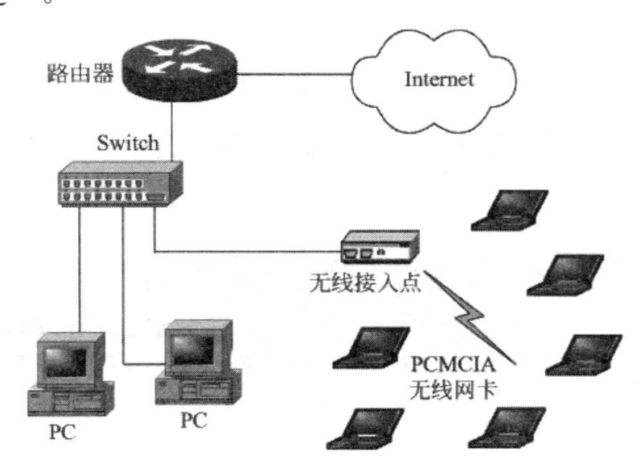

图 5-10　基本架构模式方案

5.5　组建中小型无线局域网

1. 网络拓扑结构

要组建局域网，首先进行网络拓扑结构的设计，然后进行组网、无线网卡的安装、无线接入点的安装。

中小型无线局域网络拓扑结构如图 5-11 所示。

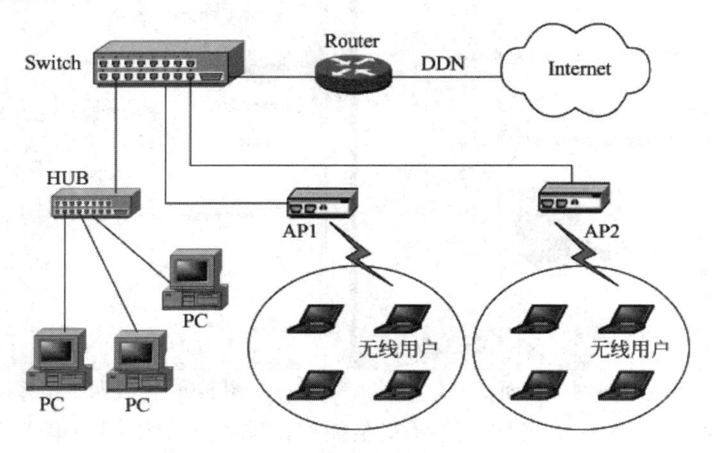

图 5-11　中小型无线局域网络拓扑图

2. 组建无线局域网实训

学生分组，每组两台以上笔记本电脑，带无线网卡，每组一台无线路由器，要求笔记本能够用无线方式与无线路由器连接，再通过无线路由器与教室里的校园网交换机连接，最后使笔记本能够上网，以能够打开网页为完成实训的标准。

配置步骤如下：

(1) 将笔记本用双绞线和无线路由器的本地以太网口连接(注意，不是 WAN 口)，将无线路由器的 WAN 口用双绞线接入教室的交换机或教室墙上的以太网接口上。

(2) 将笔记本的本地以太网接口 IP 设为 192.168.1.n (2≤n≤254)；网关地址为 192.168.1.1。

(3) 在笔记本上打开浏览器，输入 192.168.1.1，出现如图 5-12 所示界面。

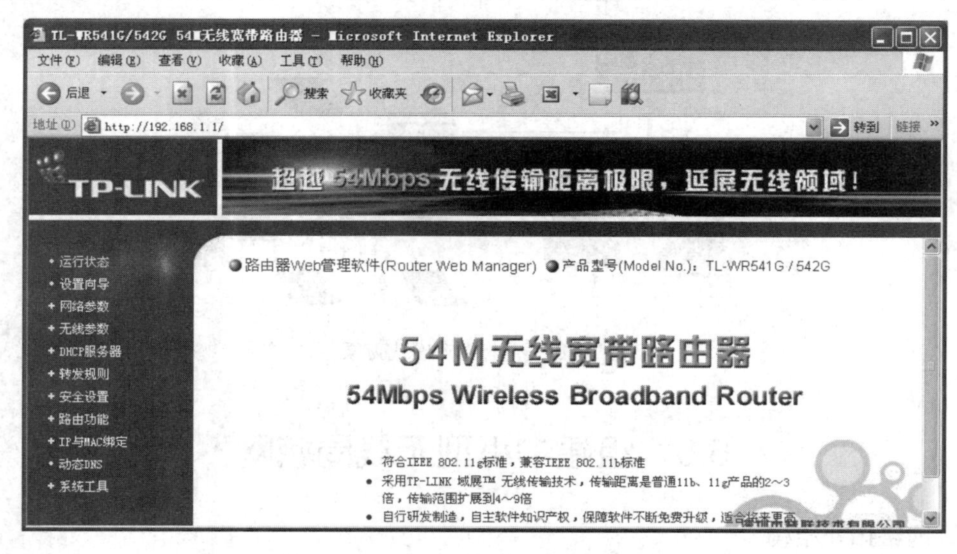

图 5-12　54M 无线宽带路由器网页界面

(4) 在图 5-12 中单击“设置向导”，出现如图 5-13 所示界面。

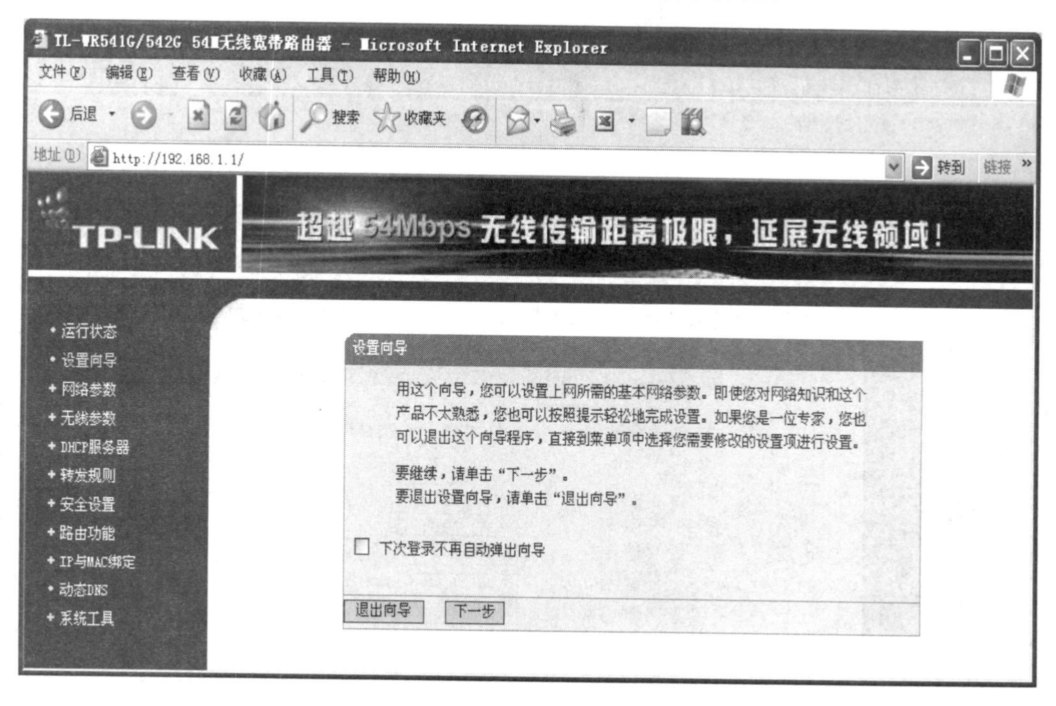

图 5-13　设置向导界面

(5) 在图 5-13 中单击“下一步”，出现如图 5-14 所示，选择界面。

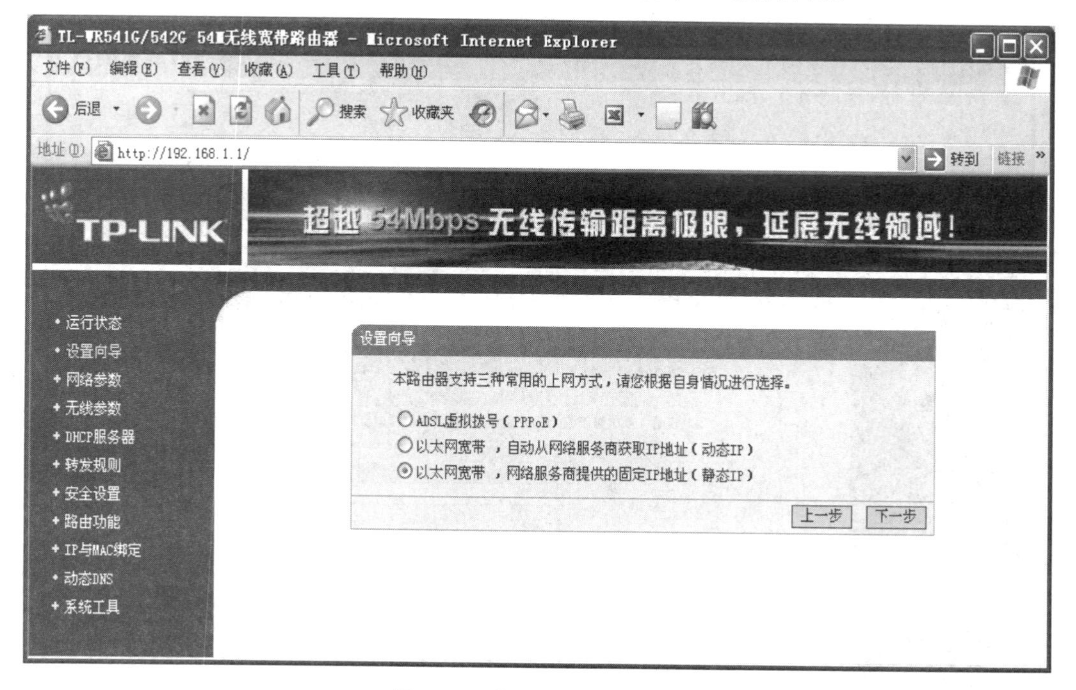

图 5-14　上网方式选择界面

(6) 根据实际情况在上图 5-14 中单选上网方式，如在教室这种情况就选“以太网宽带”，再单击“下一步”，出现如图 5-15 所示界面。

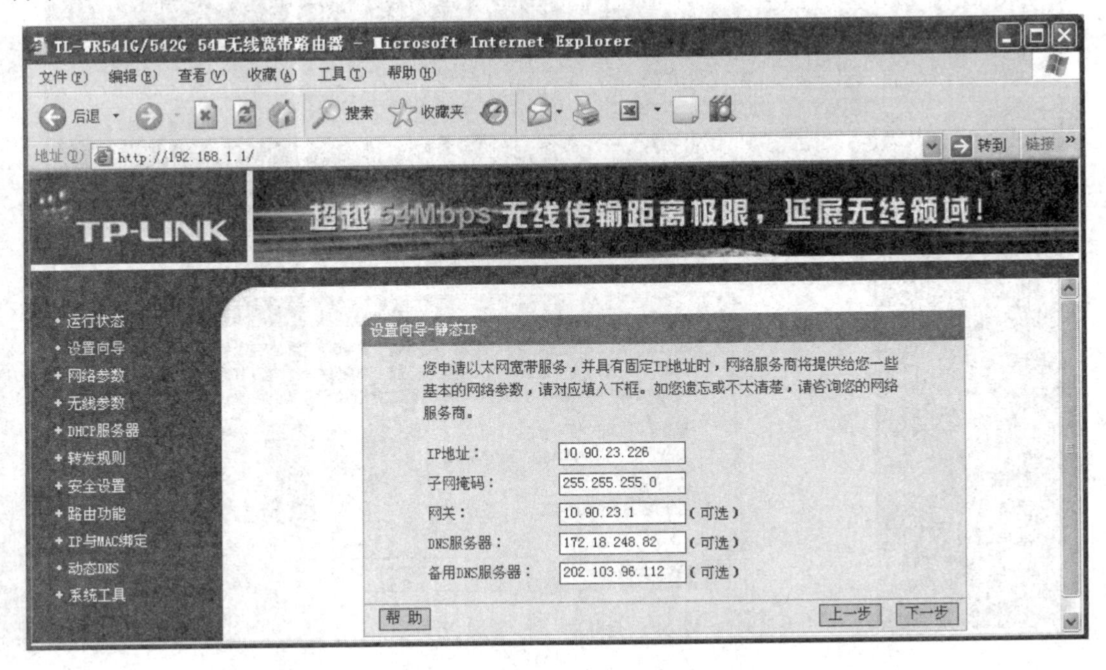

图 5-15　静态 IP 设置界面

(7) 输入 WAN 口的 IP 地址、子网掩码、网关 IP 地址，DNS 服务器 IP 地址等，单击“下一步”，出现如图 5-16 所示的 SSID 设置界面。

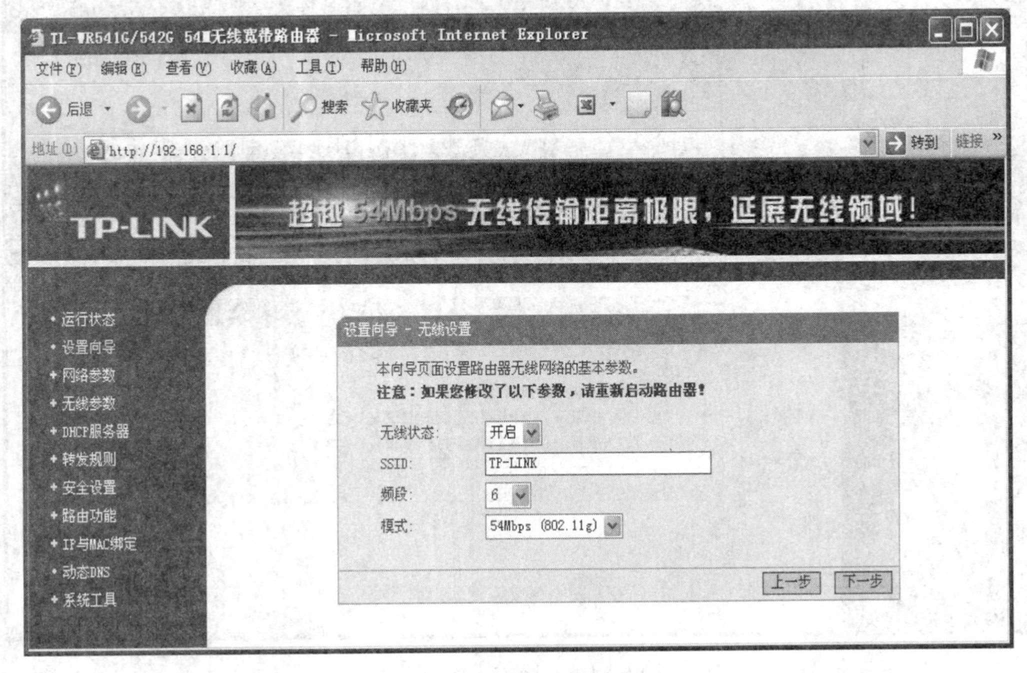

图 5-16　SSID 设置界面

(8) 在图 5-16 中输入无线路由器的 SSID 网络名称，单击“下一步”，出现如图 5-17 所示完成界面。

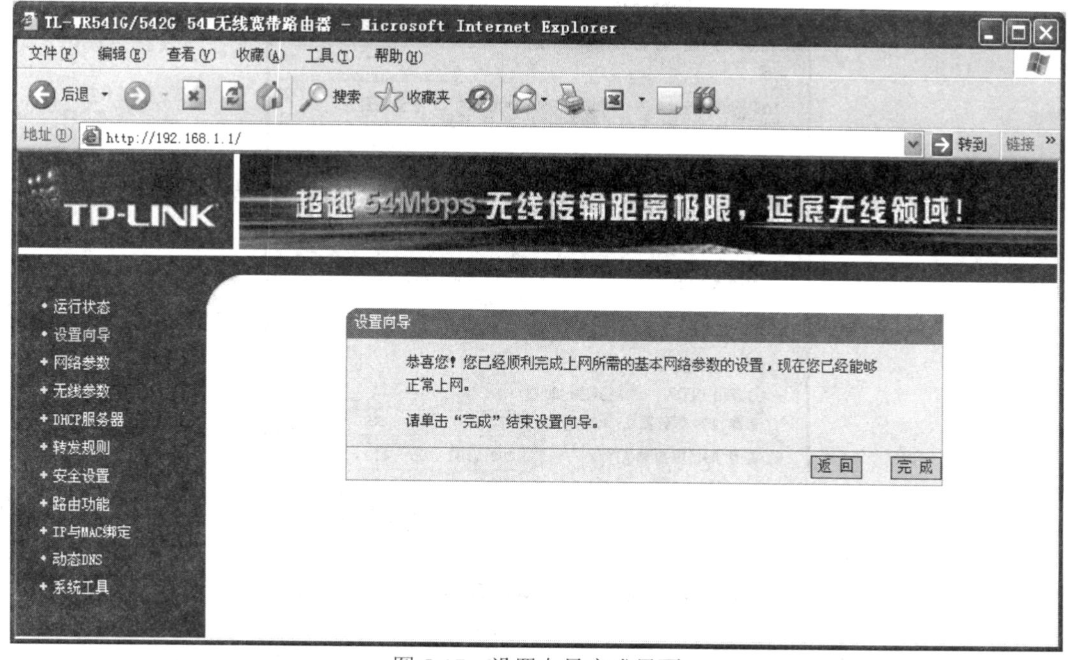

图 5-17　设置向导完成界面

(9) 在图 5-17 中单击“完成”，出现如图 5-18 所示界面，显示当前的运行状态。

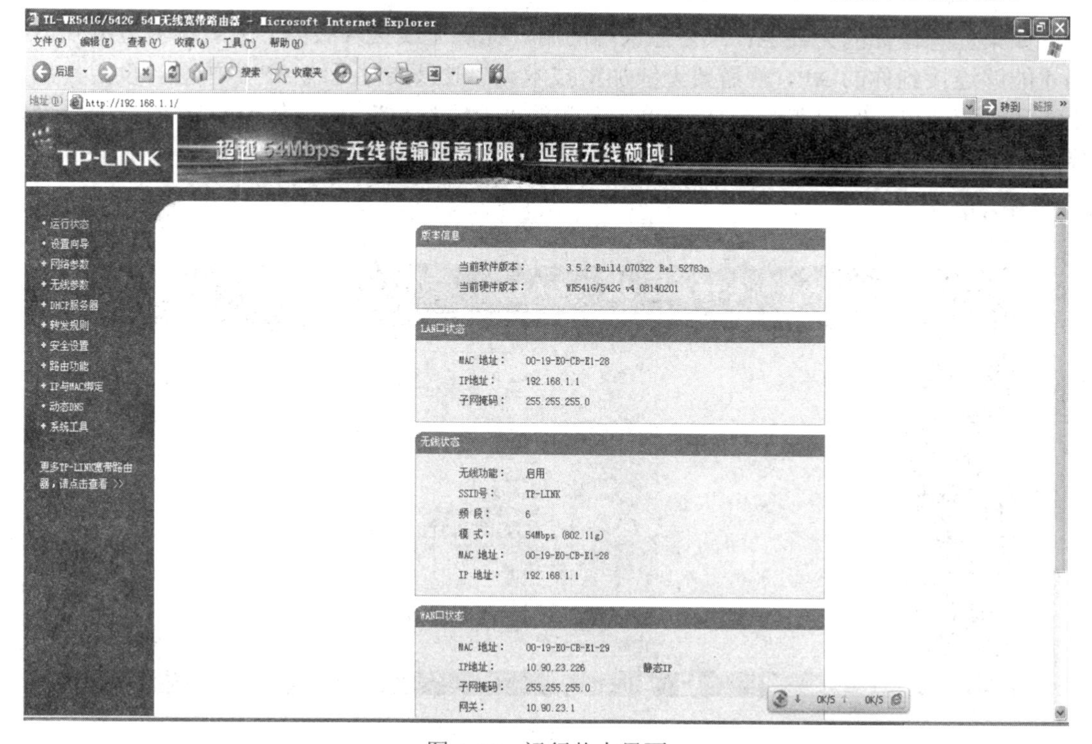

图 5-18　运行状态界面

(10) 在客户机上设置静态的 IP 地址，包括准确的 DNS 服务器地址，界面如图 5-19 所示。

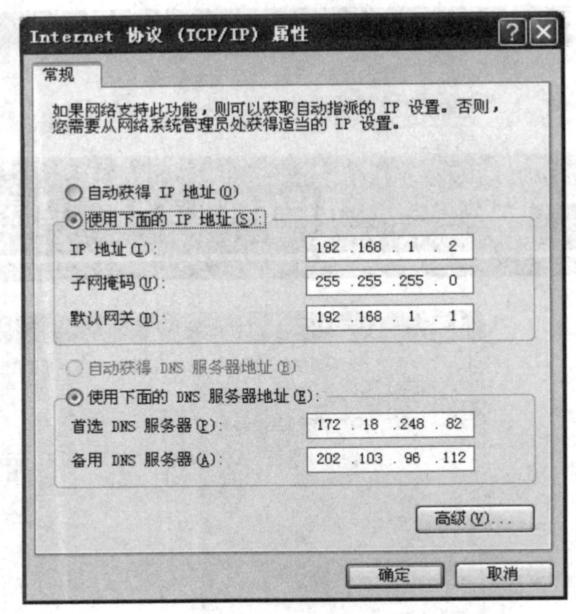

图 5-19　客户机上设置界面

也可以设置客户机为“自动获取 IP 地址”，“自动获取 DNS 服务器地址”。

3. 无线通信的加密

如果你想让你的无线 AP 只为你认可的用户提供无线接入服务，或者说对方要知道密码才能够连接到你的 AP，就需要无线加密技术。一般只要对无线 AP 做配置，设定其加密模式和密钥即可。例如在图 5-18 中单击左侧的“无线参数”，出现如图 5-20 所示安全设置界面。

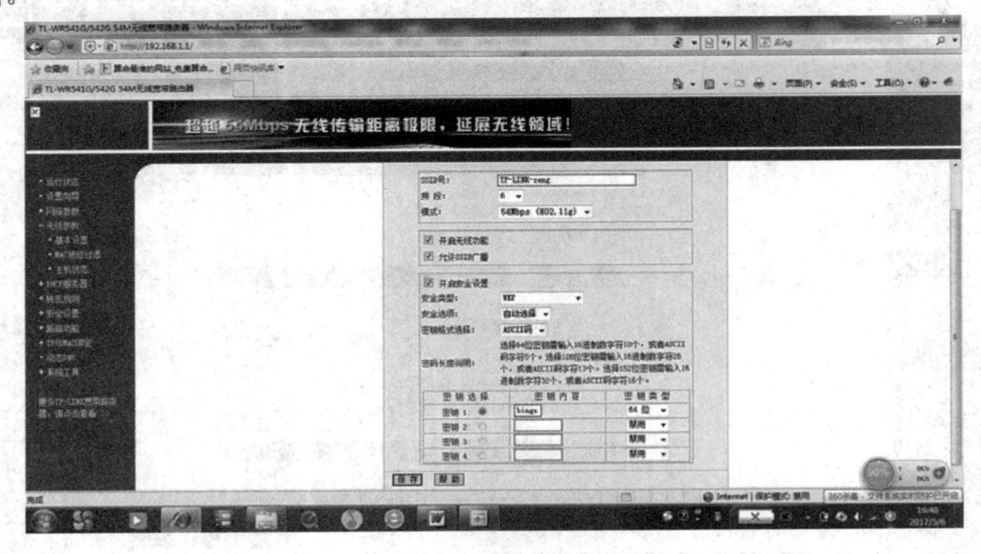

图 5-20　安全设置界面

在图 5-20 中选定安全类型(如 WEP)，输入密钥(如 bings)，单击“保存”，会出现图 5-21 所示重启确定界面。

在图 5-21 中单击“确定”，无线路由器将重新启动。

在客户机上单击右下角的网络图标，在出现的无线网络列表中找到刚才输入的无线网络名称如“TP-LINK-zeng”，单击之，出现如图 5-22 所示连接界面。

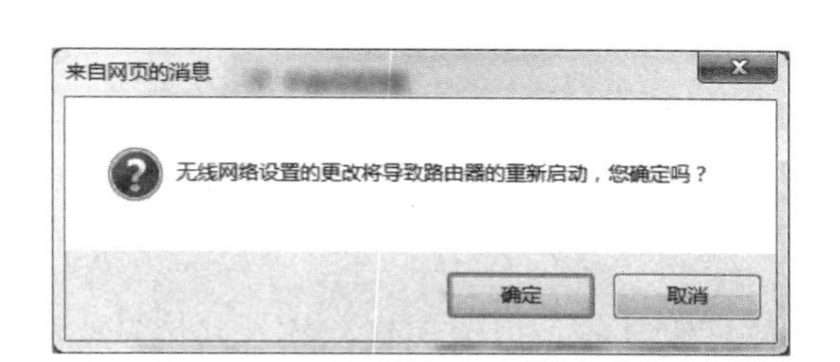

图 5-21 重启确定界面

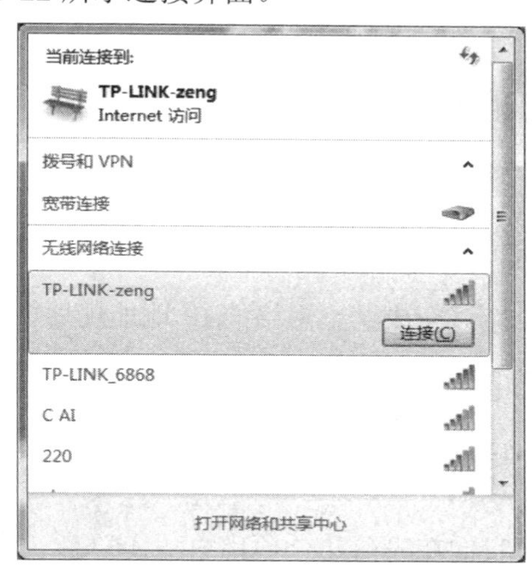

图 5-22 连接界面

单击图 5-22 中的“连接”，再输入密钥，如“bings”，就和无线路由器连接上了。

项目 5 考核

1. 在两层小楼 A 里布置两个无线 AP，每层一个，每层各有两台带 100BASE-TX 网卡的台式机和一台交换机，每层估计有五台左右带 802.11b/g 无线网卡的笔记本电脑，试组建该楼内的局域网，在 PacketTracer 中设计网络拓扑与连线，并通过 ping 命令测试其连通性(要求无线通信采用某种加密方式)。(未采用加密的扣 5 分，ping 不通的扣 5 分，没有按时交卷的计 0 分，其余差错情况酌情扣分)

2. 分组，每组配手机 2～3 部，笔记本两台以上，连接手机和笔记本电脑(用数据线，也可以将手机设置为 WiFi 热点，亦即无线 AP，笔记本用 WiFi 与手机连接)，使得笔记本能够通过手机与因特网连接，以能够打开因特网网页为完成项目的标准。

3. 用 2～3 台笔记本组成一个临时无线局域网(其中一台担任无线 AP)，实现资源共享，以能够打开别的笔记本上的文件夹为完成项目标准。

4. 完成项目 5 实训中描述的有关无线路由器的内容。

项目 6　IP 协议与 IP 编址

知识目标

掌握 IP 协议知识。

技能目标

能够完成典型网络的 IP 地址规划。

素质目标

提高工程素质。

我们在先前几个项目中陆续学习了数据通信技术基础、以太局域网络、网桥及交换机等内容。这些内容大致涵盖了 OSI 模型中物理层与数据链路层的范围。从本项目开始我们将学习网络层的协议。

网络层负责在网络层系统之间传送信息，即将信息从来源端传送到目的端。网络层的主要功能如下：

(1) 定址(Addressing)：为网络设备决定地址或名称的机制。

(2) 路由(Routing)：决定信息包在数个网络之间的传送路径。

网络层中有不少大家耳熟能详的协议，例如 TCP/IP 的 IP(Internet Protocol)、Netware 的 IPX(Internetwork Packet Exchange)等。

下面便以最常见的 IP 为例，来说明网络层的功能。

6.1　IP 协 议

IP(Internet Protocol，互联网协议)是整个 TCP/IP 协议组合的运作核心，也是构成互联网的基础。

IP 位于 DoD 模型的网络层(相当于 OSI 模型的网络层)，对上可载送传输层各种协议的信息，例如 TCP 段、UDP 段等；对下可将 IP 信息包放到链路层，通过局域网链路、广域网链路等各种技术来传送。

IP 所提供的服务大致可归纳为两项：

- IP 信息包的传送。
- IP 信息包的分割与重组。

以下我们将分别说明这两项服务。

6.1.1　IP 信息包的传送

IP 是负责网络之间信息传送的协议，可将 IP 信息包从来源设备传送到目的设备。要达到这样的目的，IP 必须依赖以下两种机制：IP 定址与 IP 路由。

1. IP 定址

IP 规定网络上所有的设备都必须有一个独一无二的 IP 地址(IP Address)并由此地址来识别，每个 IP 信息包都会记载目的设备的 IP 地址，信息包才能正确地送达目的地。就好比邮件上都必须注明收件人的地址，邮递员才能将邮件送达一样。

同一设备可以拥有多个独一无二的地址，但必须有操作系统的支持，如 Windows NT/2000 支持，Windows 95/98 不支持这种功能；但是同一个 IP 地址却不能够指派给两个或两个以上的网络设备。

除了让每个网络设备都有一个 IP 地址外，相关单位在分配 IP 地址时也会考虑分布的合理性，尽量将连续的 IP 地址集合在一起，以方便 IP 信息包的传递。

这就好比当您找到“韶山路”99 号，您可以推测“韶山路”101 号、102 号必然在邻近的区域，而不会是位于几公里之外的“潇湘大道”。

在现实生活中，政府部门会统筹道路的命名、门牌号码的分配等。同样地，全球也有类似的机构，负责分配 IP 地址和指派域名。此机构的最高单位为 ICANN(Internet Corporation for Assigned Names and Numbers)，网址为 http://www.icann.org/。

ICANN 会依地区与国家，授权给公正的单位来执行分配 IP 地址的工作。在中国是由 CNNIC(China Internet Network Information Center，中国互联网信息中心)负责，网址为 http://www.cnnic.net.cn/。CNNIC 按照分配管理办法，将 IP 地址分配给学术网络、各家 ISP(Internet Service Provider，互联网服务供应商)等。个人或公司若需要 IP 地址，必须向 ISP 申请，因为 CNNIC 并不受理个别的申请事件。

2. IP 路由

互联网可视为由多个网络连接所形成的大型网络。若要在互联网中传送 IP 信息包，除了确保网络上每个设备都有一个独一无二的 IP 地址外，网络之间还必须有传送的机制，才能将 IP 信息包通过一个个的网络，传送到目的地。此种传送机制称为 IP 路由(IP Routing)，本书稍后会详细介绍之。

在 IP 路由的过程中，是由路由器负责选择路径，IP 信息包处于被动状态。

3. 无连接的传送方式

IP 地址与 IP 路由(见图 6-1)，都是传送 IP 信息包的基础。此外，IP 信息包传送时还有一项很重要的特性，即使用无连接(Connectionless)的传送方式。

无连接的传送方式是指 IP 信息包传送时，来源与目的设备双方无须事先沟通，即可将 IP 信息包送达。也就是说，来源设备完全不用理会目的设备，只是简单地将 IP 信息包逐一送出即可。至于目的设备是否收到每个信息包、是否收到正确的信息包等，则是由上层的协议(例如：TCP)来负责检查。就好像以平信来传送信件时，发信人只负责将信件投入信箱，至于后续状况，例如：收信人是不是真的能拿到这封信，则非平信递送的责任。寄信人若要确认信件是否送达，必须自行以电话、传真等其它联络方式来确认。

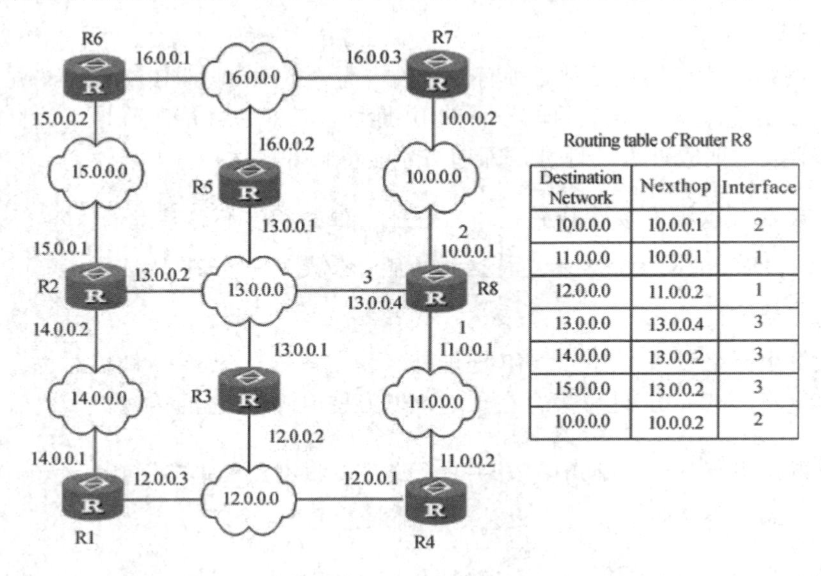

图 6-1　IP 路由

使用无连接的好处就是将过程简单化，可提高传输的效率。此外，由于 IP 信息包必须通过 IP 路由的机制，在一个个路由器之间传递，因此无连接的传送方式较易在此种机制中运作。

6.1.2　IP 信息包的分割与重组

IP 必须将信息包放到链路层传送。每一种链路层的技术都会有所谓的最大传输单位(Maximum Transmission Unit，MTU)，即该种技术所能承载的最大信息包长度。表 6-1 列举了几种常见网络的最大传输单位。

表 6-1　常见链路层技术的最大传输单位

技术	最大传输单位
以太网	1500Byte
FDDI	4352Byte
X.25	1600Byte
IEEE802.5	65535Byte

IP 信息包在传送过程中，可能会经过许多个使用不同技术的网络。假设 IP 信息包是从 FDDI 网络所发出，原始长度为 4352 Byte，若 IP 路由途中经过以太网络，便会面临信息包太大，无法在以太网络上传输的障碍。

为了解决此问题，路由器必须有 IP 信息包分割与重组(Fragmentation& Reassembly)的机制，将过长的信息包加以分割，以便能在最大传输单位较小的网络上传输。分割后的 IP 信息包，会由目的设备重组，恢复成原始信息包的模样。

6.1.3 IP 信息包的结构

IP 传送数据的基本单位是 IP 信息包。如图 6-2 所示，IP 信息包主要由两部分组成。

- IP 报头(Header)：记录有关 IP 地址、路由、信息包识别等信息。
- IP 载荷(Payload)：载送上层协议(例如：TCP、UDP 等)的信息包。

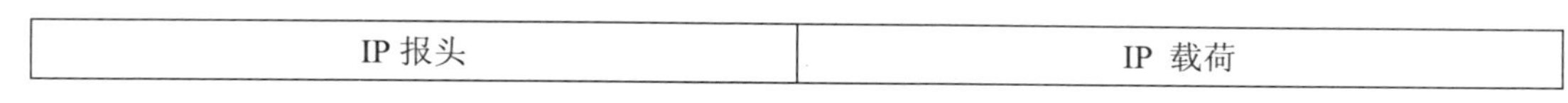

图 6-2　IP 信息包的结构

在 IP 信息包的传递过程中，IP 报头扮演了极为关键的角色，其中记录了与 IP 相关的所有信息，如图 6-3 所示。

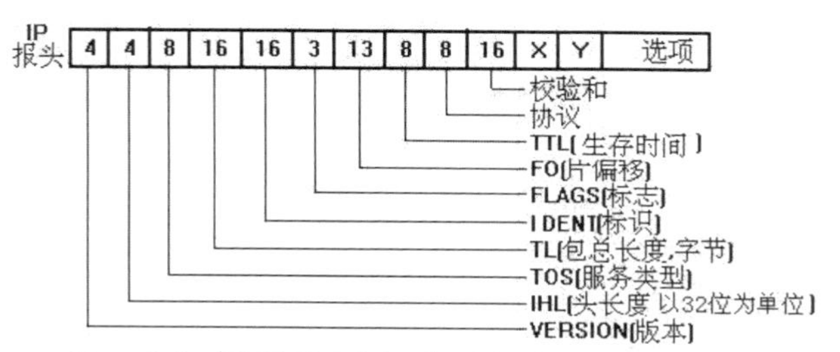

图 6-3　IP 包头结构

以下为 IP 报头中较为重要的信息：

(1) IP 信息包的目的地址(Destination Address) Y：IP 报头中的 Y 项记录了目的端的 IP 地址。在后续路由过程中，必须通过此项信息，才能将 IP 信息包传送到目的端，因此可说是 IP 报头中最重要的信息。

(2) IP 信息包的来源地址(Source Address)X：IP 报头中的 X 项记录了来源端的 IP 地址。目的端收到 IP 信息包后，若必须加以回复时，会用到此项信息。

(3) 上层协议(Protocol)：用来记录上层所使用的协议，即 IP Payload 中所载送的是何种协议的数据。目的端收到此 IP 信息包后，才知道要将之送到何种上层协议(例如：TCP(该项值为 6)、UDP(该项值为 17)、ICMP(该项值为 1)等)。

(4) IP 信息包标识码(Identification)：IP 信息包标识码是由来源端决定，并按照 IP 信息包发出的顺序递增 1。例如：第一个 IP 信息包的标识码若为 2001，第二个 IP 信息包则是 2002，第 3 个 IP 信息包则是 2003……以此类推。

由于在 IP 路由的过程中，每个 IP 信息包所走的路径可能不一样，因此，到达目的设备的先后顺序可能与出发时的顺序略有不同。此时，目的设备便可利用 IP 信息包的标识码，判断 IP 信息包原来的顺序。此外，标识码在 IP 信息包的分割与重组中，也扮演了重要的角色。

(5) 分割与重组相关信息：IP 信息包在传送过程中，可能会进行分割的操作，然后再由目的端将之重组。而所有与分割、重组相关的信息，都记录在 IP 报头中，包括 FLAGS 字段中的 DF(不要分割)、MF(有分割)两个位字段和 fragment offset(分割的段在当前 IP 包的什么位置)字段。

(6) 存活时间(Time To Live，TTL)：IP 路由的过程必须靠沿途所有路由器通力合作才能完成。但是互联网上这么多路由器，难免会有意外发生，而使得 IP 信息包在众多路由器之间“流浪”，永远都到不了目的设备。为了避免这种情况，因此在 IP 报头中记录了存活时间，限制 IP 信息包在路由器之间传送的次数。当来源设备送出 IP 信息包时，会设置存活时间初始值。例如：Windows 2000 默认为 128。当 IP 信息包每经过一部路由器时，路由器便会将 IP 报头中的存活时间减 1。以 Windows 2000 所发出的 IP 信息包为例，经过第一部路由器时存活时间会变为 127，经过第二部路由器时存活时间会变为 126…以此类推。当路由器收到存活时间为 1 的 IP 信息包时，便直接将之丢弃，不会再传送出去。

(7) 选项(options)：用来提供一个余地，以允许后续版本的协议中引入最初版本中没有的协议。

6.2　IP 信息包的传递模式

在传送 IP 信息包时，一定会指明来源地址与目的地址。来源地址只有一个，但目的地址却可能代表单一或多部设备。根据目的地址的不同，可将其区分为三种传递模式：单点传送、广播传送以及多点传送。

6.2.1　单点传送(Unicast)

单点传送为一对一的传递模式。在此模式下，来源端所发出的 IP 信息包，其 IP 报头中的目的地址代表单一目的设备，因此只有该设备会收到此 IP 信息包。在互联网上传送的信息包，绝大多数都是单点传送的 IP 信息包，如图 6-4 所示。

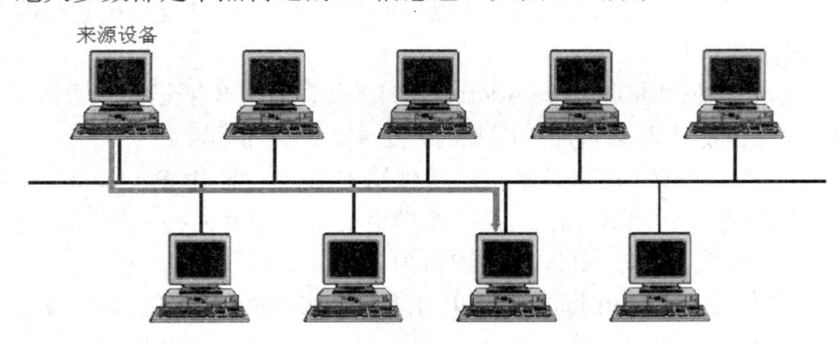

图 6-4　单点传送的 IP 信息包

6.2.2　广播传送(Broadcast)

广播传送为一对多的传递模式。在此模式下，来源设备所发出的 IP 信息包，其 IP 报头中的目的地址代表某一网络上的全部主机(例如主机地址为全 1)，而非单一设备，因此该网络内的所有设备都会接收到并处理此类 IP 广播信息包。由于此特性，广播信息包必须小心使用，否则稍有不慎，便会波及该网络内的全部设备。

由于某些协议必须通过广播来运作，例如：ARP(第 6 章会说明)，因此局域网络内会有不少的广播信息包，如图 6-5 所示。

图 6-5　广播传送的 IP 信息包

IP 的广播与以太网的广播不同，两者在不同的协议层中运作。IP 的广播在网络层中运作，而以太网的广播在数据链路层中运作。

6.2.3　多点传送(Multicast)

多点传送为一对多的传递模式。多点传送是一种介于单点传送与广播传送之间的传送方式。多点传送是将信息包传送给“一群”指定的设备。亦即，多点传送的 IP 信息包，其 IP 报头中的目的地址代表的是一群设备。凡是属于这一群的设备都会收到此多点传送信息包，如图 6-6 所示。

图 6-6　多点传送的 IP 信息包

下面举一例子说明三种传递模式的不同：假设我们现在必须传送一份数据给网络上十部指定的设备。如果使用单点传送的方式，必须重复执行十次传送的操作才能达到目的，不仅没有效率，且浪费网络带宽；如果使用广播传送的方式，则指定网络中的所有(例如二十部)计算机都会收到，且必须处理这些广播传送信息包，换言之，会影响到其它不相干的计算机；如果使用多点传送，便能避免单点传送与广播传送的问题。

多点传送非常适合传送一些即时共享的信息给一群人，例如：即时股价、多媒体影音信息等。不过，虽然在同一个网络内进行多点传送没有技术上的问题，但若要通过互联网，则沿途的路由器必须都支持相关的协议才行。这也是多点传送所面临的瓶颈。

6.3　IP 地址表示方法

IPv4 地址本质上是一个长度为 32 bit 的二进制数值，看起来就是一长串的 0 或 1。如：11000101001011100100000000101001

这样一长串的二进制数值，对于一般人来说，不要说记下来，连复诵或抄写都很困难。为了方便起见，一般使用下列方式来转换这一长串的 0、1 数值：

(1) 首先以 8 bit 为单位，将 32 bit 的 IP 地址分成 4 段：

11000101　00101110　01000000　00101001

(2) 将各段的二进制数值转换成十进制，再以“.”隔开以利阅读：

197.46.64.41

这种表示方式读者应该就很熟悉了吧。通常我们在设置 IP 地址时，都是以这种格式来输入的。

目前互联网上通用的 IP 版本为第 4 版，称为 IPv4。IPv4 的 IP 地址是由 32 bit 组成，理论上会有 2^{32} = 4 294 967 296(将近 43 亿个)种组合。这个数字虽然很大，但是由于分配上的问题，32 bit 长度的 IP 地址已经不敷使用。为了解决这个问题，IETF 开始研究、设计下一版的 IP 规格即 IPv6(第 6 版的 IP)。IPv6 的 IP 地址是由 128 bit 所组成，2^{128} 可说是天文数字，可提供非常充裕的 IP 地址空间。

6.4　IP 地址的类别

当初在设计 IP 时，着眼于路由与管理上的需求，因此制定了 IP 地址的类别(Class)。虽然这种规划方式在后来面临了地址不足的问题，因而做了许多更改，但是，了解 IP 地址类别的来龙去脉，仍然是深入整个协议的必经之道。

6.4.1　IP 地址的结构

IP 地址用来识别网络上的设备，不过 IP 路由的结构并非以个别的设备为基本单位，而是以网络为基础(后续会再说明这个概念)。换言之，IP 地址必须能记载设备所属之网络。为了达成此目的，IP 地址是由网络地址与主机地址两部分所组成：

- 网络地址(Network ID)：网络地址位于 IP 地址的前段，可用来识别所属的网络。当组织或企业申请 IP 地址时，所分配到的通常并非个别零散的 IP 地址，而是取得一个网络地址。

同一网络上的所有设备，都会有相同的网络地址。IP 路由便是根据 IP 地址的网络地址，决定要将信息包送至哪个网络。

- 主机地址：主机地址位于 IP 地址的后段，可用来识别网络上个别的设备。同一网络上的设备都会有相同的网络地址，而各设备之间则是以主机地址来区别，如图 6-7 所示。

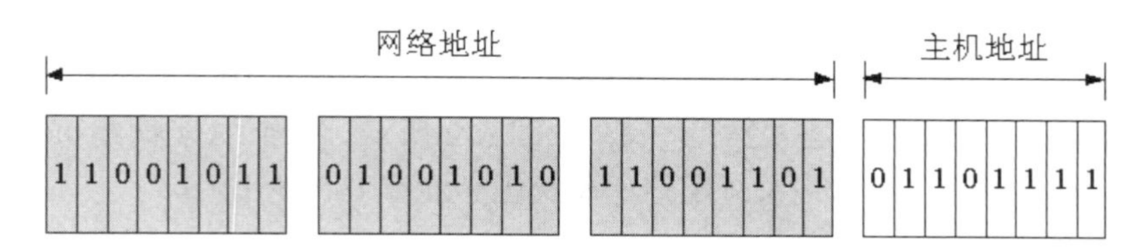

图 6-7　32 bit 的 IP 地址结构

那么网络地址与主机地址的长度该如何分配呢？我们可以算算看，如果网络地址的长度较长，例如：24 bit，那么主机地址便只有 8 bit，亦即此网络地址下共有 $2^8 = 256$ 个主机地址可以运用，可分配给 256 部设备使用。如果网络地址的长度较短，例如：16 bit，那么主机地址便有 16 bit，亦即此网络地址下共有 $2^{16} = 65536$ 个主机地址可以运用，可分配给 65 536 台设备使用。

由于各个网络的规模大小不一，大型的网络应该使用较短的网络地址，以便能使用较多的主机地址；反之，较小的网络则应该使用较长的网络地址。为了符合不同网络规模的需求，IP 在设计时便根据网络地址的长度，划分出 IP 地址类别。

6.4.2　IP 地址的分类

当初在设计 IP 时，着眼于路由与管理上的需求，因此制定了五种 IP 地址的类别。不过，一般最常用的是 Class A、B、C 这三种 IP 地址。这三种类别分别使用不同长度的网络地址，因此适合于大、中、小型网络。IP 地址的管理机构可根据申请者的网络规模，决定要赋予哪种类别。

传统 IP 地址的运作方式，由于以类别来划分，因此称为类别式(Classful)的划分方式。相对地，后来又产生了无类别(Classless)的划分方式，也就是我们目前所使用的方式。我们在后文要讲到。

1. A 类

网络地址的长度为 8 bit，最左边的 bit(称为前导位)必须为 0。A 类的网络地址可从 00000000(十进制 0)至 01111111(十进制 127)，总共有 $2^7 = 128$ 个，如图 6-8 所示。

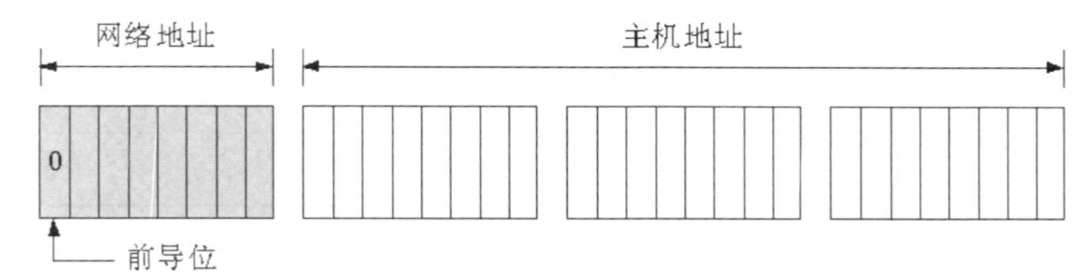

图 6-8　A 类 IP 地址

由于 A 类的网络地址长度为 8 bit，因此主机地址长度为 32 – 8 = 24 bit，亦即每个 A 类网络可以运用的主机地址有 $2^{24} = 16\,777\,216$ 个(1600 多万)。只有一些国家或一些特殊的单位(例如：美国国防部、IBM、Xerox 等)会分配到 A 类的 IP 地址。

每类地址的前导位不同，因此，从前导位便可判断所属的类别。

2. B 类

网络地址的长度为 16 bit，最左边的 2 bit 为前导位，必须为 10，因此 B 类的 IP 地址必然介于 128.0.0.0 与 191.255.255.255 之间，如图 6-9 所示。每个 B 类网络可以运用的主机地址有 $2^{16}=65536$ 个，通常用来分配给一些跨国企业或 ISP 使用。

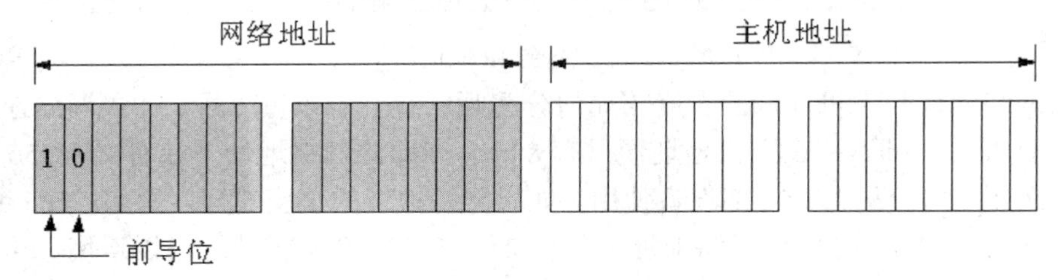

图 6-9　B 类的 IP 地址

3. C 类

网络地址的长度为 24 bit，最左边的 3 bit 为前导位，必须为 110，因此 C 类的 IP 地址必然介于 192.0.0.0 与 223.255.255.255 之间。每个 C 类网络可以运用的主机地址有 $2^8=256$ 个，通常用来分配给一些小型企业，如图 6-10 所示。

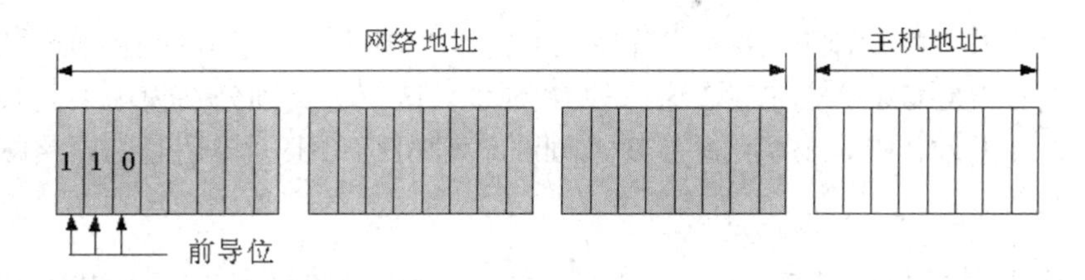

图 6-10　C 类的 IP 地址

4. A 类、B 类、C 类地址的比较

A 类、B 类、C 类地址的比较见图 6-11。

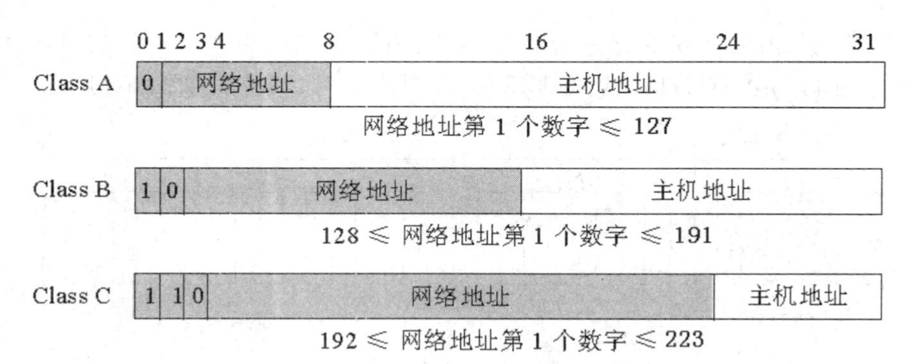

图 6-11　A 类、B 类、C 类地址的比较

上述 A 类、B 类、C 类的规划，主要是针对路由与管理上的需求，可归纳出如下优点：

(1) 从 IP 地址的前导位(或第一个字节的值)，便可判断出所属网络的类别，进而得知网络地址与主机地址为何。例如：某主机 IP 地址为 168.95.1.84。我们从第 1 个数字“168”便可判断此为 B 类的 IP 地址。因此，该 IP 地址的前 16 bit 为网络地址，后 16 bit 为主机地址。

(2) 根据企业或单位的实际需求，可分配 A 类、B 类、C 类三种类别的网络地址，让 IP 地址的分配简单明了。

6.4.3　特殊的 IP 地址

前文提及 IP 地址的数量，都只是数学上各种排列组合的总量。在实际应用上，有些网络地址与主机地址会有特殊的用途，因此在分配或管理 IP 地址时，要特别留意这些限制。下面是这些特殊 IP 地址的说明：

(1) 主机地址全为 0 用来代表“这个网络”，以 C 类为例，203.74.205.0 用来代表该 C 类的网络。不能用来代表 1 个主机。

(2) 主机地址全为 1 代表网络中的全部设备，也就是“广播”的意思。以 C 类为例，假设某一网络的网络地址为 203.74.205.0，若网络中有一部计算机送出 203.74.205.255 的信息包，即代表这是对 203.74.205.0 这个网络的广播信息包，所有位于该网络上的设备都会收到此信息包。事实上，只要沿途的路由器支持，位于其它网络的设备可传送此类广播信息包给 203.74.205.0 这个网络中的所有设备。

(3) 若网络地址与主机地址都为 1，即 255.255.255.255，称为“Limited”或“Local”广播信息包。此种广播的范围仅限于源主机所在的局域网络，即只有与源主机同一局域网络上的设备可收到此种广播。

(4) A 类的最后一个网络地址中的任意一个 IP 地址(也就是除了前导位外，其余的网络地址位都设为 1)代表“Loopback” 地址。例如：A 类的 127. x. y. z 便是常用的 Loopback(绕回来，也就是不能出去的意思)地址。

Loopback 地址主要用来测试本地计算机上的 TCP/IP 之用。当 IP 信息包目的端为 Loopback 地址时，IP 信息包不会送到实体的网络上，而是送给系统的 Loopback 驱动程序来处理。例如 ping 127.0.0.1 或 127.0.0.2 都可以用来测试本地网卡驱动程序。

(5) 在设计 IP 时，考虑到有些网络虽然使用 TCP/IP 的协议组合，但不会与互联网相连。因此，在 ClassA、B、C 中都保留了一些私有 IP 地址，供这类网络自行使用：

A 类：10.0.0.0—10.255.255.255

B 类：172.16.0.0—172.31.255.255

C 类：192.168.0.0—192.168.255.255

若 IP 信息包的目的地址为私有 IP 地址时，路由器不会处理此种信息包，因此无法在互联网上流通。

6.4.4　IPv6 的地址定义

IPv4 的 32 位地址已经不够用了。新版本的 IPv6 协议已经付诸实施。IPv6 的 IP 地址有 128 位，其提供的 IP 地址也许永远都不会用尽。

IPv6 地址通常用十六进制来写，每组 2 个字节(16 位)，共计 8 组，组和组之间用冒号隔开，下面是一个例子：

A524:73D3:2C70:DD12:0028:EC7A:002B:EA76

6.5　子　　网

IP 地址类别的设计虽然有许多好处，但有一个缺点，便是弹性不足。举例而言，假设某企业分配到 B 类的网络地址，但若将(2^{16})六万多部计算机连接在同一个网络中，势必造成网络效率的低落，因此在实际上不可行。但是，若在 B 类网络中只连接几十部计算机，不是会浪费掉许多 IP 地址吗?

解决这个问题的方法，便是让企业能自行在内部将网络分割为子网(Subnet)。例如：某企业将分配到的 B 类网络分割成规模较小的子网，再分配给多个部门网络。换言之，子网的技术，让原先只有三种类别的 IP 地址更加具有灵活性。

6.5.1　子网分割的原理

分割子网的重点便是让每个子网拥有一个独一无二的子网地址(SubnetAddress)，以此来识别子网。B 类和 C 类网络可能分割的子网分割分别如表 6-2 和表 6-3 所示。

表 6-2　B 类网络可能分割的子网

子网地址位数	形成的子网数目	每个子网可用的主机地址	子网地址位数	形成的子网数目	每个子网可用的主机地址
1	2	32768-2	9	512	128-2
2	4	16384-2	10	1024	64-2
3	8	8192-2	11	2048	32-2
4	16	4096-2	12	4092	16-2
5	32	2048-2	13	8192	8-2
6	64	1024-2	14	16 384	4-2
7	128	512-2	15	32 768	2-2
8	256	256-2			

表 6-3　C 类网络可能分割的子网

子网地址位数	形成的子网数目	每个子网可用的主机地址
1	2	128-2
2	4	64-2
3	8	32-2
4	16	16-2
5	32	8-2
6	64	4-2
7	128	2-2

由于企业分配到的网络地址是无法变动的，因此，如果要分割子网的话，必须从主机地址“借用”前面几个比特，作为子网地址。原先的网络地址加上子网地址便可用来识别

特定的子网。

假设某企业申请到 B 类的网络地址如下：

10101000　01011111　　00000000　00000000　(168.95.0.0)

网络地址　　　　主机地址

按照原先类别式 IP 的规划，前面 16 bit 是网络地址，后面 16 bit 则是主机地址，若要分割子网，必须借用主机地址前面的几个比特作为子网地址。假设我们现在使用主机地址的前 3 bit 作为子网地址：

10101000　01011111　　000 00000　00000000

网络地址　　子网地址　　主机地址

子网地址与原来的网络地址合起来共 19 位，可视为新的网络地址，用来识别该子网。子网地址使用了 3 bit，则产生了 $2^3 = 8$ 个子网(这 3 位从 000 变到 111)。

换言之，从主机地址借用了 3 bit 之后，便可分割出 8 个子网。当然，作为代价，主机地址长度变短后，所拥有的 IP 地址数量也减少了。以上例而言，原先 B 类可以有 $2^{16} - 2 = 65\,536 - 2$ 个可用的主机地址，而新建立的子网，仅有 $2^{13} - 2 = 8192 - 2$ 个可用的主机地址。

由于子网地址取自于主机地址，每“借用”n 个主机地址的位，便会产生 2^n 个子网。因此，分割子网时，其数目必然是 2 的幂。

不能使主机地址只剩下 1 bit，因为此时每个子网只能够有 2 个主机地址，扣掉全为 0 或 1 的主机地址，就没有可用的主机地址了。

6.5.2　子网掩码

子网不仅是简单地将 IP 地址加以分割，其关键在于分割后的子网必须能够正常地与其它网络相互连接，也就是在路由过程中仍然能识别这些子网。此时，便产生了一个问题：无法再利用 IP 地址的前导位来判断网络地址与主机地址有多少个位。以上述 A 企业最后所分配到的网络地址为例，虽然其前导位仍然为 10，但是经过子网分割后，网络地址长度并非 B 类的 16 bit，而是 17、18 个以上的位。因此，势必要利用其它方法来判断 IP 地址中哪几个位为网络地址，哪几个位为主机地址。子网掩码(SubnetMask)正是由此而生。以下说明子网掩码的特性：

(1) 子网掩码的长度与 IP 地址的长度相同，都为 32 位。

(2) 子网掩码必须是由一串连续的 1 再跟上一串连续的 0 所组成。

如 11111111　111111111　11100000　00000000 是正确的子网掩码，而 11111111　11100000　000011111　00000000 则是错误的。

(3) 为了方便阅读，子网掩码使用与 IP 地址相同的十进制来表示。

如：11111111　11111111　00000000　00000000 可表示为 255.255.0.0。

而：11111111　11111111　11100000　00000000 可表示为 255.255.224.0。

(4) 子网掩码必须与 IP 地址配对使用才有意义。单独的子网掩码不具任何意义。当子网掩码与 IP 地址一起时，子网掩码的 1 对应至 IP 地址便是代表网络地址位，0 对应至 IP 地址便是代表主机地址位。例如：

IP 地址：10000011　00000001　01000001　00000001

子网掩码：11111111　11111111　11100000　00000000

代表此 IP 地址的前 19 bit 为网络地址，后 13 bit 为主机地址(网络地址是 131.1.64.0 = 131.1.65.1 和 255.255.224.0 做逐位相乘)。路由过程中，便据此来判断 IP 地址中网络地址的长度，以便能将 IP 信息包正确地传送至目的网络。而这也是子网掩码最主要的目的。

IP 地址与子网掩码的组合也可写成：IP 地址/子网掩码中 1 的个数。如：131.1.65.1/19。

(5) 若不进行子网分割，则原有类别式的网络地址仍然可继续使用。此时 A、B、C 三种类别的子网掩码设置如下：

A 类：11111111　00000000　00000000　00000000(255.0.0.0)

B 类：11111111　11111111　00000000　00000000(255.255.0.0)

C 类：11111111　11111111　11111111　00000000(255.255.255.0)

6.5.3　子网分割实例

子网分割是相当常见的应用，以下便以实例说明如何在企业内部分割子网。

假设 A 企业申请到一 C 类网络地址如下：

网络地址：11001010 01001000 00000001 00000000(202.72.1.0)

子网掩码：11111111 11111111 11111111 00000000(255.255.255.0)

A 企业由于业务需求，内部必须分成 A1、A2、A3、A4 等四个独立的网络，并预留 2～4 个网络号。此时便需要利用子网分割的方式，建立数个子网，以便分配给这四个网络和预留给以后的网络。

首先要决定的是子网地址的长度。若子网地址为 2 bit，可形成四个子网，若子网地址为 3 bit，可形成八个子网，本例中用八个比较合适。

决定了子网地址的长度后，便可以知道新的子网掩码，以及主机地址的长度。由于使用了 3 bit 作为子网地址，网络地址变成 24+3=27 bit。因此，新的子网掩码为

11111111 11111111 11111111 11100000(255.255.255.224)

而原先的主机地址有 8 bit，但是子网地址借用了 3 bit，主机地址只能使用剩下的 5 bit。因此，每个子网可以有 $2^5 = 32$ 个主机地址。不过，主机地址不得全为 0 或全为 1，所以实际上每个子网可分配的 IP 地址为 30 个。

下面是四个子网的网络号及 IP 地址范围：

第一个子网号：

11001010 01001000 00000001 00000000 (202.72.1.0/27=202.72.1.0)

子网掩码：

11111111 11111111 11111111 11100000(255.255.255.224)

IP 地址的起讫范围：

11001010 01001000 00000001 00000001～11001010 01001000 00000001 00011110

202.72.1.1～202.72.1.30

第二个子网号：

11001010 01001000 00000001 00100000(202.72.1.32/27=202.72.1.32)

子网掩码：

11111111 11111111 11111111 11100000(255.255.255.224)

IP 地址的起讫范围：

11001010 01001000 00000001 00100001～11001010 01001000 00000001 00111110

202.72.1.33～202.72.1.62

第三个子网号：

11001010 01001000 00000001 01000000(202.72.1.64/27)

子网掩码：

11111111 11111111 11111111 11100000(255.255.255.224)

IP 地址的起讫范围：

11001010 01001000 00000001 01000001～11001010 01001000 00000001 01011110

202.72.1.65～202.72.1.94

第四个子网号：

11001010 01001000 00000001 01100000(202.72.1.96/27)

子网掩码：

11111111 11111111 11111111 11100000(255.255.255.224)

IP 地址的起讫范围：

11001010 01001000 00000001 01100001～11001010 01001000 00000001 01111110

202.72.1.97～202.72.1.126

11001010 01001000 00000001 10000000 其余略

11001010 01001000 00000001 10100000

11001010 01001000 00000001 11000000

11001010 01001000 00000001 11100000

接着是最重要的步骤，关系着子网是否能正确地运作，便是必须在 A 企业所有的路由器上设置 A1、A2、A3、A4 等子网的路由记录，以便路由器能将 IP 信息包正确地传送到分割后的子网。

(1) 子网可进一步分割成更小的子网。方法仍旧是从主机地址借用几个位来作为子网地址。

(2) 子网分割时所作的设置，都是在企业内部。换言之，远端的网络或路由器并不必知道 A 企业内部是如何分割子网的。因此，可保持互联网上路由结构的简单。

6.6　无类别的 IP 地址

当初在设计 IP 地址的类别时，网络环境主要是由大型主机所组成，主机与网络的总数都相当有限。但随着个人计算机与网络技术的快速普及，各种大小的网络如雨后春笋般冒出，对于IP地址的需求也迅速增加。三种类别的IP地址分配方式，很快便产生了一些问题。其中最严重的便是B类的IP地址面临缺货的危机；但是相对地，C类使用的数量则仅是缓慢增长。

为了解决这个问题，便产生了无类别的IP地址划分方式(Classless Inter-Domain Routing)，简称CIDR。

6.6.1 CIDR原理

B类的IP地址耗尽过快，是由于很多地址空间被浪费导致的。举例而言，假设B企业需要1500个IP地址，由于C类地址只能提供256个IP地址，因此必须分配B类的网络地址给B企业。因为B类实际可提供65 536个IP地址，远超过B企业的需求，这些多出来的IP地址无法再分配给其它企业使用，因此实际上就浪费掉了。

既然B类地址严重不足，而C类还很充裕，那么要解决这个问题，自然地便会想到是否可以将数个C类的IP地址合起来，分配给原先需申请B类地址的企业。

以前例而言，我们只要分配6至8个C类的IP地址给B企业，便可符合其需求，因而节省下1个B类的地址空间。

那么，要如何才能合并数个C类的IP地址呢？答案便是使用子网掩码来定义较具弹性的网络地址。你可能会觉得很诧异，这不是与子网分割的原理相同吗？没错，CIDR又称为超网(Super Net)，与子网可算是一体的两面，两者其实都是使用相同的概念与技术，只是在应用上略有不同，其概念差异如下：

(1) 子网：利用子网掩码重新定义“较长”的网络地址，以便将现有的网络加以分割成2、4、8、16等2幂方数的子网。

(2) 超网：利用子网掩码重新定义“较短”的网络地址，以便将现有2、4、8、16等2幂方数的网络，“合并” 成为一个网络。

6.6.2 CIDR实例

回到B企业的例子，由于B企业所需的1500个IP地址，数量介于B类(可提供65 535个IP地址)与C类(可提供255个IP地址)的范围之间。通过CIDR的方式，我们可以分配一个长度为21 bit的网络地址给B企业，那么B企业可使用的主机地址将会有32 − 21 = 11 bit，总共可产生2^{11} = 2048个IP地址，与B企业所需的1500个IP地址相近。与直接分配B类相比，节省下许多IP地址空间。

上述方式其实是将8个C类的IP地址合并，再分配给B企业。由于合并是通过变更网络地址长度来进行，因此会有以下的限制：

(1) 用来合并的C类的网络地址必然是连续的。

(2) 用来合并的C类的网络地址数目必然是2的幂方数。

因此，B企业实际上分配到的可能是如下的8个连续的C类地址空间：

202．72．200．0　(11001010 01001000 11001000 00000000)

202．72．201．0　(11001010 01001000 11001001 00000000)

202．72．202．0　(11001010 01001000 11001010 00000000)

202．72．203．0　(11001010 01001000 11001011 00000000)

202．72．204．0　(11001010 01001000 11001100 00000000)

202．72．205．0　(11001010 01001000 11001101 00000000)

202．72．206．0　(11001010 01001000 11001110 00000000)

202．72．207．0　(11001010 01001000 11001111 00000000)

这 8 个连续的 C 类地址可以利用下列方式来表示：

IP 地址：202.72.200.0　(11001010 01001000 11001000 00000000)

子网掩码：255.255.248.0　(11111111 11111111 11111000　00000000)

利用子网掩码将网络号的最后 3 bit 当成主机地址，表示由 202.72.200.0 开始到 202.72.207.0 共 8 个 ClassC 地址空间要合并。或者用更简洁的方式来表示如下：

202.72.200.0/21

虽然 CIDR 原先是为了合并 C 类地址所设计，但在实际操作上可适用于任何 IP 地址范围，例如：ISP 可分配长度为 30bit 的网络地址给一些只有两台计算机的个人公司。128.211.176.212／30

由于 CIDR 让 IP 地址在分配时更具弹性与效率，因此，目前都是以 CIDR 的方式来划分 IP 地址范围。

项目 6 考核

1. 假设你所在的单位是通过局域网 + 路由器 + 专线上网的方式，你已经从电信部门获得了路由器外网的 IP 地址(202.101.96.16/24)，DNS 服务器的地址是你内网设置。请你规划内网(你单位电脑数量你自己定)的 IP 地址(要求制订网络号、掩码、IP 地址的起讫范围)，在 PT 上画出示意性拓扑图，IP 地址分配到电脑上，内网能够 ping 通，要求内网的电脑能够 ping 路由器外网的 IP。(如果要 ping 通电信的路由器，就还要在电信的路由器上设路由，详见项目 10。)

拓扑图提示如图 6-12 所示。

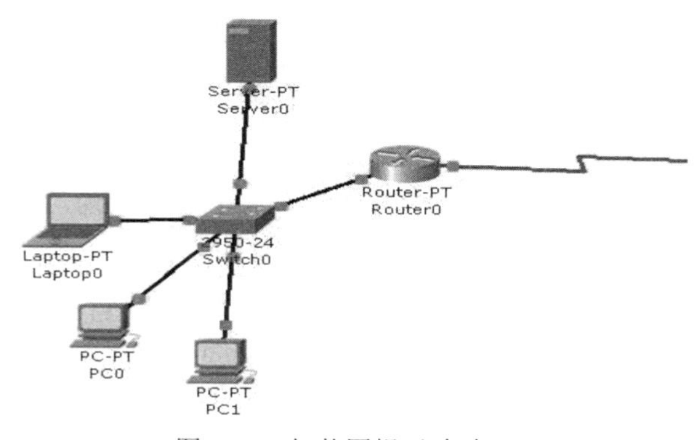

图 6-12　拓扑图提示(任务一)

2. 现有 A、B 两栋楼，相距 30 m，A 栋有两层，一楼有两台电脑，二楼有三台电脑，B 栋一楼有三台电脑，其它楼层以后会装电脑。考虑到安全性，要求 A 栋一楼是一个局域网，二楼是一个局域网，B 栋一楼是一个局域网，其它楼层预留一个局域网。用一台路由器把三个局域网接起来，路由器放在 A 栋一楼。请在 PacketTracer 中设计网络(可以适当添加需要的其它网络设备)，分配 IP 地址，要求用 B 类网地址，交 PKT 文档，用 ping 命令测试连通性。网络号一律用 172.16.0.0，你要在其主机地址部分拿出若干位做子网。要写出每个子网的网络号、起讫 IP 地址、掩码。

拓扑图提示如图 6-13 所示。

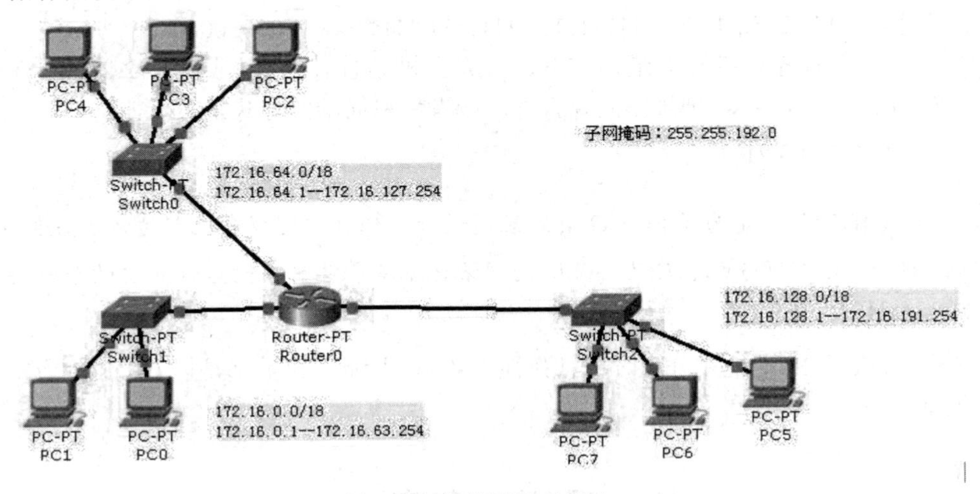

图 6-13　拓扑图提示(任务二)

3. (选作)假设你的公司有一个上海总部、两个省分部、每个省有三个市分部，总部、省分部、市分部各有一个局域网。请用路由器加专线的方式将这些局域网连接起来，规划并分配好网络地址、各主机的 IP 地址。

在 PT 上实现，电脑之间能够 ping 通(由于要设置好静态或动态路由才能够 ping 通，路由在后面才讲，所以仅供好学者选作)。

项目 7　了解 ARP 和 ICMP

知识目标

了解 ARP 和 ICMP 知识。

技能目标

能够使用简单的 ARP 和 ICMP 命令。

素质目标

提高工程素质。

ARP、ICMP 与 IP 协议均属于网络层的协议。IP 是网络层中最主要的协议，而 ARP 与 ICMP 一般都视为辅助 IP 的协议，本章主要介绍 ARP 与 ICMP 以及与它们相关的应用。

7.1　ARP 协议

ARP 是地址解析协议(Address Resolution Protocol)的缩写。在学习 ARP 协议之前，首先看一下数据链路层与网络层地址的特性：

(1) 数据链路层在传递信息包时，必须利用数据链路层地址(例如以太网 MAC 地址)来识别目的设备。

(2) 网络层在传递信息包时，必须利用网络层地址(例如 IP 地址)来识别目的设备。

从上述特性我们可以得到以下推论：在网络层信息包要封装为数据链路层信息包之前，必须先取得目的设备的 MAC 地址。以 IP 层为例，便是将取得 MAC 地址的工作交给 ARP 来执行。

若以 OSI 模型来说明 ARP 的功能，便是利用网络层地址来取得对应的链路层地址。换言之，如果网络层使用 IP，数据链路层使用以太网，当我们知道某项设备的 IP 地址时，便可利用 ARP 来取得对应的以太网 MAC 地址。

由于 MAC 地址是局域网内传送信息包所需的识别信息，因此，在传送 IP 信息包之前，必然会使用 ARP 协议。

7.1.1　ARP 运作方式

以 IP 而言，网络上每部设备的 IP 与 MAC 地址的对应关系，并未集中记录在某个数据库中，因此，当 ARP 欲取得某设备的 MAC 地址时，必须直接向该设备询问。

ARP 运作的方式相当简单，整个过程是由 ARP 请求(ARP Request)与 ARP 应答(ARP Reply)两种信息包所组成。为了方便说明，我们假设有 A、B 两台计算机。A 计算机已经知道 B 计算机的 IP 地址，现在要传送 IP 信息包给 B 计算机，必须先利用 ARP 取得 B 计算机的 MAC 地址。

1. ARP 请求

A 计算机送出 ARP 请求信息包给局域网上所有的计算机。ARP 请求信息包在链路层是属于广播信息包(即以太网广播信息包，目的 MAC 地址填写为全 1)，因此局域网上的每一台计算机都会收到此信息包。A 计算机所送出的 ARP 请求信息包除了记录所要解析对象的 IP 地址(即 B 计算机的 IP 地址)外，也会包含 A 计算机本身的 IP 地址与 MAC 地址。

2. ARP 应答

局域网内的所有计算机都会收到 ARP 请求的信息，并与本身的 IP 地址对比，决定自己是否为要求解析的对象。以上例而言，B 计算机为 ARP 要求的解析对象，因此只有 B 计算机会送出响应的 ARP 应答信息包。

由于 B 计算机可从 ARP 请求信息包中得知 A 计算机的 IP 地址与 MAC 地址，因此 ARP 应答信息包不必再使用广播的方式，而是直接在以太网信息帧中，指定 A 计算机的 MAC 地址为目的地址。

ARP 应答中最重要的内容当然就是 B 计算机的 MAC 地址。A 计算机收到此 ARP 应答后，即完成 MAC 地址解析的工作。

由于 ARP 在解析过程中，ARP 请求信息包为以太网广播信息包，即 ARP 请求无法通过路由器传送到其他网络，因此 ARP 仅能解析同一网络内的 MAC 地址，无法解析其它网络的 MAC 地址。

7.1.2 ARP 与 IP 路由

由于 ARP 只能解析同一网络内的 MAC 地址，因此，在整个 IP 路由过程中，会出现多次的 ARP 地址解析。例如：A 计算机要传送 IP 信息包给 B 计算机时，若途中必须经过两部路由器，则总共需要进行三次 ARP 名称解析的操作，如图 7-1 所示。

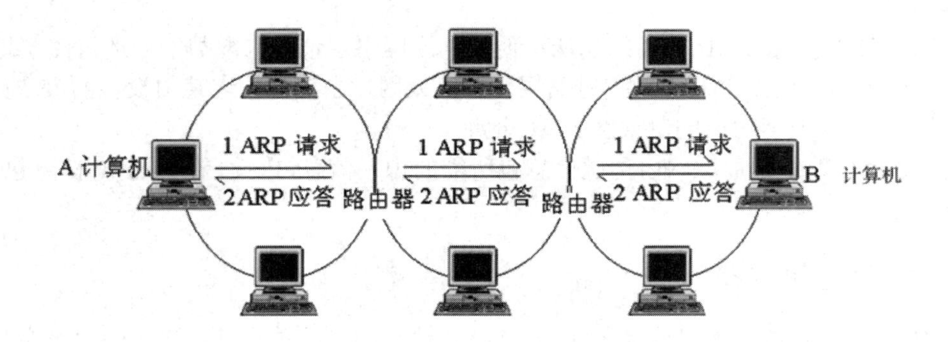

图 7-1 在 IP 路由的过程中，可能会出现多次的 ARP 解析

7.1.3　ARP 高速缓存

在 ARP 的解析过程中，由于 ARP 要求为数据链路层的广播信息包，如果经常出现，势必造成局域网的沉重负担。为了避免此问题，在实际操作 ARP 时，通常会加入 ARP 高速缓存的设计。

高速缓存的英文为“Cache”，意思是将常用(或是预期将用到)的数据临时保存在读写效率较佳的存储区域，以加速访问的过程。ARP 高速缓存可将网络设备的 IP/MAC 地址记录在本地计算机上(通常是存储在内存中)。系统每次要解析 MAC 地址前，便先在 ARP 高速缓存中查看是否有符合要求的记录。若 ARP 高速缓存中有符合要求的记录，便直接使用；若 ARP 高速缓存中找不到符合的记录，才需要发出 ARP 请求的广播信息包。如此，ARP 高速缓存不仅加快地址解析的过程，也可避免过多的 ARP 请求广播信息包。

ARP 高速缓存所包含的记录，按产生的方式，可分为动态与静态两种记录。

1. 动态记录

当 ARP 完成每条 IP/MAC 地址的解析后，便会将结果存储在 ARP 高速缓存中，供后续使用，以避免重复向同一对象请求地址解析。这些由 ARP 自动产生的记录即为动态记录。

以先前 A、B 计算机为例，当 A 计算机通过 ARP 请求和 ARP 应答取得 B 计算机的 MAC 地址后，便将 B 计算机的 IP 地址与对应的 MAC 地址存储在 A 计算机的 ARP 高速缓存中。

ARP 高速缓存的动态记录虽然可提高地址解析的性能，但是却可能产生一个问题。以先前 A、B 计算机为例，当 A 计算机的 ARP 高速缓存中有 B 计算机 MAC 地址的记录时，若 B 计算机发生故障、关机或更换网卡，A 计算机因为无从得知，仍然会根据 ARP 高速缓存中的记录将信息包传送出去。这些信息包传送出去后不会有任何设备来对其加以处理，就好像丢到黑洞一样有去无回，此种现象称为“网络黑洞”。

为了避免此种情况发生，ARP 高速缓存中的动态记录必须有一定的寿命时间，超过此时间的记录便会被删除。

2. 静态记录

当用户已知某设备的 IP/MAC 地址的对应关系后，可通过手动的方式将它加入 ARP 高速缓存中，即为静态记录。

由于 ARP 高速缓存存储在计算机的内存中，因此无论是动态或静态记录，只要重新开机，全部都会消失。

大部分操作系统都会提供 ARP 工具程序。Windows 2000 提供了 ARP.EXE 这个工具软件，用于查看与编辑 ARP 高速缓存的内容。

用 ARP –a 命令可以查看 ARP 高速缓存中的当前记录，如：

```
c:\>arp –a
```

用 ARP –d 命令可以删除 ARP 高速缓存中的指定记录。

用 ARP –s [IP 地址] [MAC 地址] 命令可以在 ARP 高速缓存中添加一条静态记录。

7.2　ICMP 协议

IP 在传送信息包时，只是单纯地将 IP 信息包送出即完成任务。至于在传送过程中发生了问题，一般是由上层的协议来负责确认、重送等工作，但也需要一种机制将问题报告给 IP 信息包的来源端，这时便会用到 ICMP(Internet Control Message Protocol，网际控制消息协议)这个协议。

ICMP 协议是 IP 的辅助协议，可用来报告 IP 路由过程中的错误。即在 IP 路由过程中，发生路由器找不到合适的路径或 IP 信息包无法传送出去等问题时，便可利用 ICMP 来传送相关的信息。

ICMP 协议的报文格式如图 7-2 所示。

图 7-2　ICMP 报文的格式

不过请读者特别注意，ICMP 只负责报告问题，至于如何解决问题则不是 ICMP 的管辖范围。

除了路由器或主机可利用 ICMP 来报告问题外，网管人员也可利用适当的工具程序发出 ICMP 信息包，以便测试网络连接或排解问题等。

ICMP 信息包有多种类型，以下介绍几种常见的类型。

1. 响应请求与响应应答

响应请求与响应应答(Echo Request/Echo Reply)是最常见的 ICMP 信息包类型，主要用来排解网络问题，包括 IP 路由的设置、网络连接等。

以 A、B 计算机为例，首先 A 主动发出响应请求信息包给 B，然后 B 收到请求信息包后，被动发出响应应答信息包给 A。由于 ICMP 信息包都是封装成 IP 信息包的形式来传送的，故若能完成上述过程，A 便可以确认：

(1) B 设备存在且运作正常；

(2) A、B 之间的网络连接状况正常；

(3) A、B 之间的 IP 路由正常。

2. 无法送达目的地

无法送达目的地(Destination Unreachable)也是常见的 ICMP 信息包类型。在路由过程中若出现下列问题，路由器或目的设备便会发出此类型的 ICMP 信息包，通知 IP 信息包的来源端：

(1) 路由器无法将 IP 信息包传送出去。如：在路由表中找不到合适的路径，或是连接中断而无法将信息包从合适的路径传出。

(2) 目的设备无法处理收到的 IP 信息包。如：目的设备无法处理 IP 信息包内所装载的传输层协议。

3. 降低来源端传送速度

当路由器因为来往的 IP 信息包太多，以至于来不及处理时，便会发出降低来源端传送速度(Source Quench)的 ICMP 信息包给 IP 信息包的来源端设备。

在正式文件中并未规定路由器发出降低来源端传送速度的条件。在实际操作时，厂商通常是以路由器的 CPU 或缓冲区的负荷作为衡量标准，例如：路由器的缓冲区使用量到达 85%时，便会发出降低来源端传送速度的信息包。

4. 重定向

当路由器发现主机所选的路径并非最佳路径时，会发出 ICMP 重定向(Redirection)信息包，通知主机较佳的路径。

以图 7-3 为例，当 A 要传送 IP 信息包给 B 时，假设最佳路径是通过 R1 路由器传送至 B。可是由于某种因素(不当的设置或网络连接的变动)，A 将 IP 信息包送至 R2 路由器，而 R2 路由器从本身的路由表发现，A 至 B 的最佳路径应通过 R1 路由器，则 R2 会发出重定向的 ICMP 信息包给 A。

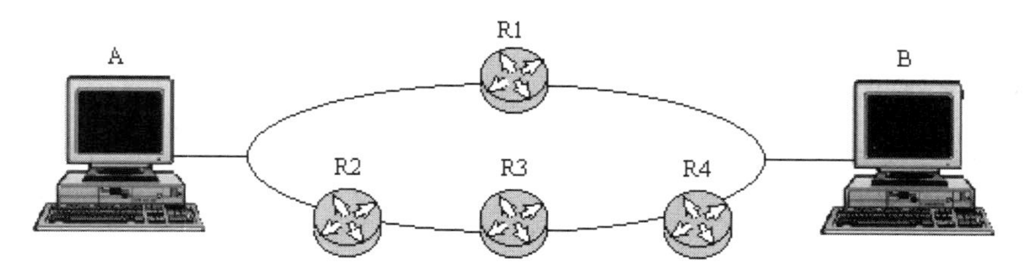

图 7-3　可能产生重定向的网络环境

注意：至于 A 计算机如何应对，就不是 ICMP 的管辖范围了。

5. 传送超时

IP 包头记录了信息包的存活时间，其主要功能是为了防止 IP 信息包在不当的路由结构中永无止境地传送。当路由器收到存活时间为 0 的 IP 信息包时，会将此 IP 信息包丢弃，然后送出传送超时(Time Exceeded)的 ICMP 信息包给 IP 信息包的来源设备。

此外，当 IP 信息包在传送过程中发生分割时，必须在目的设备重组分割后的 IP 信息包。重组的过程中若在指定的时间内未收到全部分割后的 IP 信息包，目的设备也会发出传送超时的 ICMP 信息包给 IP 信息包的来源设备。

7.3　ICMP 工具

大部分操作系统都会提供一些 ICMP 工具程序，方便用户测试网络连线状况。以下便以 Windows 2000 为例，介绍数种常见的 ICMP 工具程序。

7.3.1　ping

ping 工具程序可用来发出 ICMP 响应请求信息包。网管人员可利用 ping 工具程序，发出响应请求给特定的主机或路由器，以诊断网络的问题。

ping 的语法如下：

ping [参数] [名称地址或 IP 地址]

ping 的参数相当多，以下仅说明较常用的参数(见表 7-1)。

表 7-1　ping 的参数

参　数	含　义
-a	执行 DNS 反向查询(由 IP 地址查出完整域名)，默认不执行此查询
-i<存活时间>	设置 IP 信息包的存活时间，默认为 32 秒
-n<次数>	每次执行时，发出响应请求信息包的数目，默认为 4 次
-t	持续发出响应请求直到按 Ctrl+C 才停止
-w<等待时间>	等待响应应答的时间。<等待时间>的单位为千分之一秒，默认值为 1000，即 1 秒

当用户发现网络连接异常时，可参考下列步骤，利用 ping 工具程序，由近而远逐步锁定问题所在。

1. ping 127.0.0.1

127.0.0.1 是所谓的 Loopback 地址。目的地址为 127.0.0.1 的信息包不会送到网络上，而是送至本机的 Loopback 驱动程序。此操作主要用来测试本地主机的 TCP/IP 协议是否正常运作。

2. ping 本机 IP 地址

若步骤 1 中本机 TCP/IP 设置正确，接下来可试试看网络设备是否正常。若网络设备有问题(例如：旧式网卡的 IRQ 设置有误)，则不会响应。

3. ping 对外连接的路由器

Ping 对外连接的路由器也就是 ping“默认网关”的 IP 地址，若成功，代表内部网络与对外连接的路由器正常。

4. ping 互联网上计算机的 IP 地址

用户可以随便找一台互联网上的计算机，ping 它的 IP 地址。如果有响应，代表 IP 设置全部正常。

5. ping 互联网上计算机的名称地址

用户可以随便找一台互联网上的计算机，ping 它的网址，例如：www.sina.com.cn，如果有响应，代表 DNS 设置无误。

下面来看看 ping 的范例。

若要让 ping 执行 DNS 反向查询，输入命令：

```
C:\>ping -a 168.95.192.1
                    ┌──── 反向查询所得的名称
                    ▼
Pinging hntp1.hinet.net [168.95.192.1] with 32 Byte of data:
Reply from 168.95.192.1: Byte=32 time=1292ms TTL=55
Request timed out.
Request timed out. 超过默认的等待时间未获响应，便会出现此种信息
Request timed out.
Ping statistics for 168.95.192.1:
    Packets: Sent = 4，Received = 1，Lost = 3 (75% loss)，
Approximate round trip times in milli-seconds:
    Minimum = 1292ms，Maximum =  1292ms，Average =  323ms
```

利用 -w 参数，可以延长等待响应应答的时间。此外，也可以结合多个参数一起使用，比如设置只发出 2 个响应请求的信息包，将等待时间延长为 5 秒：

```
C:\>ping -n 2 -w 5000 168.95.192.1
Pinging 168.95.192.1 with 32 Byte of data:
Reply from 168.95.192.1: Byte=32 time=1192ms TTL=55
Reply from 168.95.192.1: Byte=32 time=1442ms TTL=55
Ping statistics for 168.95.192.1:
    Packets: Sent = 2，Received = 2，Lost = 0 (0% loss)，
Approximate round trip times in milli-seconds:
    Minimum = 1192ms，Maximum =  1442ms，Average =  1317ms
```

7.3.2 TRACERT 或 traceroute

TRACERT(在路由器上是 traceroute 命令)工具程序可找出至目的 IP 地址所经过的路由器。

先来看看 TRACERT 的工作过程。

首先假设如图 7-4 所示的网络环境。

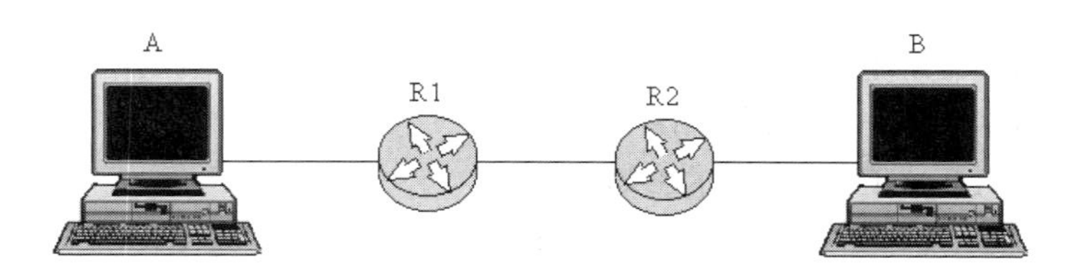

图 7-4　说明 TRACERT 工作过程的网络环境

若从 A 主机执行 TRACERT，并将目的地设为 B 主机，TRACERT 会利用以下步骤，找出沿途所经过的路由器，如图 7-5 所示。

(1) 发出响应请求信息包，该信息包的目的地设为 B，存活时间设为 1。为了方便说明，我们将所有信息包都加以命名，此信息包命名为“响应请求 1”。

(2) R1 路由器收到“响应请求 1”后，因为存活时间为 1，因此会丢弃此信息包，然后发出“传送超时 1”给 A。

(3) A 收到“传送超时 1”之后，便可得知到 R1 为路由过程中的第一部路由器。接着，A 再发出“响应请求 2”，目的地设为 B 的 IP 地址，存活时间设为 2。

(4) “响应请求 2”会先送到 R1，然后再转送至 R2。到达 R2 时，“响应请求 2”的存活时间为 1，因此，R2 会丢弃此信息包，然后传送“传送超时 2”给 A。

(5) A 收到“传送超时 2”之后，便可得知到 R2 为路由过程中的第二部路由器。接着，A 再发出“响应请求 3”，目的地设为 B 的 IP 地址，存活时间设为 3。

(6) “响应请求 3”会通过 R1、R2 然后转送至 B。B 收到此信息包后便会响应“响应应答 1”给 A。

(7) A 收到“响应应答 1”之后便大功告成。

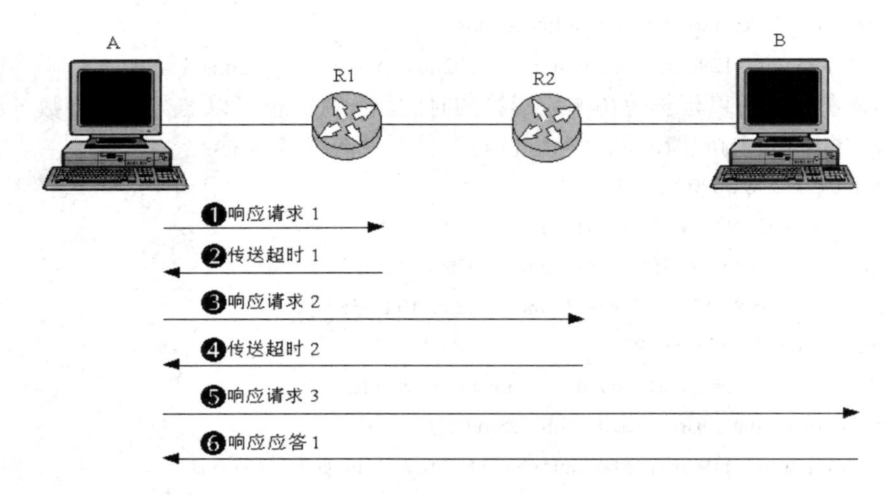

图 7-5　TRACERT 的过程

路由器至少会有两个网络接口。利用 TRACERT 所得到的是路由器“本地”接口的 IP 地址。以上例而言，A 利用 TRACERT 可得知 R1 连接 A 所在网络的接口，以及 R2 连接 R1 所在网络的接口。

再介绍一下 TRACERT 的语法与参数。

TRACERT 的语法如下：

TRACERT[参数]　[网址或 IP 地址]

表 7-2 所示为 TRACERT 常用的参数。

表 7-2　TRACERT 的常用参数

参　数	含　义
-d	TRACERT 默认会执行 DNS 反向查询，若不要反向查询，则使用此参数
-h<存活时间>	TRACERT 每次发出响应请求时存活时间会加 1。本参数可设置存活时间最大值，默认为 30 秒
-w<等待时间>	等待传送超时或响应应答的时间。<等待时间>的单位为千分之一秒，默认值为 1000，亦即 1 秒

下面给出在 PacketTracer 上实验 TRACERT 命令的拓扑和结果，如图 7-6 所示。

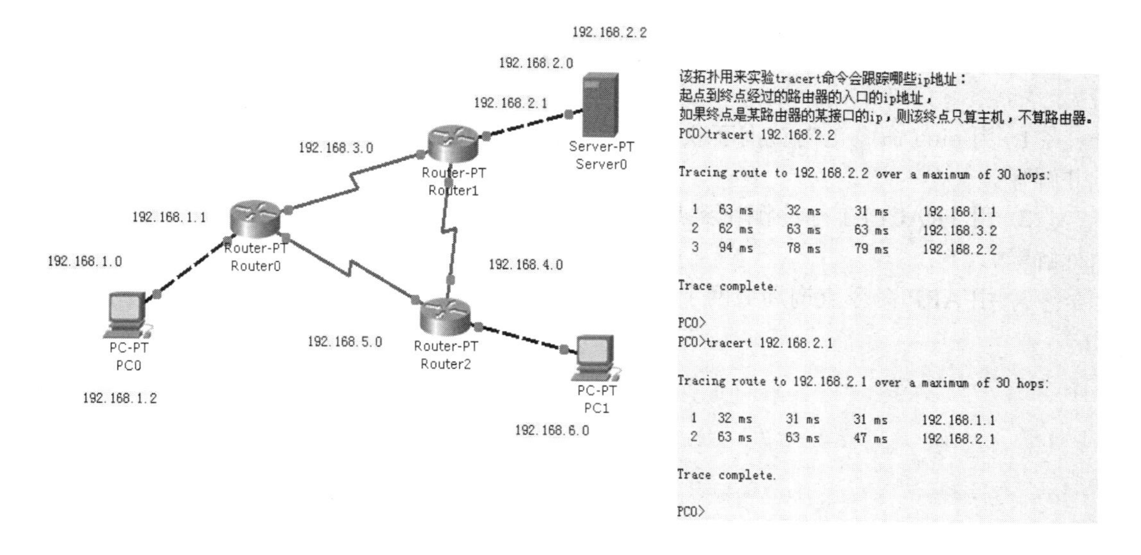

图 7-6　在 Packet Tracer 上实验 TRACERT 命令的拓扑和结果

最后给出在实际网络中使用 TRACERT 命令的结果。

以下我们不使用任何参数，利用 TRACERT 找出至目的主机沿途所经的路由器。

C:\>tracert 168.95.192.1

Tracing route to hntp1.hinet.net [168.95.192.1]

over a maximum of 30 hops:

1　<10 ms <10 ms <10 ms　203.74.205.3

2　<10 ms <10 ms <10 ms　c137.h203149174.is.net.tw [203.149.174.137]

3　50 ms　60 ms　60 ms10.1.1.70

4　60 ms　60 ms　60 msc248.h202052070.is.net.tw [202.52.70.248]

5　290 ms　60 ms　60 msISNet-PC-TWIX-T3.rt.is.net.tw [210.62.131.225]

6　70 ms　50 ms　70 ms210.62.255.5

7　50 ms　70 ms　51 ms210.65.161.126

8　51 ms　50 ms　50 ms168.95.207.21

9　60 ms　50 ms　50 mshntp1.hinet.net [168.95.192.1]

Trace complete.

TRACERT 的结果表明了以下信息：

(1) 由近至远，显示沿途所经过的每部路由器。以上范例显示，从来源端主机至 168.95.192.1 主机必须经过八部路由器。

(2) 显示每部路由器响应的时间。由于 Windows 2000 中的 TRACERT 会传送 3 个响应请求信息包给每部路由器，因此会有 3 个响应时间。

(3) 显示每部路由器在“本地”的 IP 地址，以及 DNS 反向查询所得的名称。

项目 7 考核

1. 用 ping 命令正向查询互联网上某主机的 IP 地址，反向查询其名称地址。结果截屏并解释。

2. 用 TRACERT 命令测试到某个知名网站之间的路径，对测试过程截屏，并对结果进行解释。

3. 用 ARP 命令查询局域网上其它主机的物理地址。结果截屏并解释。

项目 8　IP 路由

知识目标

了解 IP 路由的基本概念和路由器的工作原理。

技能目标

能够根据拓扑图编写静态路由表，能够在 PacketTracer 上完成静态和动态路由配置。

素质目标

培养查阅文献的素质。

8.1　IP 路由

“路由”代表“路径的由来”。IP 路由指 IP 信息包的传输路径如何产生，即“路径选择”。简单地说，在网络之间将 IP 信息包传送到目的节点的过程，即称为 IP 路由。换言之，除非是在同一个网络内的两个节点互传 IP 信息包，否则在传送 IP 信息包时，必然会历经 IP 路由的过程。

节点(Node)：使用 TCP/IP 协议组合的网络设备。

主机(Host)：不具有路由功能的节点。一般配备网卡的个人计算机都可视为主机。

路由器(Router)：具有路由功能的节点。

在 IP 路由的过程中，网络之间的连接设备扮演了重要的角色。因此，要了解 IP 路由，首先必须了解连接网络的设备：路由器。

8.1.1　路由器概述

路由器(Router)是工作于 OSI 模型中的网络层(Network Layer)的设备，如图 8-1 所示，是具有路由功能的节点，可以在不同的网络间选择一条最佳的传输路径。路由器内部有 CPU、RAM、操作系统，可以说是一台特殊用途的计算机。

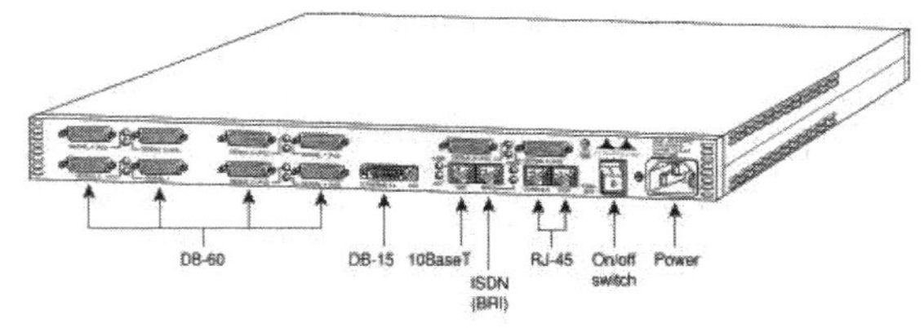

图 8-1　路由器

以图 8-2 为例，从 LAN1 传数据到 LAN2 有两条路径。

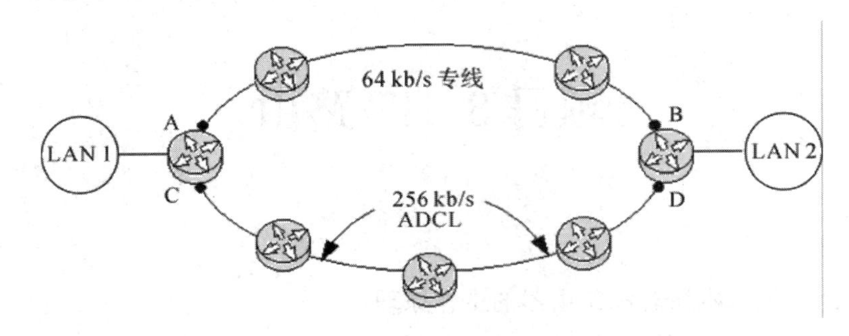

图 8-2　路由器路径选择示例

乍看之下，LAN1 到 LAN2 最快的路径，理所当然是 C→D(256 kb/s 当然比 64 kb/s 快)，但是若考虑到路由器的处理延迟，似乎 A→B 更佳(因为只经过两台路由器)，那么到底在传送数据时，哪一条会比较快呢？

其实要判断哪条路径传输最快，要考虑到许多因素，包括带宽、线路质量、使用率、所经节点数、甚至成本。当然，这些计算不可能用人工处理，所以选择最佳路径的工作便交给路由器来处理。

8.1.2　路由器的特性

路由器为连接网络的重要设备，不仅在实体上可连接多个网络，还必须具有转送 IP 信息包的能力。在整个 IP 信息包的传送过程中，通常必须通过多部路由器的合作，才能将 IP 信息包送达目的节点。路由器作为 IP 信息包的传送设备，具有以下特性：

(1) 具有两个(或两个以上)的网络接口，可连接多个网络，或是直接连接到其它路由器。路由器上的典型网络接口有局域网接口(例如 10/100Mb/s 以太网接口)、广域网接口(例如 ISDN 的 BRI、serial 串口等)。

(2) 至少能解读信息包在 OSI 模型第三层(网络层)的信息。这是因为路由器必须知道信息包的目的 IP 地址，才能执行进一步的路由工作。

(3) 具有路由表(Routing Table)。路由表记载了有关路由的重要信息，路由器必须根据路由表，才能判断要将 IP 信息包转送到哪一个网络，为 IP 信息包选择最佳的路径。

除了路由器外，主机也会具有路由表。一般个人计算机只要符合上述特性，亦可视为路由器。因此，只要计算机插了两张网卡并安装合适的软件，便可成为一部路由器。

8.1.3　路由器的功能与路由的过程

路由器最主要的功能就是传送 IP 信息包。为了能正确地传送 IP 信息包，路由器必须根据信息包的目的 IP 地址，为它选择一条最佳的路径。所谓的路径，主要是指下列两种信息：

(1) 要经过路由器的哪个网络接口送出。

(2) 要再送到哪一部路由器的哪个入口，或是直接送到目的主机。

以图 8-3 为例，假设现在 A1 主机要传送 IP 信息包给 F1 主机。

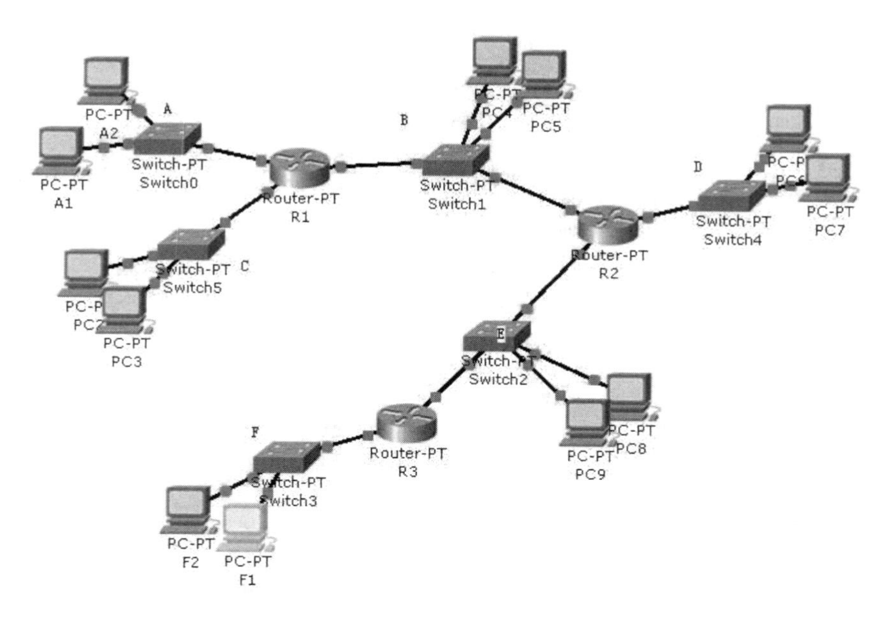

图 8-3 路由过程示例

A1 的默认网关是 R1 路由器，所以 A1 直接把信息包发给 R1 路由器，当 R1 路由器收到 A1 送来的 IP 信息包时，必须根据信息包的目的 IP 网络地址(根据 F1 主机的 IP 地址和网络掩码即可求得目的网络地址)，对照 R1 本身的路由表来决定其路径。从图 8-3 的网络配置来看，要将 IP 信息包送至 F1 主机所在网络，R1 只有一条路径可选择，便是将信息包传送给 R2 路由器。决定路径后，R1 便可将信息包从连接 B 网络的接口送出，转交给 R2 路由器继续下一步操作。R2 路由器查路由表，应当将此信息包发给 R3 路由器，R3 路由器发现 F1 主机直连在 R3 上，就把此信息包直接发送给 F1 主机。

在互联网上的 IP 路由，当然要复杂了许多，但基本的原理却是相同的。如果互联网上每部路由器都能各尽其职，任两部主机便可通过 IP 路由的机制，互相传送 IP 信息包。

8.1.4 直接与间接传递

在整个 IP 路由的过程中，IP 信息包的传递大致可分为“直接”与“间接”两种形式。

1. 直接传递

直接传递是指 IP 信息包由某一节点传送至同一网络内的另一节点。由于直接传递只能在同一个网络内进行，因此在传递过程中不会通过路由器。

2. 间接传递

间接传递是指 IP 信息包由某一节点传送至不同网络中的另一节点。间接传递必须先将 IP 信息包传送给适当的路由器。

以先前 A1 主机传送 IP 信息包至 F1 主机的过程中，属于间接传递的部分为：A1→R1，R1→R2，R2→R3；属于直接传递的部分则为：R3→F1。

如果 A1 主机传送信息包给同样位于 A 网络的 A2 主机，则只需用到直接传递，不必涉及间接传递。

8.2 路 由 表

路由表其实是一个小型的数据库，其中的每一条路由记录，记载了通往每个网络的路径。当路由器收到IP信息包时，必须根据IP信息包的目的地址，选择一条合适的路由记录，即传送此IP信息包的最佳路径，然后按路径所指定的网络接口，将IP信息包传送出去。

路由表的字段会因制造厂商及规格而有差异，不过基本上会有以下字段：

- 目的地网络地址(Network Destination)
- 网络掩码(Net Mask)
- 接口(Interface)
- 网关(Gateway)
- 跃点数(Hops)

为了方便说明，首先我们模拟一个简化的网络环境，如图8-4所示。

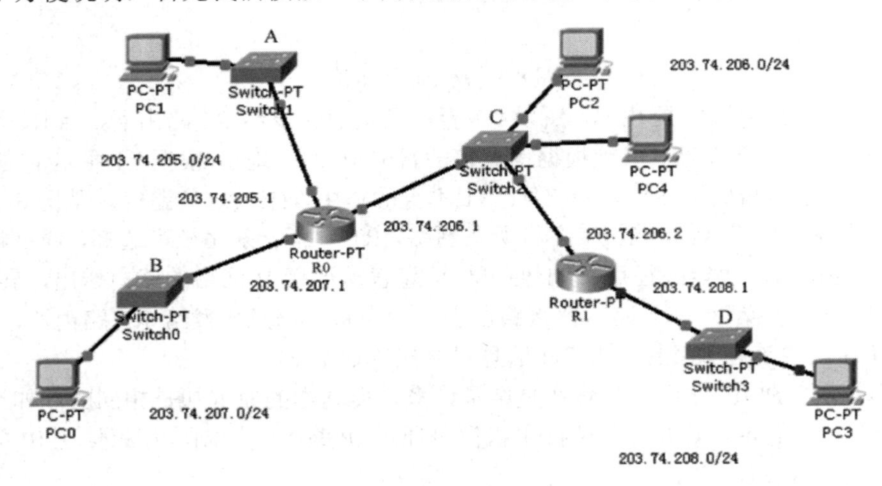

图8-4　简化的网络环境

在图8-4的环境中，总共有A、B、C、D等四个网络，以及R0、R1等两部路由器。以下说明将以R0路由器为例。由于总共有四个网络，因此我们可以假设R0路由器中有四条路由记录，分别记载通往这四个网络的路径，见表8-1。

表8-1　R0的四条路由记录

网络地址	网络掩码	网关	接口	跃点数
203.74.205.0	255.255.255.0	203.74.205.1	203.74.205.1	1
203.74.206.0	255.255.255.0	203.74.206.1	203.74.206.1	1
203.74.207.0	255.255.255.0	203.74.207.1	203.74.207.1	1
203.74.208.0	255.255.255.0	203.74.206.2	203.74.208.1	2

跃点数字段并不必然就是代表跃距数目，在不同的路由协议中，可能会有不同的意义。例如，OSPF(一种动态路由协议)会根据带宽、延迟等因素来计算跃点数字段值。

8.3　Windows 2000 路由表实例

刚才介绍了路由表的各个字段。其实，不只是路由器，许多主机也都有路由表。下面以 Windows 2000 系统为例，查看其路由表。接着我们用如图 8-5 所示的网络环境，假设其中的 A1 计算机为 Windows 2000 系统，查看其路由表内容。

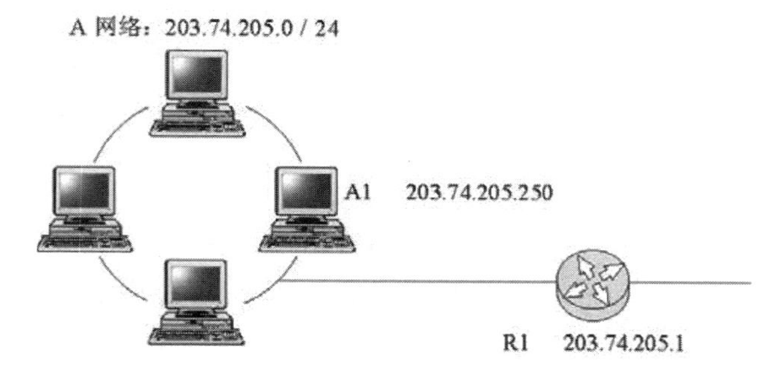

图 8-5　查看路由表的网络环境示例

在命令提示窗口输入 route print 命令，显示结果如下：

Network Destination	Netmask	Gateway	Interface	Metric
0.0.0.0	0.0.0.0	203.74.205.1	203.74.205.250	1
127.0.0.0	255.0.0.0	127.0.0.1	127.0.0.1	1
203.74.205.0	255.255.255.0	203.74.205.250	203.74.205.250	1
203.74.205.250	255.255.255.255	127.0.0.1	127.0.0.1	1
203.74.205.255	255.255.255.255	203.74.205.250	203.74.205.250	1
224.0.0.0	224.0.0.0	203.74.205.250	203.74.205.250	1
255.255.255.255	255.255.255.255	203.74.205.250	203.74.205.250	1

下面对上述输出结果进行分析：

(1) 第一条记录为默认路由。当传送的 IP 信息包与所有的路由记录都不相符时，便使用默认路由。换言之，当 Windows 2000 不知道要替 IP 信息包选择何路径时，便将它送至默认的路由器，亦即默认网关。

(2) 第二条记录为 Loopback 路由。所有 127.x.y.z 的信息包都会交由系统本身的 Loopback 驱动程序来处理，而不会传送至网络。

(3) 第三条路由记录的目的网络直接与 A1 主机相连，亦即 A 网络。请注意，网关与接口都是 203.74.205.250，亦即 A1 的 IP 地址。它代表的意思是，当 A1 要传送 IP 信息包至 A 网络中的节点时，不必再通过其它路由器，而是以直接传递的方式，直接从 203.74.205.250 这个接口便可以 ARP 取得目的节点的 MAC 地址，然后将 IP 信息包传送过去。

(4) 第四条是 A1 本身的记录。如果 A1 要传送 IP 信息包给自己，会由 Loopback 驱动程序来处理。

(5) 第五条记录用于 A 网络的广播信息包。

(6) 第六条记录用来传送多点传送(Multicast)信息包的记录。

(7) 第七条记录用于 Limited(也称为 Local)广播。

8.4 静态与动态路由

前几节介绍了 IP 路由的原理，接下来我们将说明如何建立路由表。路由表的建立方式有以下两种：

- 静态方式(Static)：由网管人员以手动的方式，将路由记录逐一加入路由表。
- 动态方式(Dynamic)：由路由协议自动建立、维护路由表，无须人为输入(或只需要输入简单的初始信息，例如每个路由器直连的网络号)。

8.4.1 静态路由

静态路由的路由表，必须以人工的方式来建立，适用于小型且稳定的网络环境。本节将示范如何在小型网络环境中使用静态路由。

[例 8.1]　一部路由器的环境。

首先我们假设一个最简单的路由环境，也就是一部路由器连接两个网络，如图 8-6 所示。

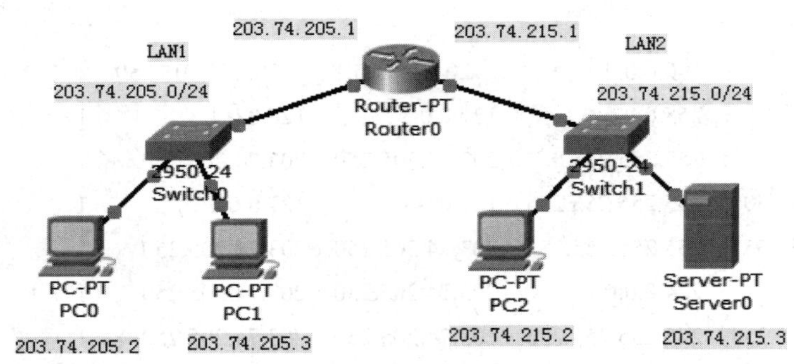

图 8-6　一部路由器的网络

若要让 LAN1 与 LAN2 能够互传信息包，Router0 中必须有以下两条路由记录：

网络地址	网络掩码	网关	接口	跃点数
203.74.205.0	255.255.255.0	203.74.205.1	203.74.205.1	1
203.74.215.0	255.255.255.0	203.74.215.1	203.74.215.1	1

第一条记录可传送目的地址为 LAN1 的 IP 信息包；第二条记录可传送目的地址为 LAN2 的 IP 信息包。

由于这个例子都是直连路由，其路由记录可以由路由器自己生成，不需要手工输入。

可以在 Packet Tracer 上实验一下，一个路由器连两个网络，只要配好路由器两个接口的 IP 和两个网络上的主机的 IP 及网关，两个网络上的主机就可以 ping 通。

路由器上的配置命令如下：

```
Router>enable
Router#configure terminal
```

```
Router(config)#interface FastEthernet0/0
Router(config-if)#no shutdown
Router(config-if)#ip address 203.74.205.1   255.255.255.0
Router(config-if)#exit
Router(config)#interface FastEthernet1/0
Router(config-if)#no shutdown
Router(config-if)#ip address 203.74.215.1   255.255.255.0
```

[例 8.2]　两部路由器的环境。

在此我们以两部路由器连接三个网络为例，如图 8-7 所示。

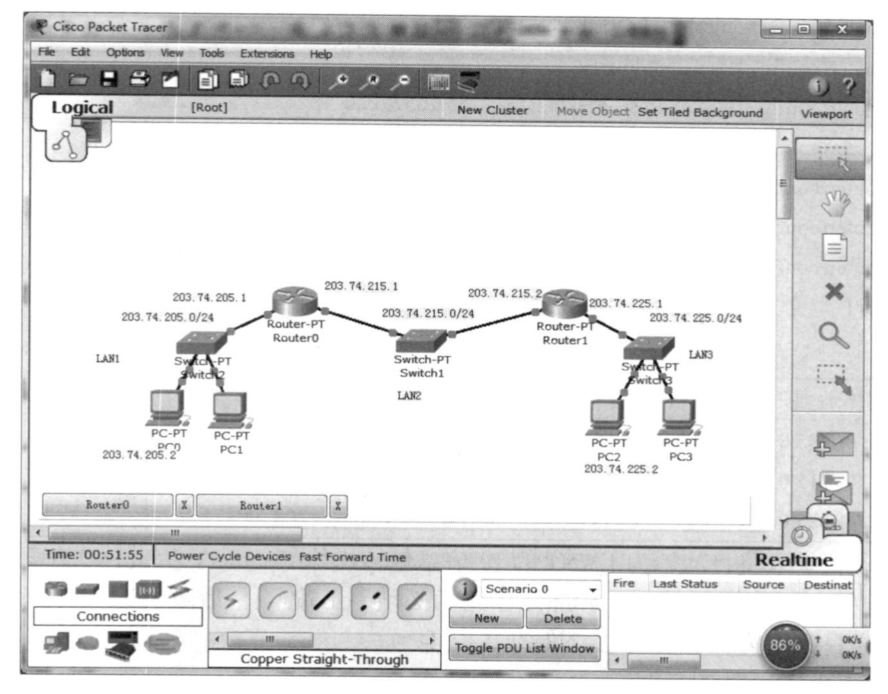

图 8-7　2 部路由器的网络

LAN1、LAN2 与 LAN3 的网络地址与网络掩码如图 8-7 所示。

若要让三个网络能够正常运作，必须分别在 Router1 与 Router2 加入适当的路由记录(可以在 Packet Tracer 上试验一下，在 Router0 和 Router1 不配静态路由表或动态路由表，左边的网络和右边的网络就 ping 不通)。

Router0 必须加入以下三条路由记录：

网络地址	网络掩码	网关	接口	跃点数
203.74.205.0	255.255.255.0	203.74.205.1	203.74.205.1	1
203.74.215.0	255.255.255.0	203.74.215.1	203.74.215.1	1
203.74.225.0	255.255.255.0	203.74.215.2	203.74.215.1	2

前两条记录用来转送 LAN1 与 LAN2 的信息包(这两条记录是直连记录，路由器会自动生成，不需要手工输入)，第三条记录可将目的地为 LAN3 的 IP 信息包转送给 Router2，因此网关字段必须填入 Router2 连接 LAN2 的接口 IP 地址(这条不是直连路由，必须手工

输入)。

Router0 上的配置命令如下：

```
Router>enable
Router#configure terminal
Router(config)#interface FastEthernet0/0
Router(config-if)#no shutdown
Router(config-if)#ip address 203.74.205.1 255.255.255.0
Router(config-if)#
Router(config-if)#exit
Router(config)#interface FastEthernet1/0
Router(config-if)#no shutdown
Router(config-if)#ip address 203.74.215.1 255.255.255.0
Router(config-if)#
Router(config-if)#exit
Router(config)#ip route 203.74.225.0 255.255.255.0 203.74.215.2
Router(config)#
```

Router1 上必须加入表 8-2 所示的三条路由记录。

表 8-2　三条路由记录

网络地址	网络掩码	网关	接口	跃点数
203.74.205.0	255.255.255.0	203.74.215.1	203.74.215.2	2
203.74.215.0	255.255.255.0	203.74.215.2	203.74.215.2	1
203.74.225.0	255.255.255.0	203.74.225.1	203.74.225.1	1

第一条记录可将目的地为 LAN1 的 IP 信息包转送给 Router1，因此网关字段必须填入 Router1 连接 LAN2 的接口 IP 地址(这条路由必须手工输入)。后两条记录(无需手工输入)可用来传送目的地为 LAN2 与 LAN3 的 IP 信息包。

Router1 上的配置命令如下：

```
Router>enable
Router#configure terminal
Router(config)#interface FastEthernet1/0
Router(config-if)#ip address 203.74.215.2 255.255.255.0
Router(config-if)#no shutdown
Router(config-if)#exit
Router(config)#interface FastEthernet0/0
Router(config-if)#no shutdown
Router(config-if)#ip address 203.74.225.1 255.255.255.0
Router(config-if)#exit
Router(config)#ip route 203.74.205.0 255.255.255.0 203.74.215.1
Router(config)#
```

[例 8.3]　两部路由器的环境+默认路由。

在先前的网络结构的基础上，现再加入一部 Router3 路由器，对外连接至互连网，如图 8-8 所示。

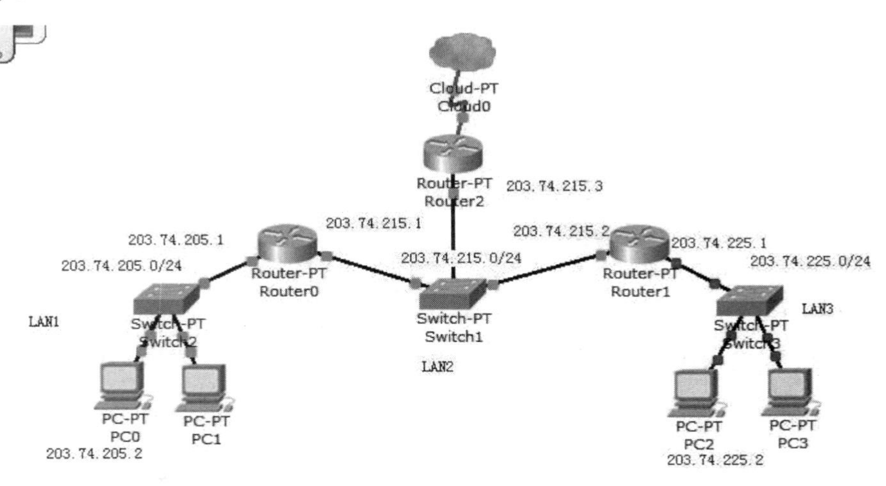

图 8-8　两部路由器 + 默认路由的网络

Router0 与 Router1 路由器除了必须加入范例 8.2 的路由记录外，还要建立"默认路由"。当 Router0 与 Router1 收到的 IP 信息包与所有的路由记录都不相符时，便会使用默认路由将它传送给 Router2。例如：Router1 若收到目的地址为 168.95.192.1 的 IP 信息包，因为与三个 LAN 的路由记录都不相符，因此便传送给 Router2，再送到互联网上。

Router0 必须按以下方式建立默认路由：

网络地址	网络掩码	网关(下一跳)	接口	跃点数
0.0.0.0	0.0.0.0	203.74.215.3	203.74.215.1	1

Router0 上默认路由的配置命令为

```
Router(config)#ip route 0.0.0.0 0.0.0.0 203.74.215.3
```

路由记录的网络地址为 0.0.0.0，且网络掩码为 0.0.0.0 时，则为默认路由记录。

Router1 必须按以下方式建立默认路由：

网络地址	网络掩码	网关	接口	跃点数
0.0.0.0	0.0.0.0	203.74.215.3	203.74.215.2	1

Router1 上默认路由的配置命令为：

```
Router(config)#ip route 0.0.0.0 0.0.0.0 203.74.215.3
```

Router2 可以说是 LAN1、LAN2、LAN3 等网络对外的网关，因此必须有这三个网络的路由记录，见表 8-3。

表 8-3　三个网络的路由记录

网络地址	网络掩码	网关	接口	跃点数
203.74.205.0	255.255.255.0	203.74.215.1	203.74.215.3	2
203.74.215.0	255.255.255.0	203.74.215.3	203.74.215.3	1
203.74.225.0	255.255.255.0	203.74.215.2	203.74.215.3	2

这三条记录分别负责转送目的地为 LAN1、LAN2、LAN3 的信息包。

Router2 上的配置命令如下：

```
Router>enable
Router#configure terminal
Router(config)#interface FastEthernet0/0
Router(config-if)#no shutdown
Router(config-if)#ip address 203.74.215.3 255.255.255.0
Router(config-if)#exit
Router(config)#ip route 203.74.205.0 255.255.255.0 203.74.215.1
Router(config)#ip route 203.74.225.0 255.255.255.0 203.74.215.2
Router(config)#
```

Router3 也必须设置默认路由，将信息包转送到互联网。Router3 的默认路由通常是指向与 ISP 连接的路由器。图中没有画出来。

8.4.2　动态路由

当网络规模不大时，采用静态方式建立路由表的确是个可行的方式。但是当网络不断扩大时，路由表的数据将会以等比量暴增，此时若再使用静态方式，则在设置和维护路由表时，会变得复杂且困难重重。

为了解决这个问题，有人提出了利用动态方式建立路由表的概念，让路由器能通过某些机制，自动地建立与维护路由表，并能在有多重路径可供选择时，自动计算出最佳的路径来传送信息包。

采用动态方式建立路由表的网络就是动态路由网络(Dynamic Routing Network)，而负责建立、维护动态路由表，并计算最佳路径的机制就是动态路由协议(Dynamic Routing Protocol)。

目前在中小型企业网络中，使用最普遍的动态路由协议当属 RIP(Routing Information Protocol，路由信息协议)。RIP 所使用的路由算法是距离向量算法(Distance Vector Algorithm)。由于路由协议的算法是较为深入的主题，限于篇幅将不予介绍。

动态路由协议种类繁多，但大体上可区分为内部网关协议(RIP，OSPF)和外部网关协议(BGP)。本书只介绍最简单的内部网关协议 RIP。RIP 协议每条路径最多只允许包含 15 个路由器，所以通常用于中小型网络。

简言之，距离向量算法就是让每部路由器都和邻接的路由器交换路由表，借以得知网络状态，以建立动态路由表，判断信息包传送的路径，如图 8-9 所示。

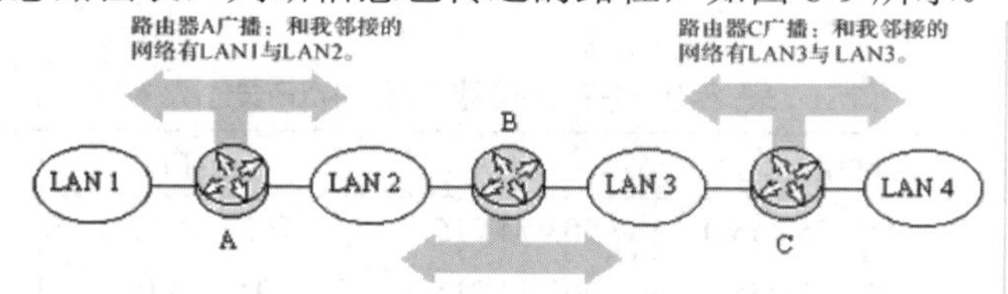

图 8-9　使用距离向量算法的路由器，会对相邻路由器广播本身的路由表

最后每部路由器都会拥有一份完整的动态路由表，里面则记录了所有网络的位置。

除此之外，距离向量算法还能计算出最小跃点数的路径，当作信息包传递的最佳路径，如图 8-10 所示。

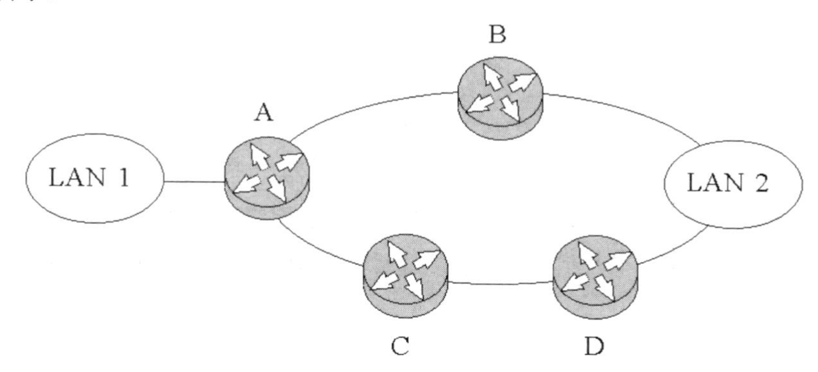

图 8-10　计算路径跃点数的网络环境

在图 8-10 的网络结构中，若 LANl 要送信息包到 LAN2，实际可走的路径有两条：

(1) LAN1→A 路由器→B 路由器→LAN2

(2) LAN1→A 路由器→C 路由器→D 路由器→LAN2

由于在交换路由表时，A 路由器通过距离向量算法便可得知第一条路径的跃点数为 2(经过两部路由器)，而第二条路径跃点数为 3(经过三部路由器)，从而选择第一条路径，将信息包传送出去。

实训任务 3：尝试为如图 8-11 所示网络中的路由器配置 RIP 动态路由。

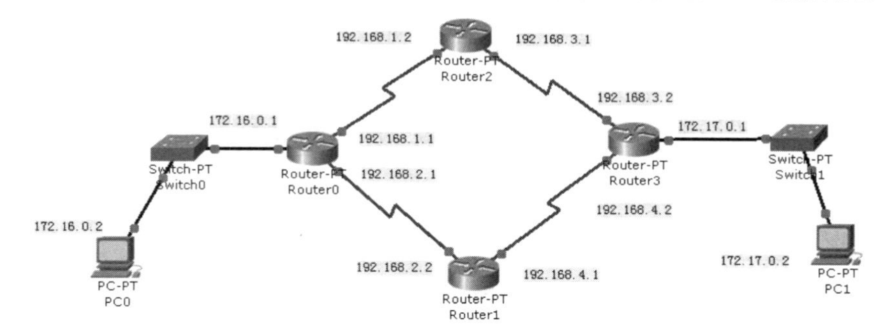

图 8-11　实训任务 3 的网络环境

注意：在为路由器配 RIP 动态路由时，只要用 network 命令指明和这台路由器直连的网络号就可以了。

举例：在上图中的 Router0 上配置过程如下：

```
>enable
#Config t
#router rip
#version 2  (如果不用 RIP v2，就不要这个命令了)
#network 172.16.0.0
#network 192.168.1.0
#network 192.168.2.0
```

#end

其余路由器上的 RIP 配置与此类似。

项目 8 考核

完成下面的实训任务 1 和实训任务 2，进行现场考核。

实训任务 1：尝试为如图 8-12 所示网络中的路由器配置静态路由。

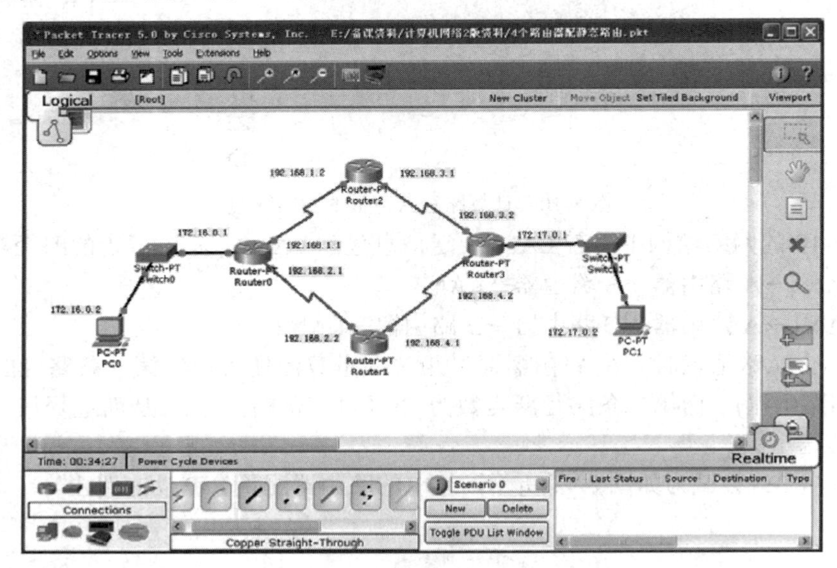

图 8-12　网络环境示例

提示，如果只配 PC 和路由器接口的 IP 地址，看看能 ping 通不？答案是不能。用查看路由命令看看：

```
Router0#show ip route
Codes: C - connected, S - static, I - IGRP, R - RIP, M - mobile, B - BGP
       D - EIGRP, EX - EIGRP external, O - OSPF, IA - OSPF inter area
       N1 - OSPF NSSA external type 1, N2 - OSPF NSSA external type 2
       E1 - OSPF external type 1, E2 - OSPF external type 2, E - EGP
       i - IS-IS, L1 - IS-IS level-1, L2 - IS-IS level-2, ia - IS-IS inter area
       * - candidate default, U - per-user static route, o - ODR
       P - periodic downloaded static route
Gateway of last resort is not set
C       172.16.0.0/16 is directly connected, FastEthernet0/0
C       192.168.1.0/24 is directly connected, Serial2/0
C       192.168.2.0/24 is directly connected, Serial3/0
Router0#
```

只有直连路由。

配置静态路由，然后再查看 Router0 路由表：

```
Router0#show ip route
Codes: C - connected, S - static, I - IGRP, R - RIP, M - mobile, B - BGP
       D - EIGRP, EX - EIGRP external, O - OSPF, IA - OSPF inter area
       N1 - OSPF NSSA external type 1, N2 - OSPF NSSA external type 2
       E1 - OSPF external type 1, E2 - OSPF external type 2, E - EGP
       i - IS-IS, L1 - IS-IS level-1, L2 - IS-IS level-2, ia - IS-IS inter area
       * - candidate default, U - per-user static route, o - ODR
       P - periodic downloaded static route
Gateway of last resort is not set
C    172.16.0.0/16 is directly connected, FastEthernet0/0
S    172.17.0.0/16 [1/0] via 192.168.1.2
C    192.168.1.0/24 is directly connected, Serial2/0
C    192.168.2.0/24 is directly connected, Serial3/0
S    192.168.3.0/24 [1/0] via 192.168.1.2
S    192.168.4.0/24 [1/0] via 192.168.2.2
```

现在 router0 上多了三条静态路由，当完全配好四台路由器的静态路由后，就可以 ping 通了。图 8-13 所示是静态路由表的设计情况。

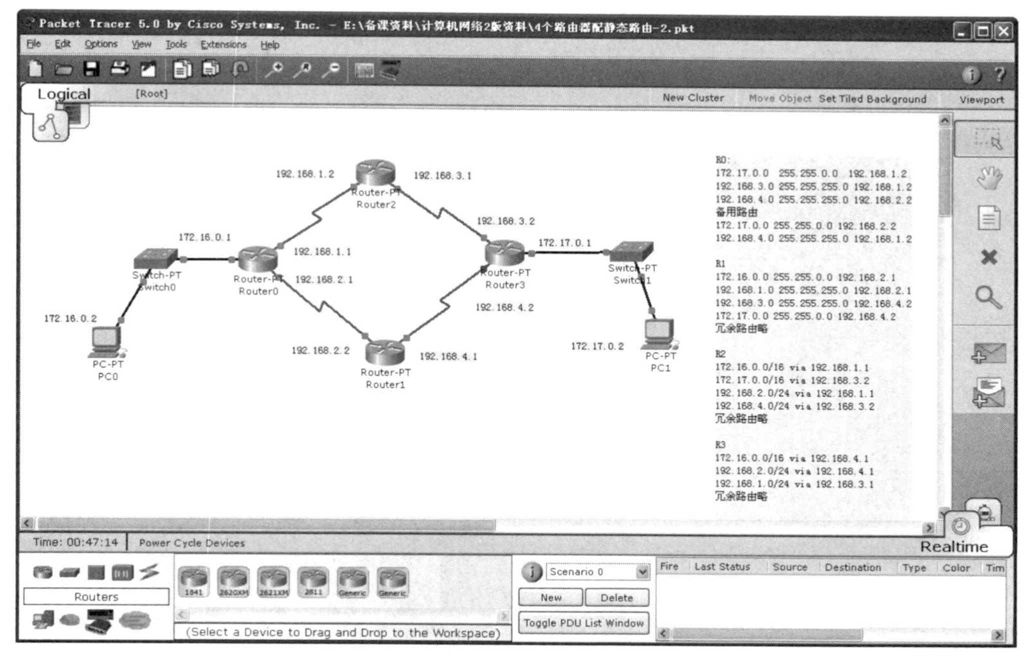

图 8-13　静态路由表设计

实训任务 2：为图 8-14 中的网络配置静态路由和必要的默认路由。

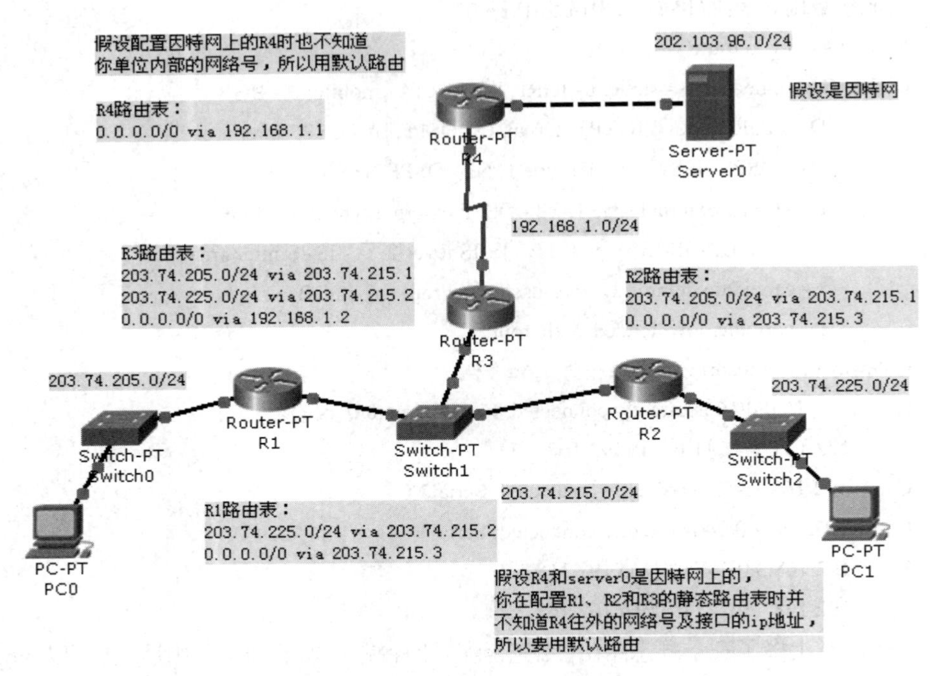

图 8-14　实训任务 2 的网络环境

项目 9　路由器基本配置实操

知识目标

掌握路由器组成知识。

技能目标

能够完成实际路由器的基本配置。

素质目标

提高工程素质。

9.1　考察路由器的组成

1. 路由器概述

路由器其实也是计算机，它的组成结构类似于任何其它的计算机(包括 PC)。图 9-1 是 Cisco 2600 路由器。

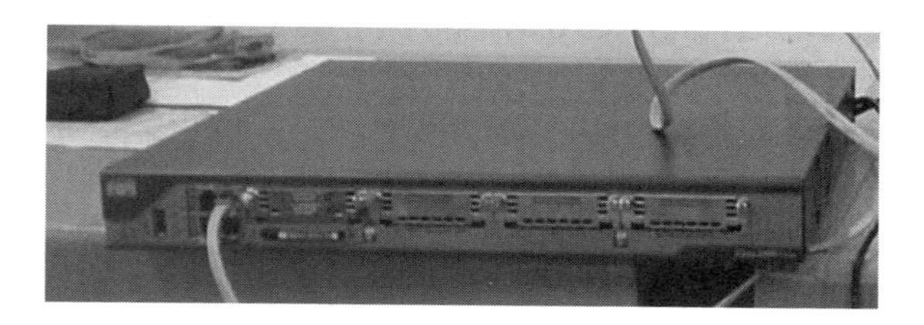

图 9-1　Cisco 路由器照片

路由器中含有许多其它计算机中常见的硬件和软件组件，软件常指路由器的操作系统(例如 Cisco 路由器的 IOS)，硬件包括主板、CPU、RAM、ROM 等，此外它还有一般计算机没有的 Flash Memory 和 NVRAM。

路由器功能主要是为网络层数据包选择路由并负责将数据包封装为合适的数据帧从选定的接口发送出去。

路由器用于连接多个网络，经常遇到的是连接异种网络(数据链路层技术不同)，普通用户通常看到的情景是路由器将 LAN 连接到 Internet 服务提供商(ISP)网络。如图 9-2 所示是路由器通过广域网连接两个局域网。

图 9-3 所示为通过路由器将局域网接入因特网示例。

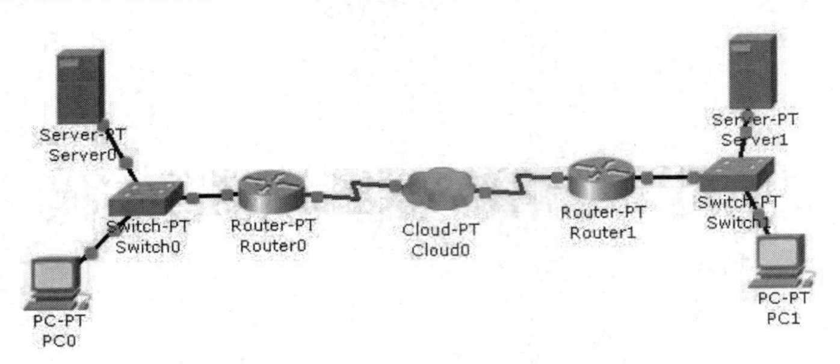

图 9-2　路由器通过广域网连接两个局域网

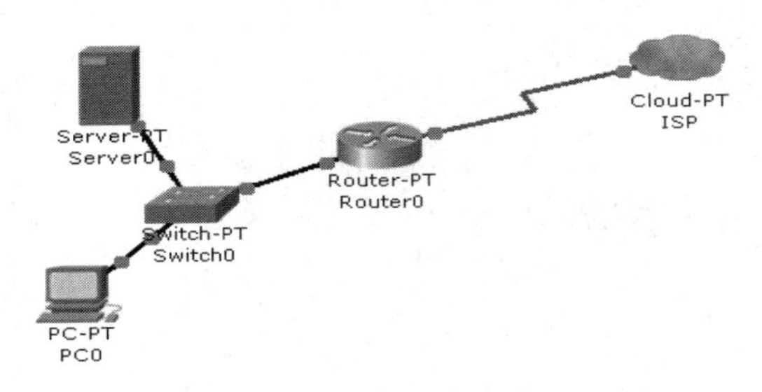

图 9-3　路由器将局域网接入因特网

2. 路由器的组成

路由器内部组成如表 9-1 所示。

表 9-1　路由器内部组成

部件名称	部　件　作　用
主板	印刷电路板，各部件总成的骨架
CPU	核心算术与逻辑运算单元，执行操作系统指令
RAM	随机存储器，CPU 的工作内存，存放路由表，做数据包缓冲等； 路由器断电或重启时内容会丢失
闪速存储器(Flash Memory)	用来存储路由器的操作系统软件映像，路由器启动时会把闪速存储器中的操作系统软件加载到 RAM 中，就像 PC 启动时把操作系统软件从硬盘加载到 RAM 中一样； 闪速存储器中的内容不会因断电而丢失； 一般是单列直插式存储模块或 PCMCIA 卡
非易失性随机存储器(NVRAM)	NVRAM 用来保存启动配置文件，路由器初始化时会把启动配置文件从 NVRAM 加载到 RAM 中，就像 PC 初始化时把启动配置文件从硬盘或 CMOS 加载到 RAM 一样； NVRAM 中的内容不会因断电而丢失
ROM	存有加电自检(POST)程序以及一个可选的缩小版本的操作系统； 只能通过更换主板上的可插拔芯片来做软件升级
接口	是数据包进出路由器的物理连接器； 可以集成在主板上，也可以是单独的接口模块
电源	把交流市电转换为路由器内部部件需要的直流电，电源可以内置也可以外置，有的路由器有多个电源做备份

3. 路由器外部接口

1) 以太网接口

以太网接口物理接口为 RJ-45，用直通线与交换机连接，用交叉线直接与计算机的以太网卡连接。

2) CONSOLE(控制台终端)接口

CONSOLE 接口外观也是 RJ-45，用 CONSOLE 电缆(RJ-45 到 DB9 转换电缆，如图 9-4 所示)接到 PC 的串行通信口。使 PC 可以成为路由器的控制台终端。

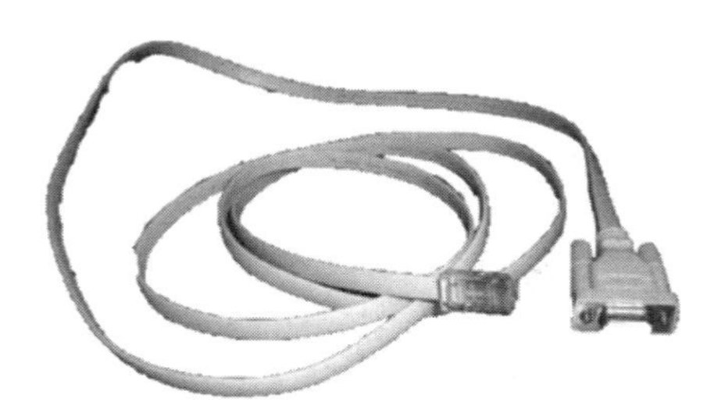

图 9-4　路由器 CONSOLE 口连接 PC 机 COM 口的终端电缆

CONSOLE 接口默认通信参数配置如下：

波特率：9600
数据位：8
奇偶校验：无
停止位：1
数据流控制：无

把笔记本电脑的 RS232 口(通常就是 COM1 口)连接到路由器的 CONSOLE 口(如图 9-5 所示)是本地登录并管理路由器的常见方式。

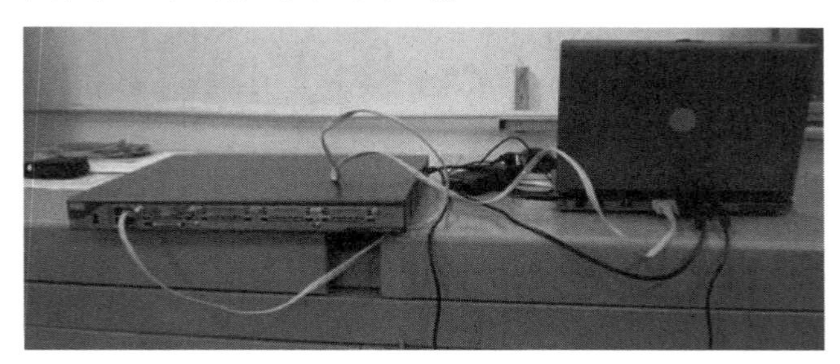

图 9-5　路由器 CONSOLE 口连接 PC 机 COM 口的照片

3) AUX(辅助)接口

外观也是 RJ-45，用全反电缆(RJ-45 到 DB9 转换电缆)把 AUX 接口接到 Modem 的串行通信口，远程 PC 也连接一个 Modem，这样远程 PC 就可以通过拨号成为路由器的控制台终端。

当无法通过 IP 网络连接到远程路由器时，就无法用 Telnet 登录并管理路由器，这时用长途电话线和 Modem 与远程路由器连接也可以登录并管理路由器。

4) BRI S/T(ISDN 基本速率)接口(S/T 使用两芯的 RJ-45)

其大小和形状与 RJ-45 插口完全一样。

5) 串行接口

路由器的串行接口用串行电缆(见图 9-6 和图 9-7)与广域网租用线路的 CSU/DSU(即 DCE)连接，串行电缆与路由器连接的一头一般是 DB60 连接口或智能串行连接器接口，与 CSU/DSU 连接的一端有 EIA/TIA-232、EIA/TIA-449、V.35、X.21、EIA530 等接口。连接的实例见图 9-8 和图 9-9。

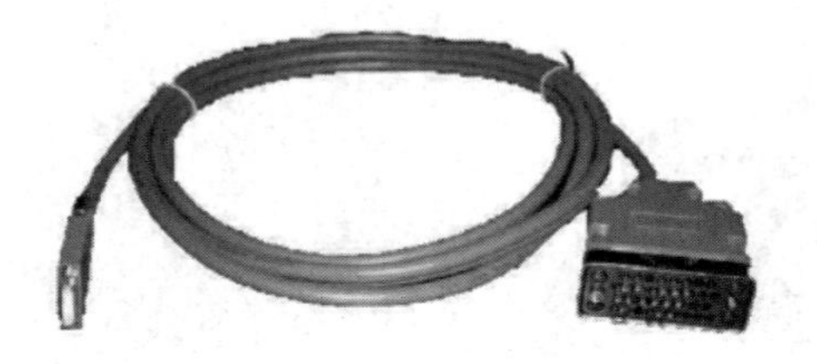

图 9-6　V.35 DTE 电缆(路由器作为 DTE 时用这种电缆)

图 9-7　V.35 DCE 电缆(路由器作为 DCE 时用这种电缆)

图 9-8　两个路由器用 V.35 DCE/DTE 电缆作背靠背连接

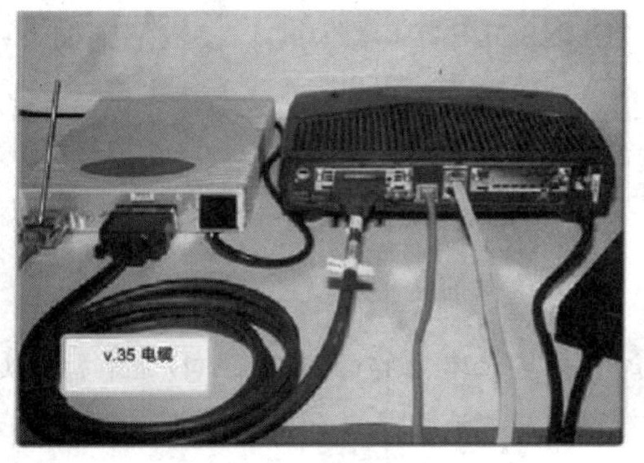

图 9-9　路由器用 V.35 DTE 电缆与 DCE 设备连接

9.2　了解 Cisco IOS

1. Cisco IOS 概述

IOS(Internetwork Operating System)是思科路由器的操作系统，提供路由器所有的核心功能，包括：

- 为数据包选择路径。
- 使用路由协议动态学习路由。
- 控制路由器物理接口发送和接收数据包。

2. Cisco IOS CLI 及其模式

路由器操作系统的用户接口称为命令行接口(CLI)，CLI 不是图形化的，是基于文本的。

用户通过键盘输入命令，路由器操作系统执行命令并在屏幕上返回必要的文本信息。

IOS CLI 可以通过终端仿真器来访问，根据终端仿真器的建立方式，访问 CLI 有三种方法(见图 9-10)：

(1) 通过 CONSOLE 口。PC 通过全反电缆与路由器的 CONSOLE 口连接，然后在 PC 上运行超级终端程序。

(2) 通过 AUX 口。PC 通过 Modem－电话线－Modem 连接到路由器 AUX 接口，在 PC 上运行超级终端程序。

(3) 通过 IP 网络和 Telnet。PC 通过 IP 网络与路由器的某个支持 IP 协议的接口连接(例如与路由器的以太网接口)，在 PC 上运行 Telnet。

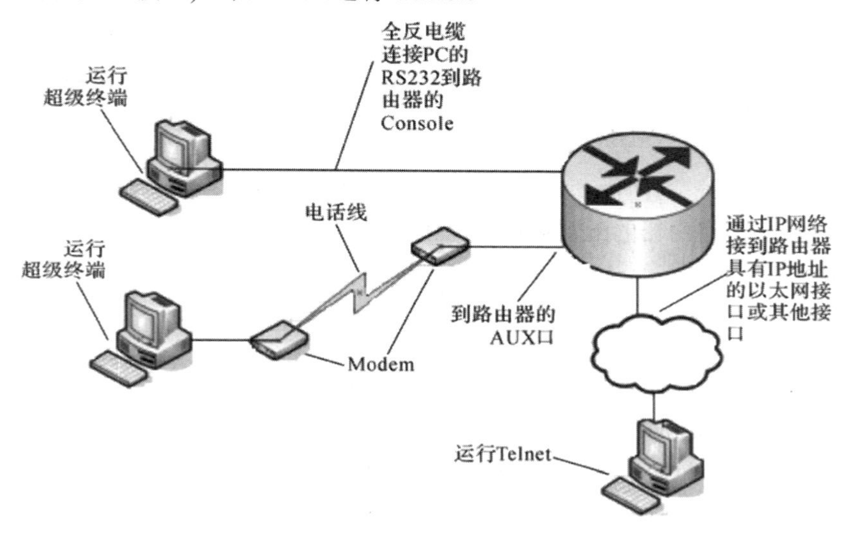

图 9-10　三种终端建立方式图

与路由器的 CLI 连接上以后，就可以尝试用 show version(显示版本信息)、show flash(显示闪存信息)这样的命令了。

CLI 按照功能的不同分为不同的功能模式，例如执行模式(EXEC 模式)、配置模式(Config 模式)。

在执行模式下输入的命令叫执行命令，在配置模式下输入的命令叫配置命令，在执行模式下不能输入配置命令。

(1) 执行模式又分为安全性不同的两个级别：

· 用户 EXEC 模式，提示符为 >。这种模式下只能运行很少的命令，不能改变路由器的运行状态，也就是不能改变路由器的运行参数。用终端仿真器最初连接到路由器时就是这种模式。

· 特权 EXEC 模式，提示符为 #。在用户 exec 模式下输入 enable 命令及必要的密码即可进入。这种模式下的命令能够改变路由器的运行状态和参数。在特权模式下输入 disable 或 exit 命令可以退回到用户 exec 模式。

(2) 配置模式又进一步分为以下三种模式：

· 全局配置模式。从特权模式下输入 config terminal 命令即可进入。提示符为(config)#。

• 接口配置模式：在全局配置模式下输入 interface+接口名称命令即可进入。提示符为(config-if)#。

• 路由协议配置模式：在接口或全局配置模式下输入 router rip 命令即可进入。提示符为(config-router)#。

一个完整的模式转换示例的网络拓扑如图 9-11 所示。

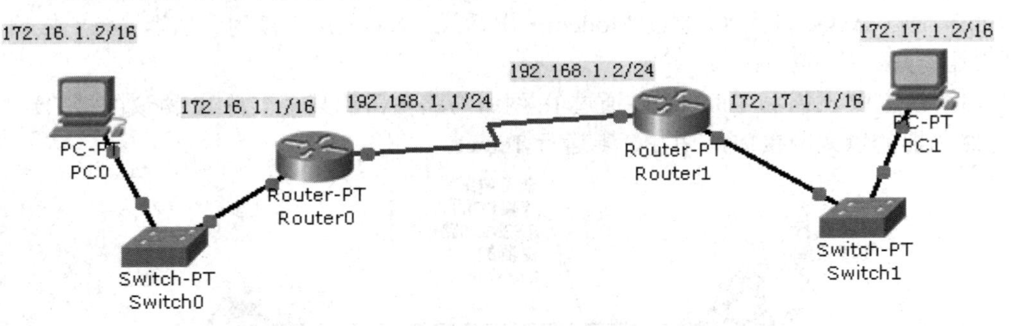

图 9-11　完整模式转换示例的网络拓扑图

下面是 Router1 路由器的配置过程，从中可以看到模式的切换。

```
Router>
Router>enable
Router#config terminal
Enter configuration commands, one per line.   End with CNTL/Z.
Router(config)#interface serial2/0
Router(config-if)#ip address 192.168.1.2 255.255.255.0
Router(config-if)#clock rate 19200
Router(config-if)#no shutdown
%LINK-5-CHANGED: Interface Serial2/0, changed state to up
Router(config-if)#
%LINEPROTO-5-UPDOWN: Line protocol on Interface Serial2/0, changed state to up
Router(config-if)#interface fastethernet0/0
Router(config-if)#ip address 172.17.1.1 255.255.0.0
Router(config-if)#no shutdown
%LINK-5-CHANGED: Interface FastEthernet0/0, changed state to up
%LINEPROTO-5-UPDOWN: Line protocol on Interface FastEthernet0/0, changed state to up
Router(config-if)#router rip
Router(config-router)#network 172.17.0.0
Router(config-router)#network 192.168.1.0
Router(config-router)#exit
Router(config)#exit
%SYS-5-CONFIG_I: Configured from console by console
```

另外一台路由器的配置与此类似。

3. Cisco IOS 映像文件

计算机用硬盘存储操作系统，路由器因为没有硬盘，就用闪存存储操作系统，闪存比硬盘不容易出故障(现在 PC 上用的 USB 接口的优盘实际也是一种闪存)。

Cisco IOS 作为一个文件保存在闪存里，称为 IOS 映像文件，其扩展名一般为.bin。例如：C2600-js-l_121-3.bin，pt1000-i-mz.122-28.bin 等。

用 >show flash 命令可以查看路由器上闪存的大小。例如：

```
Router>show flash
System flash directory:
File   Length    Name/status
  1    5571584   pt1000-i-mz.122-28.bin
[5571584 bytes used, 58444800 available, 64016384 total]
63488K bytes of processor board System flash (Read/Write)
```

用>show version 命令则可以查看路由器上 RAM 的大小。

```
Router>show version
Cisco Internetwork Operating System Software
IOS (tm) PT1000 Software (PT1000-I-M), Version 12.2(28), RELEASE SOFTWARE (fc5)
Technical Support: http://www.cisco.com/techsupport
Copyright (c) 1986-2005 by cisco Systems, Inc.
Compiled Wed 27-Apr-04 19:01 by miwang
Image text-base: 0x8000808C, data-base: 0x80A1FECC

ROM: System Bootstrap, Version 12.1(3r)T2, RELEASE SOFTWARE (fc1)
Copyright (c) 2000 by cisco Systems, Inc.
ROM: PT1000 Software (PT1000-I-M), Version 12.2(28), RELEASE SOFTWARE (fc5)

System returned to ROM by reload
System image file is "flash:pt1000-i-mz.122-28.bin"

PT 1001 (PTSC2005) processor (revision 0x200) with 60416K/5120K bytes of memory
.
Processor board ID PT0123 (0123)
PT2005 processor: part number 0, mask 01
Bridging software.
X.25 software, Version 3.0.0.
4 FastEthernet/IEEE 802.3 interface(s)
2 Low-speed serial(sync/async) network interface(s)
32K bytes of non-volatile configuration memory.
16384K bytes of processor board System flash (Read/Write)
```

```
Configuration register is 0x2102

Router>
Router>
```

4. ROM Monitor 和 Boot ROM

路由器上还有 IOS 的两种替代品：ROM Monitor(ROMMON)和 Boot ROM。

ROMMON 是存储在 ROM 芯片中的一种用于特殊目的的操作系统(或称为运行环境)，它不是 IOS。它的提示符为 ROMMON >。它的主要用途在于：

(1) 在闪存被擦除或损坏时可以用来做低级别的调试。

(2) 在闪存被擦除或损坏时可以用来重新安装 IOS。

(3) 重新设置口令。

ROMMON 只能通过控制台访问，就是说重新设置口令只能通过控制台完成，所以路由器所在的房间要锁好门以保证安全。

Boot ROM 也是存储在 ROM 芯片中的软件，它是一个精简的 IOS，当闪存中的 IOS 映像不能用时，就可以加载这个基本的 IOS。它的提示符为 Router(boot)>。主要用来将新的 IOS 拷贝到闪存。

5. 启动路由器的步骤

路由器的启动分为五个步骤：

(1) 接上电源，将其置为 on 位置，绿色电源指示灯亮。

(2) 执行加电自检(Power On Self-Test，POST)。检查每一个独立的硬件(CPU、RAM、闪存等)工作是否正常。屏幕上可以观测到检测过程。

(3) 加载 Bootstrap 自举程序，使 CPU 可以运行一些软件。Bootstrap 程序存储在 ROM 芯片里，不能更改，替换它的唯一方法是用新的芯片换掉旧的。启动时屏幕上可以看到自举程序的版本号。

(4) 利用 Bootstrap 程序将 IOS 映像加载到内存，然后运行 IOS 来替代 Bootstrap。引导程序要确定从哪里获得 IOS 映像，通常可以从四个地方获得：闪存、外部的 TFTP 服务器、ROM 中的 IOS 精简版及 ROMMON 环境。

默认情况下是从闪存中加载 IOS 到 RAM。

有两种工具可以用来告诉路由器从哪里加载。

第一种工具是配置寄存器(config register)，其中放了一个 16 位的二进制数，出厂时的默认值一般为 0x2102，这个值表示从闪存中加载 IOS 映像，从 NVRAM 加载启动配置文件。当这个二进制数的最后四位为 0000 时，表示进入 ROMMON，为 0010～1111 时表示由第二个配置工具 boot system 命令确定从哪里加载 IOS。(在全局配置模式下可以用 config-register 命令修改寄存器的值，用 show version 命令可以查看寄存器的值。)

第二种工具是配置文件中的 boot system 命令。例如：

```
boot system tftp c1700-advipservicesk9-mz.123-11.T3.bin 10.1.1.1
```

boot system flash: c1700-advipservicesk9-mz.123-11.T3.bin

(5) 查找初始配置文件(启动配置文件)并读入内存，告诉路由器的运行参数(如 IP 地址，路由协议等)。或者进入初始配置对话界面(也称为 setup 模式)。

9.3　路由器基本配置过程

1. 路由器基本配置示例

加电后：

```
System Bootstrap, Version 12.1(3r)T2, RELEASE SOFTWARE (fc1)
Copyright (c) 2000 by cisco Systems, Inc.
PT 1001 (PTSC2005) processor (revision 0x200) with 60416K/5120K bytes of memory

Self decompressing the image :
########################################################################## [OK]

                Restricted Rights Legend

Use, duplication, or disclosure by the Government is
subject to restrictions as set forth in subparagraph
(c) of the Commercial Computer Software - Restricted
Rights clause at FAR sec. 52.227-19 and subparagraph
(c) (1) (ii) of the Rights in Technical Data and Computer
Software clause at DFARS sec. 252.227-7013.

            cisco Systems, Inc.
            170 West Tasman Drive
            San Jose, California 95134-1706

Cisco Internetwork Operating System Software
IOS (tm) PT1000 Software (PT1000-I-M), Version 12.2(28), RELEASE SOFTWARE (fc5)
Technical Support: http://www.cisco.com/techsupport
Copyright (c) 1986-2005 by cisco Systems, Inc.
Compiled Wed 27-Apr-04 19:01 by miwang

PT 1001 (PTSC2005) processor (revision 0x200) with 60416K/5120K bytes of memory.
Processor board ID PT0123 (0123)
PT2005 processor: part number 0, mask 01
Bridging software.
```

X.25 software, Version 3.0.0.

4 FastEthernet/IEEE 802.3 interface(s)

2 Low-speed serial(sync/async) network interface(s)

32K bytes of non-volatile configuration memory.

16384K bytes of processor board System flash (Read/Write)

--- System Configuration Dialog ---

Continue with configuration dialog? [yes/no]: n

Press RETURN to get started!

进入 CLI 界面：

Router>enable　(进入特权模式)

Router#config t　(进入终端配置模式)

Enter configuration commands, one per line.　End with CNTL/Z.

Router(config)#hostname R1　　(修改路由器名称)

R1(config)#enable secret passofenable　(设定 enable 口令)

R1(config)#line console 0　　(配置控制台口令)

R1(config-line)#password passofconsole

R1(config-line)#login

R1(config)#line aux 0　　(配置 aux 辅助控制台口令，此命令在 PT 上可能运行不了)

R1(config-line)#password passofauxconsole

R1(config-line)#login

R1(config-line)#line vty 0 4　(配置 telnet 口令，0～4 共 5 个 telnet VTY 线路都用同一口令)

R1(config-line)#password passoftelnet

R1(config-line)#login

R1(config-line)#exit

R1(config)#interface serial2/0　(配置串行口)

R1(config-if)#clock rate 56000

R1(config-if)#ip address 192.168.1.1 255.255.255.0

R1(config-if)#no shutdown

%LINK-5-CHANGED: Interface Serial2/0, changed state to down

R1(config-if)#interface fastethernet0/0　(配置以太网口)

R1(config-if)#ip address 192.168.2.1 255.255.255.0

R1(config-if)#no shutdown

```
%LINK-5-CHANGED: Interface FastEthernet0/0, changed state to up
R1(config-if)#

R1(config-if)#exit
R1(config)#exit
%SYS-5-CONFIG_I: Configured from console by console

R1#copy running-config startup-config    (保存运行配置到启动配置文件)
Destination filename [startup-config]?
Building configuration...
[OK]
R1#

R1#exit
R1 con0 is now available
Press RETURN to get started.

(退出后再次访问 CLI 时就需要提供口令了)
User Access Verification

Password:
(此时要输入控制台口令，上面设定的 passofconsole)
R1>
R1>enable
Password:
(此时要输入 enable 口令，上面设定的 passofenable)
R1#
```

2. 如何在 CLI 下获得帮助

(1) 使用？命令查询 IOS 命令：

```
Router>?
Exec commands:
  <1-99>          Session number to resume
  connect         Open a terminal connection
  disconnect      Disconnect an existing network connection
  enable          Turn on privileged commands
  exit            Exit from the EXEC
  ipv6            ipv6
  logout          Exit from the EXEC
  ping            Send echo messages
```

```
  resume          Resume an active network connection
  show            Show running system information
  ssh             Open a secure shell client connection
  telnet          Open a telnet connection
  terminal        Set terminal line parameters
  traceroute      Trace route to destination
Router>
Router>enable
Router#?
Exec commands:
  <1-99>          Session number to resume
  clear           Reset functions
  clock           Manage the system clock
  configure       Enter configuration mode
  connect         Open a terminal connection
  copy            Copy from one file to another
  debug           Debugging functions (see also 'undebug')
  delete          Delete a file
  dir             List files on a filesystem
  disable         Turn off privileged commands
  disconnect      Disconnect an existing network connection
  enable          Turn on privileged commands
  erase           Erase a filesystem
  exit            Exit from the EXEC
  logout          Exit from the EXEC
  more            Display the contents of a file
  no              Disable debugging informations
  ping            Send echo messages
  reload          Halt and perform a cold restart
  resume          Resume an active network connection
  setup           Run the SETUP command facility
 --More—
```

(2) 用？查询命令选项。

在命令行的任何点上输入？，路由器都会根据用户？的位置提供所有的可选项帮助。下面是一些例子。

```
Router#show ?
  access-lists        List access lists
  arp                 Arp table
  cdp                 CDP information
```

```
  clock              Display the system clock
  controllers        Interface controllers status
  crypto             Encryption module
  debugging          State of each debugging option
  dhcp               Dynamic Host Configuration Protocol status
  flash:             display information about flash: file system
  frame-relay        Frame-Relay information
  history            Display the session command history
  hosts              IP domain-name, lookup style, nameservers, and host table
  interfaces         Interface status and configuration
  ip                 IP information
  ospf               For OSPF debug only
  ospfv3             For OSPFv3 debug only
  processes          Active process statistics
  protocols          Active network routing protocols
  running-config     Current operating configuration
  sessions           Information about Telnet connections
  ssh                Status of SSH server connections
  startup-config     Contents of startup configuration
 --More—

Router#show i?
interfaces   ip

Router#show in?
Interfaces

Router#show interface ?
  Ethernet           IEEE 802.3
  FastEthernet       FastEthernet IEEE 802.3
  GigabitEthernet    GigabitEthernet IEEE 802.3z
  Loopback           Loopback interface
  Serial             Serial
```

3. 查看路由表

路由表是存储在 RAM 中的数据文件，其中存有与路由器直接相连网络及远程网络的相关路径信息。用 show ip route 命令可以显示路由表。

例如：有图 9-12 所示网络，在 Router0 上用 show ip route 命令可以看到如下的路由表信息：

```
Router#show ip route
Codes: C - connected, S - static, I - IGRP, R - RIP, M - mobile, B - BGP
       D - EIGRP, EX - EIGRP external, O - OSPF, IA - OSPF inter area
       N1 - OSPF NSSA external type 1, N2 - OSPF NSSA external type 2
       E1 - OSPF external type 1, E2 - OSPF external type 2, E - EGP
       i - IS-IS, L1 - IS-IS level-1, L2 - IS-IS level-2, ia - IS-IS inter area
       * - candidate default, U - per-user static route, o - ODR
       P - periodic downloaded static route

Gateway of last resort is not set

C    10.0.0.0/8 is directly connected, FastEthernet0/0   (直连路由)
S    11.0.0.0/8 [1/0] via 172.16.1.2                     (静态路由)
C    172.16.0.0/16 is directly connected, Serial2/0      (直连路由)
Router#
```

其中，直连路由不需要人工配置，当路由器的某个接口配置好 IP 并使用 no shutdown 命令激活后，该接口只要收到来自其它设备的载波信号就会变为 up 状态，一旦接口变为 up 状态，该接口所在的网络就会作为直接相连网络加入路由表。

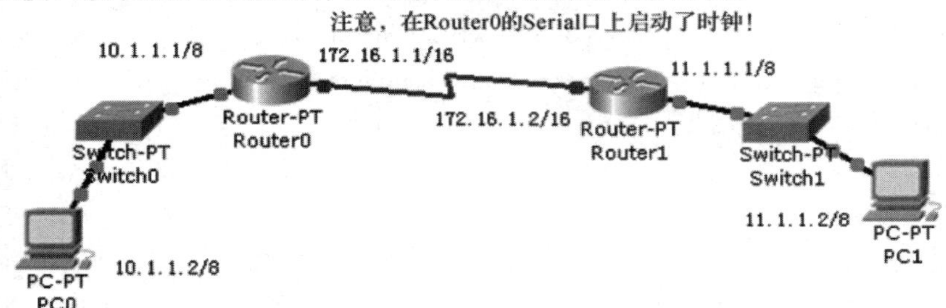

图 9-12　查看路由表的网络示例

在路由器上配置静态或动态路由表之前，路由表只知道与自己直接相连的网络。如何配置静态和动态路由在后续项目中学习。

4. 删除路由器的启动配置文件

在特权模式下输入 erase startup-config 或 write erase 等命令可以删除 NVRAM 中的启动配置文件。当 NVRAM 为空时启动路由器，就会询问用户是否进入交互式 setup 模式，进入交互式 setup 模式后就可以用回答问题的方式对路由器做初始配置，然后用 copy running startup 命令将配置保存到 NVRAM 中的启动配置文件。

9.4　路由器密码恢复

1. 背景

Cisco 路由器的密码丢失后就进入不了配置模式，Cisco 的 CCNA 教材也没有提供解决办法，通常要请 Cisco 技术人员来恢复，非常不方便。本文介绍一种 Cisco 路由器密码丢失后自己动手将其恢复到默认出厂状态的办法，恢复后可以用默认的出厂用户名和密码登录。

2. 恢复过程

(1) 找一台同型号的路由器，从 CONSOLE 终端进入后，输入命令：

```
# show version
```

注意类似 configuration register is 0x2102 这样的信息，记下配置寄存器数据(0x 后面的数据)，此例中是 2102。

(2) 把丢失密码的路由器的 CONSOLE 口接到 PC 的 COM 口。

(3) 给路由器加电，在前 60 秒内按 Ctrl+Break 键，强制进入 rom monitor，出现 rommon 1>提示符。

(4) 输入下面的命令，修改寄存器值。(使得进入 enable 时不需要密码。)

```
> confreg   0x2142
```

(5) 输入下面的命令，重置路由器。

```
> reset
```

setup 过程中的所有问题都回答 no，直到出现>提示符。

(6) 输入下面的命令：

```
>enable
```

此时不需要密码就出现#提示符，进入了配置模式。

(7) 输入下面的命令：

```
# show version
```

可以看到配置寄存器已经变为了 0x2142。下面要把它再改回为 0x2102。

(8) 输入下面的一系列命令：

```
# config   term
(config)# config-register 0x2102，或在 0x 后键入在第一步记录的值。
(config)#exit，或按 Ctrl + Z。
router#copy running startup
router#show ver   (会显示 configuration register is 0x2142(will be 0x2102   at next reload))
router#reload
```

这样恢复以后启动路由器进入>提示符，输入 enable 就直接进入特权模式，出现#提示符，不需要用户名和密码，路由器是可以用了，但是还没有恢复到出厂默认状态。要进一步恢复到出厂默认状态，就还要恢复路由器的 Web Server：

(9) 用下列命令恢复路由器的 Web Server：

```
>enable
(config)#config term
(config-if)#interface fastethernet0/0
(config-if)#ip address 10.10.10.1 255.255.255.248
(config-if)#no shutdown
(config-if)#exit
(config)#ip http server
```

(config)#exit

#copy　running　startup

#reload

(10) 在 PC 机上安装 Cisco 的 SDM，然后启动 SDM，出现如图 9-13 所示界面。

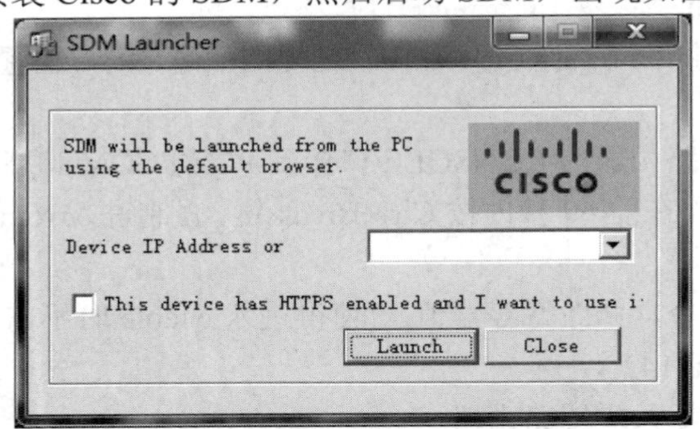

图 9-13　SDM 启动界面

(11) 在图 9-13 的地址栏里输入 10.10.10.1。注意 PC 机的以太网卡 IP 地址必须和路由器 E0 口的 IP 地址在同一网段，即在 10.10.10.2～6 范围内，掩码是 255.255.255.248。单击“Launch”按钮，界面如图 9-14 所示。

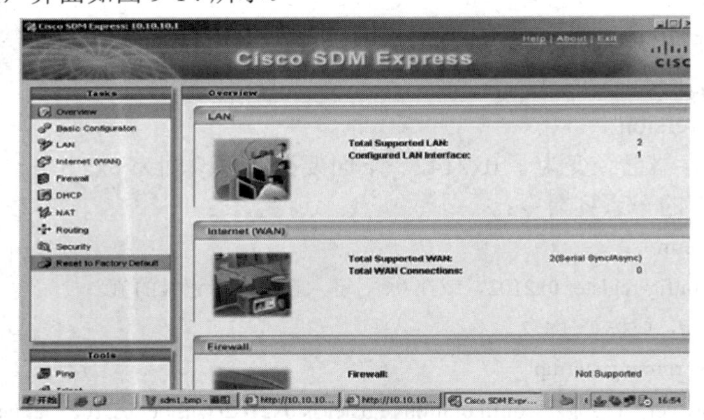

图 9-14　Cisco SDM Express 界面

(12) 单击“Reset to Factory Default”，出现如图 9-15 所示界面。

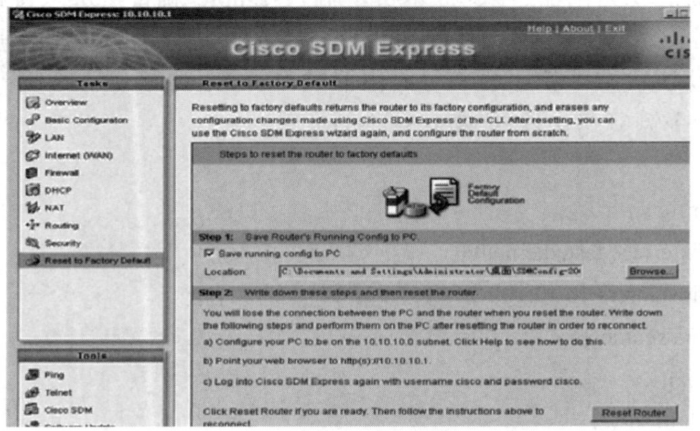

图 9-15　恢复出厂默认状态设置界面

(13) 单击“Reset Router”按钮，就会出现如图 9-16 所示确认信息。

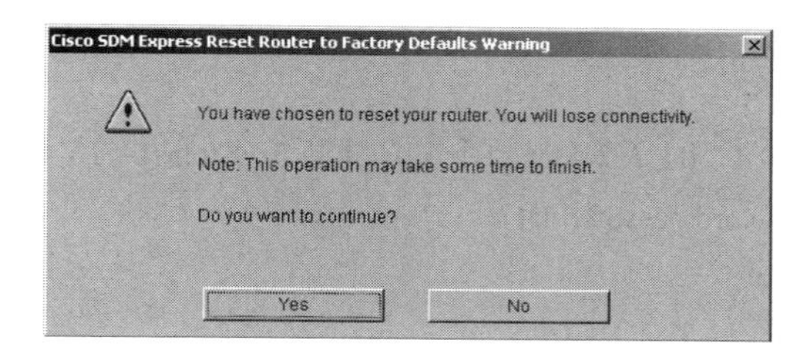

图 9-16　确认信息界面

(14) 单击“Yes”按钮就 ok 了。此时路由器恢复到出厂默认状态，用户名和密码恢复为 Cisco。

此时最好再启动浏览器，地址栏里面输入 10.10.10.1，用 Cisco 作为用户名和密码登录，会出现网页形式的配置向导，按照向导的提示修改 CONSOLE 用户名和密码，修改用 enable 进入特权模式的密码，就算完成整个路由器的恢复工作了。

项目 9 考核

1. 在 Packet Tracer 上绘制图 9-17 所示的网络拓扑。

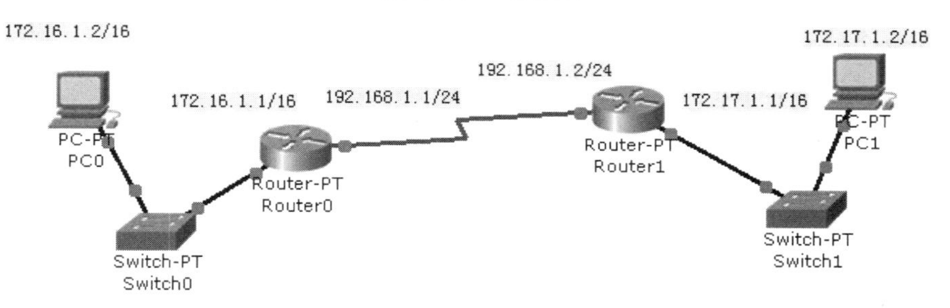

图 9-17　网络拓扑示例

2. 在左边的一台路由器上完成下面的配置命令。

Router>enable　(进入特权模式)

Router#config t　(进入终端配置模式)

Enter configuration commands, one per line.　End with CNTL/Z.

Router(config)#hostname R1　(修改路由器名称)

R1(config)#enable secret passofenable　(设定 enable 口令)

R1(config)#line console 0　(配置控制台口令)

R1(config-line)#password passofconsole

R1(config-line)#login

R1(config-line)#exit

R1(config)#line aux 0　(配置 aux 辅助控制台口令，这个命令在 PT 上可能不能实现，在路由器实物上可以)

```
R1(config-line)#password passofauxconsole
R1(config-line)#login
R1(config-line)#exit
R1(config)#line vty 0 4   (配置 telnet 口令，0～4 共 5 个 telnet VTY 线路都用同一口令)
R1(config-line)#password passoftelnet
R1(config-line)#login
R1(config-line)#exit

R1(config)#interface serial2/0    (配置串行口)
R1(config-if)#ip address 192.168.1.1 255.255.255.0
R1(config-if)#no shutdown
%LINK-5-CHANGED: Interface Serial2/0, changed state to down
R1(config-if)#interface fastethernet0/0    (配置以太网口)
R1(config-if)#ip address 172.16.1.1 255.255.0.0
R1(config-if)#no shutdown
%LINK-5-CHANGED: Interface FastEthernet0/0, changed state to up
R1(config-if)#

R1(config-if)#exit
R1(config)#router rip
R1(config-router)#router rip
R1(config-router)#version 2
R1(config-router)#network 192.168.1.0
R1(config-router)#network 172.16.0.0
R1(config-router)#exit

R1(config)#exit
%SYS-5-CONFIG_I: Configured from console by console
⋮
R1#show running-config    (显示运行配置)
Building configuration...
⋮
R1#copy running-config startup-config    (保存运行配置到启动配置文件)
Destination filename [startup-config]?
Building configuration...
[OK]

R1#exit
R1 con0 is now available
```

Press RETURN to get started.

(退出后再次访问 CLI 时就需要提供口令了)

User Access Verification

Password:

(此时要输入控制台口令，上面设定的 passofconsole)

R1>

R1>enable

Password:

(此时要输入 enable 口令，上面设定的 passofenable)

R1#

R1#show flash (查看并记录 IOS 映像文件大小、闪存大小)

…

R1#show version (查看并记录 RAM 存大小)

…

3. 用实物(Cisco 路由器)完成前述所有内容，用照相机将现场实物连接情况拍照，将配置过程中的屏幕信息等截屏下来，连同实训过程写成 word 文档，发到老师邮箱。要说明你的路由器上的 IOS 映像文件名称、大小、闪存大小、RAM 大小等。

4. 用真实路由器组建图 9-18 所示网络，配动态或静态路由，现场考核。

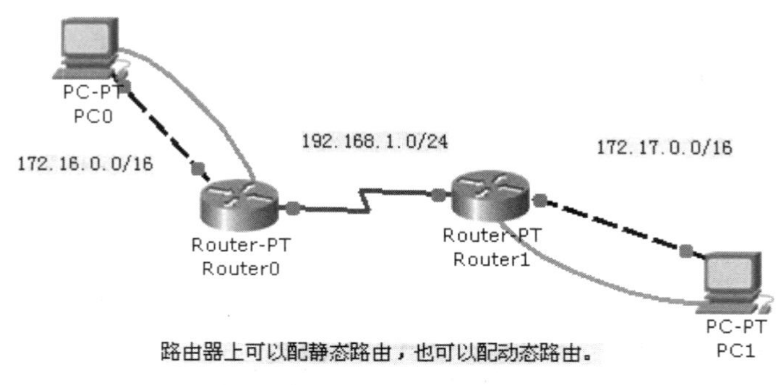

图 9-18　真实路由器组建模拟网络

5. 分组，完成路由器密码恢复，以恢复成功为标准。

项目 10　路由器的高级配置

知识目标

掌握访问控制列表的相关知识。

技能目标

能够用 ACL 配置简单防火墙。

素质目标

提高工程素质。

1. ACL 概念

IP 访问控制列表的功能是：在数据包通过路由器时对它们进行过滤，确定哪些可以通过路由器。其典型应用包括：

- 允许财务等敏感部门的员工与财务服务器通信，拒绝其它主机与财务服务器通信。
- 拒绝某些类型的垃圾邮件。
- 拒绝某些网段的 IP(例如休息室)。

例如有如图 10-1 所示入方向的 ACL 网络。

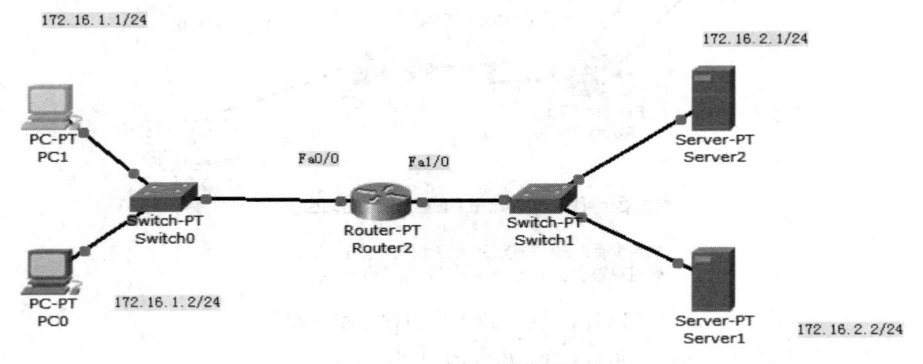

图 10-1　入方向的 ACL

要提高客户机对服务器访问的安全性，下面列举一个普通的 ACL 逻辑示例：

如果数据包源地址为 172.16.1.1 且是从 FA0/0 进入，那么丢弃它，其它的数据包可以通过。则 PC0 发出的 IP 数据包无法送到路由器右边的网络 Server1 和 Server2。

这个称为入方向的 ACL。

实现这个策略的命令如下：

```
Router(config)#access-list 1 deny host 172.16.1.1
```

```
Router(config)#access-list 1 permit any
Router(config)#interface fastethernet0/0
Router(config-if)#ip access-group 1 in
```

需要注意的是，由于 ACL 的处理逻辑相当于每个 ACL 结尾处隐含了一条 deny all，所以要用 Permit any 做明文允许，如图 10-2 所示。

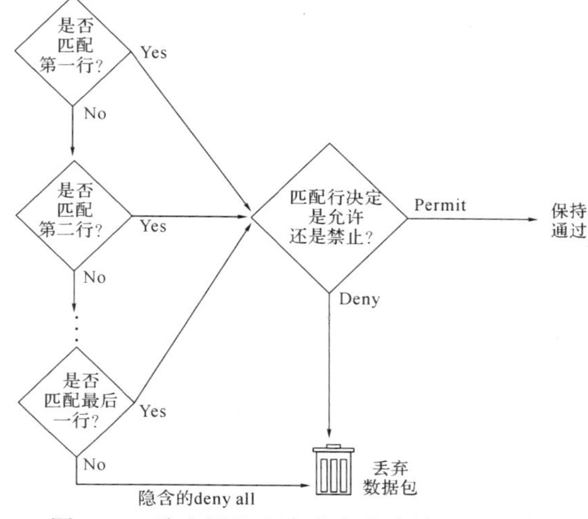

图 10-2　路由器处理有多条陈述的 ACL 逻辑

2. 出方向的 ACL

假设有网络如图 10-3 所示，在 Router0 上使用入方向的过滤规则：过滤从 FA0/0 进入的源地址为 172.16.1.1 的 IP 数据包，那么 PC0 发出的数据包既无法送到路由器右边的网络(Server0、Server1)，也无法送到路由器上边的网络(Server2)。

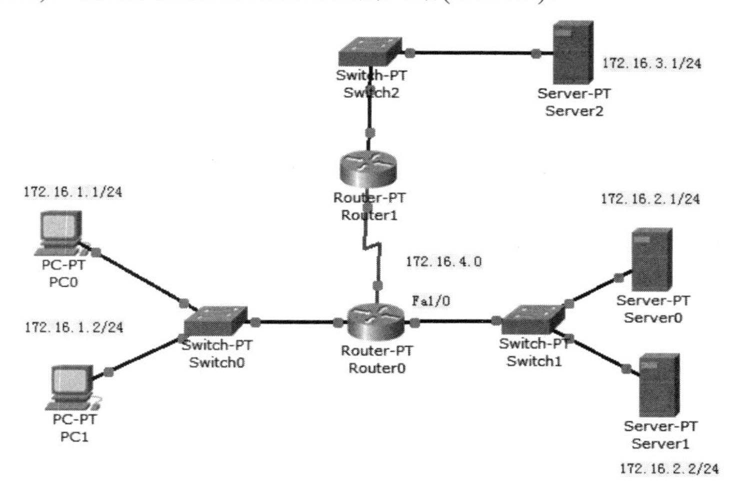

图 10-3　出方向的 ACL

如果希望 PC0 不能够访问路由器右边的网络但是能够访问路由器上边的网络，则 Router0 上的过滤规则应该修改为：源地址为 172.16.1.1，出口为 FA1/0 的数据包过滤掉。这个就是出方向的 ACL。

需要注意的是，出方向的 ACL 不会过滤由路由器本身产生的数据包。

实现这个出方向的过滤策略的命令如下：

```
Router(config)#access-list 1 deny host 172.16.1.1
Router(config)#access-list 1 permit any
Router(config)#interface fastethernet1/0
Router(config-if)#ip access-group 1 out
```

3. 使用扩展的 IP ACL

扩展的 IP ACL 过滤时需查看更多的域，典型的域有：

- 源 IP 地址或网络地址。
- 目的 IP 地址或网络地址。
- 传输层协议类型(TCP 或 UDP)。
- 源 UDP 或 TCP 端口。
- 目的 UDP 或 TCP 端口。

当使用标准 IP ACL 规则时，访问控制列表编号范围为 1～99，1300～1999。

当使用扩展 IP ACL 规则时，访问控制列表编号范围为 100～199，2000～2699。

要想停止 ACL，不用删除 access-list 命令，只要使用类似下面的命令即可：

```
Router0#config t
Enter configuration commands, one per line.  End with CNTL/Z.
Router0(config)#interface fastethernet0/0
Router0(config-if)#no ip access-group 1 in
Router0(config-if)#exit
Router0(config)#
```

用 show running 命令可以查看已有的 ACL。

4. 修改 ACL

修改 ACL 的注意事项如下：

(1) 当配置一条新的 access-list 命令时，路由器总是将其放在 ACL 的最后；

(2) 插入新的 access-list 命令的唯一方法是删除整个 ACL，并重新配置修订好的 ACL；

(3) 可以使用文本编辑器编辑 ACL，在配置模式下删除 ACL，然后将配置拷贝和粘贴回路由器；

(4) 在编辑特别是删除整个 ACL 之前，需要先停止 ACL：

在接口配置模式下用 no ip access-group list-number in|out 命令；

(5) 删除整个 ACL 用 no access-list list-number 命令(也是在接口配置模式下)，例如：

```
Router(config)#interface fastethernet1/0
Router(config-if)#no ip access-group 2 in
Router(config-if)#no access-list 2
```

(6) 不能在一个接口的同一方向配置(也不能激活)多个 ACL 编号。

5. 使用通配符掩码

使用通配符掩码可以在 ACL 中指定一段 IP 地址范围(有时就是一个子网)，例如：

access-list 1 permit 172.16.2.0　0.0.0.255

匹配的是前三个字节为 172.16.2 的地址，即允许源 IP 地址前三个字节为 172.16.2 的数据包通过。

其中，0.0.0.255 是通配符掩码。通配符掩码的定义如下：

如果通配符掩码的某比特值为 0，则该位必须匹配；

如果通配符掩码的某比特值为 1，则该位不需匹配。

下面是一个第三个字节高四位为 0，低四位为 1，第四个字节全部为 1 的通配符掩码例子：

access-list 2 permit 172.16.32.0　0.0.15.255

将通配符掩码和指定的起始 IP 地址写成二进制：

0.0.15.255　→00000000 00000000 00001111 11111111

172.16.32.0　→10101100 00010000 00100000 00000000

根据通配符掩码，高 20 位是必须匹配的。

来看一下 172.16.40.1 在匹配范围内否？将它写成二进制：

172.16.40.1→10101100 00010000 00101000 00000001

显然，172.16.40.1 和 172.16.32.0 的高 20 位是相同的，在匹配范围内，允许通过。到 172.16.48.X 就不匹配了。

6. 使用扩展 ACL 做端口匹配

#access-list 101 deny tcp host 172.16.1.1 host 172.16.2.1 eq 23

--eq 23 表示端口号 = 23

#access-list 102 deny tcp host 172.16.1.1 host 172.16.2.1 range 20 21

--range 20 21 表示 20≤端口号≤21

#access-list 103 deny tcp 172.16.1.0 0.0.0.255 host 172.16.2.1 eq www

--eq www 表示端口号 = Web 服务器端口号，默认为 80

7. ACL 配置实训

ACL 配置实训网络环境如图 10-4 所示。

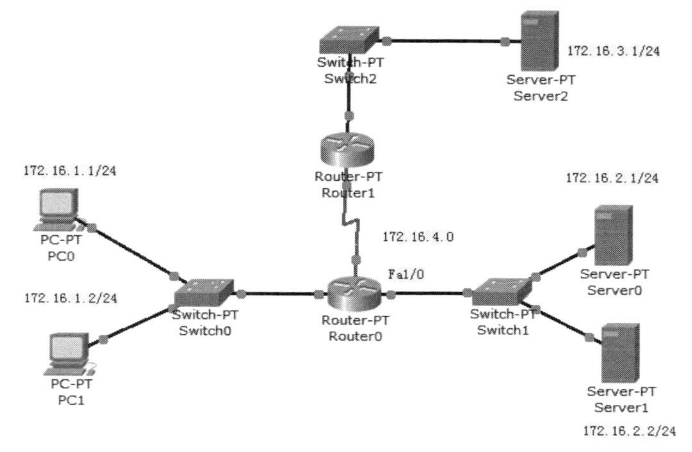

图 10-4　ACL 配置实训网络环境

先在 Router0 和 Router1 上配置好静态路由，使全网可以联通。然后要求在 Router0 上配置 ACL，使得 172.16.1.0 这个子网不能访问 172.16.2.1 上的 Web 服务器(但是能够访问 172.16.2.1 上的其它服务器，例如 FTP、DNS，能够 ping 通 172.16.2.0 上的所有电脑)，能够访问 172.16.3.0，能够访问 172.16.2.2 上的所有服务。

要求能够在 PT 上验证：PC0 和 PC1 上面的浏览器不能打开 Server0 上的网页，但是能够打开 Server1、Server2 上的网页，ping 通 Server0/1/2。

在 Router0 上的配置命令如下：

```
Router(config)#access-list 101 deny tcp 172.16.1.0 0.0.0.255 host 172.16.2.1 eq www
Router(config)#access-list 101 permit tcp 172.16.1.0 0.0.0.255 172.16.2.0 0.0.0.255 range 1 1023
Router(config)#access-list 101 permit udp 172.16.1.0 0.0.0.255 172.16.2.0 0.0.0.255 range 1 1023
Router(config)#access-list 101 permit icmp 172.16.1.0 0.0.0.255 172.16.2.0 0.0.0.255

Router(config)#interface FastEthernet1/0
Router(config-if)#ip access-group 101 out
```

项目 10 考核

自己动手完成前文 7 的 ACL 配置实训。

项目 11　了解 UDP 和 TCP 协议

知识目标

学习 UDP 和 TCP 协议知识。

技能目标

能够分辨应用程序使用的是哪个传输层协议。

素质目标

提高工程素质。

在 DoD 模型中，传输层位于网络层与应用层之间，主要的功能是负责应用程序之间的通信。连接端口管理、流量控制、错误处理与数据重发都是传输层的工作。

本章将介绍 TCP/IP 协议组合在传输层的两个协议：UDP 与 TCP，借此说明传输层的各项功能。

11.1　UDP 信息包的结构和特性

11.1.1　UDP 信息包的结构

UDP 信息包是由 UDP 报头和 UDP 数据两部分所组成，如图 11-1 所示。

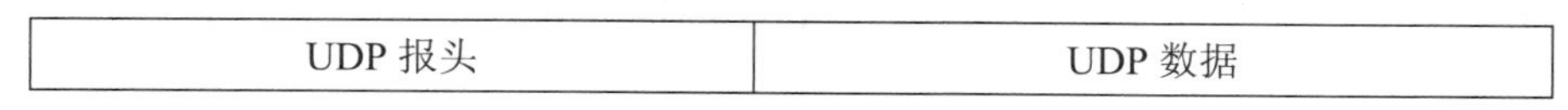

图 11-1　UDP 信息包的结构

- UDP 报头：主要是用来记录来源端与目的端应用程序所用的连接端口号。
- UDP 数据：转发应用层(Application Layer)的信息。这部分可视为 UDP Payload，不过一般都称为 UDP Data 或 UDP Message，在此我们称为“UDP 数据”。

UDP 位于网络层与应用层之间，对上可接收应用层协议所交付的信息，形成 UDP 数据；对下则是将整个 UDP 信息包交付给 IP(网络层的协议)，成为 IP Payload。

UDP 报头记录了与 UDP 相关的所有信息，如图 11-2 所示。以下为 UDP 报头中较为重要的信息：

(1) 来源端连接端口号，用来记录来源端应用程序所用的连接端口号。若目的端应用程序收到信息包后必须回复时，由本字段可知来源端应用程序所用的连接端口号。

(2) 目的端连接端口号，用来记录目的端应用程序所用的连接端口号。这个字段可以说是 UDP 报头中最重要的信息。

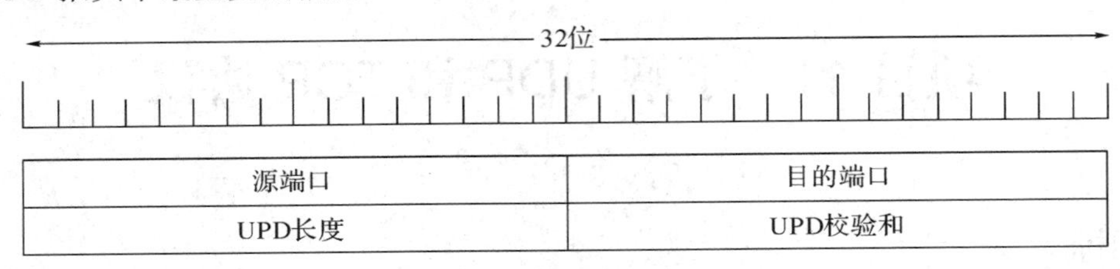

图 11-2　UDP 报头的结构

11.1.2　UDP 协议的特性

UDP(User Datagram Protocol)是一个比较常用的协议，仅提供连接端口(Port)处理的功能。UDP 具有以下特性：

(1) UDP 报头可记录信息包来源端与目的端的连接端口信息，让信息包能够正确地送达目的端的应用程序。

(2) 无连接(Connectionless)的传送特性。UDP 与 IP 虽然是在不同层运作，但都是以非连接式的方式来传送信息包。出于此特性，使得 UDP 的传送过程比较简单，但是相对地可靠性较差，在传送过程中若发生问题，UDP 并不具有确认、重送等机制，而是必须靠上层(应用层)的协议来处理这些问题。

使用 UDP 的应用程序，通常是基于以下的考虑：

(1) 为了降低对计算机资源的需求。以 DNS 服务为例，由于可能要面对大量客户端的询问，若是使用 TCP 可能会耗费许多计算机资源，因此使用资源需求较低的 UDP。

(2) 应用程序本身已提供数据完整性的检查机制，因此无须依赖传输层的协议来执行此工作。此外，若应用程序传输的并非关键性的数据，例如路由器会周期性地交换路由信息，若这次传送失败，下次仍有机会重新发送信息，在这种情况下，也会使用 UDP 作为传输层的协议。

(3) 要使用多点传送(Multicast)或广播传送(Broadcast)等一对多的传送方式时，必须使用 UDP。这是因为使用面向连接(Connection-Oriented)传送方式的 TCP，仅限于一对一的传送。

11.1.3　连接端口

UDP 最重要的功能是管理连接端口。从先前介绍 IP 的章节中，我们已经知道 IP 的功能是要将信息包正确地传送至目的地。不过，当 IP 信息包送达目的地时，接下来便立即面临一个问题：计算机上可能同时执行多个应用程序，例如用户同时打开 Internet Explorer 与 Outlook Express，那么收到的 IP 信息包应该送至哪一个应用程序呢? UDP 便是利用连接端口来解决上述问题的。

连接端口的英文为 Port，但它并非像是计算机并行口或串行口等实体的接头，而是属于一种逻辑上的概念。每一部使用 TCP/IP 的计算机，都会有许多连接端口，并使用编号以区分。应用程序若通过 TCP/IP 存取数据，就必须独占一个连接端口编号。因此，当主机收到 IP 信息包后，可以凭此连接端口号，判断要将信息包送给哪一个应用程序来处理。连接端口号与 IP 地址两者合起来称为 Socket Address(简称为 Socket)，可用来定义 IP 信息包最后送达的终点，亦即目的地应用程序。以现实生活为例，IP 地址就如同某栋建筑物的地址，而连接端口号就如同建筑物内的房间或窗口的号码。假设您要去邮政总局联系业务，若只知道其地址为“雨花区韶山南路 12 号”，您只能找到该栋大楼。但是，邮政总局里面可能有许多个窗口，因此，只知道地址是不够的，您还必须知道要去哪个窗口办理。如果您能事先知道“雨花区韶山南路 12 号第 8 号窗口”这样的信息，便能迅速正确地找到要去的部门。

IP 地址与连接端口号也是同样的道理。一部计算机或许只有一个 IP 地址，但可能同时执行许多个应用程序。应用程序彼此之间以连接端口号来区分。当计算机收到 IP 信息包时，便可根据其连接端口号(记录在传输层协议的报头中)，判断要交由哪个应用程序来处理。当然，每个信息包除了要记录目的端的连接端口号外，也会记录来源端的连接端口号，以便相互传递信息包。所有与连接端口相关的工作，都由传输层的协议来负责。

连接端口号为 16bit 长度的数字，可从 0 至 65 535。按照 IANA(Internet Assigned Numbers Authority)的规定，0～1023 的连接端口号称为“Well-Known”(知名的)连接端口，主要给提供服务的应用程序使用。凡是在 IANA 登记有档案的应用程序，都会分配到一个介于 0～1023 之间的固定连接端口号。例如：DNS 为 53，代表 DNS 服务都应使用 53 的连接端口号。至于 1024～65 535 的连接端口号则称为“Registered/Dynamic”(动态)连接端口，由客户端自行使用。例如：客户端使用 Internet Explorer 连上网站时，系统会随机分配一个连接端口号供 Internet Explore 使用。

表 11-1 列出了一些常见的 Well-Known 连接端口号供参考。

表 11-1　常见的 Well-Known 连接端口

协议	连接端口号	应用程序
UDP	53	DNS
UDP	67	BOOTP Client
UDP	68	BOOTP Server
UDP	520	RIP
TCP	19	NNTP
TCP	20	FTP Data
TCP	21	FTP Control
TCP	23	Telnet
TCP	25	SMTP
TCP	80	HTTP

为什么服务器应用程序必须使用 Well-Known 连接端口，而客户端应用程序可使用 Registered/Dynamic 连接端口呢？这是因为在一般网络的应用中，两部计算机若要互传信息包，一开始都是由客户端主动送出信息包给服务器。换言之，客户端必须在送出信息包前便知道服务器应用程序的连接端口号。因此服务器应用程序所使用的连接端口号势必遵循一套大家公认的规则，例如：Telnet 服务应该固定使用编号为 23 的连接端口，Web 服务

应该固定使用编号为 80 的连接端口等。这些规则即形成了 Well-Known 的连接端口。至于客户端应用程序的连接端口号，由于服务器收到来自客户端的信息包后，从报头中便可得知客户端应用程序的连接端口号，因此，客户端应用程序不必像服务器那样必须硬性规定连接端口号。

客户端连接端口号的决定方式会因软件品牌、版本而有所不同。例如：Windows 2000 默认只会分配 1024～5000 之间的连接端口号给客户端应用程序。

Well-Known 连接端口其实有点类似“约定俗成”的意思，并不具有强制性。换言之，您可以将 Web 服务的连接端口号设为 2001，在设置上不会有任何问题。麻烦的是，您必须让每个用户知道，该 Web 服务使用的连接端口号为 2001，而非默认的 80。当然，如果您这部服务器只服务少数特定人士，而不想开放给一般大众存取，使用自定义的连接端口号，反而是一种保护方法。

11.2　TCP 报头及 TCP 的特性

11.2.1　TCP 信息包的结构

与 UDP 相比，TCP(Transmission Control Protocol)提供了较多的功能，但相对地报头字段与运作机制也较为复杂。本节首先介绍 TCP 报头及 TCP 的特性，至于传送机制、连接过程则在后续章节中说明。

TCP 信息包由以下两部分所组成，如图 11-3 所示。

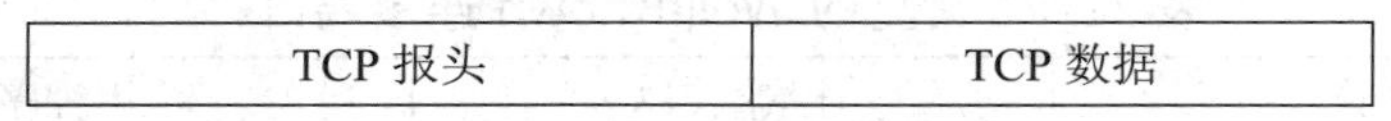

图 11-3　TCP 信息包的结构

(1) TCP 报头：记录来源端与目的端应用程序所用的连接端口号，以及相关的顺序号、响应序号、滑动窗口大小等。

(2) TCP 数据：由上层协议(Application Layer)交付的信息。这部分可视为 TCP Payload，不过一般都称为 TCP Segment，本章我们将它称为“TCP 数据”。

TCP 报头结构如图 11-4 所示。其中主要字段的含义先简单例在图中，以后用到时再详细介绍其用途。

(1) 源端口：来源连接端口号，记录来源端主机(A)上层应用程序所用的 TCP 连接端口号。

(2) 目的端口：目的连接端口号，记录目的端主机(B)上层应用程序所用的 TCP 连接端口号。

(3) 顺序号：记录 TCP 数据的第 1 字节在 A→B 传输通道字节流(Bytes Stream)中的位置。单位为 Byte。

(4) 确认号：也称为响应序号，记录 A→B 传输通道中，已收到连续性数据在 A→B 传输通道字节流中的位置，单位为 Byte。

(5) 标志位：用来通知对方报头中记录了哪些有用的信息。以下为 TCP 报头中常用的标志位。

• SYN：Synchronize(同步)，代表序号字段记载的是初始序号 ISN，换言之，此信息包为连接建立时第 1 或第 2 步骤的信息包。

• ACK：Acknowledge(响应)，代表响应序号字段包含了确认的信息。

• FIN：Finish(完成)，代表 A→B 已传送完毕。只有在终止连线的第 2 或第 4 步骤，才会设置此标志位。

(6) 窗口大小：设置来源端的发送窗口的大小。

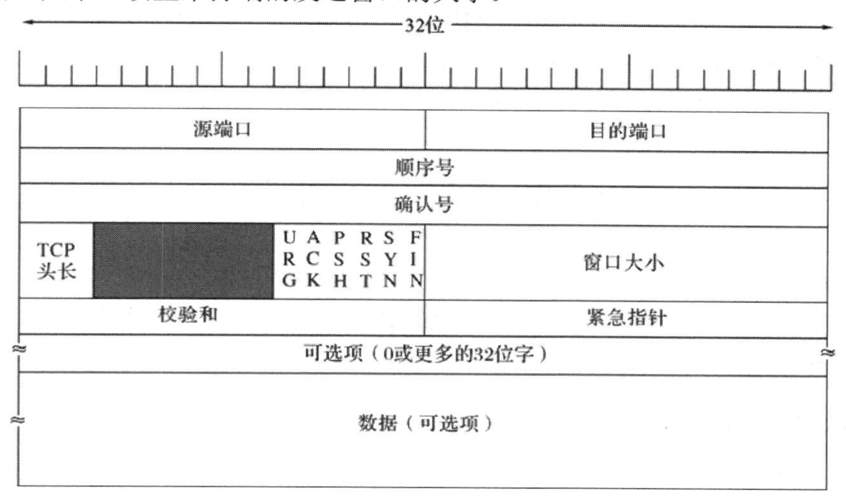

图 11-4　TCP 报头结构

11.2.2　TCP 的特性

TCP 为传输层的协议，与 UDP 同样地具备处理连接端口的功能。除了连接端口功能外，更重要的是 TCP 提供了一种“可靠”的传送机制。什么是“可靠”的传送机制？其为什么重要？在探讨这些问题之前，让我们先回顾一下 IP、以太网这些底层协议的特性。

无论是网络层的 IP，或链路层的以太网，来源端在传送信息包时，完全不知道目的端的状况。目的端可能过于忙而无法处理信息包，可能收到已经损毁的信息包，可能根本就收不到信息包，这些状况来源端都无从得知，只能“盲目地”不断将信息包送完为止。这样的传输方式可称之为“不可靠”的传送机制。乍听之下此种方式好像一无是处，其实不然。“不可靠”的传送机制较为简单，因此在实际操作上比较适合底层的协议。既然底层协议“不可靠”，责任就落到上层协议了。这时候有两种解决方法：

• 传输层仍旧维持“不可靠”的特性(例如 UDP)，而让应用层的应用程序一肩扛起所有的工作。这种方式的缺点就是，程序设计师在编写应用程序时较为麻烦，必须实际操作各种错误检查、修正的功能。

• 传输层使用“可靠”的传输方式(例如 TCP)，让应用层的应用程序简单化。

所谓“可靠”的传输方式，到底该可靠到什么程度呢？这其实没有标准答案，不过大致上可以归纳出 TCP 具有以下几种特性：

1. 数据确认与重送

当 TCP 来源端在传送数据时，通过与目的端的相互沟通，可以确认目的端已收到送出的数据。如果目的端未收到某一部分数据，来源端便可用重送的机制，重新传送该数据。

2. 流量控制

由于软、硬件上的差异，每一部计算机处理数据的速度各不相同，因此 TCP 具有流量控制的功能，能够视情况调整数据传输的速度，尽量减少数据丢失的状况。

3. 面向连接

TCP 为面向连接(Connection-Oriented)的通信协议。所谓“面向连接”，是指应用程序利用 TCP 传输数据时，首先必须建立 TCP 连接，彼此协调必要的参数(用于上述数据重发与确认、流量控制等功能)，然后以连接为基础来传送数据。

11.3　TCP 传送机制

TCP 的传送机制较为复杂，因此，在介绍 TCP 连接之前，有必要先了解这些机制。本节首先会以一个简单的模型让读者了解 TCP 传送的基本方式，然后以此为基础，逐步说明 TCP 的各项传送机制。

11.3.1　确认与重发

既然说 TCP 使用“可靠”的传送机制，那么这个机制的基本原理到底是什么？简言之，就是“确认与重发”。就好比是上司对下属讲话时，下属必须通过不断点头等方式，表示自己已确实听到讲话内容。如果下属完全没有反应，上司必须合理怀疑下属没有听到，因此必须重讲一遍，或把下属训一顿，让他集中精神。

TCP 也是运用同样的道理来传送数据。以下我们就利用一个简单的模型，解释如何以“确认与重发”的机制，可靠地传送信息包。如图 11-5 所示，假设 A 要传送信息包给 B，通过下列步骤，A 便可确认 B 已收到信息包：

(1) A 首先传送 Packet 1 信息包给 B，然后开始计时，并等待 B 的响应。

(2) B 收到 Packet 1 信息包后，传送 ACK 1 信息包给 A。ACK 1 信息包的内容为“我已经收到 Packet 1 信息包了”。

(3) A 如果在预定的时间内收到 ACK 1 信息包，便可确认 Packet 1 正常到达目的地。接着即可传送 Packet 2 信息包给 B，然后开始计时，并等待 B 的响应。

(4) B 收到 Packet 2 信息包后，传送 ACK 2 信息包给 A。ACK 2 信息包的内容为“我已经收到 Packet 2 信息包了”。

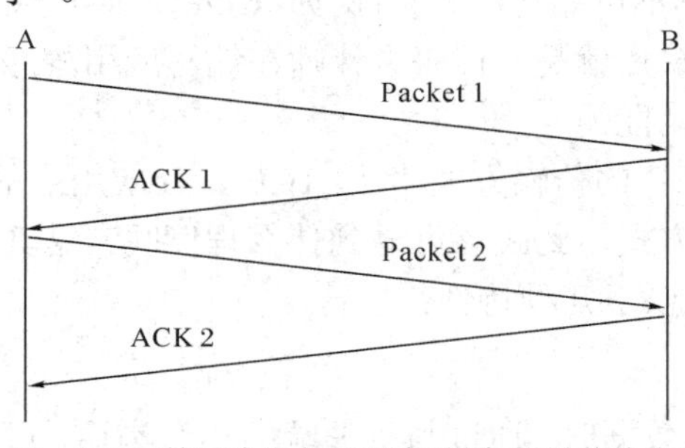

图 11-5　利用确认与重送机制来传送信息包

通过上述步骤，A 可以确认 B 已收到 Packet 1、Packet 2 等信息包。如果在信息包传送的过程中出现错误，例如：Packet 2 在传送途中失踪了，此时 B 便不会发出 ACK 2 给 A。A 若在预定的时间内没有收到 ACK 2，即判定 B 未收到 Packet 2，因此便重新传送 Packet 2 给 B，如图 11-6 所示。

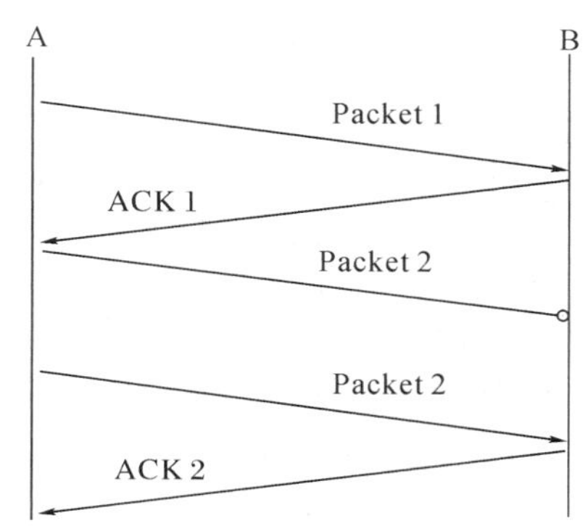

图 11-6　利用确认与重发机制来处理传送过程中的错误

重发信息包其实就是一种错误处理的机制。换言之，在 TCP 传送过程中，即使发生错误，仍可通过重送信息包的方式来补救，如此才能维持数据的正确性与完整性。

11.3.2　滑动窗口技术

上述信息包传送的过程，虽然具有确认与重送的功能，但在性能方面却造成很大的问题。这是因为当 A 每传送出去一个信息包后，便只能耐心等待，一直等到收到对应的 ACK 信息包后，才能传送下一个信息包。如果真的按这样的协议操作，在整个传送过程中，绝大部分时间势必都浪费在等待 ACK 信息包上了。

为了解决这个问题，就有聪明人想出一种叫做“Sliding Window”的技术。读者可以想象用一张中间挖空的厚纸板，挖空的部分即是所谓的 Window，我们可从挖空的部分去查看来源端传送出去的信息包。接着仍旧以 A 为来源端、B 为目的端，说明如何利用 Sliding Window 的机制来传送信息包。在传送一开始时，A 的 Sliding Window 应该如图 11-7 所示。

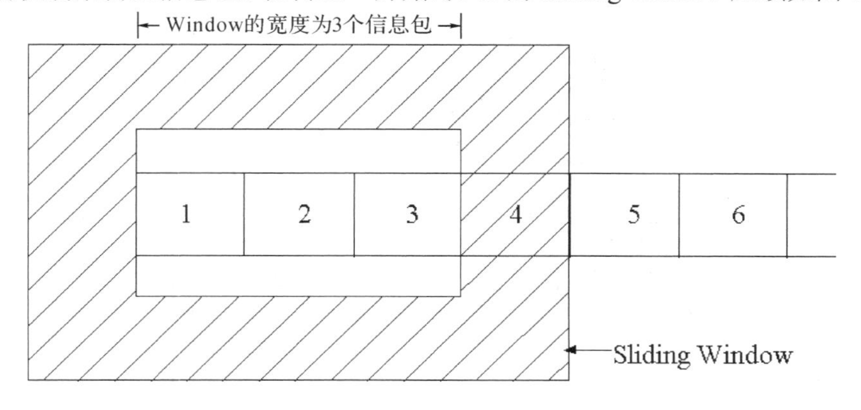

图 11-7　开始传送时，A 的滑动窗口

A 首先将 Window 内看得见的所有信息包送出，也就是送出 Packet 1、Packet 2 和 Packet 3 信息包，然后分别对这些信息包计时，并等候 B 响应。

B 收到信息包后，会按信息包编号送回对应的 ACK 信息包给 A。例如，B 收到 Packet 1，便会送回 ACK1 给 A，假设一切正常，A 首先会收到 ACK 1，接着便执行以下操作：

(1) 将 Packet 1 标示为“完成”，如图 11-8 所示。

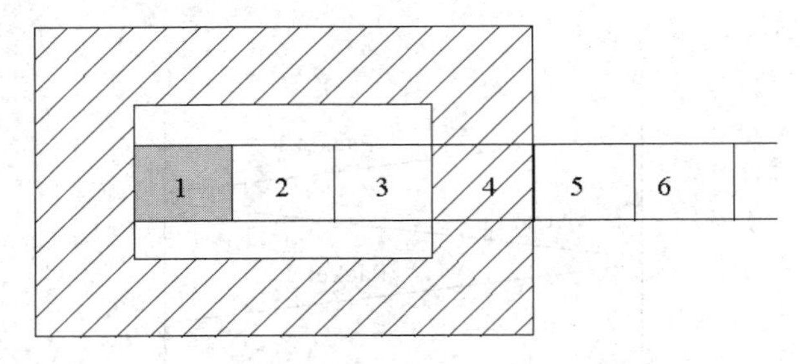

图 11-8　将 Packet 1 标识为“完成”的 A 的滑动窗口

(2) 将 Sliding Windows 往右滑动一格，如图 11-9 所示。

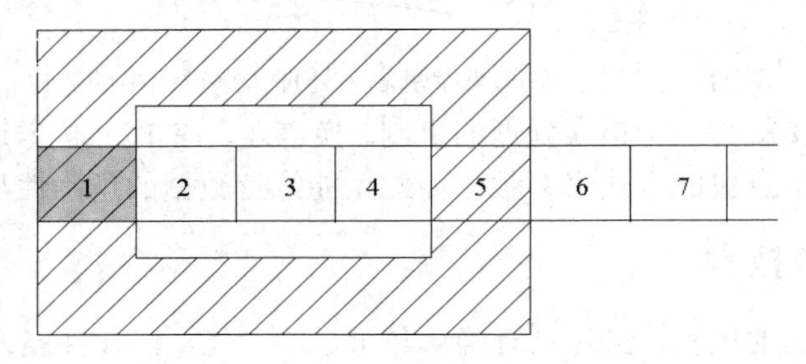

图 11-9　A 的 Sliding Window 往右滑动一格

(3) 将新进入 Sliding Window 的 Packet 4(位于窗口的最右边)送出。

接下来当 A 收到 ACK2 与 ACK3 信息包时，仍重复上述步骤。整个过程如图 11-10 所示。

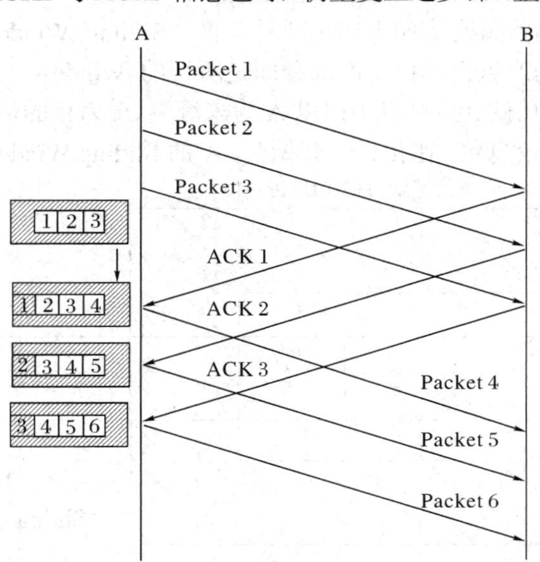

图 11-10　利用 Silding Window 机制传送信息包的整个过程

通过 Sliding Window 方式，A 可以迅速送出多个信息包。相对于每送出一个信息包便等待响应 ACK 的信息，Sliding Window 显然具有较佳的传输效率。

11.3.3　发送与接收窗口

先前说明 Sliding Window 所举的例子中，仅 A 具有 Sliding Window。不过，实际上 TCP 的来源端与目的端会有各自的 Sliding Window。为了方便区分，我们将来源端的 Sliding Window 称为 Send Window(发送窗口)，目的端的 Sliding Window 称为 Receive Window(接收窗口)。

接收窗口的功能是什么呢?以先前的例子而言，当 A 传送信息包给 B 时，由于信息包不见得会按照原有的顺序到达 B，因此 B 势必要通过 Receive Window 记录连续收到的信息包与没有连续收到的信息包。B 只会将连续收到的信息包转交给上层应用程序，同样地，也只会针对连续收到的信息包发出 ACK。

以下例而言，第 1～7 个信息包属于连续收到的信息包。由于第 8～9 个信息包尚未收到，所以第 10～13 与第 15～16 个收到的信息包都属于没有连续收到的信息包，如图 11-11 所示。

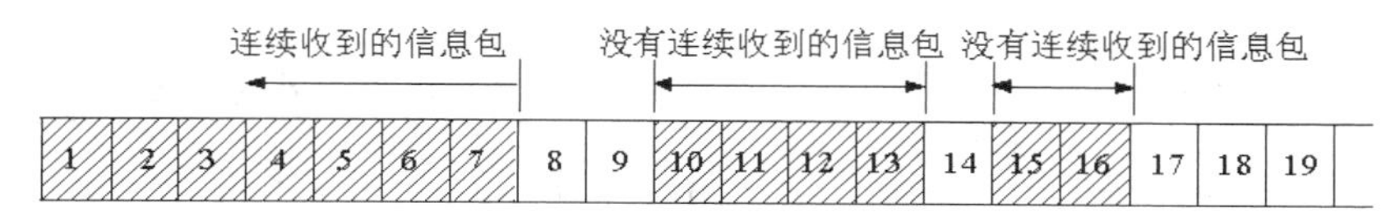

图 11-11　目的端将连续收到的信息包转交给上层应用程序并发出对应的 ACK

接收窗口会随着连续性的信息包移动。我们仍旧以 A 为来源端、B 为目的端，在传送一开始时，B 的接收窗口应该如图 11-12 所示。

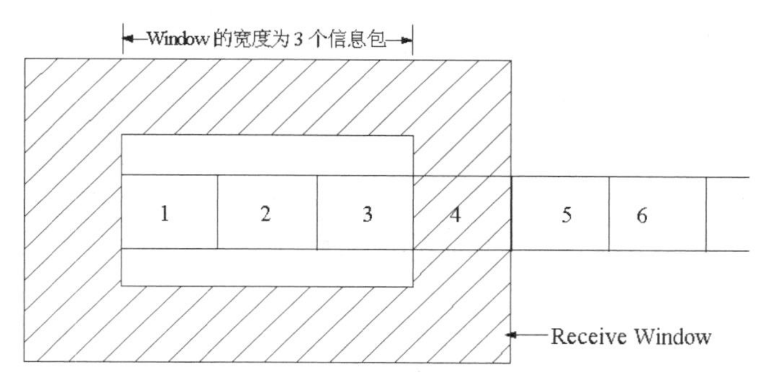

图 11-12　在传送一开始时 B 的接收窗口

当 B 收到 A 送来的信息包时，会有下列操作：

(1) 将收到的信息包加以标示。例如：收到 Packet 1，便将 Packet 1 标示为“收到”。

(2) 如果收到的信息包位于 Window 的最左边，则发出对应的 ACK 信息包，并将 Receive Window 往右滑动 1 格。如果 Window 最左边的信息包已标示为“收到”，则再往右移 1 格，直到 Window 最左边的是尚未标示为“收到”的信息包。

假设 B 是以 Packet 3、Packet 1、Packet 2 的顺序收到信息包，则 B 的 Receive Window 会进行如下的操作：

(1) B 最先收到 Packet 3，这时候只要将 Packet 3 标示为“收到”即可。由于 Packet 3 并非 Window 最左边的信息包，因此不必送出 ACK，也不用移动 Receive Window，如图 11-13 所示。

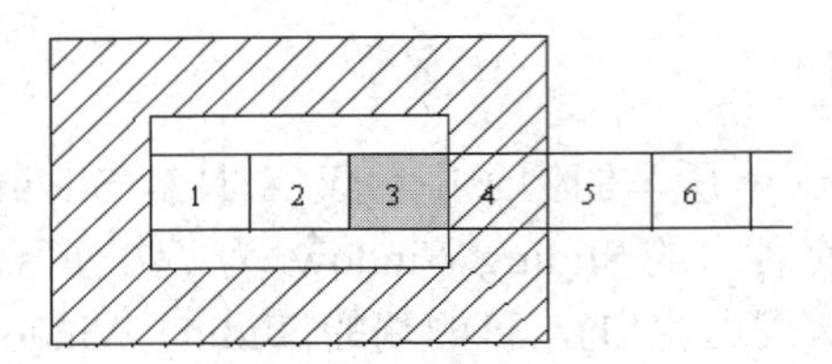

图 11-13　收到 Packet3 信息包的操作

(2) 收到 Packet 1，这时候 B 除了将 Packet 1 标示为"收到"外，因为 Packet 1 为 Window 最左边的信息，因此必须送出 ACK1，并将接收窗口向右移动 1 格，如图 11-14 所示。

(3) 收到 Packet 2，这时候 B 除了将 Packet 2 示为"收到"外，将接收窗口向右移动。因为 Packet 2 后面的 Packet 3 已标示为"收到"，因此会送出 ACK2 与 ACK3，然后将接收窗口向右移动 2 格，如图 11-15 所示。

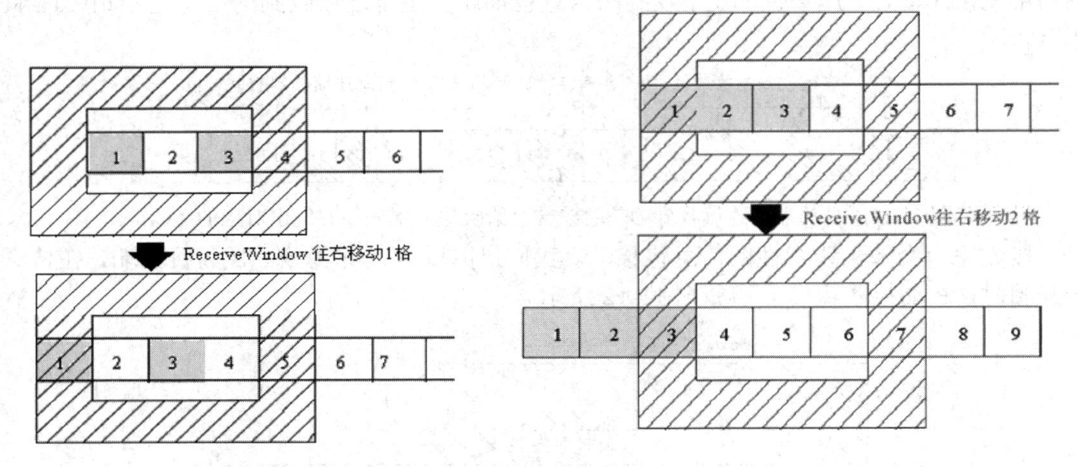

图 11-14　收到 Packet1 信息包的操作　　图 11-15　收到 Packet2 信息包的操作

图 11-16 总结了发送与接收窗口在上述步骤中的变化情况。

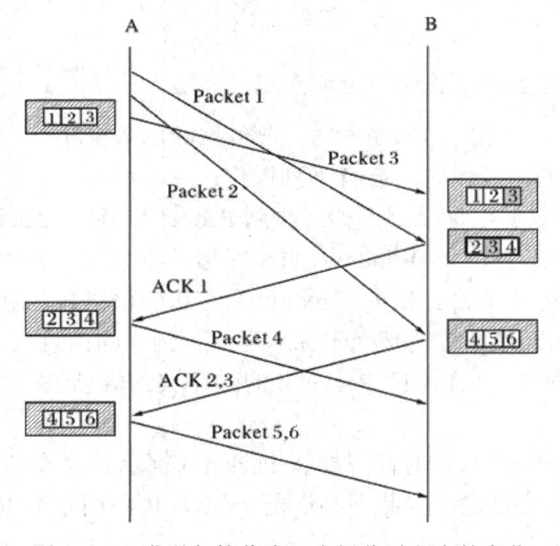

图 11-16　发送与接收窗口在操作过程中的变化

在接收窗口中，当信息包从窗口的最左边出去后，即已送出对应的 ACK 后，接着就应该交给上层应用程序了。不过，为了提高性能，B 不会将这些信息包逐一转交给上层应用程序，而是先将它们放在缓冲区，缓冲区满了后再一次送给上层应用程序。

11.3.4　窗口大小与流量控制

TCP 具有一项重要的功能，便是流量控制(Flow Control)，TCP 能够视情况需要随时调整数据传送速度。流量控制主要是靠滑动窗口的大小(称为 Window Size)来调整：当 Window Size 变小时，流量会变慢，当 Window Size 为 1 个信息包大小时，信息包传送的方式就有如我们最早介绍的“确认与重发”模型，传输效率极差；当 Window Size 变大时，流量会变快，但是相对地，较大的 Window Size 会耗费较多的计算机资源。

在决定 Window Size 时，必须衡量上述两种因素，从中取得平衡点。例如当计算机因为配备不够好，或太忙时，会尽量使用较小的 Window 来传输信息。那么，Window Size 是由谁来决定的呢?答案是目的端。以先前的例子来说，B 根据本身的状况决定 Receive Window 的大小，然后将此信息放在 ACK 信息包中通知 A，A 再将发送窗口调整为相同的大小。

在整个传送过程中，B 的接收窗口大小会随着客观条件不断变化，例如：B 计算机太忙，来不及处理 A 传送过来的数据时，便会将 Receive Window 变小。B 通过 ACK 信息包，可即时通知 A 调整 Send Window 的大小。

11.3.5　字节流

我们在先前的模型中，为了方便说明都是以信息包为单位。不过，实际上 TCP 在处理数据时都是以 Byte 为单位，将 TCP 转发的数据视为一个个 Byte 串连而成的 Byte Stream。以下仍以 A 传送数据给 B 为例，说明如何以 Byte 为单位来处理数据。

由于将转发的数据视为 Byte Stream，因此 A 利用序号(Sequence Number)的方式来识别数据。在连接一开始，A 会随机选取一个数字作为 Initial Sequence Number(ISN，初始序号)，此为 Byte Stream 第 1 Byte 的序号，Byte Stream 中第 2Byte 的序号则是 ISN+1，第 3Byte 的序号则是 ISN+2…依此类推，如图 11-17 所示。

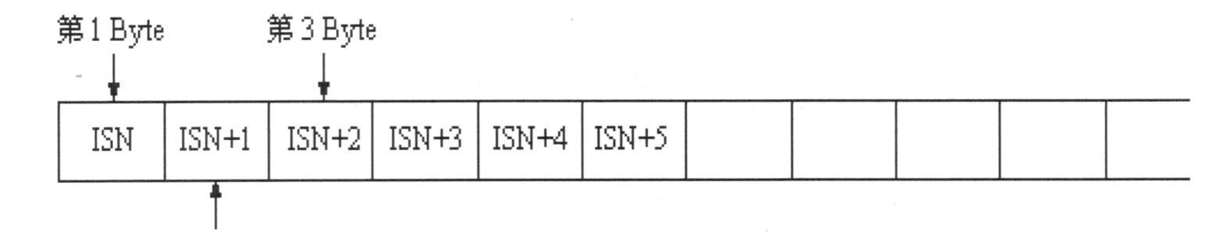

图 11-17　TCP 将所有要传送的数据视为 Byte Stream

所有 A 送给 B 的信息包，都会标示转发数据的第 1 Byte 的序号。例如：ISN 若设为 1000，当 A 送出长度分别为 100 Byte、200 Byte、300 Byte 的 Packet 1、2、3 给 B 时，各个信息包的序号值如表 11-2 所示。序号与信号包之间的关系如图 11-18 所示。

表 11-2　Packet1、2、3 的序号

信息包	长度	序　号
1	100	1001（在连接建立过程中，Sequence Number 会加1，后文会再说明）
2	200	1101（1001+100，即 Packet 1 的Sequence Number 再加上Packet 1 的长度）
3	300	1301（1101+200，即Packet 2 的 Sequence Number 再加上Packet 2 的长度）

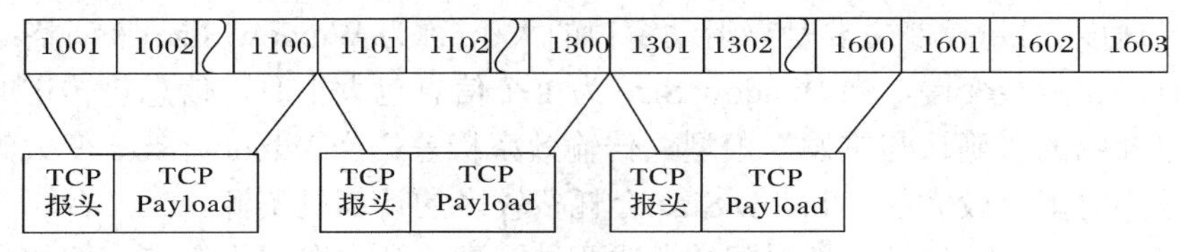

图 11-18　序号与信息包之间的关系

B 在收到 A 送过来的信息包时，同样地以 Byte 为单位来处理信息。由于信息包中记录了序号，因此 B 可以得知信息包中所转发的数据在 Byte Stream 中的位置。同理，B 在响应 ACK 信息包给 A 时，会记录 B 已收到连续性数据的序号。承上例，A 的 ISN 为 1000，送出长度为 100、200、300Byte 的 Packet 1、2、3 给 B。B 收到 Packet 1 接着回复 ACK 1 时，ACK1 将会记录 1101(最后一个字节的序号)代表 B 已收到序号从 1000 至 1100 的数据。为了便于区分，在 ACK 信息包所记录的这个序号称为响应序号(Acknowledge Number)。表 11-3 列出了 ACK 1、ACK 2、ACK 3 的响应序号。

表 11-3　ACK 1、2、3 的响应序号

ACK 信息包	响应序号
1	1001
2	1301
3	1601

细心的读者可以发现，响应序号等于下一个信息包的序号。例如：ACK 2 的响应序号为 1301，Packet 3 的序号同样是 1301。

定义 Window 的边界：Sliding Window 同样是以 Byte 为单位来界定 Window，而非以信息包编号。以 Send Window 为例，当 A 收到 ACK 1 信息包后，Send Window 以图 11-19 所示的方式来标示。

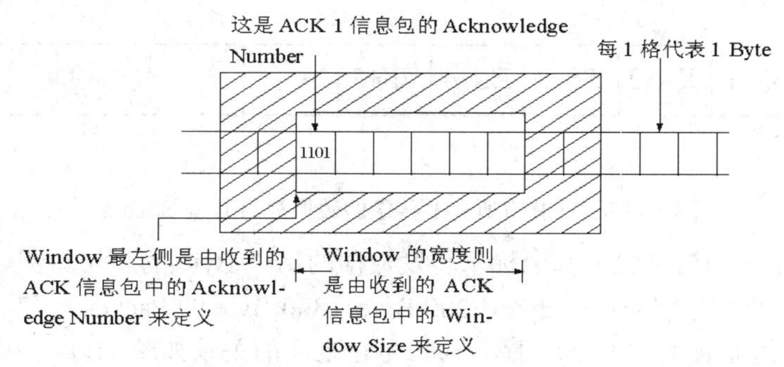

图 11-19　以字节为单位来标示 Send Window 的边界

Receive Window 也是同样的状况，例如：B 收到 Packet 2 信息包并响应 ACK2 后，Receive Window 是以如图 11-20 所示方式来标识。

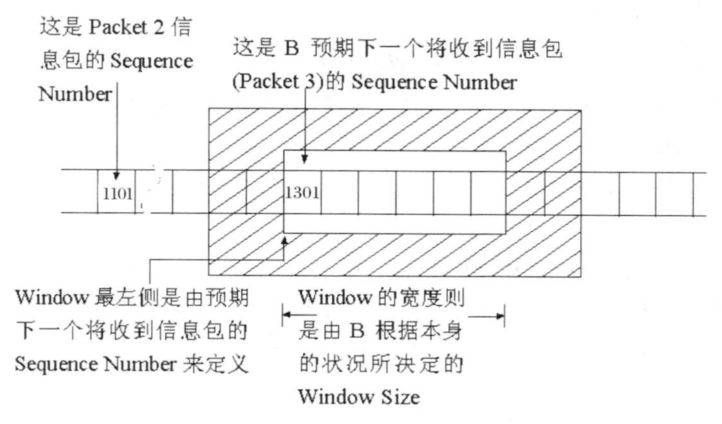

图 11-20　以字节为单位来标示 Receive Window 的边界

11.3.6　双向传输

先前的模型都是以单向传输为例，但是 TCP 是一个双向的协议。换言之，当 A、B 之间建立好连接后，A 可以传送数据给 B，而 B 也可以传送数据给 A。我们可以将 TCP 连接想象成由两条通道所构成的双向传输，如图 11-21 所示。

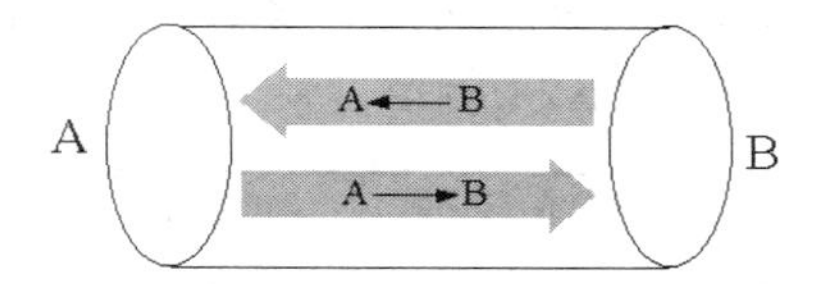

图 11-21　TCP 连接是由两条单向通道所构成的双向传输

A→B 与 B→A 通道各有一组序号/响应序号与 Send/Receive Window，因此整个 TCP 连接会有两个发送序号、两个响应序号、两个 Send Window，以及两个 Receive Window。

值得注意的是，A、B 之间互传的信息包，可以同时包含 A→B 与 B→A 的数据。例如：A 传送 Packet 1 给 B，此信息包所转发的数据当然是属于 A→B 传送通道，但是报头部分则可记录 A→B 的序号，以及 B→A 的响应序号。

假设 A、B 以如图 11-22 所示的方式互传 4 个信息包。其中，椭圆形外框代表的是 A→B 所使用的序号/响应序号，矩形外框代表的是 B→A 所使用的序号/响应序号。

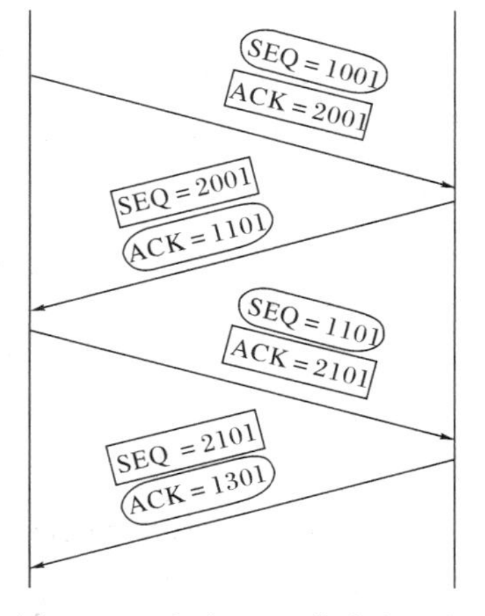

图 11-22　每个 TCP 信息包可能包含双向传输的信息

以第 1 个信息包为例，就包含了 A→B 的序号，以及 B→A 的响应序号。

以第 2 个信息包为例，它虽然是 B 要传送给 A 的 ACK 信息包(属于 A→B 传送通道)，但它也可包含 B→A 传送通道的序号，其 Payload 部分也可同时传送 B→A 的数据。

11.3.7　传送机制小结

综上所述，我们归纳出 TCP 几项重要的传送机制：

(1) TCP 传送包含确认与重发的机制，让来源端可以知道数据是否确实送达，并在发现问题时，来源端可重新传输数据。

(2) TCP 传送包含流量控制的机制，利用双边的 Sliding Window，可视情况随时调整数据传送的速度。

(3) TCP 将数据视为 Byte Stream，无论是数据的确认与重发，或是 Sliding Window 的边界，都是在 Byte Stream 上以 Byte 为单位来定义。

(4) TCP 为双向传输的协议，同一个信息包报头内可包含双向传输的信息。

11.4　TCP 连接的建立与终止

所有 TCP 的传输都必须在 TCP 连接(TCP Connection)中进行。因此，TCP 连接的建立、终止可以说是 TCP 的基本工作。

11.4.1　标识连接

在介绍 TCP 连接前，首先要说明如何定义一条 TCP 连接。TCP 连接是由连接两端的 IP 地址与连接端口号所定义，如图 11-23 所示。

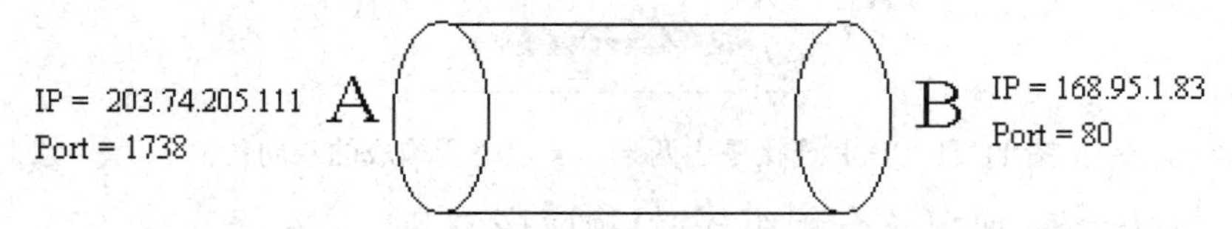

图 11-23　由连接两端的 IP 地址与连接端口号所定义的 TCP 连接

如果图 11-23 的 B 是 Web 服务器，虽然 B 使用同样的 IP 地址和连接端口号，但可以和同一客户端的不同连接端口建立多条连线，或是和不同的客户端同时建立连接，如图 11-24 所示。

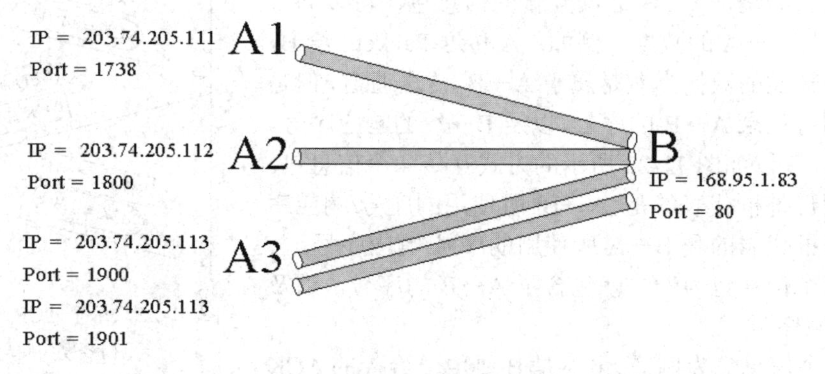

图 11-24　服务器和多个客户端或同一客户端的不同连接端口建立的多条连接

11.4.2 建立连接

开始建立连接时，一定会有一方为主动端(Active)，另一方为被动端(Passive)。以 WWW 为例，客户端的浏览器通常扮演主动端的角色，而服务器的 Web 服务通常是被动端的角色。

连接建立后，主要是让双方知道对方使用的各项 TCP 参数，即在建立连接时，必须交换以下信息：

- ISN(初始序号)。
- Window Size。

整个连接建立的过程称为“Hand shaking”，也就是双方一见面时要先握手打招呼，讲好如何建立连接。Hand shaking 总共有三个步骤，每个步骤各有一个 TCP 信息包。下面我们便以 A 为 TCP 主动端，B 为被动端为例，说明 Hand shaking 的过程。由于整个过程会涉及 A、B 双向通道的建立，因此我们仍以 A→B、B→A 的表示法来代表两种方向的传输通道。

第 1 步：连接请求。

A 首先送出第 1 个特殊的 TCP 信息包给 B，我们称它为 SYN 信息包，SYN 是 Synchronize(同步)的缩写，意思是说通过 ISN 可将 A 的序号与 B 的响应序号同步化。此信息包不包含应用层的数据，但必须包含以下信息：

- 源端口号和目的端口号。
- 序号：指定 A→B 的 ISN，我们称为 ISN(A→B)。序号长度为 4 Byte，是随机选择一个数字。
- 响应序号：指定 B→A 的响应序号。因为现在还不知道 B→A 的序号为何，因此响应序号先设为 0。
- SYN Flag：这是 TCP 报头中的一个标志位，置 1 用来表明此信息包的序号为 ISN，而非一般的序号。
- Window Size：A 默认 Receive Window 的大小，在此我们称为 Window(A→B)。它用来控制 B 的 Send Window 大小，借此达成 A→B 的流量控制。

第 2 步：同意连接。

B 在收到 SYN 信息包后，会给连接分配缓冲区及有关参数并回复一个 SYN-ACK 信息包，该包也不含应用层数据，但包含了以下信息：

- 序号：指定 B→A 的 ISN，我们称之为 ISN(B→A)。
- 响应序号：指定 A→B 的响应序号。从 SYN 信息包可得知 A→B 的 ISN。SYN-ACK 信息包的响应序号等于 SYN 信息包的 ISN(A→B)再加上 1。
- SYN、ACK Flag 置 1：SYN 同样是 Synchronize 的意思，置 1 表示该信息包内的顺序号是 B→A 通道的初始序号，ACK 置 1 用来表示响应序号包含了确认收到的信息。
- Window Size：B 默认 Receive Window 的大小，称为 Window(B→A)。它可用来控制 A 的 Send Window 大小，借此达成 B→A 的流量控制。

该包的意思是说：“我已经收到你要求建立连接的 SYN 包及你的初始序号 ISN(A→B)，我同意建立该连接，我的初始序号是 ISN(B→A)。”

第 3 步：连接建立。

A 收到 SYN-ACK 信息包后，同样会给连接分配缓冲区和参数接着会发出一个 ACK 信息包，其中包含了以下信息：

• 序号：A→B 的序号，此处的序号等于第 1 步 SYN 信息包的 ISN(A→B)再加上 1。

• 响应序号：指定 B→A 的响应序号。从第 2 步的 SYN-ACK 信息包可得知 B→A 的 ISN。此处的序号等于第 2 步 SYN-ACK 信息包的 ISN(B→A)加上 1。

• ACK Flag 置 1：表示响应序号包含了确认收到的信息。SYN Flag 置 0，表示连接已经建立。

• WindowSize：A 的 Receive Window 大小，即 Window(A→B)。

建立连接的三个步骤可总结成如图 11-25 所示过程。

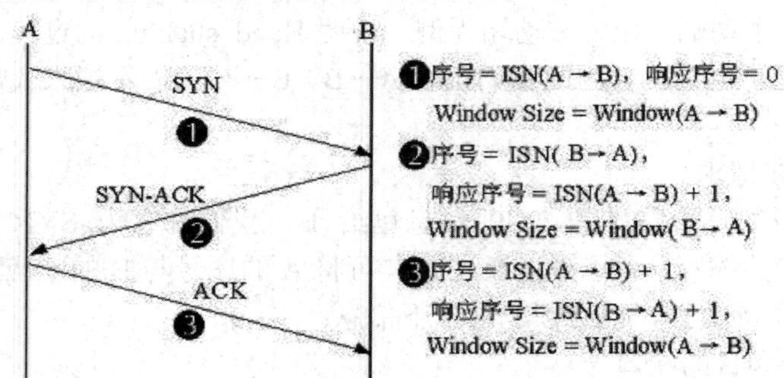

图 11-25　建立 TCP 连接的三个步骤

一旦上述三个步骤完成，双方就可以互相发送包含应用层数据的 TCP 包给对方，在这些包中的 SYN 位都被置为 0。

11.4.3　终止连接

TCP 连接若要终止，必须通过特定的连接终止步骤，才能将连接所用的资源(连接端口、缓冲区内存等)释放出来。注意，虽然建立连接时可区分为主动端与被动端，但是双方都可以主动提出终止连接的要求。

连接终止的过程共有四个步骤，每个步骤各有一个 TCP 信息包。接着我们便以 A 主动提出连接终止为例，说明连接终止的过程。

第 1 步：A 首先送出一个特殊的 TCP 信息包给 B，我们称它为 FIN 信息包，其中包含了以下信息：

• FIN Flag 置 1(FIN 是 Finish(完成)的缩写)。

• 序号：指定 A→B 的序号，因为 A→B 已完成传输，所以称为 FSN(Final Sequence Number，最终序号)，我们以 FSN(A→B)来表示。

• 响应序号：指定 B→A 的响应序号。

第 2 步：B 送出 ACK 信息包给 A，其中包含了以下信息：

• ACK Flag 置 1：表示响应序号包含了确认收到的信息。

• 序号：指定 B→A 的序号。

• 响应序号：指定 A→B 的响应序号。由于 FIN Flag 会占用 1 Byte，所以此处响应序号等于第一步 FIN 信息包的 FSN(A→B)再加上 1。

此步骤结束后，代表成功地中止 A→B 传输通道。不过，A→B 可能还有数据需要传送，所以 A→B 传输通道仍旧继续维持畅通，直到传送完毕才会进入第三步。

第 3 步：当 B 完成 A→B 的传输后，便送出 FIN 信息包给 A，其中包含了以下信息：

- FIN Flag 置 1。
- 序号：指定 B→A 的序号，因为已完成传输，所以称为 FSN(B→A)。
- 响应序号：指定 A→B 的响应序号。由于第一步结束后 A 便不再传送数据给 B，所以此处的响应序号与第二步的响应序号相同，都为 FSN(A→B)+1。

第 4 步：A 送出 ACK 信息包给 B，其中包含了以下信息：

- ACK Flag 置 1：表示响应序号包含了确认收到的信息。
- 序号：指定 A→B 的序号。由于第一步的 FIN Flag 会占用 1 Byte，所以此处序号等于第一步 FIN 信息包的 FSN(A→B)再加上 1。
- 响应序号：指定 B→A 的响应序号。由于第三步的 FIN Flag 会占用 1 Byte，所以此处响应序号等于第三步 FIN 信息包的 FSN(A→B)再加上 1。

终止连接的四个步骤可总结成如图 11-26 所示的流程。

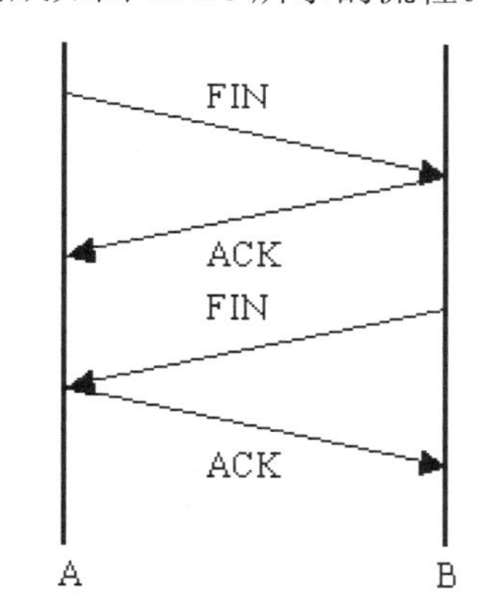

图 11-26　结束 TCP 连接的四个步骤

项目 11 考核

两人一组，用 QQ 进行聊天和文件传送，或者做其它的网络活动(浏览某知名网站、进行网络游戏等)，用 Activeport 或者类似的软件观察各自电脑上的活动端口及软连接，截屏说明软连接的有关信息。

项目 12　DNS 和 DHCP 服务配置

知识目标

了解 DNS 和 DHCP 协议知识。

技能目标

能够完成 DNS 和 DHCP 服务器的配置。

素质目标

提高工程素质。

前面已陆续介绍了 TCP/IP 协议组合在 DoD 模型的数据链路层、网络层、传输层等三层的协议，从本项目开始将介绍应用层的协议。

在 TCP/IP 协议组合中，应用层包括许多种协议，如 DNS、DHCP、HTTP、SMTP、FTP 等常见的协议。本章先介绍 DNS 与 DHCP 这两种协议，其它协议则留待后续说明。

12.1　DNS

假如我们现在要连上雅虎网站，可在浏览器的网址中输入“WWW.yahoo.com”，如果我们要发电子邮件给朋友，只要在收件人的位置输入“username@mail_server_name”，按下发送按钮后朋友就可以收到这封电子邮件。在网络发达的时代里，一切都是这么的方便。但是大家是否有个疑问，IP 信息包不是以 IP 地址来识别目的地吗?为何我们输入这些名称后，对方一样收得到信，一样可以连接到网站呢？

我们能利用易懂易记的名称来和对方沟通，是因为有 DNS(Domain Name System，域名系统)的存在。通过 DNS，我们可以由一部主机的完整域名(Fully Qualified Domain Name，FQDN)查到其 IP 地址，也可以由其 IP 地址反查到主机的完整域名。

12.1.1　FQDN 的概念

完整域名是由“主机名”+“域名”+“.”所组成，以“www.sina.com.cn”为例：

- www：这台 Web 服务器的主机名称。
- sina.com.cn：这台 Web 服务器所在的域名。

注意：只有“www.sina.com.cn”还不算是 FQDN，真正标准的 FQDN 应该是“www.sina.com.cn.”。没错，就是多了最后的那一点，就成为标准的 FQDN 了。最后这一个“.”代表在 DNS 结构中的根域(Root Domain)，在下一节会有详细的说明，读者现在先了解何谓 FQDN 即可。还有，整个 FQDN 的长度不得超过 255 个字符(含“.”在内)，而不管是主机名称或是域名，都不得超过 63 个字符。

我们在输入域名时，大多数都没加上结尾的“.”，其实即使缺少结尾的“.”，大家还是习惯称为 FQDN。大部分网络应用程序在解读名称时，会自动补上“.”。

12.1.2　DNS 名称解析

在 DNS 还没出现前，其实就已经有计算机名和 IP 地址的查询机制，也就是利用 Hosts file(主机文件)来进行转换的操作。Hosts file 的格式如下：

202.10.37.40　　leos.sina.com.cn

Hosts file 的格式很简单，就是 IP 地址和 FQDN 的对照而已。因为 Hosts file 属于单机使用，无法共享给其它计算机，所以若要让每台计算机都能利用相同的 FQDN 连接到相同的主机，就必须为每一台计算机建立一份 Hosts file，理所当然，若是某一台主机的 FQDN 更改，每台计算机都要更正。

Windows 2000 系统的 hosts 文件可以在\WINNT\system32\drivers\etc 目录下找到，可以用文本文件编辑程序编辑。Windows XP 系统的 hosts 文件在\windows\system32\drivers\etc 目录下。

在使用 Hosts file 的时代，互联网只是少数人的专利，因此主机数量不多，每台计算机都准备一份 Hosts file 尚能接受。但时至今日，互联网普及，网络上的主机数量数都数不清，要想使用 Hosts file 做 FQDN 的转换，不太可能了，为此，专家便发明了 DNS 系统。

DNS 系统是由 DNS 服务器(DNS Server)和 DNS 客户端(DNS Client)所组成。当用户输入一个 FQDN 后，DNS 客户端会向 DNS 服务器请求查询此 FQDN 的 IP 地址，而服务器则会去对照其手上的数据，并将 IP 地址回复给客户端。

客户端要求服务器由 FQDN 查出 IP 地址的操作称为正向名称查询(Forward Name Query)，一般就直接说名称查询。

若是请求由 IP 地址查询 FQDN 则称为反向名称查询(Reverse Name Query)，简称反向查询。而服务器所对应的操作自然也就称为反向解析。

12.2　DNS 的结构

既然 FQDN 全靠 DNS 服务器来转换为 IP 地址，但是网络上的主机数不胜数，难道全交给一台 DNS 服务器来做吗？当然不可能！若是如此，以现在的主机数量来看，查询数据库的时间就已经会让用户睡着了。再者，虽然网络是无国界、无地区性的，但连接到国外的速度总是比在国内慢，若是所有 DNS 服务器都集中在某一地点，那每次我们需要解析 FQDN 时，都要连接到国外，实在很没效率。为此，DNS 系统采用了树状层次式(Hierarchy)的结构，如图 12-1 所示。

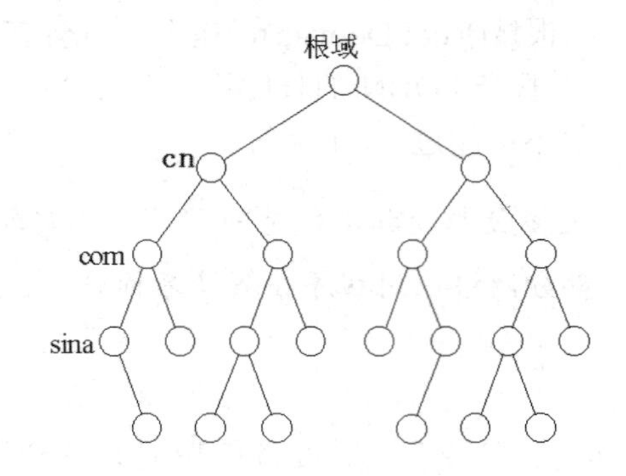

图 12-1 标准的 DNS 域结构

整个 DNS 系统是由许多的域(Domain)所组成，每个域下又细分更多的域，这些细分的域又可以再分割成更多的域。每个域最少都由一台 DNS 服务器管辖，该服务器就只需存储其管辖域内的数据，同时向上层域的 DNS 服务器注册，例如：管辖“.sina.com.cn”的 DNS 服务器要向管辖“.com.cn”的服务器注册，层层向上注册，直到位于树状层次最高点的 DNS 服务器为止。

12.2.1 根域

根域是 DNS 结构的最上层，当下层的任何一台 DNS 服务器无法解析某个 DNS 名称时，便可以向根域的 DNS 服务器寻求协助。理论上，只要所查找的主机有按规定注册，那么无论它位于何处，从根域的 DNS 服务器往下层查找，一定可以解析出它的 IP 地址。

12.2.2 顶层域

这一层的命名方式很有争议。在美国以外的国家，大多以 ISO 3116 所制定的“国家代码”(Country Code)来区分，称为 ccTLD(Country Code Top Level Domain)。例如：cn 为中国、jp 为日本、ca 为加拿大等，如图 12-2 所示。

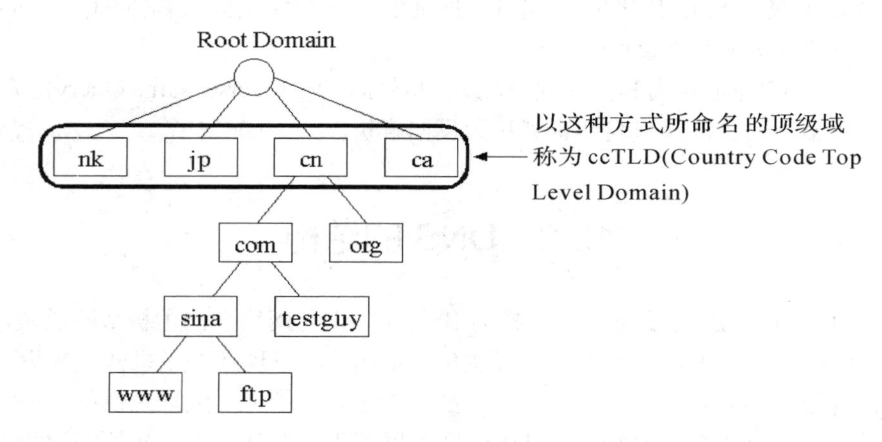

图 12-2 以 ISO3116 所制定的“国家代码”来区分的 DNS 顶层域

但是在美国，虽然它也有“us”这个国码可用，可是却较少用来当成 Root Domain 顶层域。而是以“组织性质”来区分，例如：com 代表商业组织、org 其他组织、edu 代表教育机构等，以这种方式所命名的顶层域称为 gTLD(Generic Top Level Domain)，如图 12-3 所示。

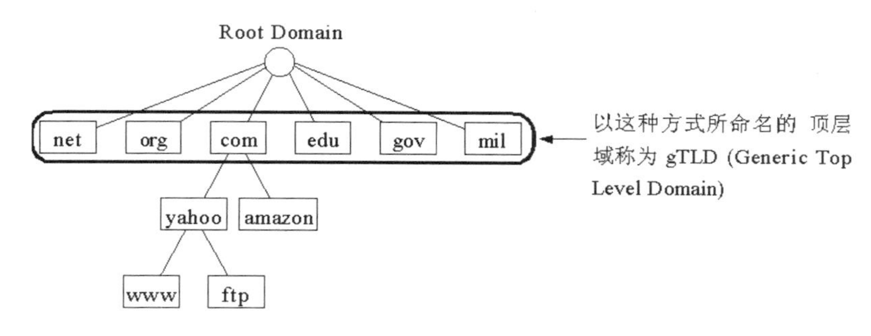

图 12-3　以组织性质来区分的 DNS 顶层域

顶层命名方式不断在演变，读者在别处看到的情况或许和本节所述有差异，那是正常的。大家在学习时，只需建立 DNS 层次概念，不必拘泥于 ccTLD 和 gTLD 这些名称。

12.2.3　第二层域

中国的顶层域采用的是 ccTLD 的命名方式，第二层域既可以采用地理模式，也可以采用组织模式，如“.hn.cn”代表中国湖南，“.gov.cn”代表中国政府部门，“.com.cn”代表中国商业组织；再细分下去的域也全都隶属于第二层中，例如：“.cs.hn.cn”和“.hunan.gov.cn”。

第二层域可以说是整个 DNS 系统中最重要的部分。虽然世界各国所制定的组织性质名称不一定相同(例如：我国采用 .com 表示营利机构，但是日本就采用 .co 表示它)，但在这些类别域之下都开放给所有人申请，名称则由申请者自定义，例如：新浪公司就是“.sina.com.cn”。

但是要特别注意，每个域名在这一层必须是唯一的，不可以重复。例如：新浪公司申请了“.sina.com.cn”，则其他公司或许可以申请“.sina.org.cn”、“.sina.co.jp”，但是绝对不能再申请“.sina.com.cn”这个名称。

不过这一点我们倒不用担心，因为当我们在申请域名时，若是已经注册有档案的名称，负责域名的机构是不会核准的，例如：“.sina.com.cn”、“.yahoo.com.”等都是已经注册有档案的域名，我们就不能申请。

12.2.4　主机

最后一层是主机，也就是隶属于第二层域的主机，这一层是由各个域的管理员自行建立，不需要通过管理域名的机构。例如：我们可以在“.sina.com.cn”这个域下再建立“www.sina.com.cn”、“tip.sina.com.cn”及“username.sina.com.cn”等主机。

12.2.5　DNS 区域

虽然说每个域都至少要有一部 DNS 服务器负责管理，但是我们在指派 DNS 服务器的管辖范围时，并非以域为单位，而是以区域(Zone)为单位。换言之，区域是 DNS 服务器的实际管辖范围。举例而言，倘若 sina 域的下层没有子域，那么 sina 区域的管辖范围就等于 sina 域的管辖范围，如图 12-4 所示。

但是，若 sina 域的下层有子域，假设为 sales 和 product，如图 12-5 所示，则我们可以将 sales 域单独指派给 X 服务器管辖，其余的部分则交给 Y 服务器管辖。也就是说，在 X 服务器建立了“sales 区域”，这个 sales 区域就等于 sales 域；在 Y 服务器建立了“sina 区域”，而 sina 区域的管辖范围是“除了 sales 域以外的 sina 域”。

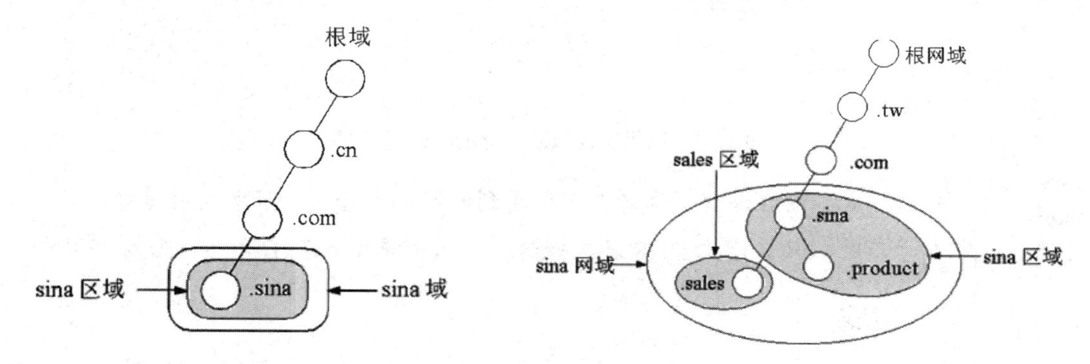

图 12-4　域管辖范围与区域管辖范围一致的情况　　图 12-5　一个域包含 2 个区域

如果 sina 的子域更多，而且每个子域都自成一个区域，那么区域和域的关系如图 12-6 所示。

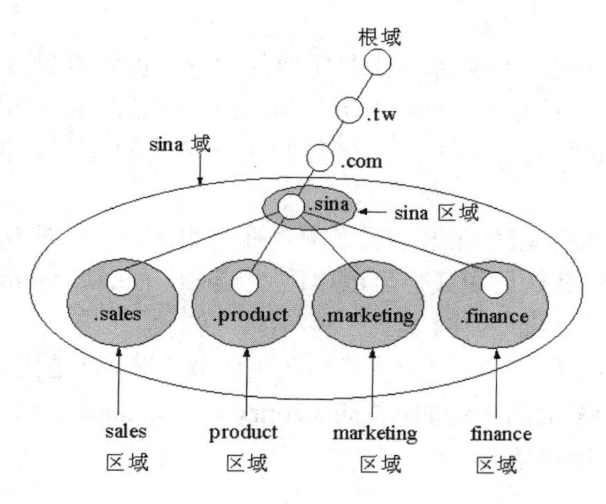

图 12-6　一个域含多个区域的情况

由图 12-6 可知，当独立成区域的子域越多，sina 区域和 sina 域所管辖范围的差异就越大。简言之，区域可能等于或小于域，当然绝不可能大于域。

此外，能被并入同一个区域的域，必定是有上下层紧邻的隶属关系。不能将没有隶属关系的域，或是虽有上下层关系、但未紧邻的域划分为同一个区域，如图 12-7 和图 12-8 的区域划分都是错误的！图 12-7 所示区域划分中，product 域与 finance 域没有上下层隶属关系，不能成为一个区域；图 12-8 所示区域划分中，sina 域与 r1 域虽有上下层隶属关系，但未紧邻，所以不能成为一个区域。

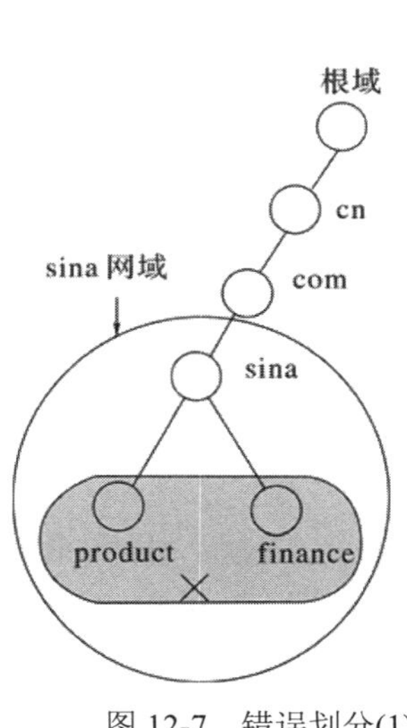

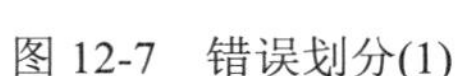
图 12-7　错误划分(1)

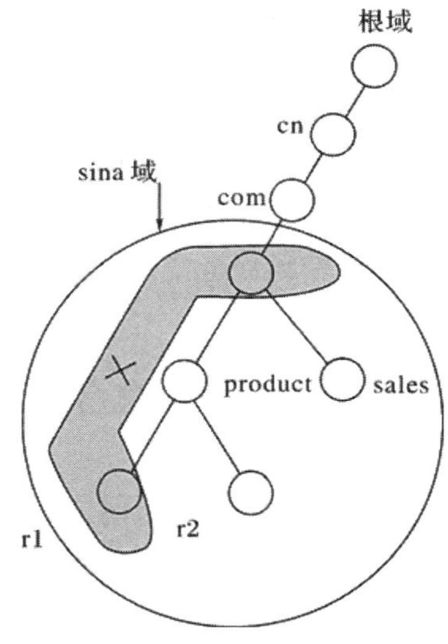

图 12-8　错误划分(2)

12.2.6　DNS 服务器类型

每个区域都会有一部 DNS 服务器负责管理，但是假设这台服务器死机，则该区域的客户端将无法执行名称解析与名称查询工作。为了避免这种情形，我们可以把一个区域的数据交给多部 DNS 服务器负责，但这又会产生一个问题：以谁的数据为准？所以当我们将一个区域交给多台服务器管理时，就会有主要名称服务器(Primary Name Server)和次要名称服务器(Secondary Name Server)的分别。另外，还有高速缓存服务器(Cache Only Server)，以下将分别说明这三种 DNS 服务器的特性。

1. 主要名称服务器

主要名称服务器存储区域内各台计算机数据的正本，而且以后这个区域内的数据有所更改时，也是直接写到这台服务器的数据库，这个数据库通称为区域文件(Zone File)。一个区域必定要有一部，而且只能有一部主要名称服务器。

2. 次要名称服务器

次要名称服务器会定期向另一部名称服务器拷贝区域文件，这个拷贝操作称为区域传送(Zone Transfer)，区域传送成功后会将区域文件设为“只读”(Read Only)属性。换言之，要修改区域文件时，不能直接在次要名称服务器修改。

一个区域可以没有次要名称服务器，或拥有多部次要名称服务器。通常是为了容错(Fault Tolerance)考虑，才会设立次要名称服务器。然而，在客户端也必须设置多部 DNS 服务器，才可以在主要名称服务器无法服务时，自动转接次要名称服务器。

3. 高速缓存服务器

高速缓存服务器(Cache Only Server)是很特殊的 DNS 服务器类型，它本身并没有管理任何区域，但是 DNS 客户端仍然可以向它请求查询。高速缓存服务器会向指定的 DNS 服务器查询，并将查到的数据存放在自己的高速缓存内，同时也回复给 DNS 客户端。当下次 DNS 客户端再查询相同的 FQDN 时，就可以从高速缓存查出答案，不必再请指定的 DNS

服务器查询，节省了查询时间。

高速缓存服务器虽然并不管理任何区域，但在操作上却非常好用，特别是要考虑带宽的负担时，就会发现它的用处。

此外，要注意一旦重新启动高速缓存服务器时，会完全清除高速缓存中的数据。而它本身又没有区域文件，所以每次的查询都得求助于指定的 DNS 服务器，因此初期的查询效率会较差。必须等到高速缓存中累积大量的数据后，查询效率才会提升。

12.3 DNS 查询流程

当我们使用浏览器阅读网页时，在地址栏输入网站的 FQDN 后，操作系统会调用解析程序(Resolver，即客户端负责 DNS 查询的 TCP / IP 软件)，开始解析此 FQDN 所对应的 IP 地址，其运作过程如图 12-9 所示。

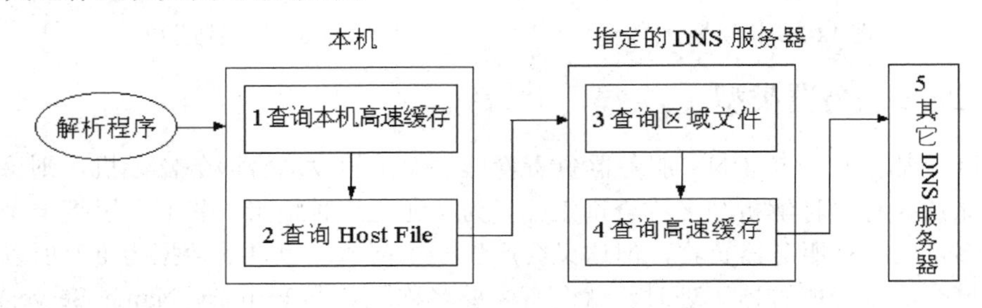

图 12-9 解析程序的查询流程

(1) 首先解析程序会去检查本机的高速缓存记录，如果我们从高速缓存内即可得知 FQDN 所对应的 IP 地址，就将此 IP 地址传给应用程序(在本例为浏览器)，如果在高速缓存中找不到的话，则会进行下一步。

并非所有的操作系统都有本机高速缓存的功能。以 Windows 为例，Windows 2000 有本机高速缓存的设计，但 Windows 98 则没有。

(2) 若在本机高速缓存中找不到答案，接着解析程序会去检查 Hosts File，看是否能找到相对应的数据。

(3) 若还是无法找到对应的 IP 地址，则向本机指定的 DNS 服务器请求查询。DNS 服务器在收到请求后，会先去检查此 FQDN 是否为管辖区域内的域名。当然会检查区域文件(Zone File)，看是否有相符的数据，反之则进行下一步骤。

(4) 区域文件中若找不到对应的 IP 地址，则 DNS 服务器会去检查本身所存放的高速缓存，看是否能找到相符合的数据。

(5) 如果很不幸的还是无法找到相对应的数据，那就必须借助外部的 DNS 服务器了！这时候就会开始进行服务器对服务器之间的查询操作。

由上述的五个步骤，我们应该能很清楚地了解 DNS 的运作过程，而事实上，这五个步骤可以分为两种查询模式，即客户端对服务器的查询第(3)、(4)步及服务器和服务器之间的查询第(5)步。

12.3.1　递归查询

DNS 客户端要求 DNS 服务器解析 DNS 名称时，采用的多是递归查询(Recursive Query)。当客户端向 DNS 服务器提出递归查询时，DNS 服务器会按照下列步骤来解析名称：

(1) 若 DNS 服务器本身具有的信息足以解析该项查询，则直接响应客户端其查询的名称所对应的 IP 地址。

(2) 若 DNS 服务器本身无法解析该项查询时，会尝试向其它 DNS 服务器查询。

(3) 若其它 DNS 服务器无法解析该项查询时，则告知客户端找不到数据。

上述过程可得知，当 DNS 服务器收到递归查询时，必然会响应客户端其查询的名称所对应的 IP 地址，或者是通知客户端找不到数据，而绝不会是告知客户端去查询另一部 DNS 服务器。

12.3.2　反复查询

反复查询(Iterative Query)一般多用在服务器对服务器之间的查询操作。这个查询方式就像对话一样，整个操作会在服务器间一来一往，反复的查询而完成。举例来说：

假设客户端向指定的 DNS 服务器要求解析“www.sina.com.cn”地址，很不幸，服务器中并未有此记录，于是便会向根域的 DNS 服务器询问：请问你知道“WWW.sina.com.cn”的 IP 地址吗?

根域 DNS 服务器：“喔！这台主机在“.cn”域下，请你向管辖服务器查询”。同时告知管辖“.cn”域的 DNS 服务器 IP 地址。

当指定的服务器收到此信息后，会再向管辖“.cn”网域的 DNS 服务器查询“www.sina.com.cn”所对应的 IP 地址，同样的，管辖“.cn”网域的服务器也只会回复管辖“.com.cn”网域的服务器 IP 地址，而指定的服务器便再通过此 IP 地址继续询问，一直问到管辖“.sina.com.cn”的 DNS 服务器回复“www.Sina.com.cn”的 IP 地址或是告知无此条数据为止，如图 12-10 所示。

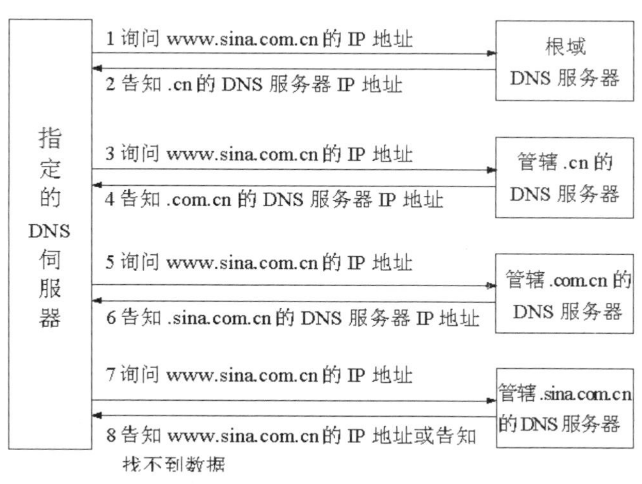

图 12-10　反复查询的流程

12.3.3　完整的查询流程

最后我们可以将上述递归查询和反复查询合而为一，成为完整的 DNS 解析过程，如图 12-11 所示。

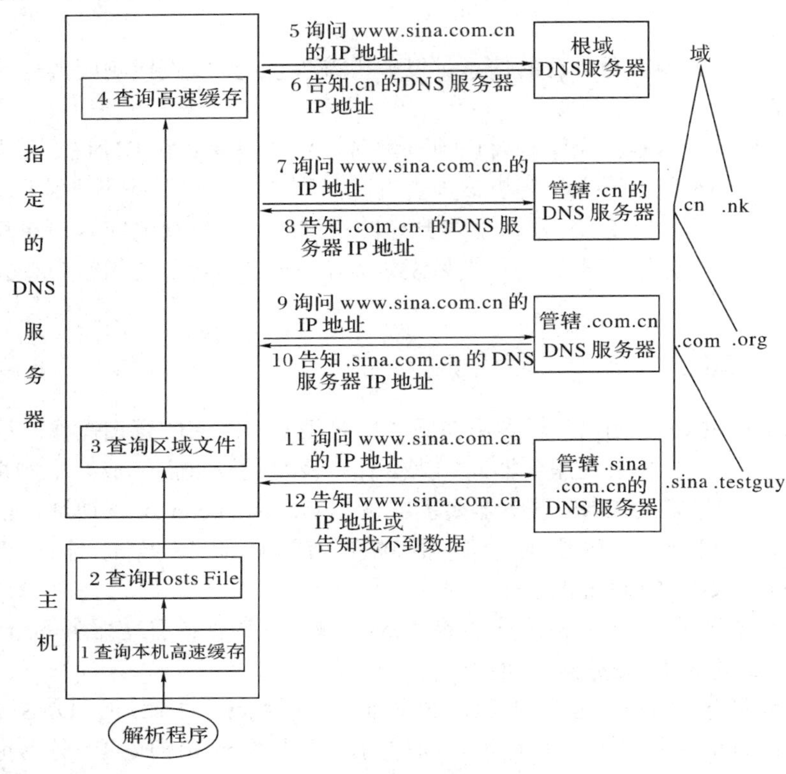

图 12-11　完整的 DNS 查询流程

12.4　DNS 资源记录

当我们建立好区域之后，就必须在区域文件内添加数据，而这些数据就是所谓的资源记录(Resource Record)。资源记录的种类虽然多达数十种，但是常用、常见的大概不出本节所要讨论的七种。

(1) SOA(Start of Authority，起始授权)。SOA 用来记录此区域的授权信息，包含主要名称服务器与管理此区域的负责人的电子邮件账号、修改的版次、每笔记录在高速缓存中存放的时间等。

(2) NS(Name Server，名称服务器)。用来记录管辖此区域的名称服务器，它包含了主要名称服务器和次要名称服务器。

(3) A(Address，地址)。此记录表示 FQDN 所对应的 IP 地址，也就是当我们在做正向名称解析时会对照的数据。

(4) CNAME(Canonical Name，别名)。记录某台主机的别名。我们可以为一台主机设置多个别名，例如当 Web 服务器和 FTP 服务器都为同一部主机时，就可以使用 CNAME 让用户以不同的 FQDN 连接之。

(5) MX(Mail Exchanger，邮件交换机)。用来设置此网域所使用的邮件服务器。每一个域并不限定只能有一部邮件服务器，不过当我们指定多部邮件服务器时，就必须为它们设置一个代表优先顺序的数字，数字越小者，优先顺序越高，也就是说 0 为最高优先顺序。

(6) PTR(Pointer，反向查询指针)。当我们在做反向查询(由 IP 地址查出 FQDN)时，便会利用此种记录类型。

(7) HINFO(Host Information，主机信息)。用来存储某一主机的软硬件数据，例如 CPU 的类型、操作系统的类型等。当有人查询时，DNS 会将我们定义的数据响应给查询者。

实训 1　在 PT 上完成 DNS 设置实验

在 PT 上完成如图 12-12 所示的网络环境中实现 DNS 的实验。

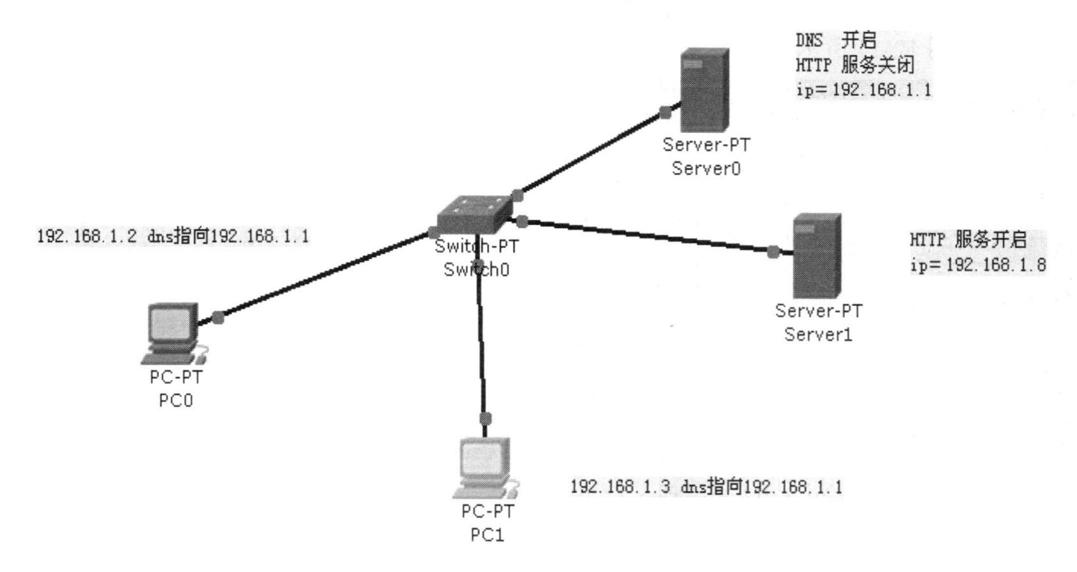

图 12-12　在 PT 上完成的 DNS 实验连接图

注意：在图 12-12 中应该把 PC 的网关指向 HTTP 服务器或者不存在的 IP，如果不指定网关，即使 PC 上不指定 DNS 服务器的 IP，在 PC 上也能够用名称地址访问 HTTP 服务器的主页，因为不指定网关的话，PC 会把解析请求向局域网的所有电脑转发，DNS 服务器也能够接收到请求，就会向 PC 返回名称地址对应的 IP 地址。

实训 2　在真实的网络环境中实现 DNS

此处用 Windows 2000/2003 Server 来实现。首先要给 DNS 服务器指定静态的 IP 地址。然后通过控制面板安装 DNS 组件，如图 12-13 所示。

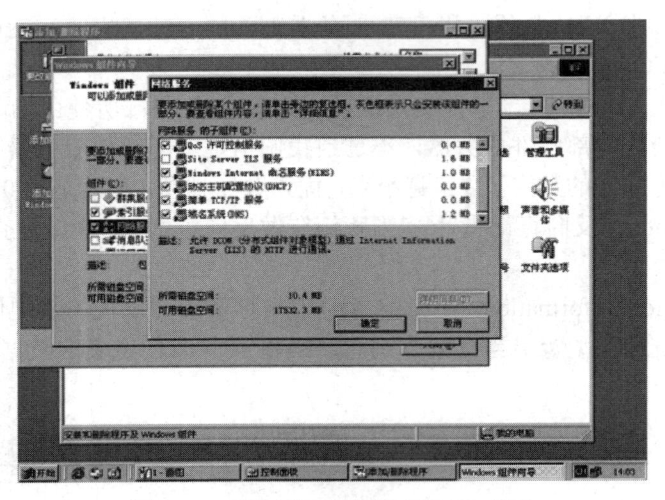

图 12-13　通过控制面板安装 DNS 组件

依次按如下步骤操作，实现 DNS。

(1) 如图 12-14 所示，启动 DNS 服务管理界面。进入 DNS 控制台界面，如图 12-15 所示。

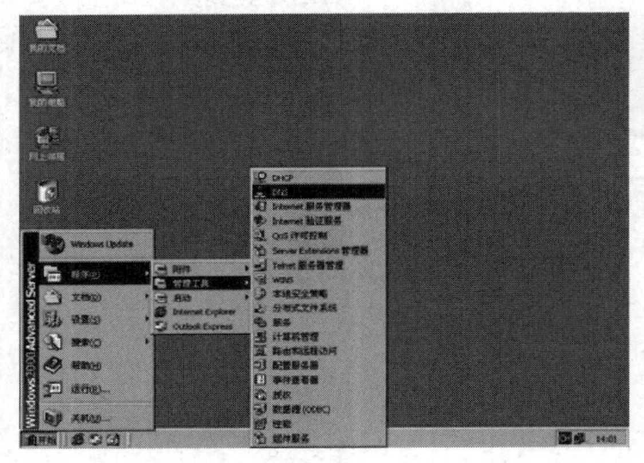

图 12-14　启动 DNS 服务管理界面

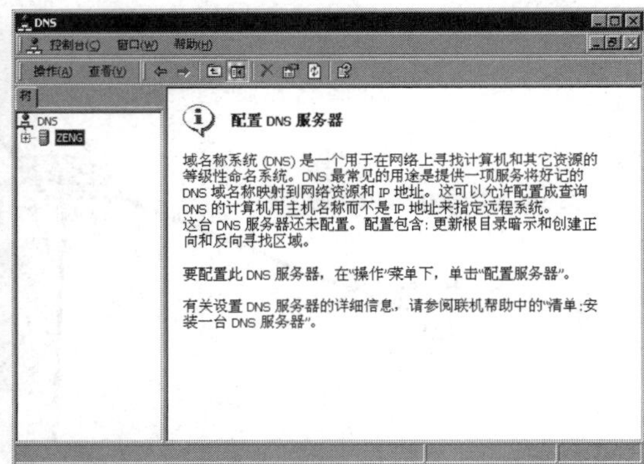

图 12-15　DNS 控制台界面

(2) 按照提示在“操作”菜单下单击“配置服务器”就进入 DNS 服务器配置向导，如图 12-16 所示。

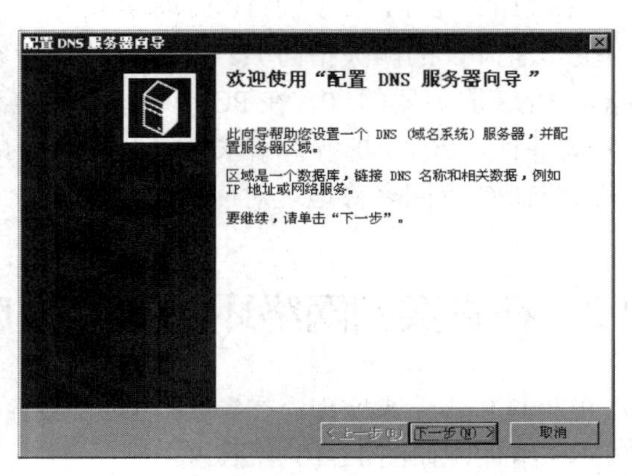

图 12-16　配置 DNS 服务器向导

(3) 按照图 12-17 到图 12-30 所给出的提示，即可完成在真实的网络环境中实现 DNS。

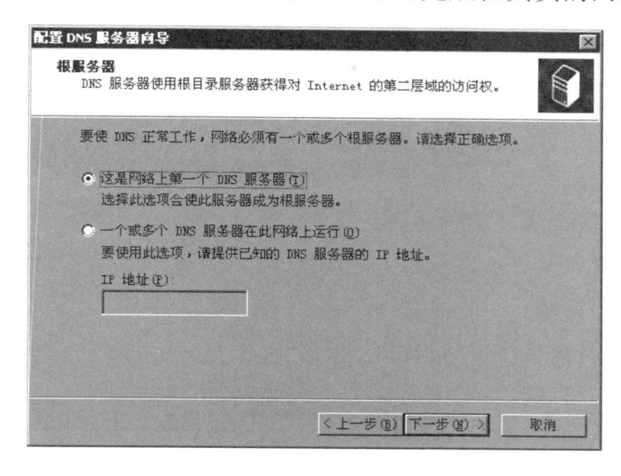

图 12-17　根服务器设置界面

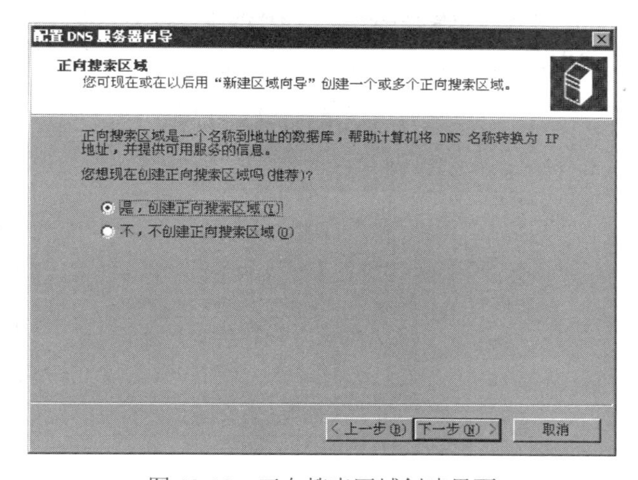

图 12-18　正向搜索区域创建界面

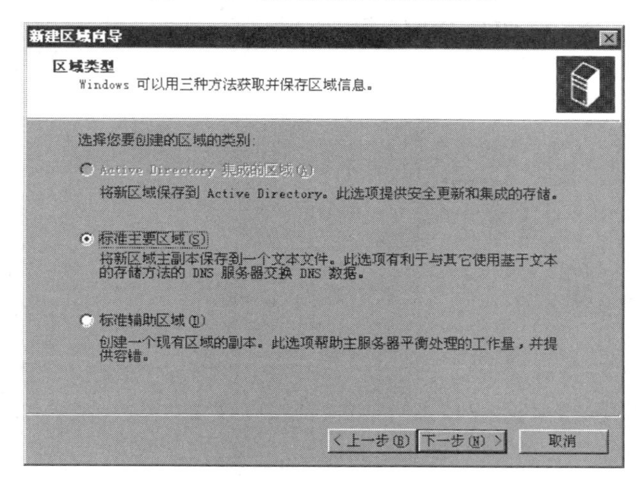

图 12-19　区域类型选择界面

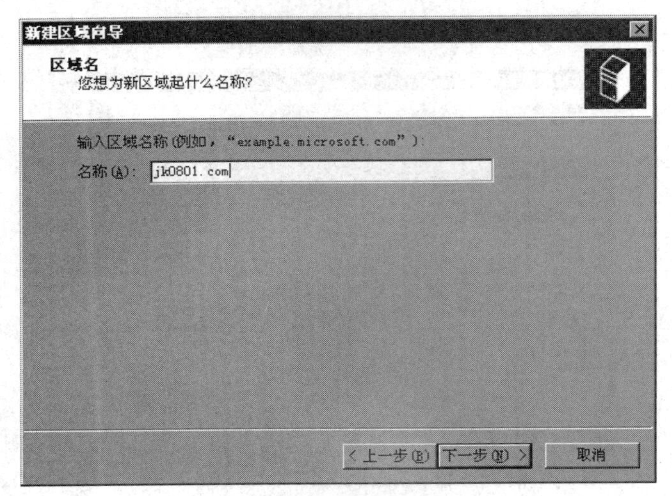

图 12-20　区域名设置界面

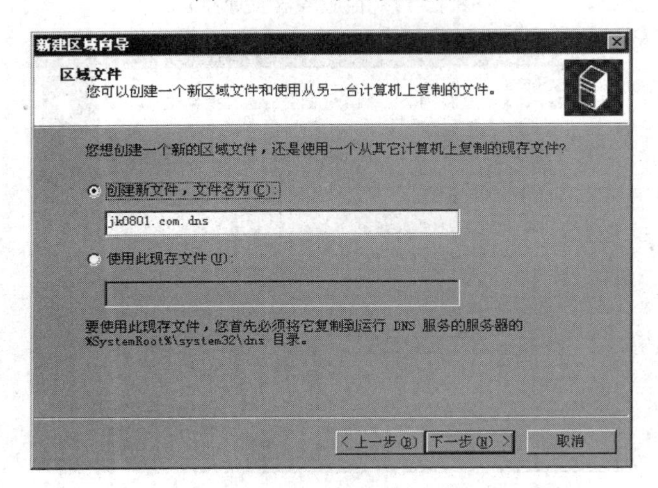

图 12-21　区域文件创建界面

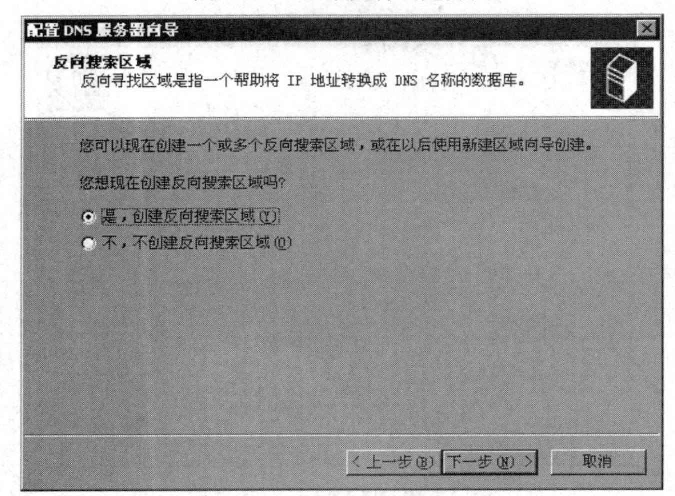

图 12-22　反向搜索区域创建界面

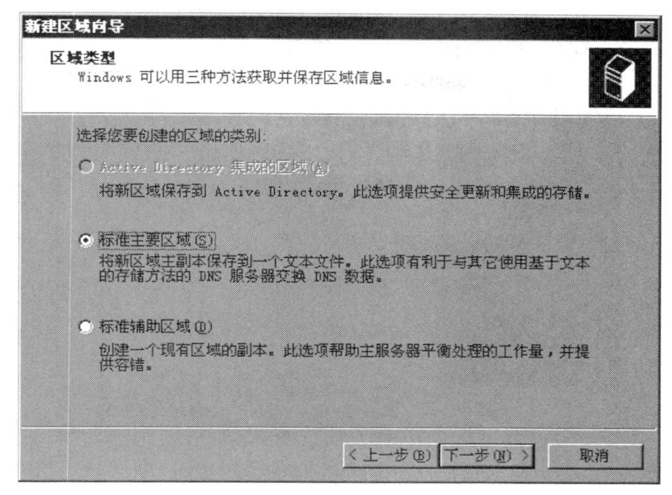

图 12-23 区域类型选择界面

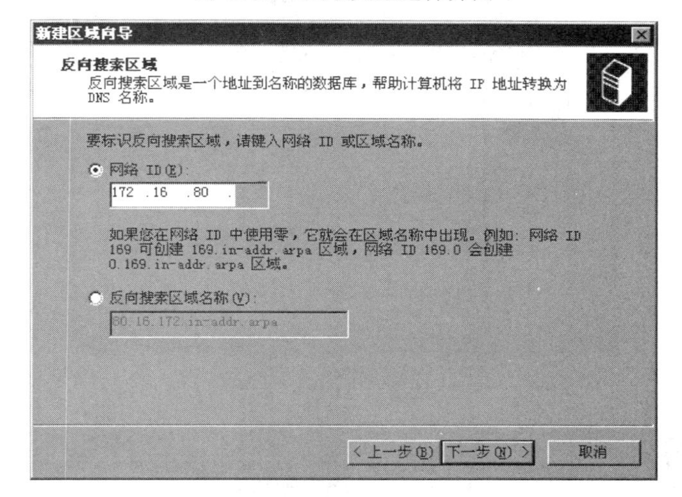

图 12-24 反向搜索区域设置界面

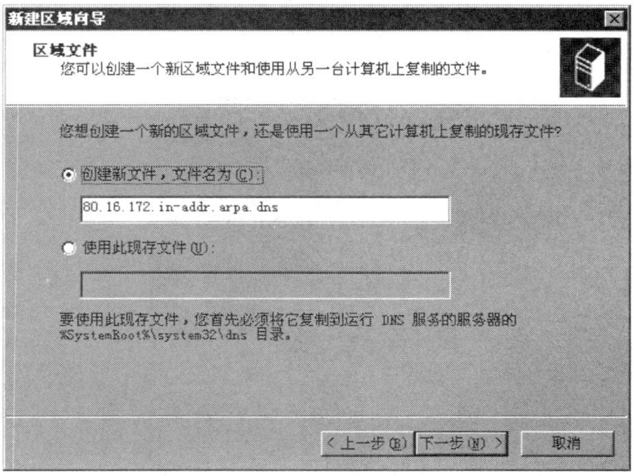

图 12-25 区域文件创建界面

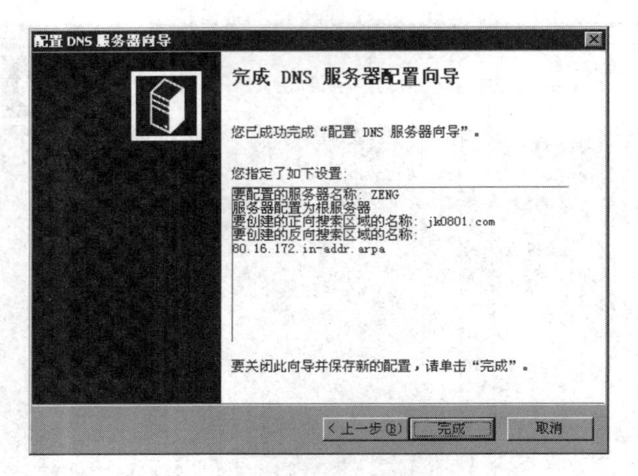

图 12-26　完成 DNS 服务器配置向导

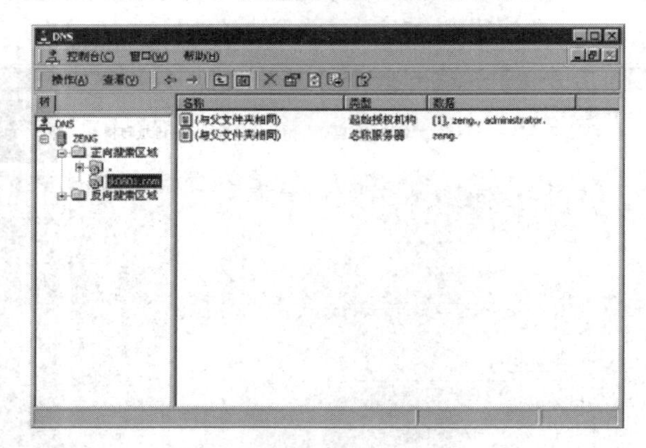

图 12-27　DNS 控制台

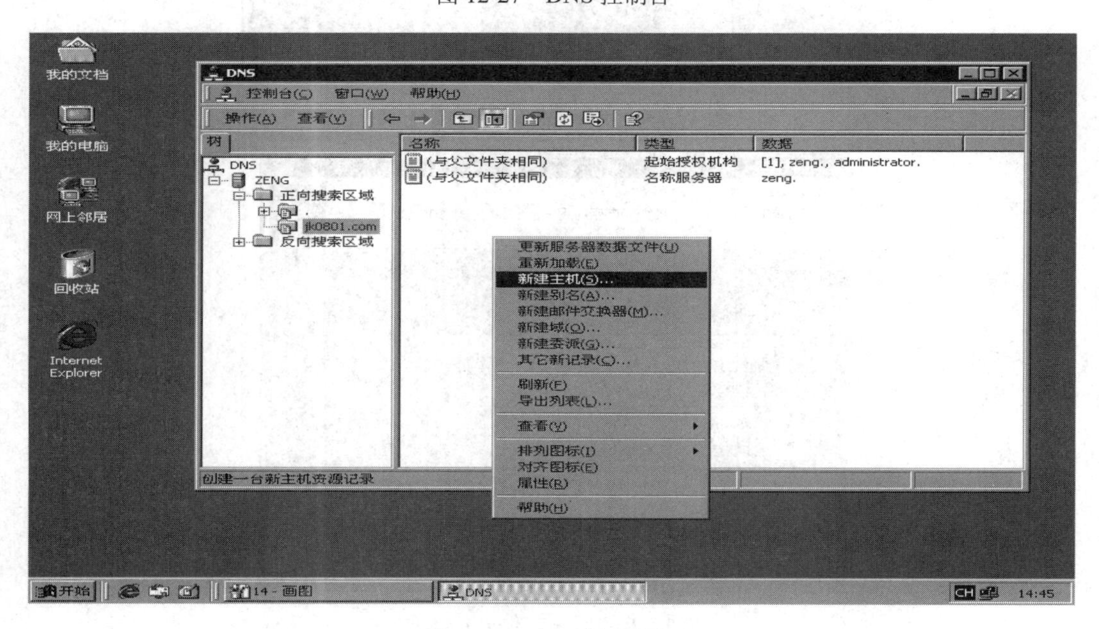

图 12-28　打开新建主机

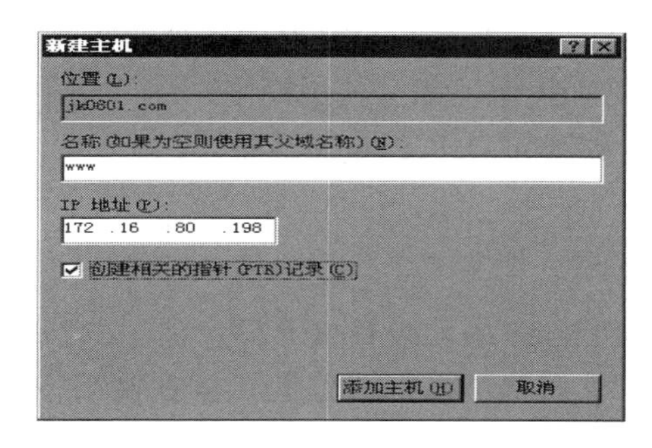

图 12-29　新建主机界面

图 12-30　创建成功提示界面

在指定了 DNS 服务器 IP 的客户机上用 ping www.jk0801.com 可以成功 ping 通。

12.5　DHCP

在 TCP/IP 的网络中，每一台计算机都必须有一个 IP 地址，而且这个 IP 地址必须是唯一的，不可和网络中其它计算机重复。因此，对于网络管理员而言，如何确保每台计算机 IP 地址的唯一性，实在是让人伤透脑筋。另外，如果要更改 TCP/IP 的相关设置时，也必须到每台计算机去修改。如果这个网络只有一、二十台计算机，这尚可接受，但若是上百台计算机的网络，要如何维护每台计算机的 TCP/IP 设置，绝对是个令人头疼的问题。

DHCP(Dynamic Host Configuration Protocol，动态主机配置协议)的出现，可以有效解决这个问题。DHCP 可以动态地分配 IP 地址给每台网络上的计算机，而且也能指定 TCP/IP 的其它参数，大幅度减少网络管理员的负担。

12.5.1　DHCP 原理

从逻辑上来看，DHCP 结构其实由三部分组成，分别是 DHCP 客户端、DHCP 服务器及领域(Scope)。

- DHCP 客户端：凡要求使用 DHCP 服务的计算机，都为 DHCP 客户端。
- DHCP 服务器：提供 DHCP 服务给 DHCP 客户端的设备就是 DHCP 服务器。
- 领域：每台 DHCP 服务器至少管理一组 IP 地址，这组 IP 地址便称为领域。当 DHCP 客户端要求提供 IP 地址时，便会由领域中取出一个尚未使用的 IP 地址，分配给 DHCP 客户端。

当 DHCP 客户端开机时，会通过广播方式向 DHCP 服务器请求指派 IP 地址，这时服务器就会返回一个尚未被使用的 IP 地址，同时也可以将相关参数一起传送给客户端，如图 12-31 所示。

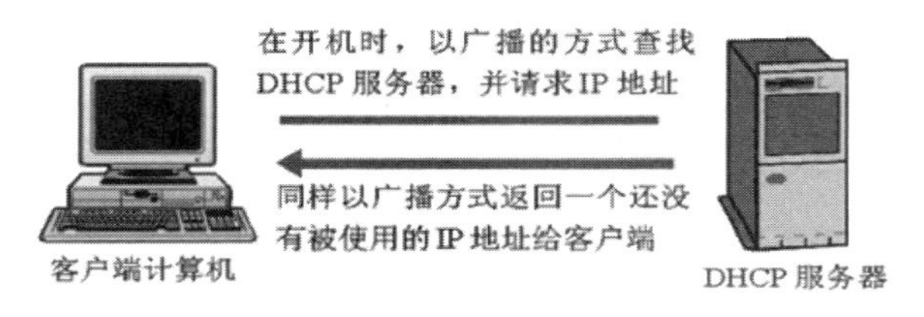

图 12-31　DHCP 客户端向服务器请求的过程

当 DHCP 客户端获得一个 IP 地址时，并不能永久使用(除非 DHCP 服务器有特别配置)之。在正常的情况下，每个分配给 DHCP 客户端的 IP 地址都有使用期限，这个期限就是 IP 地址的租约期限(Lease Time)。租约期限长短按各家的 DHCP 服务器而异。

12.5.2 DHCP 的优点

DHCP 的用途如同本章一开始所言，可以自动分配 IP 地址给 DHCP 客户端，其实 DHCP 真正的优点在于方便管理，基于以下几点原因，我们就可以很清楚地了解在网络中部署 DHCP 服务器，绝对可以让我们在管理上有事半功倍的效果：

(1) 不易出错。因为 DHCP 服务器每出租一个 IP 地址时，都会在数据库中建立一条相对应的租用数据，因此几乎不可能发生 IP 重复租用的状况。而且这个出租、登记操作，不需要人力介入，更可以避免人为的错误(例如：输入错误)。

(2) 易于维护。DHCP 不但可以自动分配 IP 地址，而且还可以指定各项 TCP/IP 参数(例如：DNS 服务器、WINS 服务器的 IP 地址)，因此，当我们要更改相关的参数时，只要从 DHCP 服务器上修改，就可以让所有 DHCP 客户端都自动更新，大幅度节省维护成本。

(3) 客户端不需要繁琐的设置。只要 DHCP 服务器设置妥当，客户端只需设置为使用 DHCP 分配 IP 地址，即可完成 TCP/IP 的设置，快速又方便。

(4) IP 地址可重复使用。每当 DHCP 客户端开机时，DHCP 服务器便会分配一个 IP 地址给予使用，当客户端租约到期或取消租约后，服务器又可以将此 IP 地址分配给其它的 DHCP 客户端使用。

12.5.3 DHCP 运作流程

从 DHCP 客户端向 DHCP 服务器要求租用 IP 开始，直到完成客户端的 TCP/IP 设置，简单来说由四个阶段组成，如图 12-32 所示。

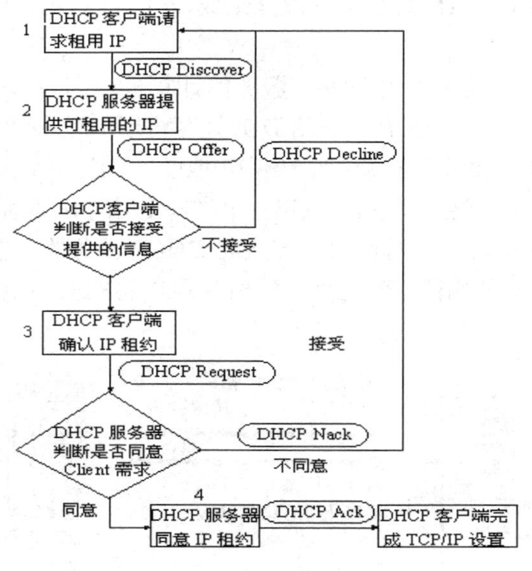

图 12-32 DHCP 运作流程

以下将逐一说明运作流程中的几个步骤。

1) 请求租用 IP 地址

当我们刚为计算机安装好 TCP/IP 协议，并设置成 DHCP 客户端后，第一次启动计算机时即会进入此阶段。首先由 DHCP 客户端广播一个 DHCP Discover(查找)信息包，请求任一部 DHCP 服务器提供 IP 租约。

2) 提供可租用的 IP 地址

因为 DHCP Discover 是以广播方式送出，所以网络上所有的 DHCP 服务器都会收到此信息包，而每一台 DHCP 服务器收到此信息包时，都会从本身的领域中，找出一个可用的 IP 地址，设置租约期限后记录在 DHCP Offer(提供)信息包，再送给客户端。

3) 请求 IP 租约

因为每一台 DHCP 服务器都会送出 DHCP Offer 信息包，因此 DHCP 客户端会收到多个 DHCP Offer 信息包，按照默认值，客户端会接受最先收到的 DHCP Offer 信息包，其它陆续收到的 DHCP Offer 信息包则不予理会。

客户端接着以广播方式送出 DHCP Request(请求)信息包，除了向选定的服务器申请租用 IP 地址，也让其它曾送出 DHCP Offer 信息包、但未被选定的服务器知道："你们所提供的 IP 地址落选了。不必为我保留，可以租用给其它的客户端了。"

不过，如果 DHCP 客户端不接受 DHCP 服务器所提供的参数，就会广播一个 DHCP Decline(拒绝)信息包，告知服务器："我不接受你建议的 IP 地址(或租用期限等)。"然后回到第一阶段，再度广播 DHCP Discover 信息包，重新执行整个取得租约的流程。

客户端为何会不同意呢？最常见的原因是 IP 地址重复。因为客户端收到服务器建议的 IP 地址时，通常会以 ARP 协议检查该地址是否已被使用，倘若有其它粗心的用户，手动设置 IP 地址时也占用了相同的地址，客户端当然就要拒绝租用此 IP 地址。

4) 同意 IP 租约

当被选中的 DHCP 服务器收到 DHCP Request 信息包时，假如同意客户端的租用要求，便会广播 DHCP Ack(确认)信息包给 DHCP 客户端，告知可以将设置值写入 TCP/IP 中，并开始计算租用的时间。

当然，可能也会有不同意的状况出现，倘若 DHCP 服务器不能给予 DHCP 客户端所请求的信息(例如：请求租用的 IP 已被占用，或者不能给予客户端所要求的租约期限等)，则会发出 DHCP Nack(拒绝)信息包。当客户端收到 DHCP Nack 信息包时，便直接回到第一阶段，重新执行整个流程。

5) 租约的更新

取得 IP 租约后，DHCP 客户端必须定期更新(Renew)租约，否则当租约到期，就不能再使用此 IP 地址。按照 RFC 的默认值，每当租用时间超过租约期限的 1/2(50%)及 7/8(87.5%)时，客户端就必须发出 DHCP Request 信息包，向 DHCP 服务器请求更新租约。

特别注意一点，更新租约时是以单点传送(Unicast)方式发出 DHCP Request 信息包，也就是会指定哪一台 DHCP 服务器应该要处理此信息包，和前面确认 IP 租约阶段中，使用广播发送 DHCP Request 信息包是不同的。

以 Windows 2000 DHCP Server 为例，默认的租约期限为 8 天，当租用时间超过 4 天时，DHCP Client 会向 DHCP Server 请求续约，将租约期限再延长为原本的期限(也就是 8 天)。若不幸在重试 3 次之后，依然无法取得 DHCP Server 的响应(也就是无法和 DHCP Server 取得联系)，则 DHCP Client 将会继续使用此租约，并且直到租用时间超过 7 天时，会再度向 DHCP Server 请求续约，若仍然无法取得续约的信息(一样会重试 3 次)，则 DHCP Client 改以广播方式送出 DHCP Request 信息包，要求 DHCP 的服务。

当然，我们也可以在租约期限内，手动更新租约。在 Windows NT/2000 中，手动更新租约的方式是在命令提示符方式下，执行 ipconfig/renew 命令即可进行更新。

6) 撤销租约

在 Windows NT/2000 中，命令提示符方式下，执行 ipconfig/release 命令，即可撤销租约。

如果我们的 Windows 2000 安装有多张网卡，当我们直接执行 ipconfig/release 命令时，默认是会撤销所有网卡的 IP 租约。若只想撤销特定网卡的 IP 租约，则请执行 ipconfig、release 连接名称命令。连接名称指的是我们在“网络和拨号连接”窗口中看到的连接名称。

12.5.4　DHCP 配置过程

下面以 Windows 2000/2003 Server 为例介绍 DHCP 的配置过程。其配置过程如图 12-33 至图 12-47 所示。

注意：要安装 DHCP，要求 W2KS 安装在 NTFS 分区上，且安装了活动目录 active directory。然后要通过控制面板安装 DHCP 组件。

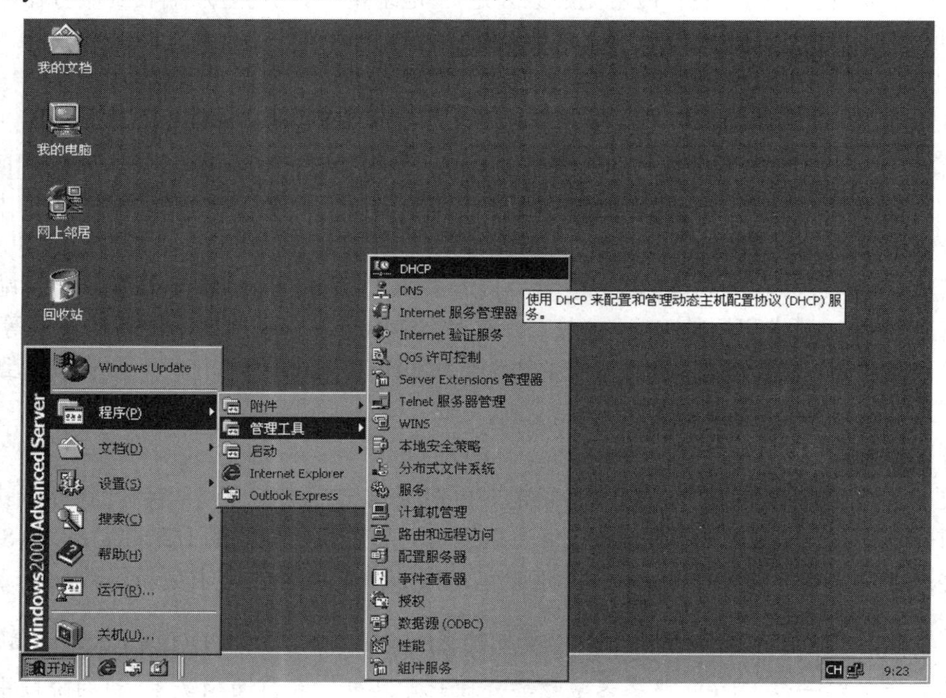

图 12-33　打开 DHCP 控制台

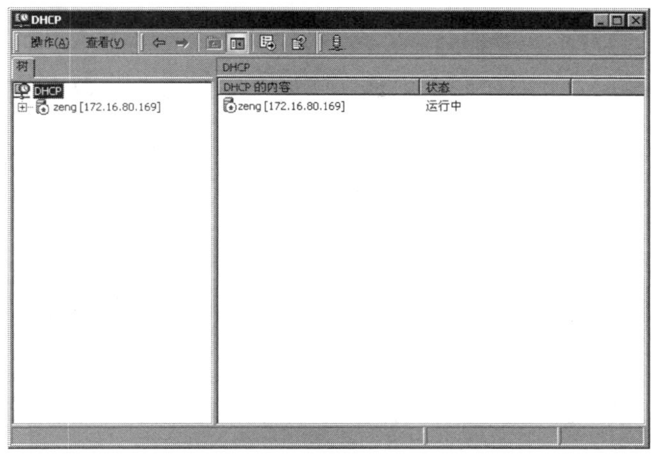

图 12-34　DHCP 控制台

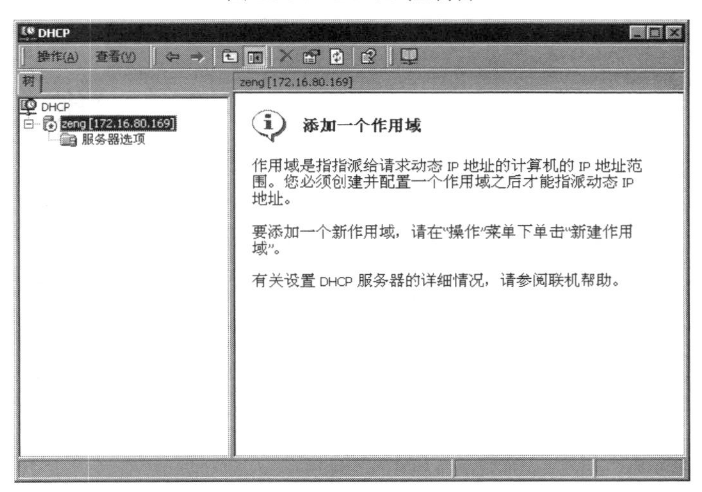

图 12-35　DHCP 控制台(2)

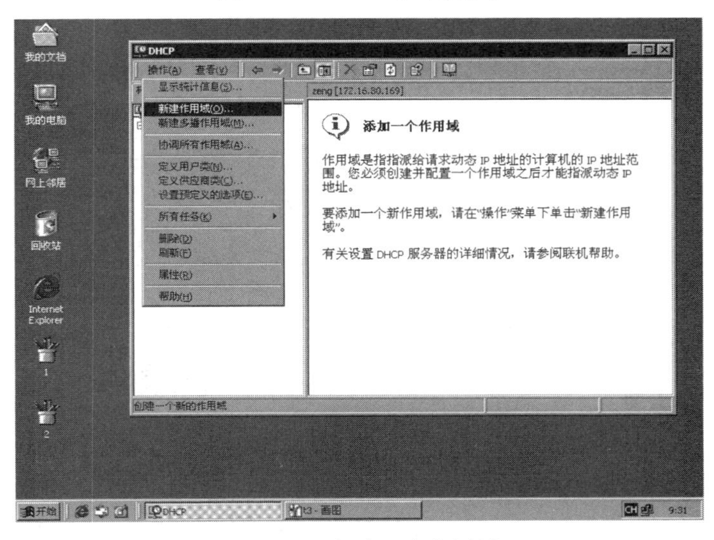

图 12-36　新建一个作用域

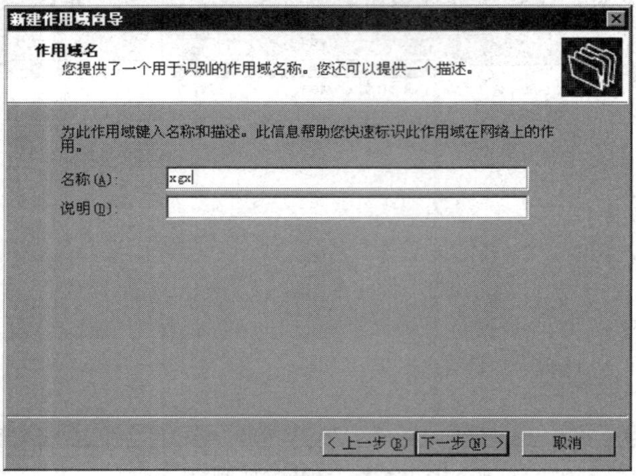

新建作用域向导

作用域名
您提供了一个用于识别的作用域名称。您还可以提供一个描述。

为此作用域键入名称和描述。此信息帮助您快速标识此作用域在网络上的作用。

名称(A): xgx
说明(D):

< 上一步(B)　下一步(N) >　取消

图 12-37　作用域名设置界面

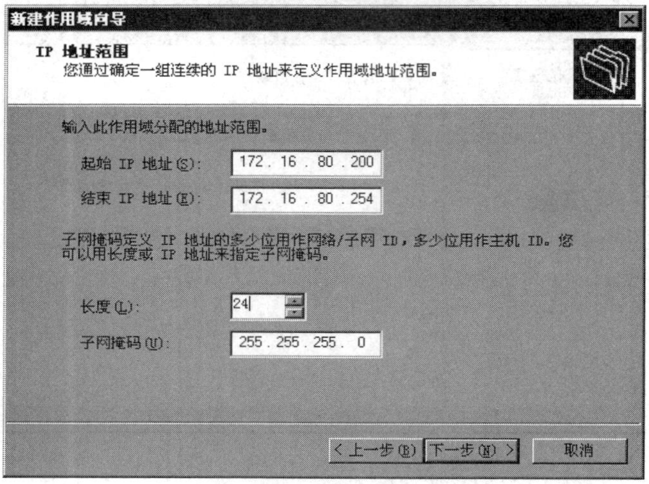

新建作用域向导

IP 地址范围
您通过确定一组连续的 IP 地址来定义作用域地址范围。

输入此作用域分配的地址范围。

起始 IP 地址(S): 172 . 16 . 80 . 200
结束 IP 地址(E): 172 . 16 . 80 . 254

子网掩码定义 IP 地址的多少位用作网络/子网 ID，多少位用作主机 ID。您可以用长度或 IP 地址来指定子网掩码。

长度(L): 24
子网掩码(U): 255 . 255 . 255 . 0

< 上一步(B)　下一步(N) >　取消

图 12-38　IP 地址范围设置界面

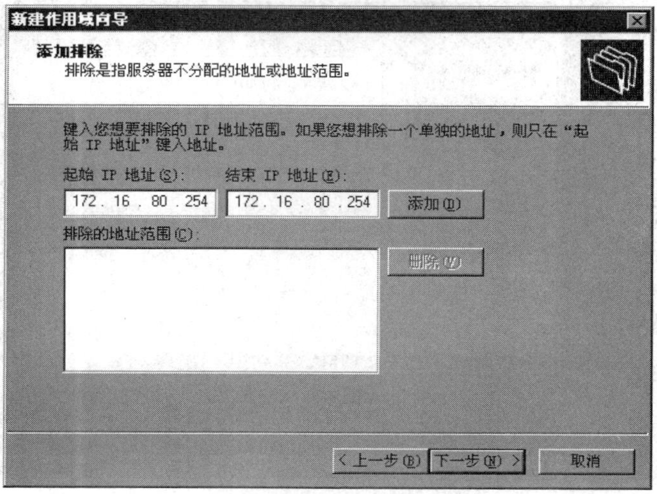

新建作用域向导

添加排除
排除是指服务器不分配的地址或地址范围。

键入您想要排除的 IP 地址范围。如果您想排除一个单独的地址，则只在“起始 IP 地址”键入地址。

起始 IP 地址(S): 172 . 16 . 80 . 254　结束 IP 地址(E): 172 . 16 . 80 . 254　添加(D)

排除的地址范围(C):　删除(V)

< 上一步(B)　下一步(N) >　取消

图 12-39　添加排除设置界面

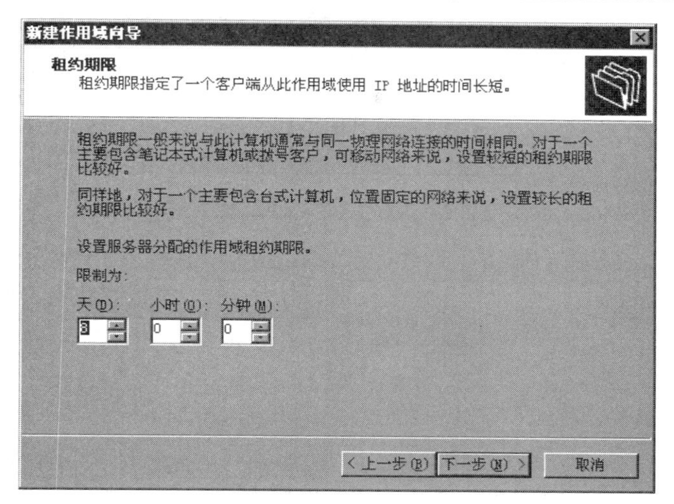

图 12-40　租约期限设置界面

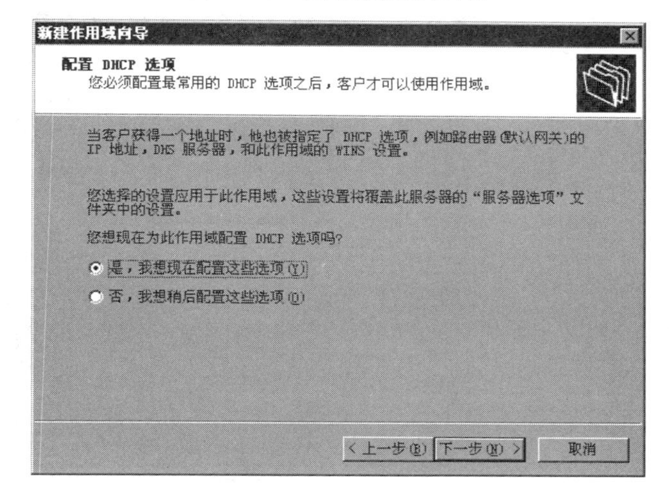

图 12-41　配置 DHCP 选项界面

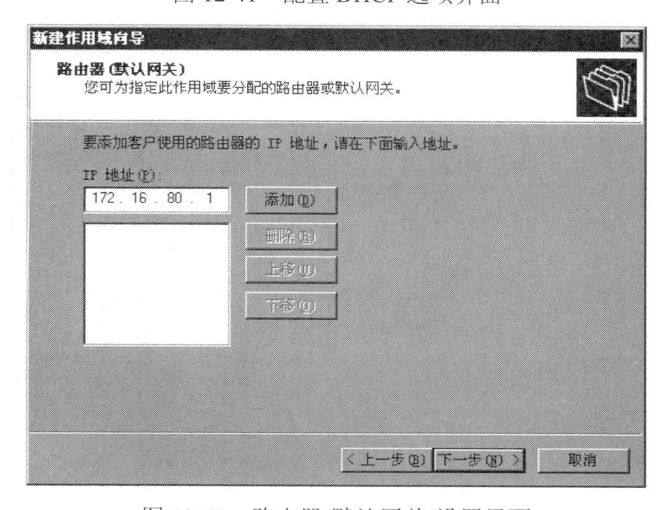

图 12-42　路由器(默认网关)设置界面

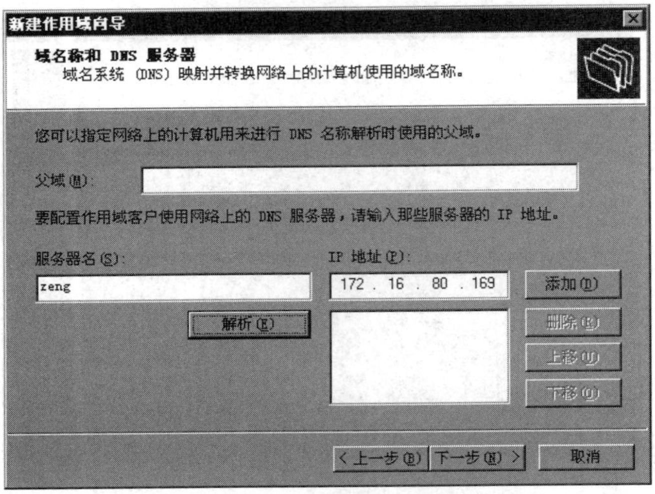

新建作用域向导
域名称和 DNS 服务器
域名系统 (DNS) 映射并转换网络上的计算机使用的域名称。
您可以指定网络上的计算机用来进行 DNS 名称解析时使用的父域。
父域(M):
要配置作用域客户使用网络上的 DNS 服务器，请输入那些服务器的 IP 地址。
服务器名(S):
IP 地址(P):
zeng
172 . 16 . 80 . 169
添加(D)
解析(E)
删除(R)
上移(U)
下移(O)
< 上一步(B)
下一步(N) >
取消

图 12-43　域名称和 DNS 服务器设置界面

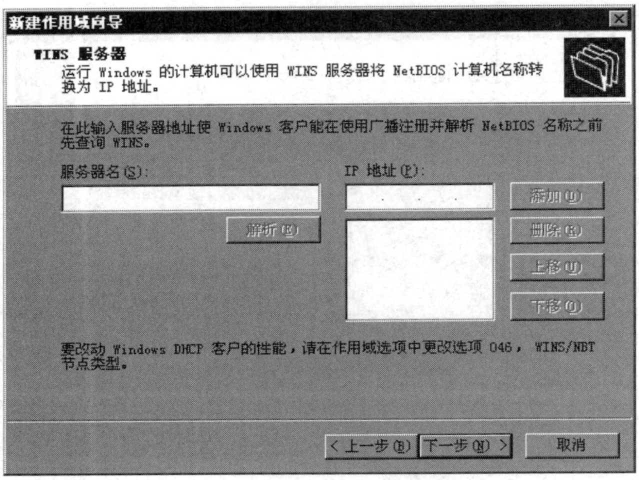

新建作用域向导
WINS 服务器
运行 Windows 的计算机可以使用 WINS 服务器将 NetBIOS 计算机名称转换为 IP 地址。
在此输入服务器地址使 Windows 客户能在使用广播注册并解析 NetBIOS 名称之前先查询 WINS。
服务器名(S):
IP 地址(P):
添加(D)
解析(E)
删除(R)
上移(U)
下移(O)
要改动 Windows DHCP 客户的性能，请在作用域选项中更改选项 046， WINS/NBT 节点类型。
< 上一步(B)
下一步(N) >
取消

图 12-44　WINS 服务器设置界面

新建作用域向导
激活作用域
作用域启动后客户端才可获得地址租约。
您想现在激活此作用域吗?
是，我想现在激活此作用域(Y)
否，我将稍后激活此作用域(O)
< 上一步(B)
下一步(N) >
取消

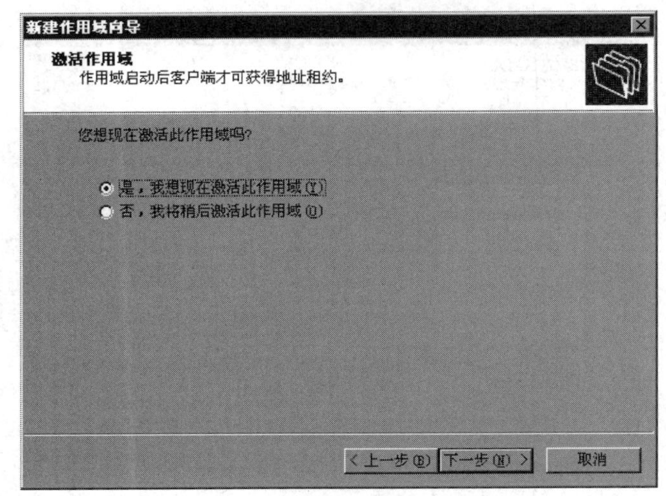

图 12-45　激活作用域界面

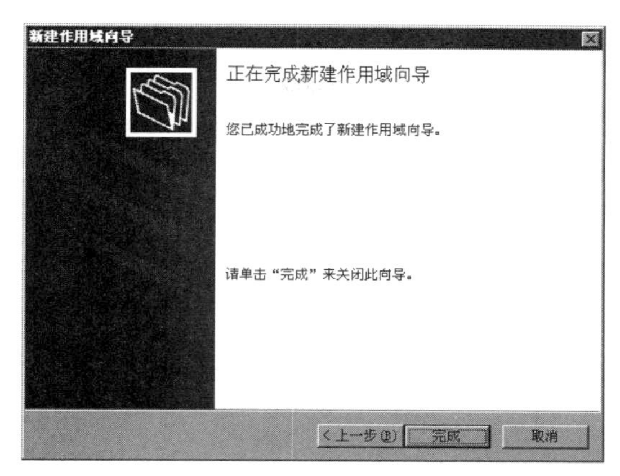

图 12-46　完成新建作用域界面

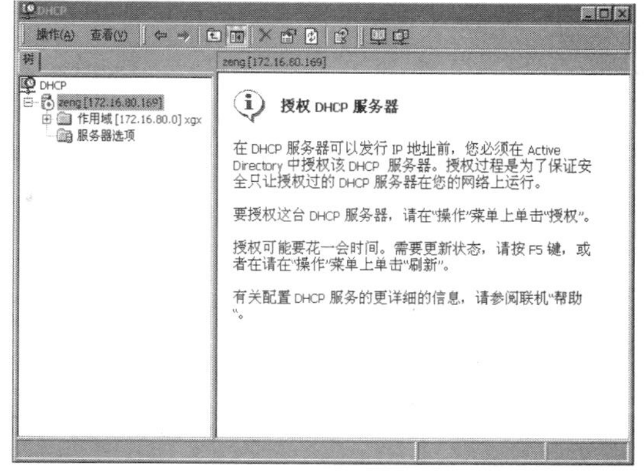

图 12-47　添加新作用域后的 DHCP 控制台

项目 12 考核

1. 分组，在实训室局域网上(或 PacketTracer 上)配置 DNS 服务器和 DHCP 服务器，现场考核。要求能够在所有 PC 上用名称地址访问 Server1 上的网页。考核用拓扑如图 12-48 所示。

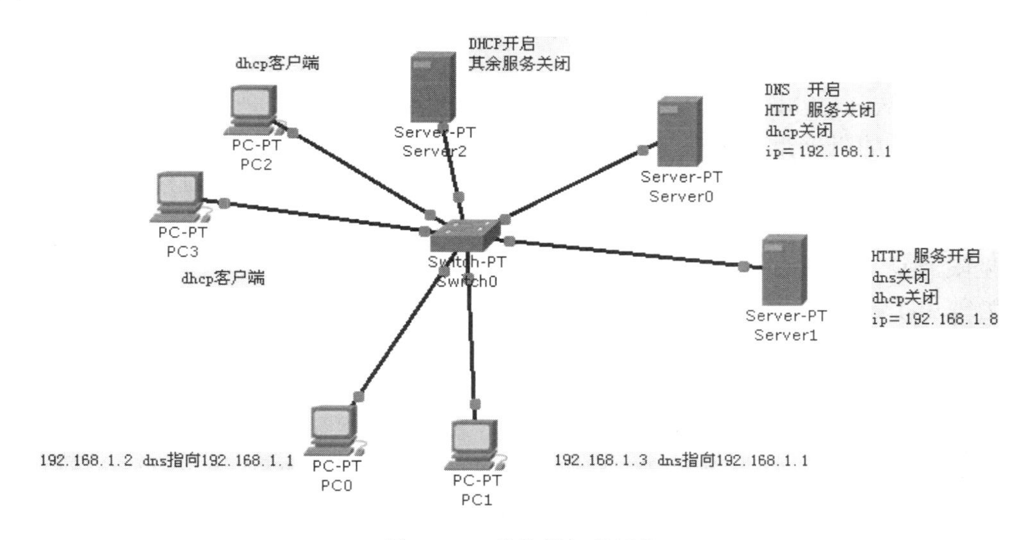

图 12-48　考核用拓扑网络

2. 分组，在真实网络环境中用 Windows Server 2003 或能够提供 DNS 和 DHCP 服务的操作系统实现 DNS 和 DHCP 服务，现场考核。

项目 13　配置 Web 服务器

知识目标

掌握 HTTP 协议相关知识。

技能目标

能够配置一至两种 Web 服务器。

素质目标

提高工程素质。

13.1　万维网概述

万维网(World Wide Web)是一种特殊的结构框架，它的目的是为了访问遍布在因特网上数以万计的机器上的链接文件。从用户的角度来看，万维网是由庞大的、世界范围的文档集合而成，常简称为页面。每一页面可以包含到世界上任何地方的其它相关页面的链接。用户可以根据一个链接(如单击一下鼠标)浏览到所指向的页面，这一过程可被无限重复。可通过这种方法浏览数以百计的相互链接的页面。指向其它页面的页被称为使用了超文本。

页面存放在 Web 服务器上。页面通过一个称作浏览器(Browser)的程序来观察，比如 Windows 操作系统自带的 Internet Explorer 就是一个浏览器。浏览器取来所需的页面，解释它所包含的文本和格式化命令，并以适当的方式在屏幕上显示该页面。

万维网页面是由一个称为超文本标注语言 HTML(hypertext markup language，超文本标记语言)的语言书写的。HTML 语言允许页面包含文本、图像、活动影像、声音和指向其它万维网页面的指针。多媒体信息统一用 HTML 格式进行描述，以 .html 文件的形式存放在各个 Web 服务器上。.html 文件是文本文件，文字信息可以直接写在 .html 文件中，图片、图像、声音等多媒体信息分别以特定格式的文件(如 .jpg，.gif，.avi，.wav)存放在 Web 服务器上，但在 .html 文本文件中有引用这些多媒体文件的标记。

Web 服务器与浏览器是如何工作呢？在 Web 页面处理中大致可分为三个步骤：

第一步，Web 浏览器向一个特定的服务器发出 Web 页面请求；

第二步，Web 服务器接收到 Web 页面请求后，寻找所请求的 Web 页面，并将所请求的 Web 页面传送给 Web 浏览器；

第三步，Web 浏览器接收到所请求的 Web 页面，并将它显示出来，原理如图 13-1 所示。

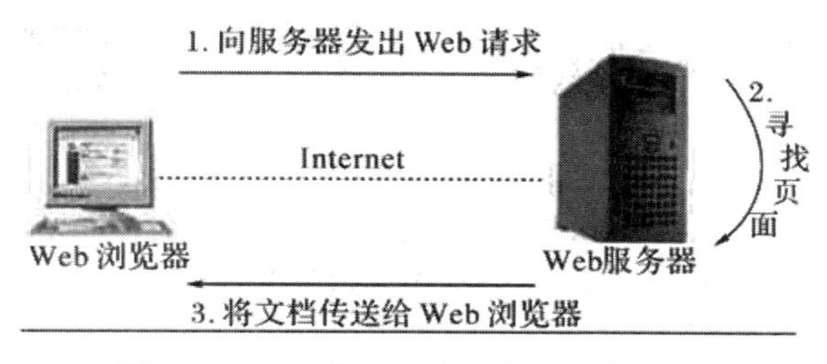

图 13-1 Web 服务器与浏览器工作过程

13.2 Web 服务器 IIS5.0

Web 服务器软件有多种，IIS5.0(Internet Information Server 5.0) 是 Windows 2000 Server 的 Web 服务器软件，它已经成为 Windows 2000 Server 操作系统的一个有机组成部分。IIS 5.0 在安全性、管理、可编程性和 Internet 标准方面具有强大的功能，下面简要的阐述这四个方面的内容，

Web 的管理和配置工作基本上是围绕这四个方面来进行的。

在安全性方面，IIS 5.0 采用了摘要式验证(允许跨代理服务器和防火墙对用户进行安全和严格的身份验证)、安全通信、服务器网关加密(提供 128 位加密)、安全向导、IP 地址以及 Internet 域限制(可以授予或拒绝单台计算机、计算机组或者整个域对 Web 的访问)等技术，使 IIS 5.0 的安全性大为提高。

在管理方面，IIS 5.0 不用重新启动计算机就可以重新启动 Internet 服务；可以进行备份和存储设置，以便更容易地返回已知的安全状态；可以进行进程限制设置，通过限制 CPU 在处理单个 Web 站点的进程外 ASP、ISAPI 以及 CGI 应用程序的时间百分比，确保其它 Web 站点或非 Web 程序有足够的处理时间；改进的自定义错误消息之间，当 Web 站点出现 HTTP 错误时，可以向用户发送错误消息；另外，IIS5.0 还能实现远程管理和终端服务等功能。

在可编程性方面，Active Server Pages 可以使用服务器端的脚本和组件创建动态内容，增强了应用程序保护。ADSI2.0 可以向现有的 ADSI(Active Directory Services Interface)提供者添加自定义对象、属性和方法，从而进一步增大了管理员配置站点的灵活性。

在 Internet 标准方面，IIS 5.0 符合 HTTP1.1 标准，包括 PUT 和 DELETE 等功能以及自定义 HTTP 错误消息的能力，并支持自定义的 HTTP 头。支持多个站点之间，Web 分布式创作与版本管理、新闻和邮件、PICS 分级(分级应用于内容仅适合于成人的站点)、FTP 重新启动和 HTTP 压缩。

13.2.1 安装和测试 IIS5.0

IIS5.0 在默认情况下安装在 Windows 2000 Server 中。如果在安装 Windows 2000 时没有选择安装 IIS，也可以单独添加，安装方法如下：

(1) 单击“开始”→“设置”→“控制面板”→“添加/删除程序”，进入添加/删除程序画面，用鼠标单击“添加/删除 Windows 组件”按钮，出现 Windows 组件向导对话框，如图 13-2 所示。

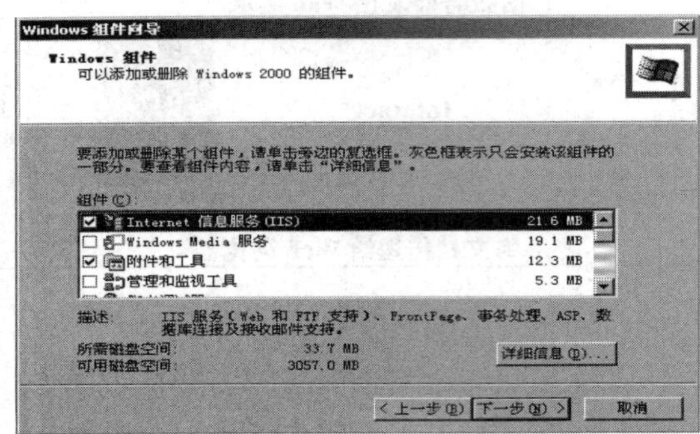

图 13-2　Windows 组件向导对话框

(2) 选中“Internet 信息服务(IIS)”并单击“详细信息”按钮，出现如图 13-3 所示对话框，选择“World Wide Web 服务器”选项，单击“确定”按钮，系统就会自动安装和配置 IIS。

图 13-3　Internet 信息服务(IIS)详细信息

当 IIS 5.0 安装完毕后，可以使用 Internet Explorer 查看主目录中的文件以测试 IIS 5.0 工作是否正常，如果在本机上测试，在浏览器地址栏中输入“http：//localhost”，如果使用网络上的其它计算机进行测试，需要在该机浏览器地址栏中输入“http://Web 站点在 DNS 中注册的域名”或“http://Web 站点 IP 地址”。当出现如图 13-4 所示窗口时，说明 IIS5.0 工作正常。

图 13-4　默认主页

值得注意的是，如果在网络中测试，测试计算机的 Internet Explorer 必须屏蔽使用代理服务器，否则，Internet Explorer 可能不会显示工作画面。

IIS 5.0 安装时在系统中建立了“默认 Web 站点”，其主目录是 C:\Inetpub\wwwroot、默认主页是 Default.html。利用 IIS 发布 Web 站点可通过多种方法来实现，最简单的方法是将要发布的 Web 文档拷贝到主目录 C:\Inetpub\wwwroot 中，主页默认文件名为 default.html。安装好 IIS 后可以拷贝一个.html(或.htm)文件到主目录下，改名为 default.html 后，打开浏览器，地址栏输入 http://127.0.0.1 或者 http://localhost，用户马上就可以看到此页面了。

13.2.2　IIS 的管理

IIS 的管理是通过 Internet 服务管理器来进行的。单击“开始”→“程序”→“管理工具”→“Internet 服务管理器”，可以打开 Internet 信息服务窗口，如图 13-5 所示。

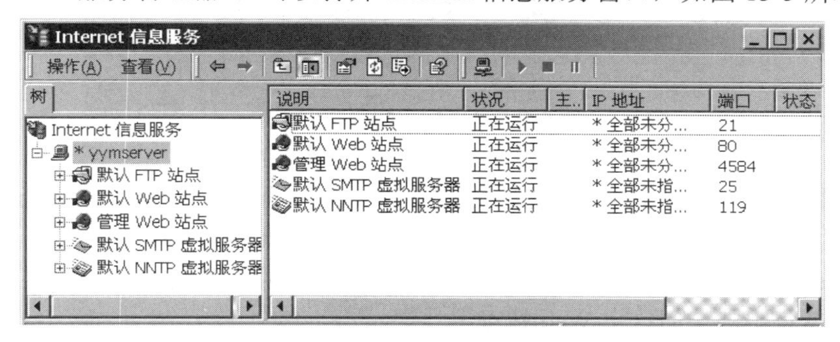

图 13-5　Internet 信息服务窗口

1. 创建新 Web 站点

安装完 IIS 5.0，就已经创建了一个默认的 Web 站点，如果需要新建一个 Web 站点也是非常容易的，因为 IIS 已经准备了详细的 Web 站点创建向导，遵循向导的步骤，可以在短时间内完成站点创建。具体实现方法如下：

(1) 使用前面描述过的方法打开 Internet 服务管理器，注意左边窗口的控制树列出了当前计算机所包含的全部站点。在“Internet 信息服务”的根节点，单击鼠标右键，在弹出的快捷菜单中单击“新建”→“Web 站点”，如图 13-6 所示。

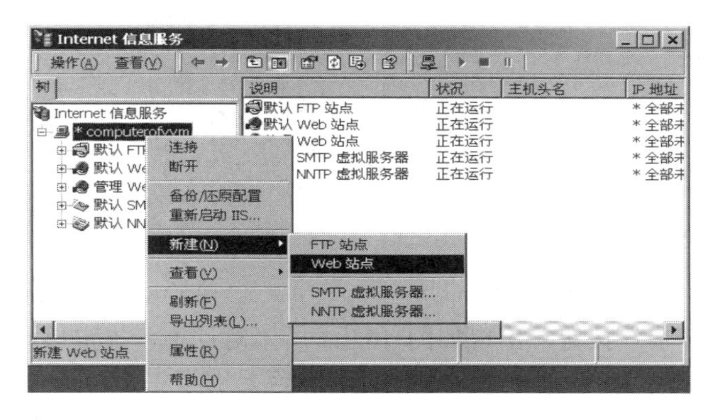

图 13-6　新建 Web 站点

(2) 随后出现“Web 站点创建向导”欢迎窗口，单击“下一步”按钮，出现如图 13-7 所示对话框，为新建的 Web 站点起一个名字，如“My Test Web”。这里的站点说明并不等于站点域名，而是用于在 Internet 服务管理器区分站点的名称。

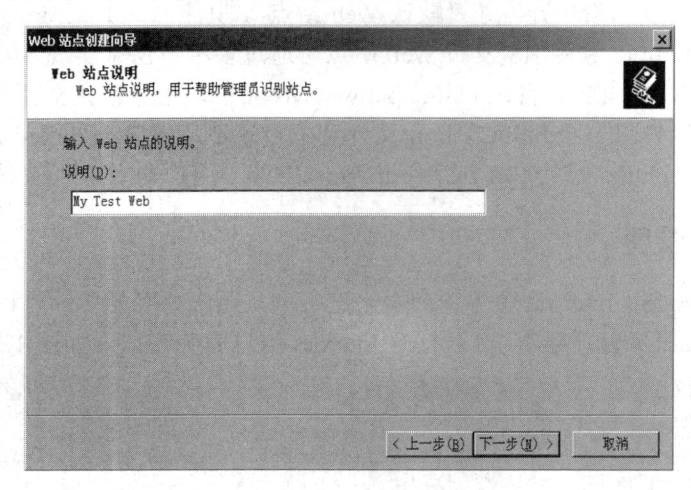

图 13-7　为新建的 Web 站点起一个名字

(3) 单击“下一步”按钮，出现如图 13-8 所示对话框，为该 Web 站点指定 IP 地址，注意，在下拉列表框中可用的 IP 地址都是在 Windows 2000 中实际绑定的 IP 地址。同时，如果改变 Web 站点的默认端口号(80)，在浏览器的地址栏中填写地址时一定要指定端口号，否则，浏览器将不能访问这个 Web 站点。

(4) 单击“下一步”按钮，出现如图 13-9 所示对话框，输入指定 Web 站点主目录，Web 站点主目录可以是本机的文件目录，也可以是远程主机的目录，远程主机目录格式为“\\远程主机 IP 地址\远程主机目录”。另外，对于必须进行用户身份认证的专用站点，可以取消选择“允许匿名访问此 Web 站点”复选框。

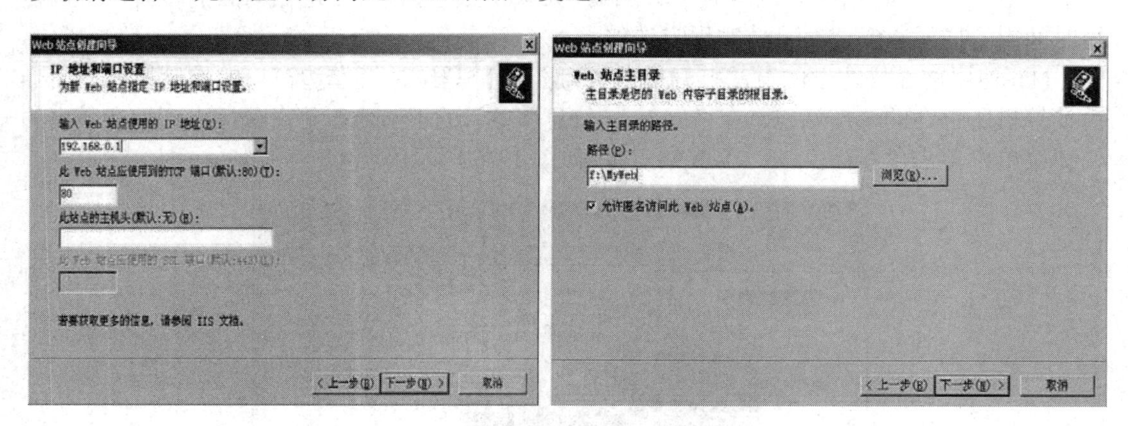

图 13-8　为 Web 站点指定 IP 地址　　　　图 13-9　指定 Web 站点主目录

(5) 单击“下一步”按钮，出现如图 13-10 所示对话框，指定该站点的权限，默认为“读取”和“运行脚本”，这对一般的站点而言已经足够了。

(6) 单击“下一步”按钮，完成 Web 站点创建向导工作，如图 13-11 所示。

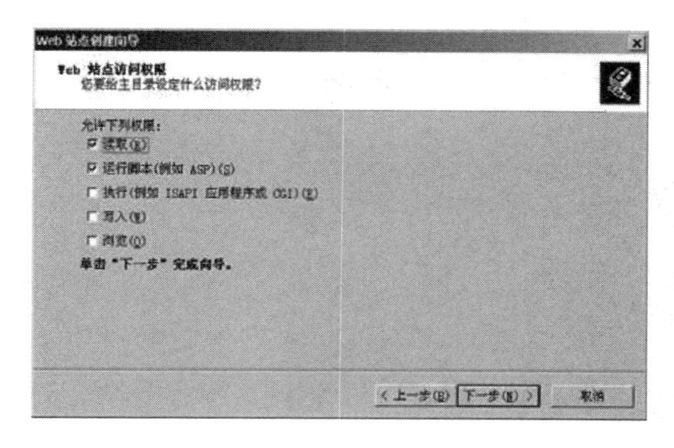

图 13-10　指定该站点的权限

图 13-11　完成 Web 站点创建向导

2. 创建实际目录和虚拟目录

每一网站在创建时都需要定义一个主目录，作为存放网站信息文件的主要场所。主目录下有两类目录，一类是实际(子)目录，另一类是虚拟目录。它们在主目录存取的图标不同。虚拟目录好像就是主目录下的子目录一样存储网站文件。而实际上，它们的实际位置往往是在本地的其他分区上，甚至可以在网络中的其它服务器上。利用虚拟目录，可以先将网站中与各部门相关的文件存储在相应的部门本地实际目录中，然后将这些实际目录映射为网站的虚拟目录。例如，主页上的人事数据并不是存放在 Web 网站的主机上，而是通过虚拟目录，实际存储在人事部门的计算机上。这样，人事部门只需及时更新本地数据就可以使网站主页上的人事数据实时更新。

下面介绍如何新建实际目录和虚拟目录。

新建实际目录可以直接在资源管理器中的主目录下新建一个目录即可。

新建虚拟目录的方法如下：

(1) 在 Internet 服务管理器上用鼠标右键单击刚才新建的站点“My Test Web”，在弹出菜单中单击“新建”→“虚拟目录”，如图 13-12 所示。

(2) 当出现“虚拟目录创建向导”欢迎窗口时，单击“下一步”按钮，出现如图 13-13 所示窗口，填写想在“My Test Web”站点上使用的虚拟目录名称，如“vir_Web”。

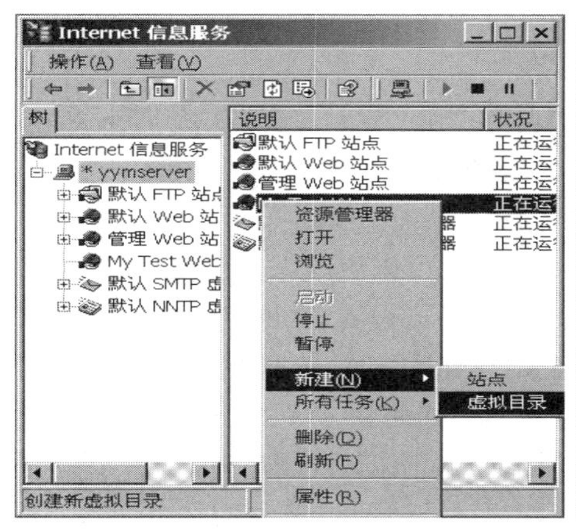

图 13-12　新建虚拟目录

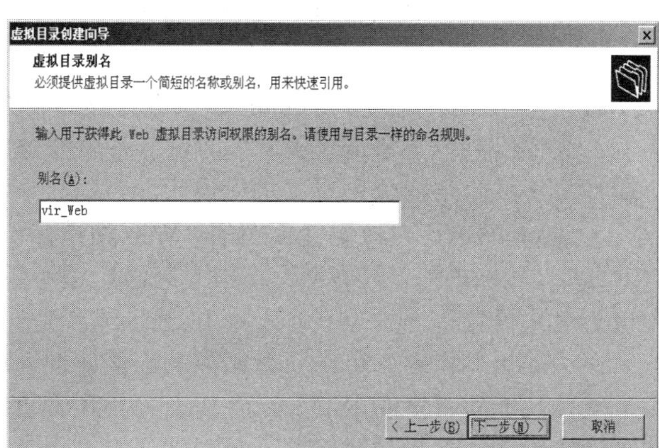

图 13-13　虚拟目录别名

(3) 单击“下一步”按钮，输入实际规划的路径，如图 13-14 所示。

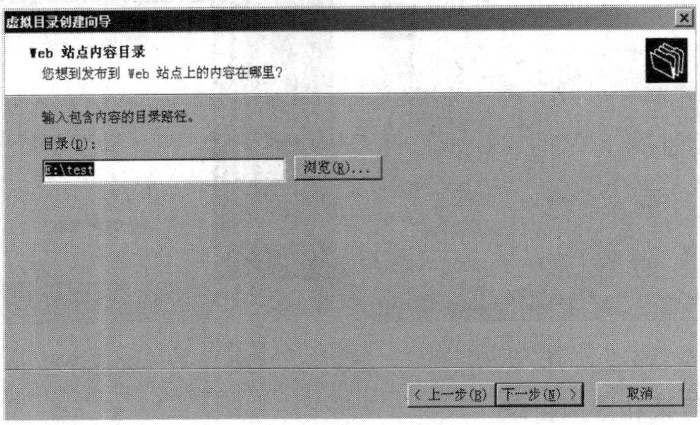

图 13-14　Web 站点内容目录

接下来的设置步骤同新建目录，在此不再赘述。当建立一个新的虚拟目录后，在 Internet 服务管理器的“My Test Web”站点下，应该能看到刚才创建的目录。另外，可以在浏览器上测试刚才建立的站点和虚拟目录。

3. 管理 Web 站点

前面介绍了如何创建一个 Web 站点，接下来更多的工作，也是作为一名 Web 管理员的日常任务，是对站点的维护和管理。这里涉及两方面内容：安全性管理和性能调整。前者往往涉及一个 Web 站点的生死存亡，对于存储大量重要数据的网站更是如此。后者涉及如何设置控制带宽或 CPU 的执行时间等众多问题，如何利用现有的设备条件支持更多客户的访问已经成为网站管理员的共同难题。

Web 站点的管理主要是在站点“属性”窗口中配置。在 Internet 服务管理器中任何节点都拥有自己的属性窗口，例如计算机、站点、虚拟目录、文件，可以在属性窗口中分别配置其属性。但是，这些属性之间存在冲突该怎么办呢?实际上，Internet 服务管理器事先定义了一套属性从属机制，即低层属性自动继承高层属性，例如，如果更改计算机属性窗口使计算机属性与当前的某个站点属性有所冲突，那么，基于属性继承的原则，冲突的站点属性自动继承计算机属性。所以，计算机属性又称为主(Master)属性。在计算机的属性窗口中能看到这一点。

首先，用鼠标右键单击 Internet 服务管理器中控制树的相应节点，以“默认 Web 站点”为例，在弹出菜单上单击“属性”即可打开属性窗口，如图 13-15 所示。在该窗口中由 10 个属性页组成，下面分别对其加以说明。

• Web 站点：在该属性页面的“Web 站点标识”栏中，可以更改站点说明、IP 地址、TCP 端口以及 SSL 端口信息。单击“高级”按钮后，可以通过设置 IP 地址、TCP 端口和主机头名来设置多个站点共享一个 IP 地址或者是一个站点使用多个 IP 地址。

在“连接”栏中，可以设置站点的连接属性，这些属性通常决定了站点的访问性能。由于硬件性能和带宽的限制，一个 Web 站点所允许的同时访问用户数量是有限的，过多的同时连接数往往可能导致问题甚至网站死机。所以，尤其对于访问数量大的站点而言，应限制同时连接数。单击“限制到”，并指定同时连接的数量即可。基于同样的原因，还应限制连接超时，连接超时是指一个连接到 Web 站点上的客户在一定的时间内如果没有做出任何响应，就将被自动断开连接。例如缺省的连接超时为 900 秒，这意味着当一个当前连接客户连续发呆 15 分钟后将被自动剔出系统(即断开连接)。选择“启用保持 HTTP 激活”复选框可以让客户端和服务器保持持续的连接，这样，客户端不必每次向服务器发送请求时都要求重建连接，从而能够加快网站对用户的响应速度。

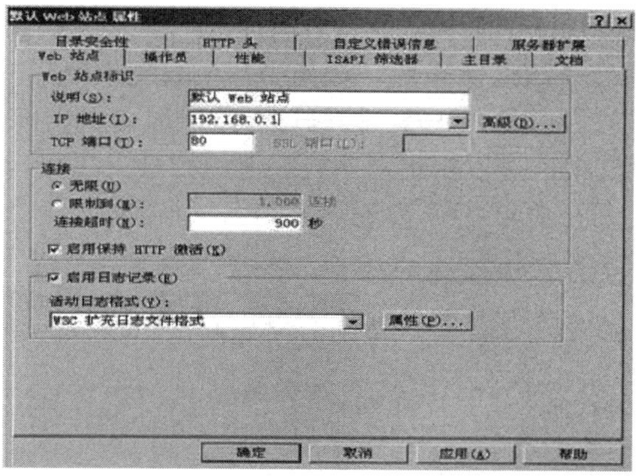

图 13-15　Web 站点属性

在“启用日志记录”栏，选择该选项，可以使网站的活动详实地以一定的格式记录下来，这些格式包括 Microsoft IIS Log File Format、W3C Extended Log File Format(默认格式)等，各种日志类型的内在差别并不是很大。可以选择“启用日志记录”复选框，然后在“活动日志格式”下拉列表框中指定日志类型。选定日志文件类型后，单击“属性”按钮，出现如图 13-16 所示对话框，在“常规属性”属性页中提供了一般性的日志文件设置界面。

随着时间的推移，单个日志文件所记录的事件可能越来越多，为了防止日志文件太大所导致的存储及分析困难，使用下面两种方法使日志文件在达到一定大小的时候新建一个文件：一定时间后新建文件和达到一定大小后新建文件。对于前者，只需选择“每小时”或“每月”等即可在指定时间到达时自动生成新的日志文件，新文件将以时间命名，例如 mmdd.log 或 yymmdd.log。而对于后者，选择“当文件大小达到”并指定大小后，系统就可以在日志文件达到指定大小后生成新文件，缺省情况下，每 19MB 就要生成一个新文件。

单击“扩展的属性”标签，出现如图 13-17 所示对话框，指定日志文件记录何种事件及相关对象的细节。

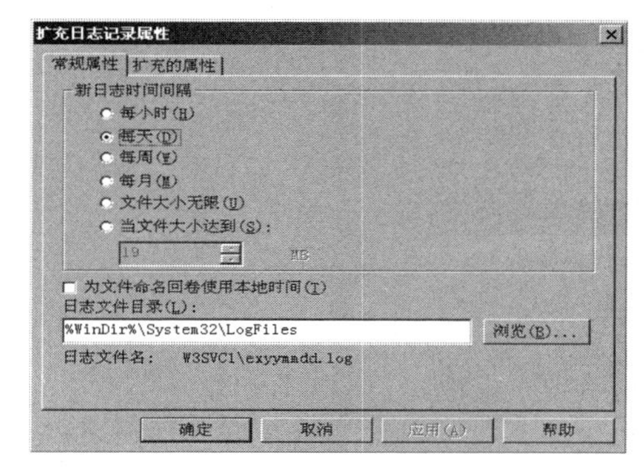

图 13-16　扩充日志记录常规属性

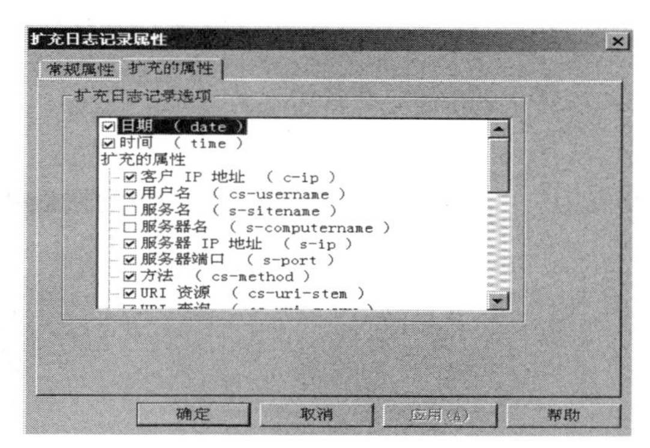

图 13-17　扩充日志记录扩充属性

• 操作员：在该属性页中，系统默认情况下只允许 Administrator 或具有 Administrator 权限的 Windows 2000 用户才能对站点进行设置，如图 13-18 所示。如果想授权其它用户单击“添加”按钮即可。

• 性能：在该属性页中，主要是系统针对 Web 站点性能调整方面的问题，如图 13-19 所示。在“性能调整”栏中，性能调整滑块可以向 IIS 系统描述站点的大致访问量，如果此数目稍高于实际连接数目，则服务效能将有所提高，如果此数目远高于实际连接数目，则将耗费服务器资源，使系统性能降低。选择“启用带宽限制”复选框，可以限制 Web 站点使用的带宽，缺省值为 1024 KB/s，达到这一限制时，多出部分的请求将被拒绝。选择“启用进程限制”复选框，可以指定网站能够占用的最大 CPU 使用率。如果需要在达到最大限制时强制性结束网站应用程序或其他进程，则需要选取“强制性限制”复选框，但是这样做可能会造成系统不稳定。

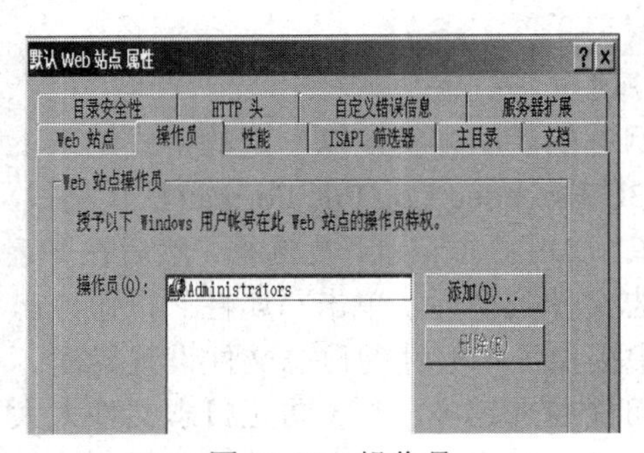

图 13-18　操作员

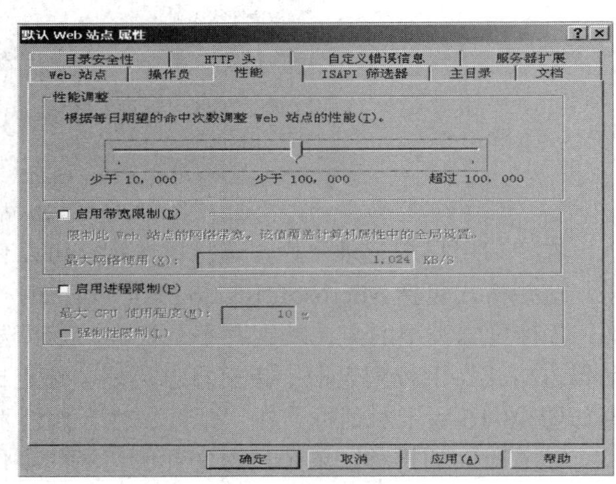

图 13-19　性能

• ISAPI 筛选器：ISAPI 筛选器是使用 ISAPI 技术开发的服务器端应用程序，这些应用程序以动态链接库(.dll)文件形式实现，凡是连入网站的用户必须通过该 .dll 文件的处理，从而实现应用程序的运行。因此，这种类似筛子的应用程序工作方式被称为 ISAPI 筛选器。单击“添加”按钮，填写“筛选器名称”和“可执行文件”即可，如图 13-20 所示。

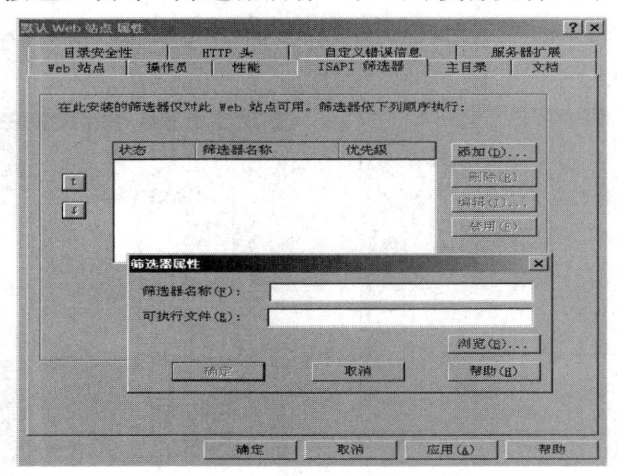

图 13-20　ISAPI 筛选器

• 主目录：在该属性页中，可以设置主目录和用户权限等，如图 13-21 所示。其中，“重定向到 URL”可以将主目录重新定向到 Internet 中的某个网站或其下的目录。另外，在“执行许可”下拉列表框中可以指定应用程序权限：纯脚本以及脚本和可执行程序。脚本是用脚本语言(如 VBScript、JScript、Peri、PHP 等)编写，要先下载到客户机，然后再进行解释执行的。而可执行程序在服务器端执行，其通常的后缀为 .exe、.bin、.dll、.com、.dat 等。

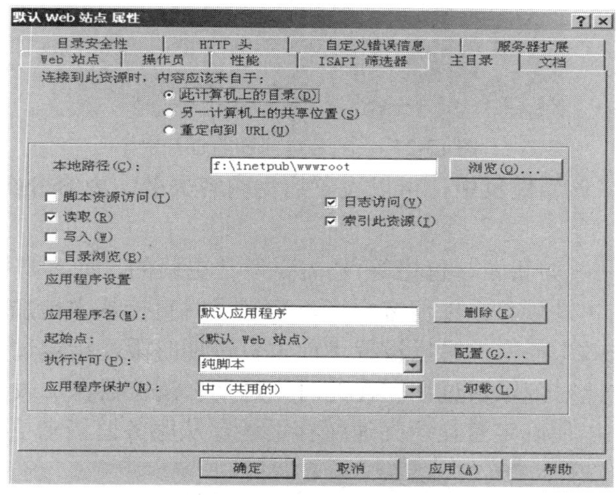

图 13-21　主目录

• 文档：在该属性页中，可以设置默认文档，如图 13-22 所示。用户在浏览器地址栏中只输入站点域名或 IP 地址后，所收到的默认网页就是在此设置的默认文档。选择“启用文档页脚”复选框，可以使用文档页脚，所谓文档页脚是一种特殊的 HTML 文件，用于使网站中全部的网页上都出现相同的标记。

• 目录安全性：在该属性页中，可以设置目录安全属性，如图 13-23 所示。

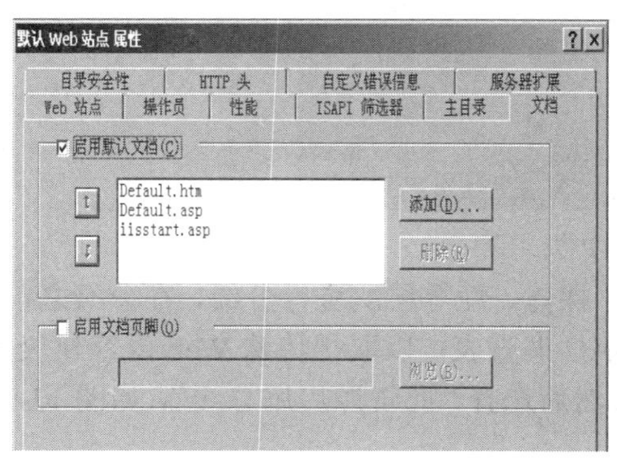

图 13-22　文档

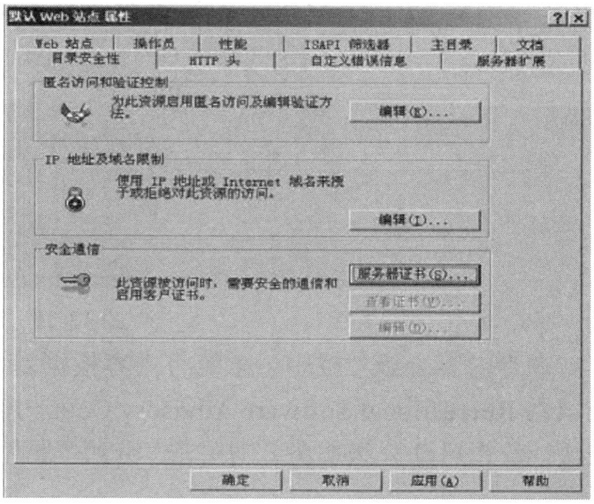

图 13-23　目录安全性

在“匿名访问和验证控制”栏中，单击“编辑”按钮，出现如图 13-24 所示对话框，可以启用匿名访问和编辑验证方法。

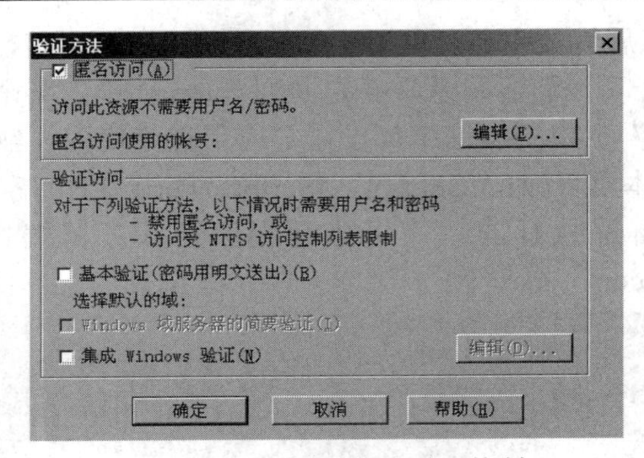

图 13-24　匿名访问和验证控制

• HTTP 头：在该属性页中，可以设置启动内容失效、内容分级和 MIME 映射等，如图 13-25 所示。

网站中的某些信息(如新闻、价格等)是需要经常更新的，而客户机的本地缓存却将已经下载的网页保存在本地硬盘，以便客户机再次请求时直接从本地加载。为了解决这一矛盾，在“启动内容失效”栏中，可以设置当前主页过期时限，指定过期方式，有三种可选方式：立即过期、在此时刻以后过期和在此时刻过期。浏览器在加载网页时将当前日期与失效日期进行比较，以便确定是显示高速缓存页还是从服务器请求更新的页。

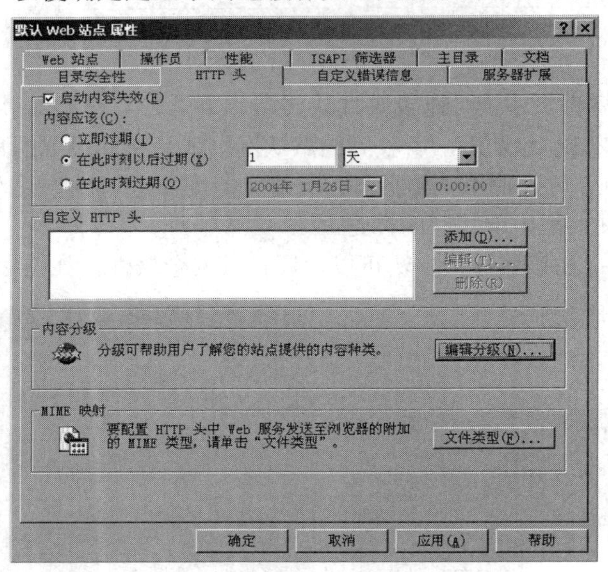

图 13-25　HTTP 头

在“内容分级”栏中，系统将内容根据暴力、裸体、性等层次进行分级，在分级之前，应填写 Recreational Software Advisory Council/RSAC 调查表，以取得特殊 Web 内容建议的分级。若想启动分级服务，则单击“分级”属性页然后选择“此资源启用分级”，如图 13-26 所示。

MIME 即多用途 Internet 邮件扩展，MIME 映射就是一种通知客户浏览器如何处理各种类型文件的机制。例如映射“.boi audio、mid”表示后缀为.boi 的文件属于音频文件(audio)，需要使用 MIDI 播放器进行播放。在 Windows 上预装的已注册文件类型列在资源管理器中

“文件类型”(打开工具→文件夹选项)对话框中。

• 自定义错误信息：在该属性页中，可以自定义出错信息，如图 13-27 所示。HTTP 协议提供了一系列标准的错误代码，分别指示出错原因以及错误对象、可能的处理方法等信息。例如，上网时经常收到的诸如“F404 not found …”之类的信息。但此类信息并不都是很好理解，可以单击“编辑属性”，在此可以指定自定义的出错信息的文件，可以在该文件中详细说明，如“对不起，您所请求的文件不存在”。

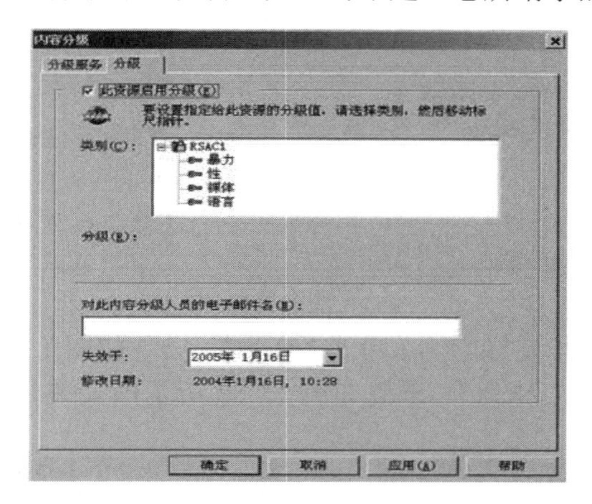

图 13-26 分级服务

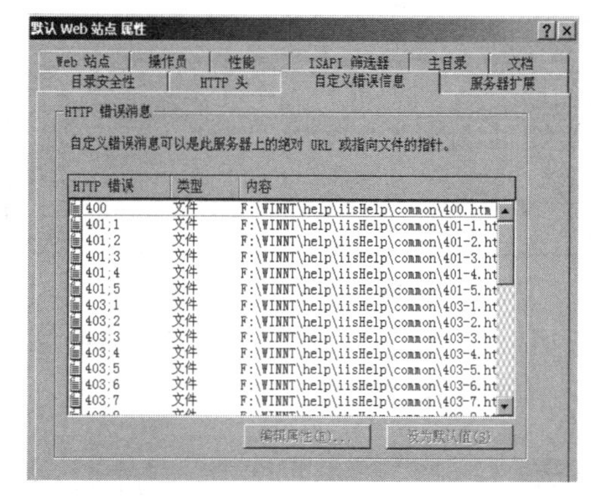

图 13-27　自定义错误信息

• 服务器扩展：在该属性页中，可以设置启用创作功能、指定邮件发送形式以及继承安全设置等。

13.3　Web 服务器 Apache

Apache 是另外一款优秀的 Web 服务器，在 Linux、Windows 等多个操作系统上都有可以使用的版本。下面是在 Windows 操作系统上的安装步骤：

(1) 运行从网上下载的 Apache 安装程序，出现图 13-28 所示的欢迎界面。

(2) 点击“Next”，出现许可协议界面如图 13-29 所示。

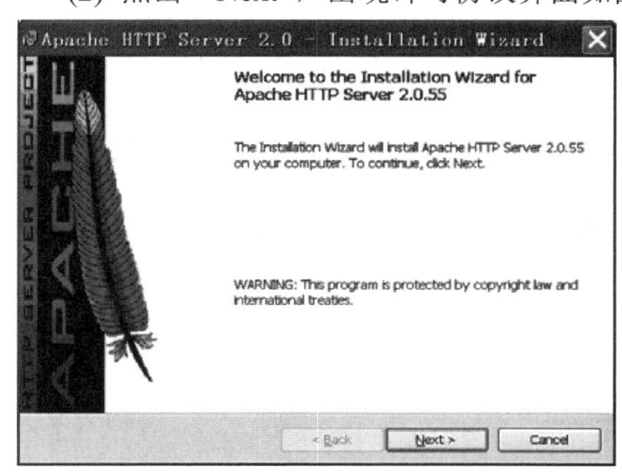

图 13-28　Apache 安装欢迎界面

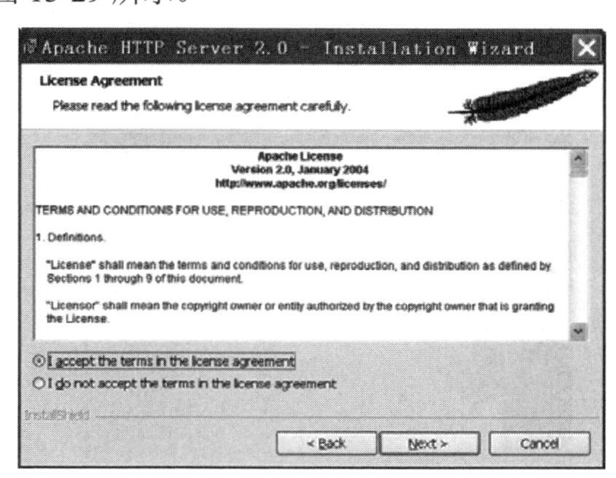

图 13-29　许可协议界面

(3) 点选“I accept the terms in the license agreement”，单击“Next”，出现图 13-30 所示的安装前须知界面，读完后单击“Next”，出现图 13-31 的服务器信息界面。

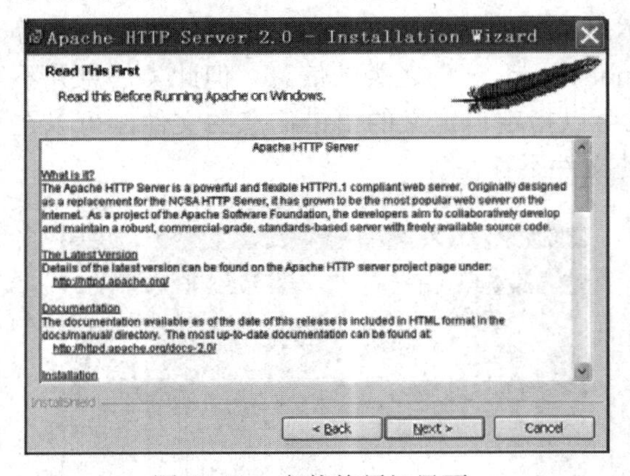

图 13-30　安装前须知界面

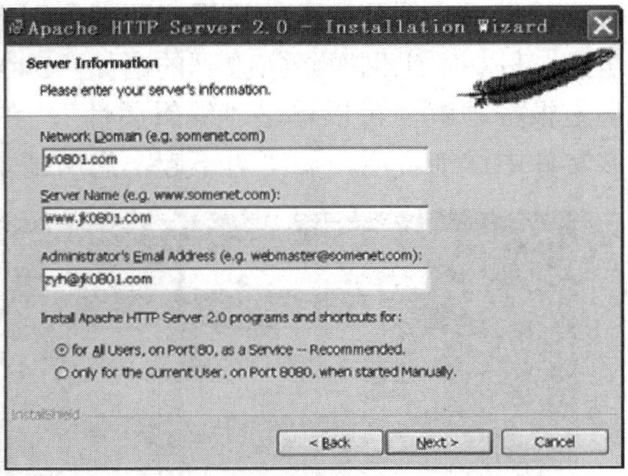

图 13-31　服务器信息界面

(4) 在图 13-31 中填写域名、服务器名，指定端口号，单击“Next”，出现如图 13-32 所示的安装类型界面。点选“Typical”，单击“Next”，出现如图 13-33 所示的安装目录界面。

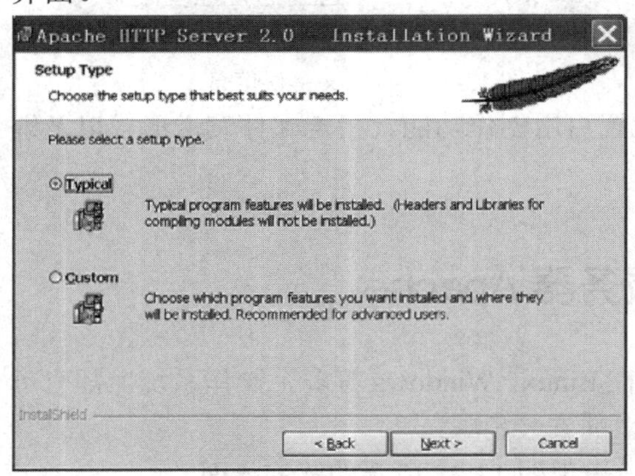

图 13-32　安装类型界面

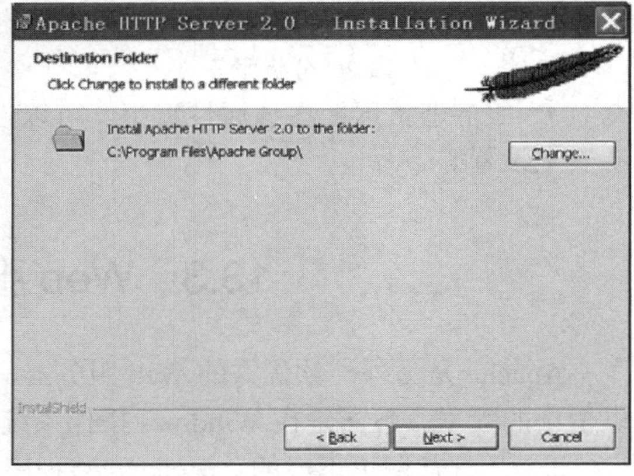

图 13-33　安装目录界面

(5) 不改变安装目录的话，单击“Next”出现图 13-34 所示的安装完成界面。

(6) 单击“Finish”，屏幕右下角会出现 Apache 服务器正在运行的图标，点击这个图标，会出现图 13-35 所示的服务器运行状况界面。在这里可以停止和再启动 Apache 服务。

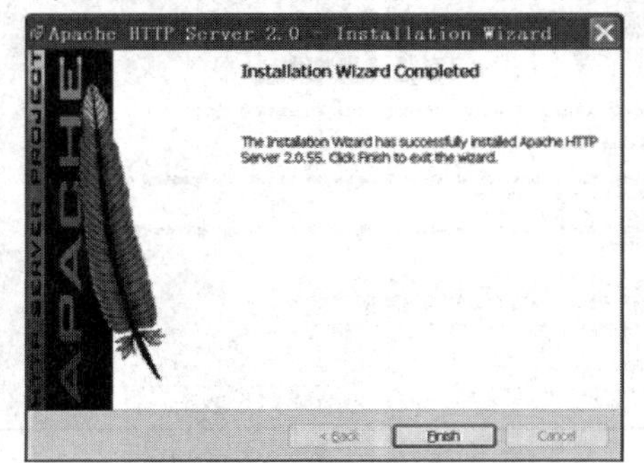

图 13-34　安装完成界面

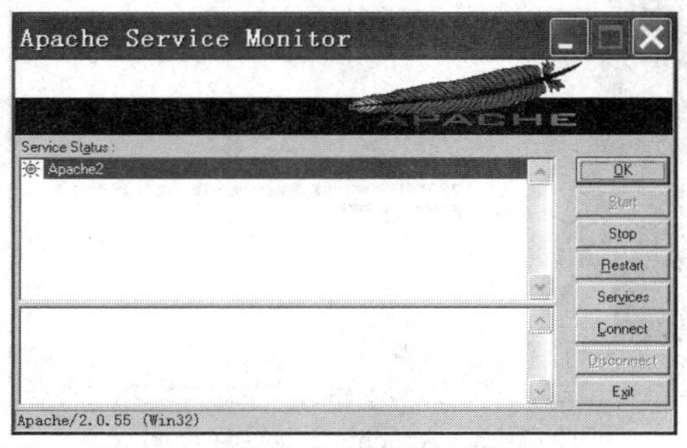

图 13-35　服务器运行状况界面

在客户机上启动浏览器并输入服务器的 IP，就可看到如图 13-36 的测试成功页面。

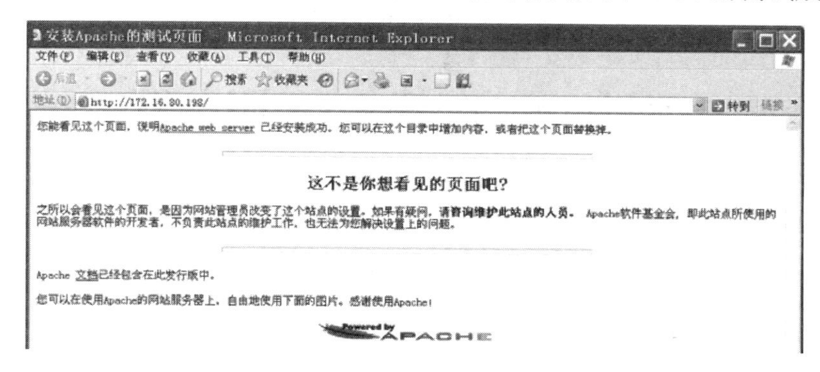

图 13-36 测试成功界面

在 Apache 的安装目录下的 htdocs 目录下创建一个主页文件，如图 13-37 所示。在浏览器上验证如图 13-38 所示。

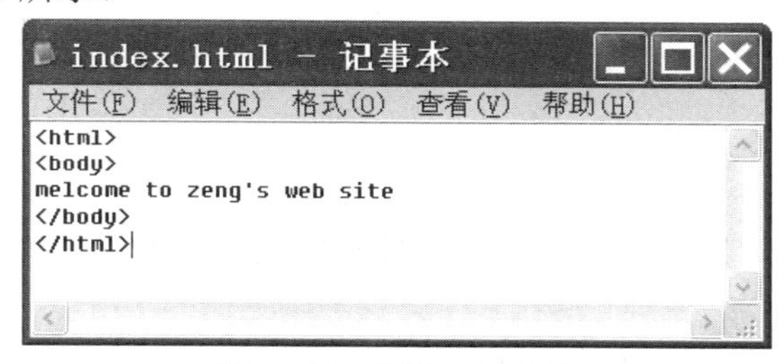

图 13-37 创建主页文件

图 13-38 在浏览器上验证结果

项目 13 考核

将学生进行分组，在实训室局域网上完成 Apache 或 IIS 5.0 Web 服务器的配置，并进行现场考核。

项目 14　配置 FTP 服务器

知识目标

了解 FTP 协议知识。

技能目标

能够配置 1～2 种 FTP 服务器。

素质目标

提高工程素质。

14.1　文件传输服务

自从有了网络，通过网络来访问文件就一直是很平常的工作，例如：添加、删除、复制、移动等，但是客户端要如何上传文件给服务器？或者如何从服务器下载文件呢？从远程计算机中拷贝文件至自己的计算机上，称之为“下载(download)”文件。若将文件从自己计算机中拷贝至远程计算机上，则称之为“上载或上传(upload)”文件。

这个问题有多个答案，但是较常见的方式是利用 FTP(File Transfer Protocol，文件传输协议)。在互联网上，FTP 一直占有最大的数据流量，直到 1995 年才被万维网的 HTTP 协议超越。什么是 FTP 呢？FTP 是用于 TCP/IP 网络的最简单的协议之一。该协议是 Internet 文件传送的基础。同大多数 Internet 服务一样，FTP 也是一个客户/服务器系统。用户通过一个 FTP 客户机程序，连接至在远程计算机上运行的 FTP 服务器程序。从概念上说，FTP 的思想很简单，即用户通过客户机程序向服务器程序发出命令，服务器程序执行用户所发出的命令。比如说，用户发出一条命令，要求服务器向用户传送某个文件的一份拷贝，服务器会响应这条命令，将指定文件送至用户的机器上。客户机程序代表用户接收到这个文件，将其存放在用户目录中。

FTP 的运作原理简述如下。跟其它 TCP 应用协议所不同的是，FTP 在运作时会使用到两条 TCP 连线，一条用来传输控制指令，一条用来传输数据。

FTP 服务器的规格一开始便保留了“20”与“21”这两个连接端口(Port)，其中端口 21 用在控制连线，端口 20 则用在数据连线。在 FTP 连线期间，控制连线随时都保持在畅通的状态，但数据连线却是等到要传输文件时，才临时建立起来的，文件一旦传输完毕，就中断掉这条临时的数据连线。

以实际运作的状况来看：FTP 服务器在启动后会持续检测端口 21，当用户使用 FTP

客户软件连接到 FTP 服务器的端口 21 时，便会建立控制连线。但是等到用户要下载文件时，才会建立起数据连线，开始传输数据。而数据传输结束时，数据连线也会随之中断，最后当用户结束 FTP 客户软件时，控制连线也就跟着结束，完成整个 FTP 的操作。

有些 FTP 服务器只开放给特定的用户，会故意不用端口 20 与端口 21，而改用其它较不常用到的连接端口。但是这两个端口的编号有连带关系，若以端口 X 用在控制连线，则端口 X-1 就必然用在数据连线。例如：以端口 49151 当作控制连线连接端口，那么端口 49150 便是它的数据连线连接端口。虽然 FTP 的市场逐渐消失，但 FTP 仍然是一种很可靠的文件传输协议，而且新版本又加入了错误恢复功能(也就是一般所谓的文件续传功能)，更是让它的身价加分。因此 FTP 虽已风光不再，但它仍旧是需要经常进行大量文件传输操作的用户的最爱，例如：许多网页制作者，按旧习惯通过 FTP 将制作好的网页文件传送到网站服务器上，而提供免费网页空间的公司也仍旧支持 FTP。

FTP 开始是在彼此有账户的主机间传送文件的，但随着 Internet 的发展人们感到这种机制影响了还没有建立联系的人们之间的文件交流，有背于 Internet 共享的传统，于是人们建立了无需成为其注册用户就可以到远程主机上下载文件的匿名“FTP”服务。为此，系统管理员建立了一个特殊的用户 ID，名为 anonymous，Internet 上的任何人在任何地方都可使用该用户 ID。

匿名 FTP 系统中，任意用户均可用 FTP 或 anonymous 作为用户名进行登录；有些服务器习惯上要求用户以自己的电子邮件地址作为口令，但这并未成为大多数服务器的标准做法。当一个匿名 FTP 用户登录到 FTP 服务器时，服务器将把该用户引导到一个特定的带安全保护机制的目录，从这个目录可以下载文件。Internet 上的匿名 FTP 服务器成千上万台，存放着数不清的文件供免费拷贝。有许多个人和组织无偿捐献出他们的磁盘空间、计算设施及大量时间，以使这些文件可供拷贝。事实上，几乎所有类型的信息，所有类型的计算机程序都可在 Internet 上找到。

FTP 的传输有两种方式：ASCII 传输模式和二进制数据传输模式。

1. ASCII 传输方式

假定用户正在拷贝的文件包含简单的 ASCII 码文本，如果在远程机器上运行的不是 UNIX，当文件传输时 FTP 通常会自动地调整文件的内容以便于把文件解释成另外那台计算机存储文本文件的格式。

但是常常有这样的情况，用户正在传输的文件包含的不是文本文件，它们可能是程序、数据库、字处理文件或者压缩文件(尽管字处理文件包含的大部分是文本，其中也包含有指示页尺寸、字库等信息的非打印字符)。在拷贝任何非文本文件之前，用 binary 命令告诉 FTP 逐字拷贝，不要对这些文件进行处理，这也是下面要讲的二进制传输。

2. 二进制传输模式

在二进制传输中，保存文件的位序，以便原始和拷贝的内容是逐位一一对应的。

14.2 FTP 服务器 IIS5.0

Windows 2000 Server 的 IIS 5.0 中包含有 FTP 服务器，如果没有自动安装该组件，需要按类似上一节安装 Web 服务器的方法来安装“文件传输协议(FTP)服务器”。新建 FTP 站点也类似新建 Web 站点。具体步骤在此不再赘述。

下面主要针对 FTP 服务器管理的使用进行说明。值得注意的是，相对 Web 站点，FTP 站点的管理设置相对简单，这是因为 FTP 站点并不涉及复杂的安全性应用程序和服务器/浏览器交互过程。

在安全性方面，限制 FTP 站点安全性的手段也仅限于用户账号认证、匿名访问控制以及 IP 地址限制。

FTP 站点管理类似于 Web 站点管理，首先，打开 FTP 站点管理属性窗口。用鼠标右击 Internet 服务管理器中控制树中的“默认 FTP 站点”，在弹出菜单上单击“属性”即可打开属性窗口，如图 14-1 所示。该窗口由五个属性页组成，下面分别对其加以说明。

1. FTP 站点

在该属性页中，除了“当前会话”外，其余同 Web 站点基本一样。当单击“当前会话”按钮，可以显示当前连接的用户以及其来源等信息，可以在此中断某一用户或全部用户。

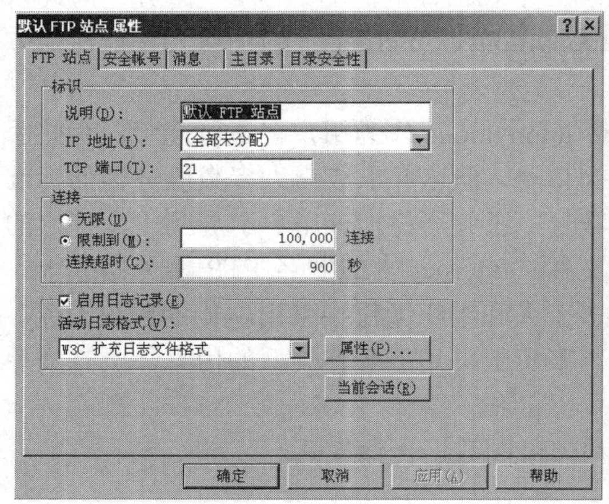

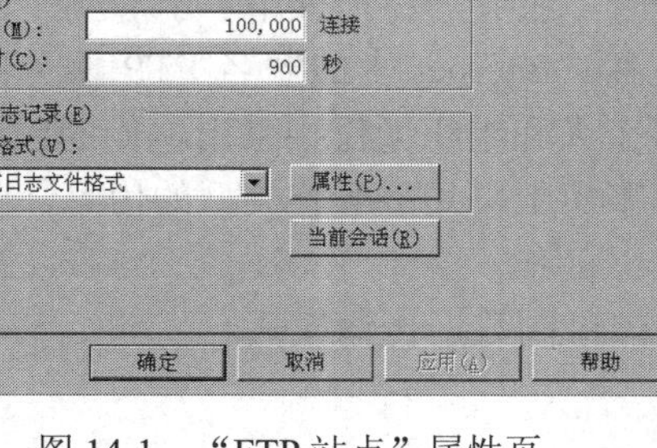

图 14-1　“FTP 站点”属性页

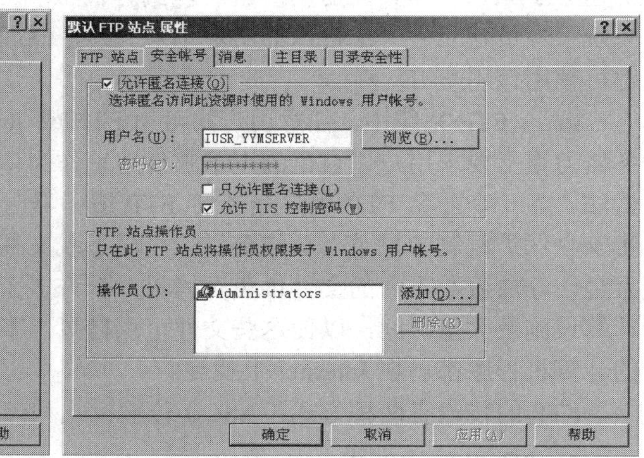

图 14-2　“安全帐号”属性页

2. 安全账号

在该属性页中，可以设置匿名连接和 FTP 操作员，如图 14-2 所示。其中，IIS 5.0 默认的匿名访问用户账号是 IUSR_computername，其中 computername 是 IIS 5.0 所在服务器的计算机名，也可以通过单击“浏览”按钮后在出现的“选择用户”对话框中更改这一账号。一般情况下，虽然匿名访问用户账号由 Windows 2000 进行验证和安全性维护，但是账号的密码是由 IIS 进行控制的，取消选择“允许 IIS 控制密码”复选框可以自行指定用户密码。

3. 消息

在该属性页中，可以设置当用户登录、退出或达到最大连接数的消息，如图 14-3 所示。当客户端连接和退出此 FTP 服务器时，会出现相应的消息。

4. 主目录

在该属性页中，可以设置 FTP 站点的主目录路径，并设置在本目录下的读取与写入权限，如图 14-4 所示。主目录可以是本机上的目录，也可以是其它计算机共享的文件夹。另外，该属性页还规定了目录列表的显示风格。

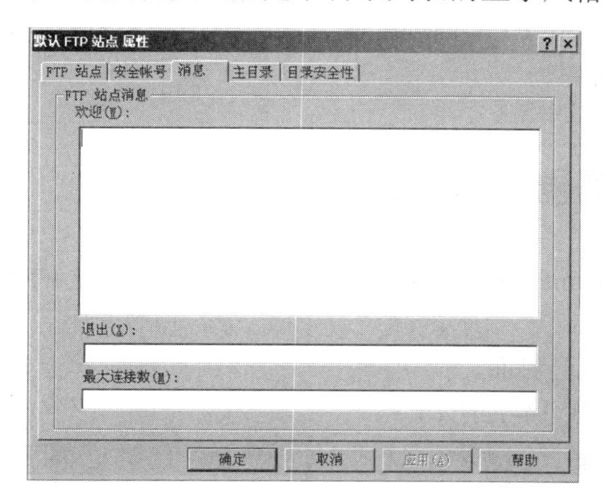

图 14-3　“消息”属性页

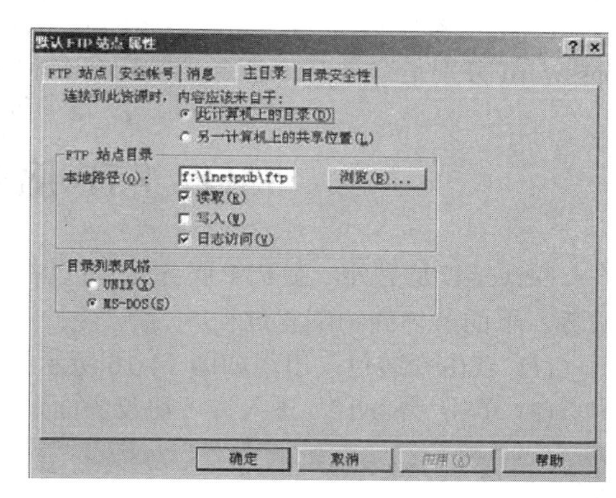

图 14-4　“主目录”属性页

需要说明的是：目录权限与 NTFS 权限并无关系，但二者共同作用于 FTP 站点访问者。一般来说，在 NTFS 分区上的站点目录被设置的 NTFS 权限如果与这里设置的目录权限发生冲突，二者中限制较大(或权限较小)的权限将实际发生作用。这种配置有利于站点的安全性，两重的权限保护在某种程度上避免了管理员的疏忽。所以，应当尽量地将站点目录(包括虚拟目录)存储在 NTFS 分区中。

5. 目录安全性

在该属性页中，可以设置授权/拒绝计算机 IP 地址连到 FTP 服务器，如图 14-5 所示。

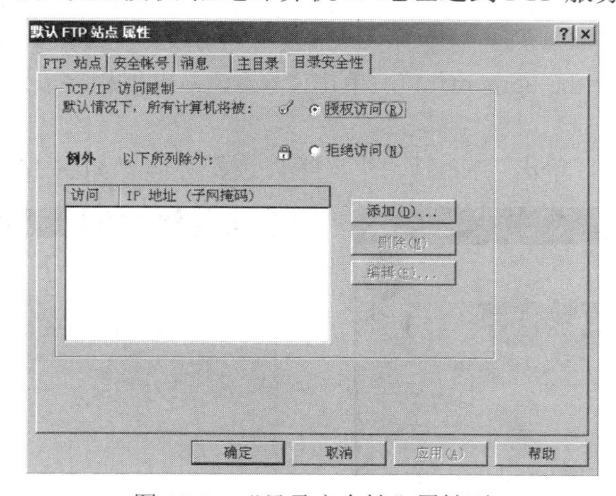

图 14-5　“目录安全性”属性页

14.3　FTP 客户端软件

FTP 客户端软件有很多，如 CuteFTP、BulletFTP、LeapFTP 等，一般的浏览器(如 IE)也可以实现有限的 FTP 客户端功能，如上传或下载文件等。在 IE 浏览器 URL 中填写：

ftp://ftp_servername，即可连到 FTP 服务器，可以像操作本地文件一样上传或下载 FTP 服务器上的文件(必须要有相应的读取权限)。有些 FTP 服务器要求输入用户名和密码，这时，在 IE 浏览器中应填写：ftp://user-name:password@ftp-servername。其中，user-name 和 password 分别是登录 FTP 服务器的用户名和密码。

14.4　FTP 服务器 Server-U

Server-U 是另外一款 FTP 服务器。可以在 Windows-XP 等非服务器操作系统上建立 FTP 服务。下面具体介绍配置过程。

(1) 双击安装包，出现如图 14-16 所示的欢迎界面。

(2) 单击“Next”，进入许可协议界面，如图 14-7 所示。

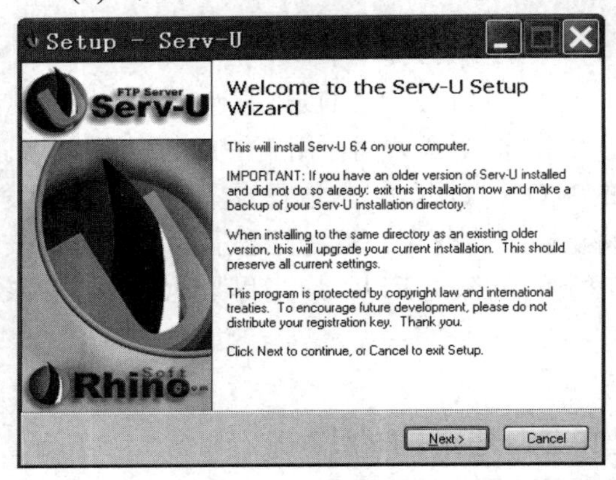

图 14-6　欢迎界面

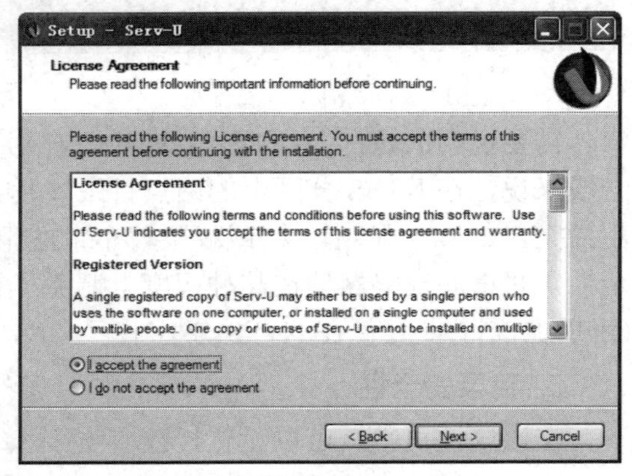

图 14-7　是否接受许可协议界面

(3) 选中“I accept the agreement”，单击“Next”，出现程序安装目标文件夹界面，如图 14-8 所示。

(4) 设置好路径后，单击“Next”，进入组件选择界面，如图 14-9 所示。

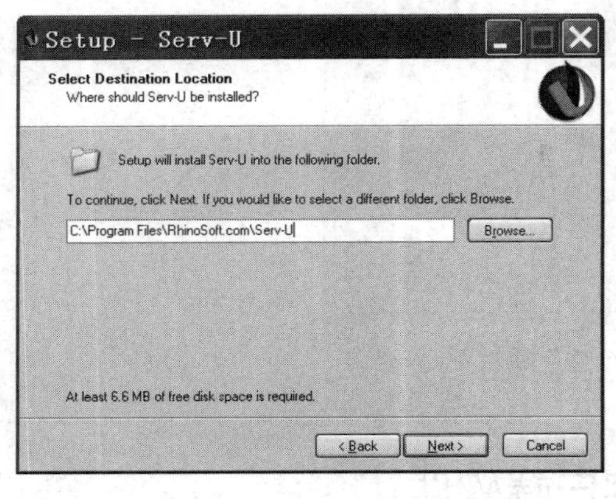

图 14-8　程序安装目标文件夹

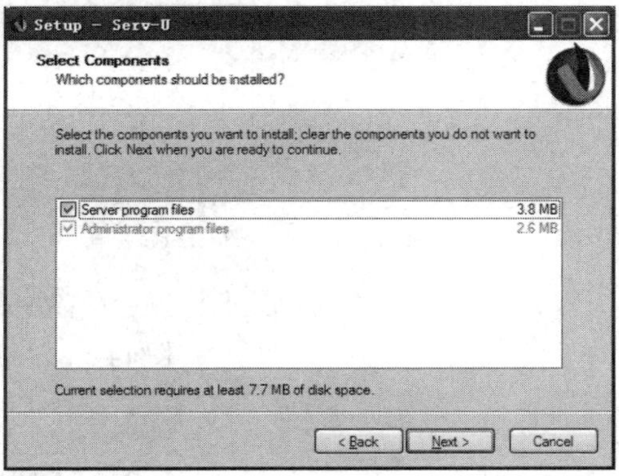

图 14-9　组件选择界面

(5) 选中“Server program files”，单击“Next”，出现如图 14-10 所示界面。

(6) 上图中取默认值，单击“Next”，进入是否创建桌面快捷方式界面，如图 14-11

所示。

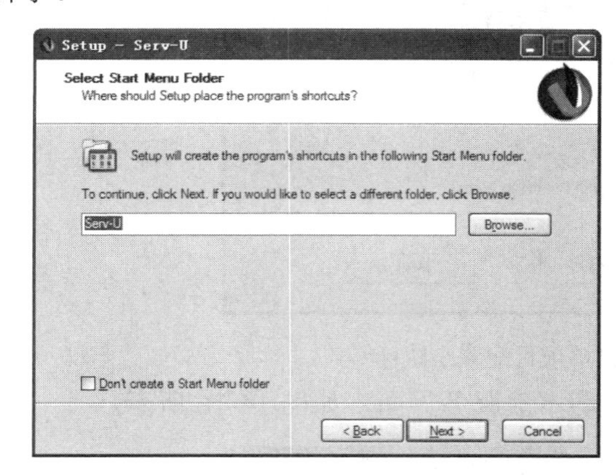

图 14-10　指定开始菜单文件夹名称和位置

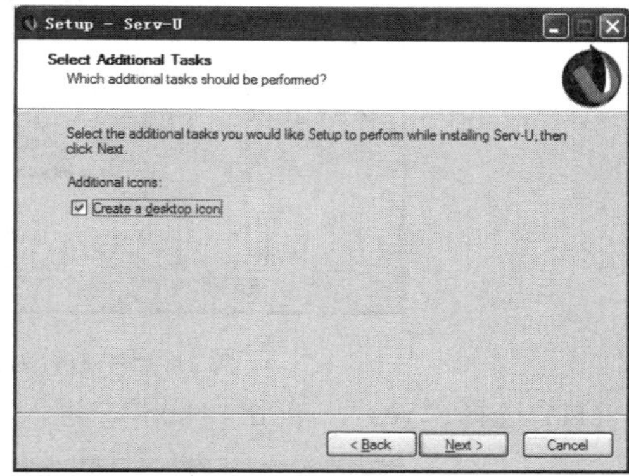

图 14-11 是否创建桌面快捷方式界面

(7) 上图中选中“Create a desktop icon”，单击“Next”，出现如图 14-12 所示准备安装界面。

(8) 单击“Install”，进入防火墙例外界面，如图 14-13 所示。

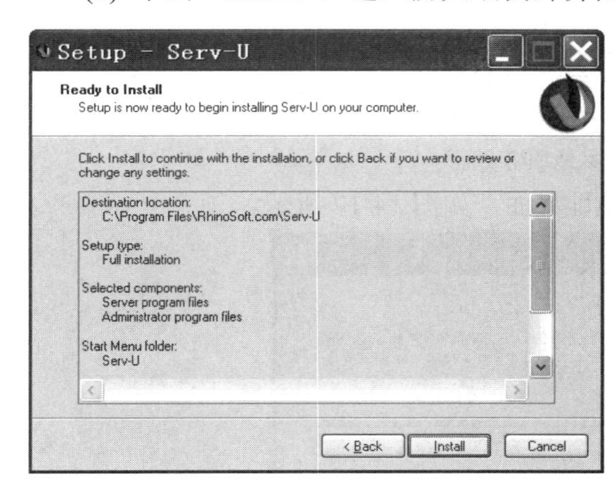

图 14-12　准备安装界面

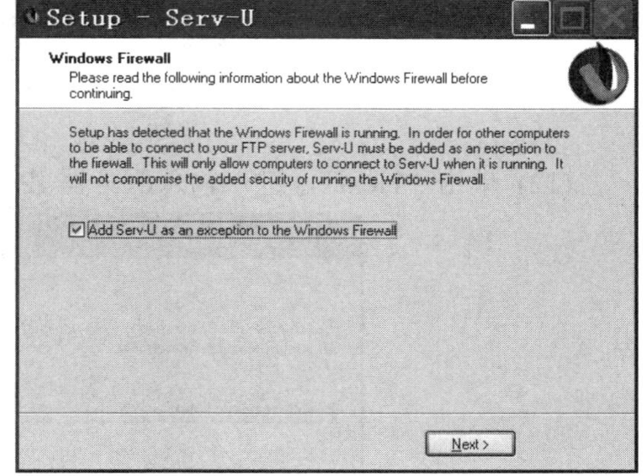

图 14-13　把 Serv-U 作为防火墙的一个例外界面

(9) 单击“Next”，进入是否启动智慧安装向导界面，如图 14-14 所示。

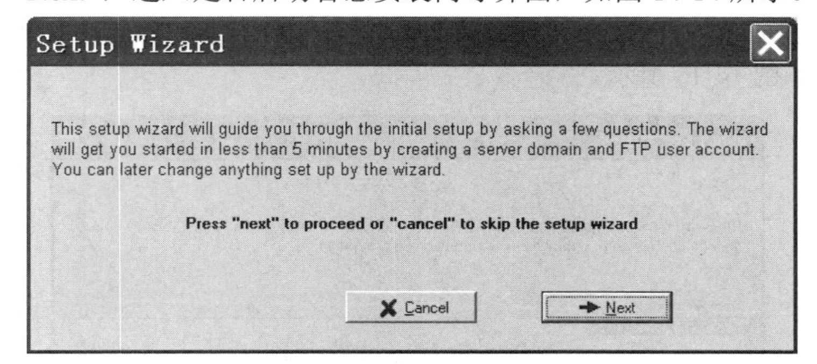

图 14-14　是否启动智慧安装向导界面

(10) 单击“Next”，启动智慧安装向导，进入是否为菜单项目配置小图标界面，如图 14-15 所示。

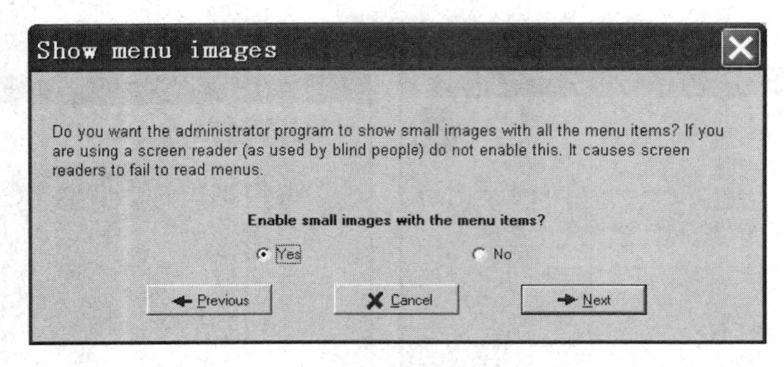

图 14-15　是否为菜单项目配置小图标

(11) 选择“Yes”，单击“Next”，进入启动本地服务界面，如图 14-16 所示。

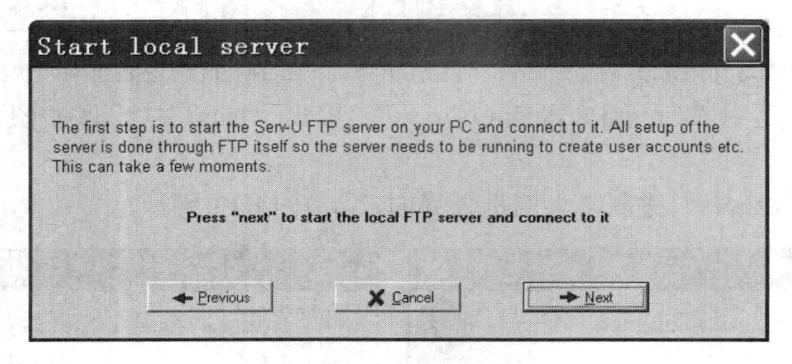

图 14-16　启动本地服务界面

(12) 单击“Next”，进入输入服务器 IP 地址界面，如图 14-17 所示。

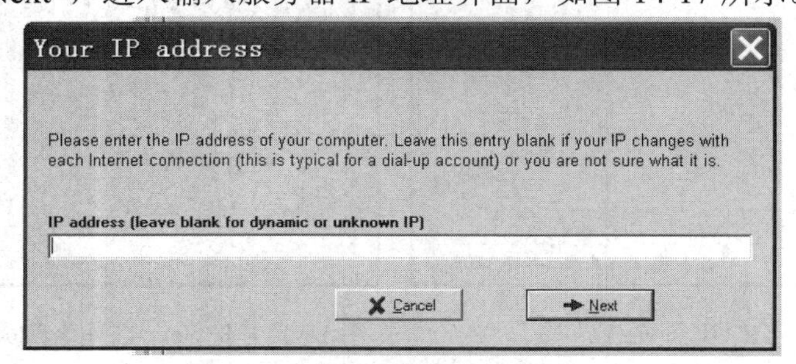

图 14-17　输入服务器 IP 地址界面

(13) 输入服务器的 IP 地址(留空会自动采用服务器已有的 IP)，单击“Next”，进入输入域名界面，如图 14-18 所示。

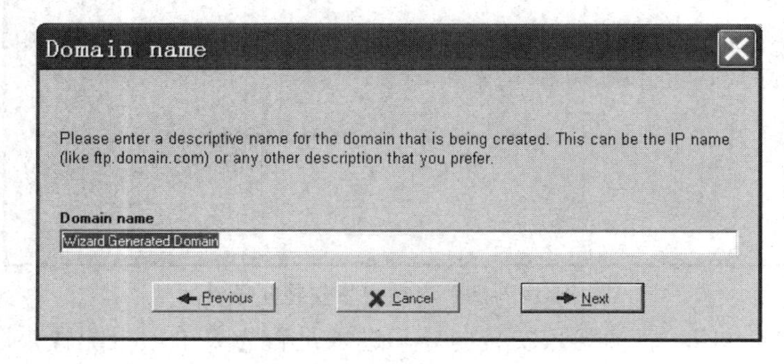

图 14-18　输入域名界面

(14) 输入域名或者采用智慧向导创建的域名，单击“Next”，进入是否创建匿名账户界面，如图 14-19 所示。

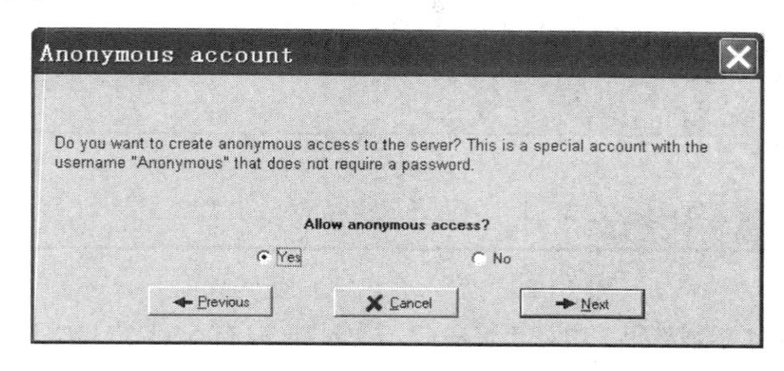

图 14-19　是否创建匿名账户界面

(15) 选择“Yes”，创建匿名账中，进入匿名账户的根目录设置界面，如图 14-20 所示。

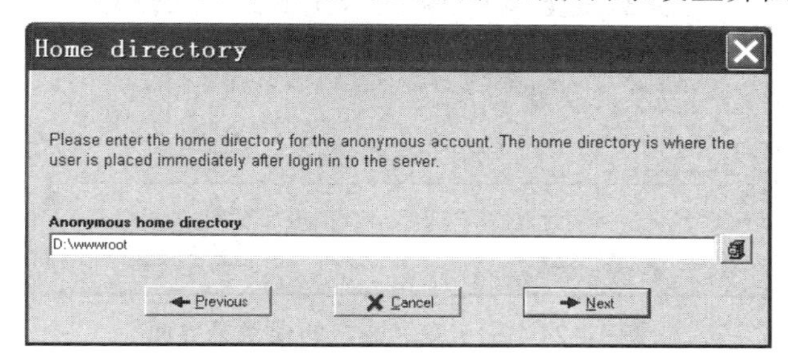

图 14-20　匿名账户的根目录设置界面

(16) 输入一个目录或者单击右侧的文件夹图标并选择一个目录作为匿名用户的根目录。单击“Next”，进入是否锁定根目录界面，如图 14-21 所示。

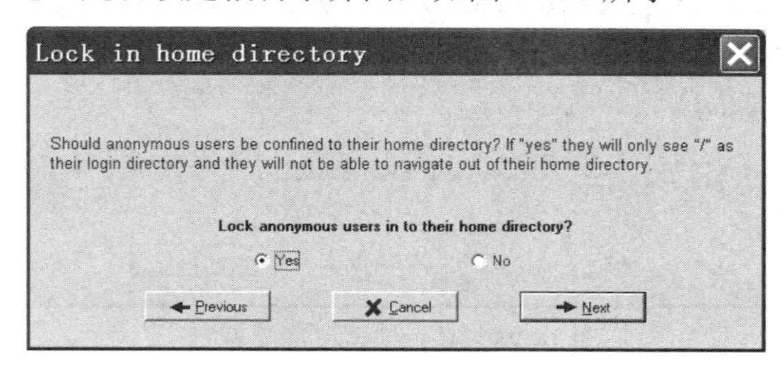

图 14-21　是否锁定根目录界面

(17) 单击“Yes”，再单击“Next”，进入创建有名账户界面，如图 14-22 所示。

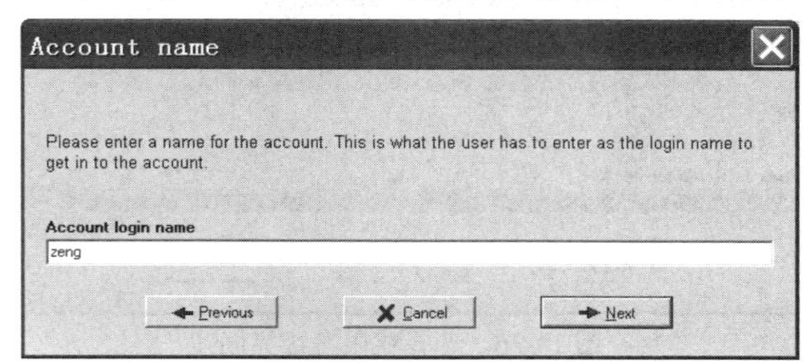

图 14-22　创建有名账户界面

(18) 输入账户名，单击“Next”，进入输入有名账户密码界面，如图 14-23 所示。

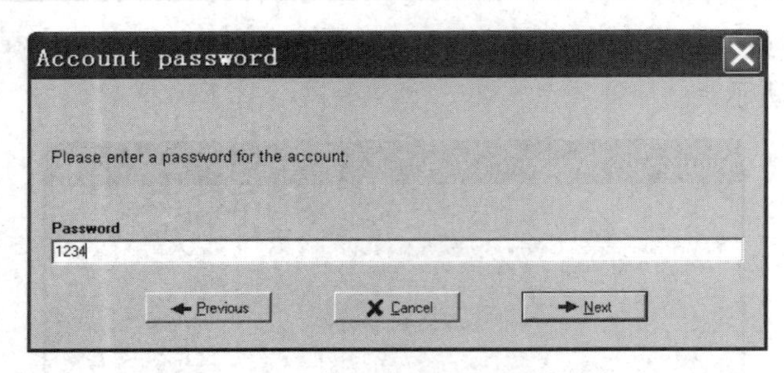

图 14-23　输入有名账户密码界面

(19) 输入有名账户的密码，单击“Next”，进入指定有名账户的根目录界面，如图 14-24 所示。

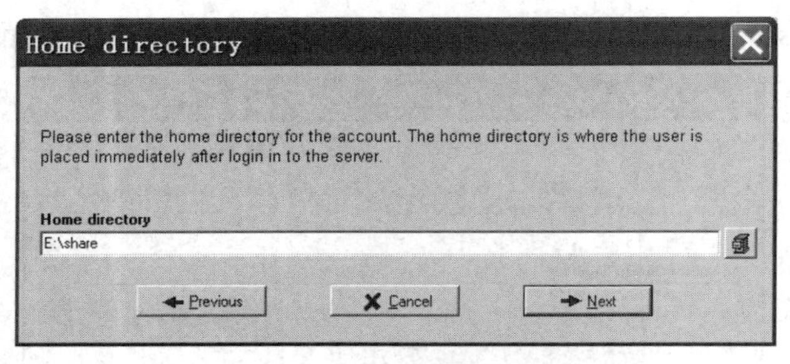

图 14-24　指定有名账户的根目录界面

(20) 输入或选择一个文件夹作为有名账户根目录，单击“Next”，进入是否锁定根目录界面，如图 14-25 所示。

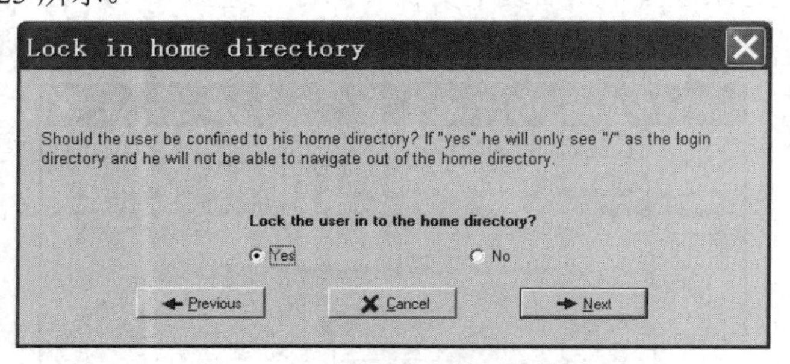

图 14-25　是否锁定根目录界面

(21) 单击“Yes”，单击“Next”，进入选择权限等级界面，如图 14-26 所示。

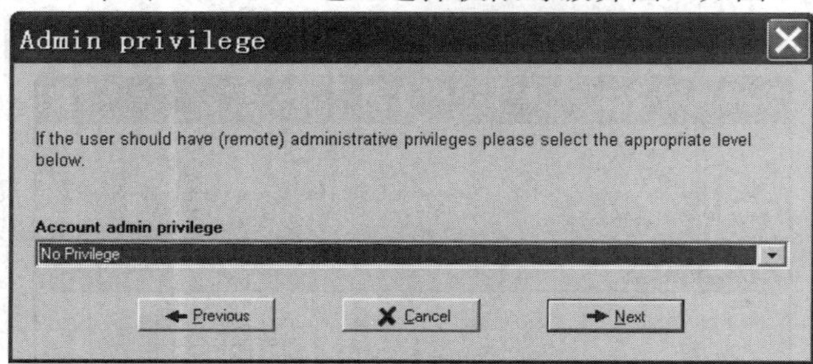

图 14-26　选择权限等级界面

(22) 选择一种权限等级，单击“Next”，进入完成智慧安装向导界面，如图 14-27 所示。

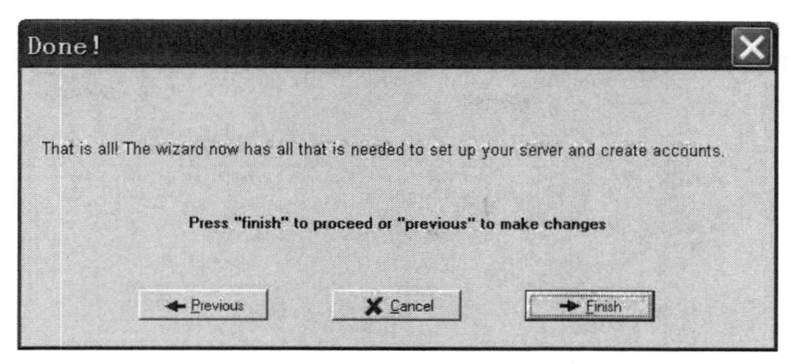

图 14-27　完成智慧安装向导界面

(23) 单击“Finish”，进入管理界面，如图 14-28 所示。

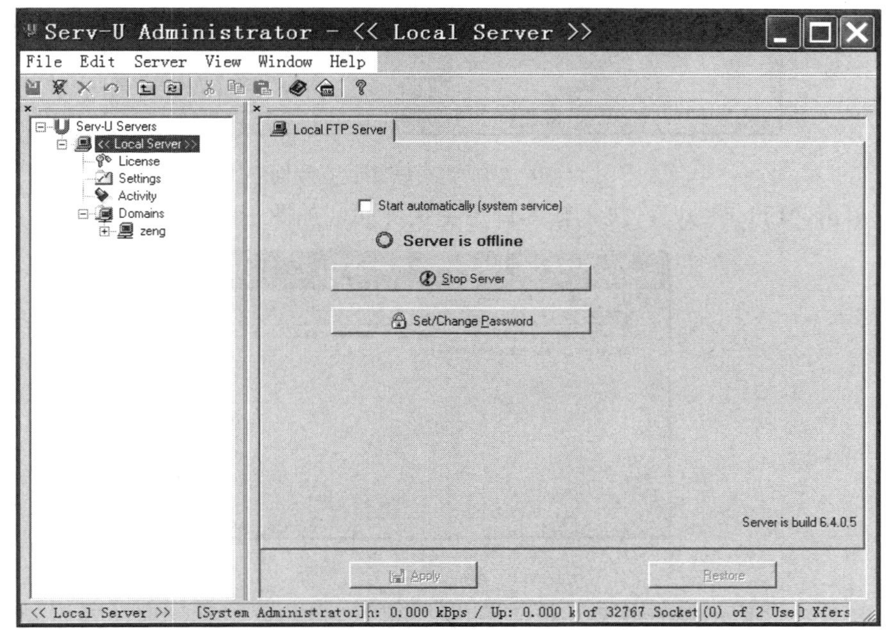

图 14-28　管理员界面

(24) 打开许可密钥文件“key.txt”(如图 14-29 所示)，复制第一行的许可密钥到剪贴板。再回到图 14-28 的界面，单击左侧菜单中的“License”，进入当前许可密钥状态界面，如图 14-30 所示。

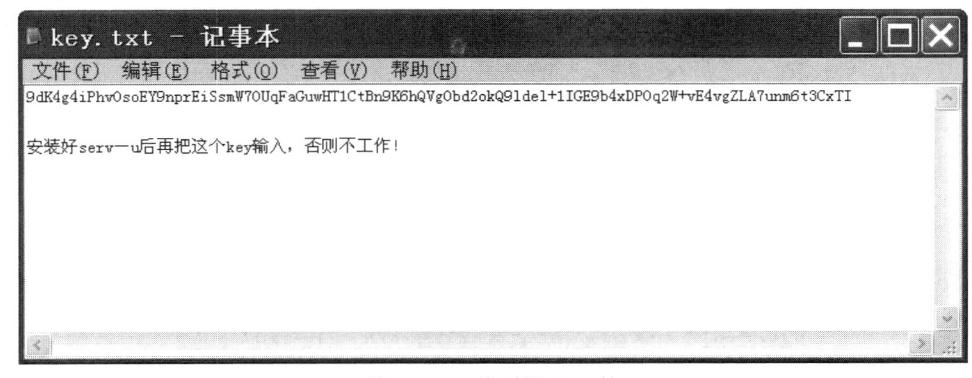

图 14-29　许可密钥文件

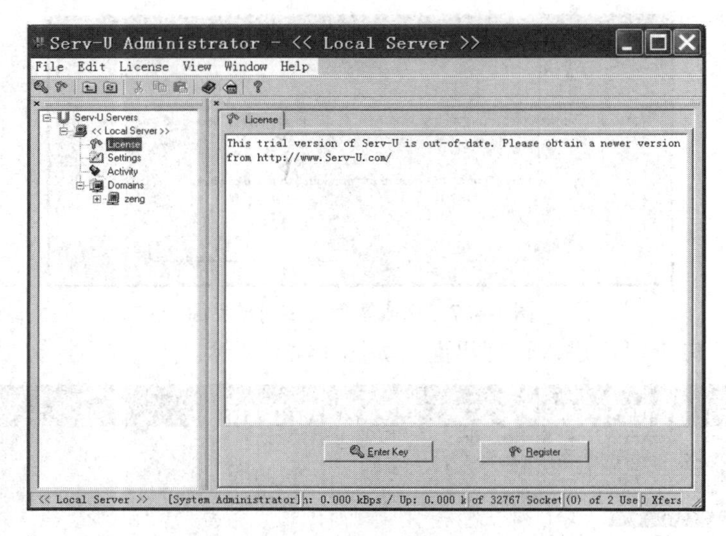

图 14-30　当前许可密钥状态界面

(25) 单击“Enter Key”，进入输入许可密钥界面，如图 14-31 所示。

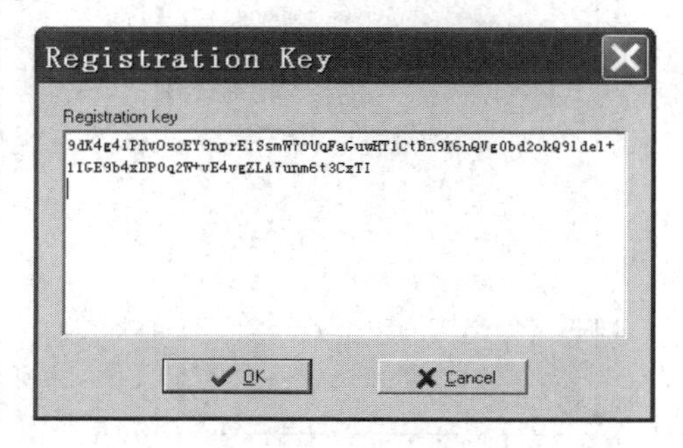

图 14-31　输入许可密钥界面

(26) 将许可密钥粘贴到此对话框，单击“OK”，自动返回到管理员界面，“Server is running”左边的黄灯变为了绿灯，如图 14-32 所示。

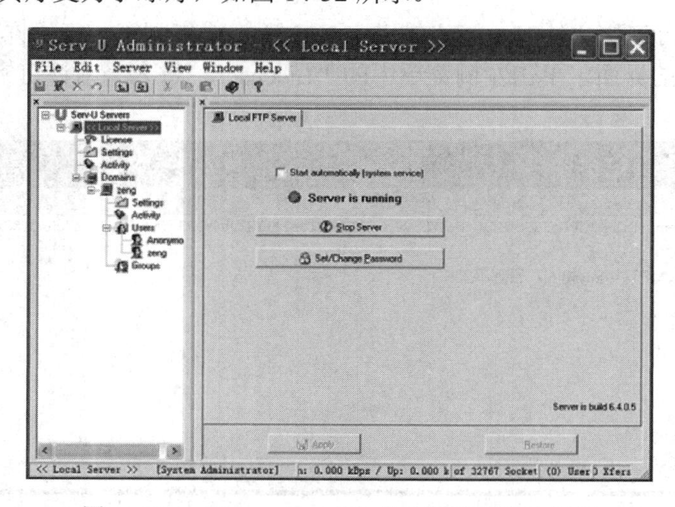

图 14-32　“Server is running”左边黄灯变为绿灯

(27) 单击左侧菜单中的有名账户“Zeng”，进入权限分配界面，如图 14-33 所示。

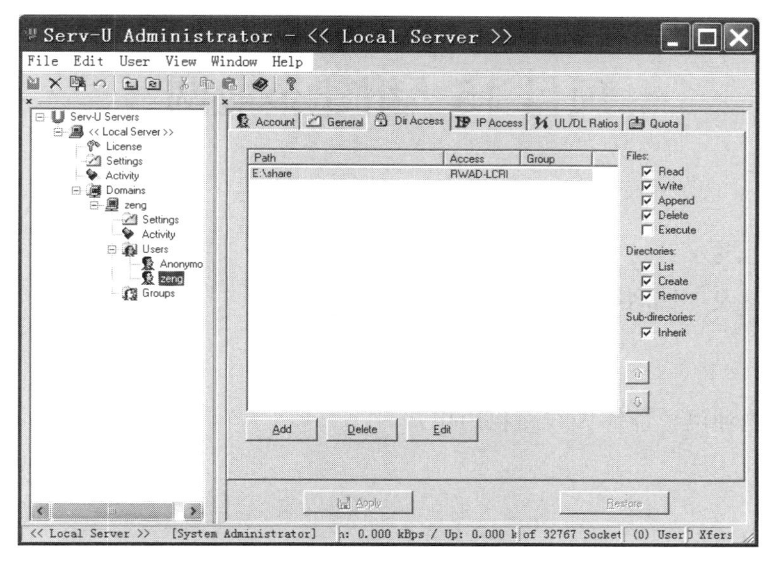

图 14-33　权限分配界面

(28) 单击“Dir Access”标签页，为有名账户分配文件管理权限，目录管理权限，子目录是否继承权限等。

好了，现在在客户端的浏览器地址栏中输入 ftp://x.y.z.n，其中 x.y.z.n 是 ftp 服务器的 IP 地址，就可以看到匿名用户的根目录下的文件和文件夹了，再在浏览器中单击“页面”，然后单击“在 Windows 资源管理器中打开 FTP”，就可以通过拖曳图标的方式实现文件下载了。

项目 14 考核

每两人一组，分配两台 PC，用交换机或交叉线组成局域网，一台 PC 做服务器，一台 PC 做客户机，在服务器上安装一款 FTP 服务软件，例如 Serv-U 或 Windows Server 的 FTP 服务，服务器上创建匿名和有名两类用户，指定用户根目录和访问权限(除执行权限外的所有权限)，在客户端用命令行方式或浏览器方式与服务器连接，以能够查看文件目录、上传和下载文件为检验标准。完成时间也作为打分的依据之一。

项目 15　组建企业网

知识目标

掌握企业网及广域网线路知识。

技能目标

能够规划企业网，能够做线路租用申请。

素质目标

提高工程素质。

15.1　广域网概述

广义来说，传输距离可扩展至很大地理范围的网络，便称做广域网(Wide Area Network)。目前全球最大的广域网，便是“互联网”(Internet)，它是全球网络间互连所形成的超大型网络。广域网是一种跨地区的数据通信网络，使用电信运营商提供的设备作为信息传输平台。对照 OSI 参考模型，广域网技术主要位于底层的三个层次，分别是物理层、数据链路层和网络层。

下面介绍几个常见的名词。

(1) 专线。专线是一条单一的点到点连接，这种连接是专用的和永久的。由于专线连接通常是租用电信部门的线路，所以又称为租用线。专线连接可以是两个终端计算机直接通过专线电路进行连接，也可以是局域网通过路由器连接到 CSU/DSU(T1/E1 的业务接口，通道服务单元/数据业务单元)上通过传输系统互连。这种连接的传输速度可以达到 2 Mb/s(E1)。专线连接可以提供稳定的速率传输，但是因为专线具有专用的、永久连接的特性，因此带宽得不到充分的利用。专线包括 T1/E1、DDN、xDSL 和 SONET 等。其中，Tl 允许 1.544 Mb/s 数据传输的线路，E1 允许 2.048 Mb/s 数据传输的线路，可以复用成 32 个 64 kb/s 信道。DDN(数字数据网)可以在两个端点之间建立一条永久的、专用的数字通道，通道的带宽可以是 N × 64 kb/s，一般 0 < N < 30。当 N 为 30 时，该数字通道就是完整的 E1 线路，DDN 的特点是在租用该专用线路期间，该线路的带宽就由用户独占。xDSL 代表数字用户线，x 表示是一个系列标准，如 HDSL 代表高速率 DSL，ADSL 代表非对称 DSL。SONET 主要用在互联网的骨干网上，具有一系列高速的物理层技术，可以运行在铜芯电缆和光纤上。

从用户到电信公司机房之间的广域网连线，我们通称为末端用户连线；电信公司机房之间的连接，我们则称为传输主干连接。

(2) 点对点链路。PPP(Point-to-Point Protocol)是点对点链路协议，它提供的是一条从客户端经过运营商网络到达远端目标的广域网通信路径。一条点对点链路就是一条租用的专线，可以在数据收发双方之间建立起永久性的固定连接。图 15-1 所显示的就是一个典型的跨越广域网的点对点链路。

图 15-1　点对点链路

(3) 电路交换。电路交换是广域网所使用的一种交换方式。可以通过运营商网络为每一次会话过程建立，维持和终止一条专用的物理电路。电路交换也可以提供数据报和数据流两种传送方式。电路交换在电信运营商的网络中被广泛使用，其操作过程与普通的电话拨叫过程非常相似。综合业务数字网(ISDN)就是一种采用电路交换技术的广域网技术。

(4) 包交换。如图 15-2 所示，包交换也是一种广域网上经常使用的交换技术，通过包交换，网络设备可以共享一条点对点链路通过运营商网络在设备之间进行数据包的传递。包交换主要采用统计复用技术在多台设备之间实现电路共享。ATM、帧中继、SMDS 以及 X.25 等都是采用包交换技术的广域网技术。

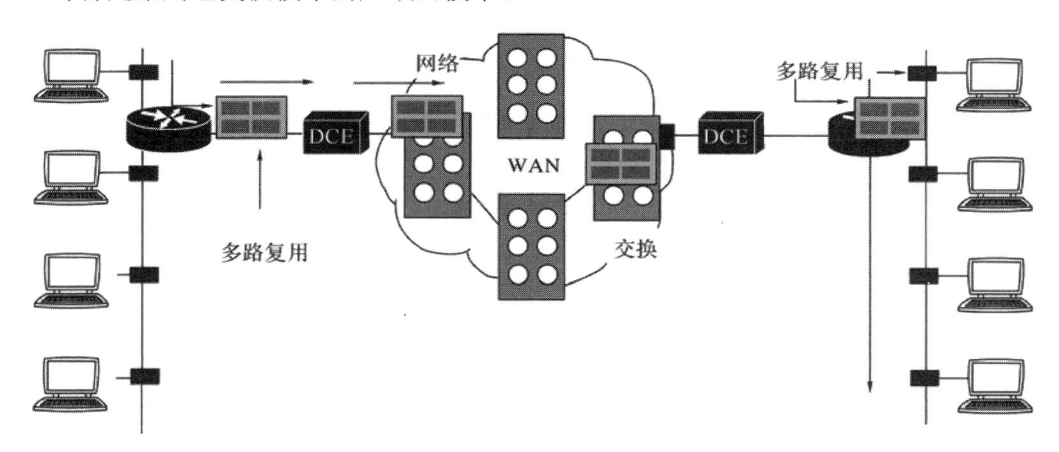

图 15-2　包交换

(5) 虚拟电路。虚拟电路是一种逻辑电路，可以在两台网络设备之间实现可靠通信。虚拟电路有两种不同形式，分别是交换虚拟电路(SVC)和永久性虚拟电路(PVC)。SVC 是一种按照需求动态建立的虚拟电路，当数据传送结束时，电路将会被自动终止。SVC 上的通信过程包括三个阶段：电路创建、数据传输和电路终止。电路创建阶段主要是在通信双方设备之间建立起虚拟电路；数据传输阶段通过虚拟电路在设备之间传送数据；电路终止阶段则是撤消在通信设备之间已经建立起来的虚拟电路。SVC 主要适用于非经常性的数据传送网络，这是因为在电路创建和终止阶段 SVC 需要占用更多的网络带宽。不过相对于永久性虚拟电路来说，SVC 的成本较低。PVC 是一种永久性建立的虚拟电路，只具有数据传输一种模式。PVC 可以应用于数据传送频繁的网络环境，这是因为 PVC 不需要为创建或终止电路而使用额外的带宽，所以对带宽的利用率更高。不过永久性虚拟电路的成本较高。

在广域网环境中可以使用多种不同的网络设备，下面，我们就着重介绍一些比较常用的广域网设备。

广域网交换机是在运营商网络中使用的多端口网络互联设备。广域网交换机工作在OSI参考模型的数据链路层，可以对帧中继、X.25等数据流量进行操作。

路由器是计算机局域网与广域网通过数字数据通信网(例如DDN、X.25、ISDN、帧中继等)进行互联时最重要的网络互联设备之一。使用路由器互联网络的最大特点是：各互联子网保持各自独立，每个子网可以采用不同的拓扑结构、传输介质和数据链路层协议，网络结构层次分明。

接入服务器是广域网中拨入连接的会聚点。图 15-3 说明了接入服务器如何将多条拨入连接集合在一起接入广域网。

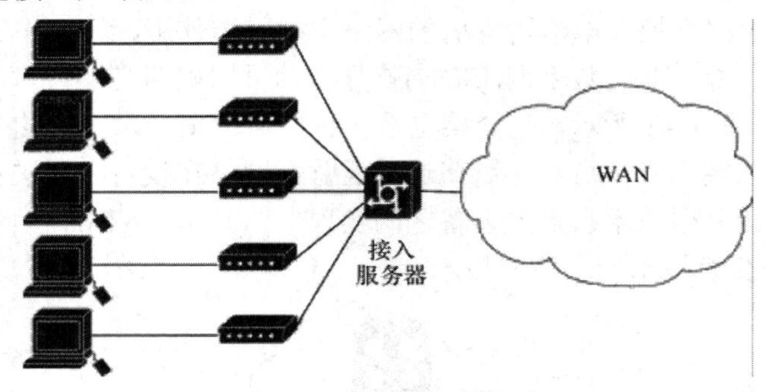

图 15-3　接入服务器

调制解调器主要用于数字和模拟信号之间的转换，从而能够通过话音线路传送数据信息。在数据发送方，计算机数字信号被转换成适合通过模拟通信设备传送的形式；而在目标接收方，模拟信号被还原为数字形式。

15.2　广域网主干传输技术的物理层标准

在众多广域网主干传输技术中属于物理层规格的有“T-Carrier”、“E-Carrier”与“SONET”、DDN 等，运行范围向上包含链路层的标准则有“Frame Relay”(帧中继)与“ATM”(非同步传输模式)。

15.2.1　T-Carrier

AT&T 公司从 1957 年开始发展 T-Carrier(Trunk Carrier，主干传输媒体)传输技术，最初的发展目标是希望通过数字传输技术，在一条传输线路上传递多个即时语音通信，所以便通过“时分多工”(Time Division Multiplexing，TDM)技术同时进行多道语音通话。模拟的语音信号经过取样过程转换成数字数据，再传递出去。

T-Carrier 家族里第一个成员为 T1，它的传输速率是 1.544 Mb/s。采用两对双绞线当作传输介质，其中一对双绞线用来发送数据，另一对双绞线则用来接收数据，所以支持全双工传输模式。

当初 T1 通过时分多工技术划分出 24 个 64 kb/s 的传输信道，是希望通过 24 个传输信道同时支持 24 个即时语音通信。然而随着时代改变，现今的电信公司却转用这项技术来提供传输速率较低(且价钱较低廉)的连接服务。连接用户若仅需要传输速率 512 kb/s 的广域连接，那就开放 8 个 64 kb/s 传输信道供其使用。这种仅使用了部分传输信道的 T1 连线，便称做“部分型 T1”(fractional T1，FTl)。

除了 T1 以外，T-Carrier 家族里陆续还有其它传输速率更高的成员问世，随着传输速率的要求持续增高，也开始采用同轴缆线、多模光纤、微波传输等其它传输介质。T-Carrier 家族成员的传输速率依照“数字信号”(Digital Signal，DS)规格划分等级，北美与欧洲的分法稍有差异，分别如表 15-1 和表 15-2 所示。

表 15-1　北美版 T-Carrier 传输规格表

种类	DS 等级	传输速率	传输信道	传输媒体
FT1(1)	DSO	64 kb/s	1	双绞线
T1	DS1	1.544 Mb/s	24	双绞线
T1C	DS1C	3.152 Mb/s	48	同轴电缆、光纤、无线微波
T2	DS2	6.312 Mb/s	96	同轴电缆、光纤、无线微波
T3	DS3	44.736 Mb/s	672	同轴电缆、光纤、无线微波
T3C	DS3C	89.472 Mb/s	1344	同轴电缆、光纤、无线微波
T4	DS4	274.176 Mb/s	4032	同轴电缆、光纤、无线微波

表 15-2　欧洲版 T-Carrier 传输规格表

种类	DS 等级	传输速率	传输信道	传输媒体
E1	DSl	2.048 Mb/s	30	双绞线
E2	DS2	8.448 Mb/s	130	双绞线
E3	DS3	34.368 Mb/s	480	同轴电缆、光纤、无线微波
E4	DS4	44.736 Mb/s	672	同轴电缆、光纤、无线微波
E5	DS5	565.148 Mb/s	7680	同轴电缆、光纤、无线微波

其中以北美版本的 T-Carrier 传输规格来说，各成员所承载的传输信道数量刚好成简单的倍数比，如表 15-3 所示。

表 15-3　T-Carrier 传输速率对照表

种类	DS 等级	传输速率	传输信道	相对传输速率
FT1 (1)	DSO	64 kb/s	1	1 / 24 个 T1
T1	DS1	1.544 Mb/s	24	1 个 T1
T1C	DS1C	3.152 Mb/s	48	2 个 TI
T2	DS2	6.312 Mb/s	96	4 个 T1
T3	DS3	44.736 Mb/s	672	28 个 T1
T3C	DS3C	89.472 Mb/s	1344	56 个 T1
T4	DS4	274.176 Mb/s	4032	168 个 T1

15.2.2　SONET

1984 年 AT&T 公司分家后，许多电信公司各自发展自家的高速连线技术，却使得各种高速连线之间难以互通。为了顺利衔接各种不同的高速光纤连线，后来 Bellcore(也就是现今的 Telcordia)公司推出了 SONET(Synchronous Optical NETwork，同步光纤网络)传输标准，划分出各种 OC(Optical Carrier，光学媒体)等级的光纤连线传输速率，让各家光纤连线互连时能有个参考的根据，如表 15-4 所示。

尽管 SONET 规格中的最基本传输速率为 OC-1 的 51.84 Mb/s，但是厂商实际作出来的高速光纤传输技术却是从 OC-3 的 155.52 Mb/s 开始起跳。没有厂商实作低于 OC-3 以下传输速率的高速光纤传输技术，所以表 15-4 的“相对传输速率”字段中另外列出各种等级传输速率与 OC-3 的相对速率比。

表 15-4　SONET 传输速率对照表

种类	传输速率	相对传输速率
OC-1	51.84 Mb/s	1 个 OC-1(1/3 个 OC-3)
OC-3	155.52 Mb/s	3 个 OC-1(1 个 OC-3)
OC-9	466.56 Mb/s	9 个 OC-1(3 个 OC-3)
OC-12	622.08 Mb/s	12 个 OC-1(4 个 OC-3)
OC-18	933.12 Mb/s	18 个 OC-1(6 个 OC-3)
OC-24	1244.16 Mb/s	24 个 OC-1(8 个 OC-3)
OC-36	1866.24 Mb/s	36 个 OC-1(12 个 OC-3)
OC-48	2488.32 Mb/s	48 个 OC-1(16 个 OC-3)
OC-96	4976.64 Mb/s	96 个 OC-1(32 个 OC-3)
OC-192	9953.28 Mb/s	192 个 OC-1(64 个 OC-3)

15.3　广域网主干传输技术的数据链路层标准

15.3.1　帧中继(Frame Relay)

帧中继(Frame Relay)是一种高性能的 WAN 协议，通过可变动长度的帧来传递数据。帧中继协议是一种数据包交换技术，是 X.25 的简化版本。它省略了 X.25 的一些功能，如窗口技术和数据重发技术，它依靠高层协议来提供纠错功能，这是因为帧中继工作在更好的 WAN 设备上，这些设备较之 X.25 的 WAN 设备具有更可靠的连接服务和更高的可靠性，它严格地对应于 OSI 参考模型的最低二层，而 X.25 还提供第三层的服务，所以，帧中继比 X.25 具有更高的性能和更有效的传输效率。帧中继网络往往采用高速的 DS3 线路作为主干物理链路，其交换节点的转发延迟很小。由于帧中继具有高速分组交换网络这一特性，非常适合于突发性信息流传输，往往被用来作为 LAN-LAN 之间的远程互连。

帧中继技术提供面向连接的数据链路层的通信，在每对设备之间都存在一条定义好的通信链路，且该链路有一个链路识别码。这种服务通过帧中继虚电路实现，每个帧中继虚电路都以数据链路识别码(DLCI)标识自己。

早期的帧中继技术采用 T-Carrier 当作物理层，传输速率最高的媒体只有 T3 或 E3，随着 SONET 规格的问世，现在的帧中继也可以在 SONET 高速光纤线路上运行了。帧中继的接入速率可以很高，而帧中继网络的通信费用又根据实际传输的信息流量计算，不会浪费带宽。因此在各种 WAN 连接技术中，帧中继是最有可能被用户选中作为远程 LAN 之间的互连技术。随着通信技术的发展，提供帧中继服务的城市将越来越多，而且逐渐从大城市向中、小城市发展，帧中继的使用肯定也会随着帧中继服务的普及而普及。

有了帧中继技术后，两个相隔一段距离的局域网便可以通过帧中继技术串联起来，如图 15-4 所示。

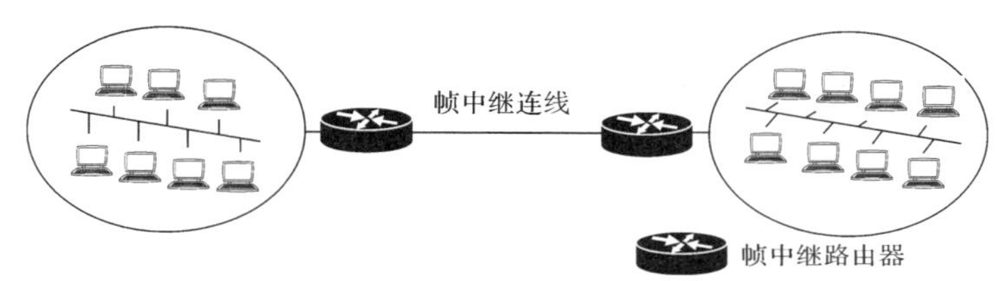

图 15-4　局域网通过帧中继技术连接起来

多台帧中继路由器的互连，形成了传输距离更长且传输范围更为广阔的大型帧中继公众网络，可以将更多远距离的局域网串联起来，如图 15-5 所示。

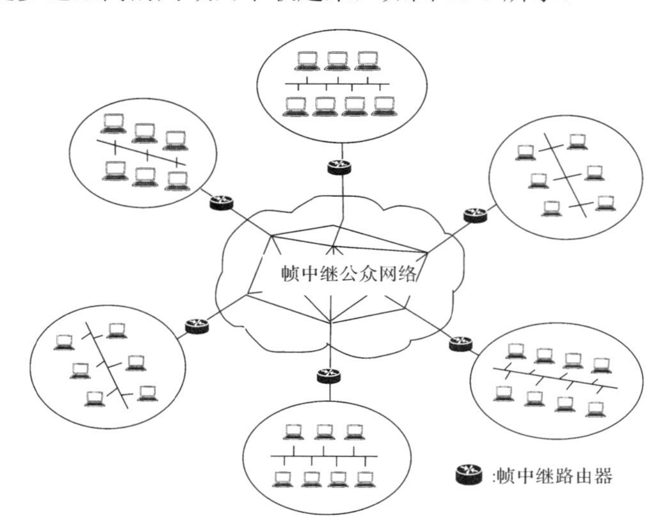

图 15-5　帧中继技术公众网络

15.3.2　ATM(非同步传输模式)

ATM(Asynchronous Transfer Mode，非同步传输模式)是另一种高速数据交换传输技术。ATM 传输技术所采用的特殊帧称为“传输细胞”(Cell)，即信元，是一种长度固定为 53-Byte 的基本传输单位。相对于其它网络传输技术采用可变动长度的帧，ATM 采用固定长度的信元(Cell)来传递数据，不但数据的传输延迟低，还能够实作 1-bit 的错误修正功能。

ATM 传输技术并不局限于广域网应用上，局域网中也可以看到它的身影。ATM 在广域网上运行时一样采用 T-Carrier 与 SONET 物理层规格。有了 ATM 传输技术后，两个相隔一段距离的局域网便可以通过 ATM 技术串联起来，如图 15-6 所示。

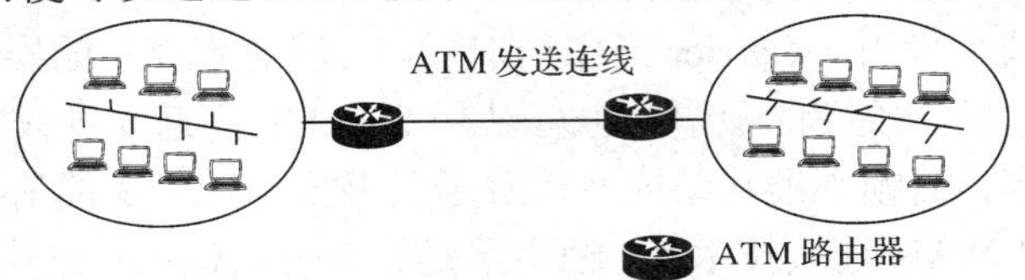

图 15-6　局域网通过 ATM 技术串联起来

由于 ATM 采用固定长度的传输细胞来传递数据，所以数据传递效率高(但是 ATM 网络交换机的价位高出许多)，多台 ATM 网络交换机的互连，形成传输距离更长且传输范围更为广阔的大型 ATM 公众网络，可以将更多远距离的局域网串联起来，如图 15-7 所示。

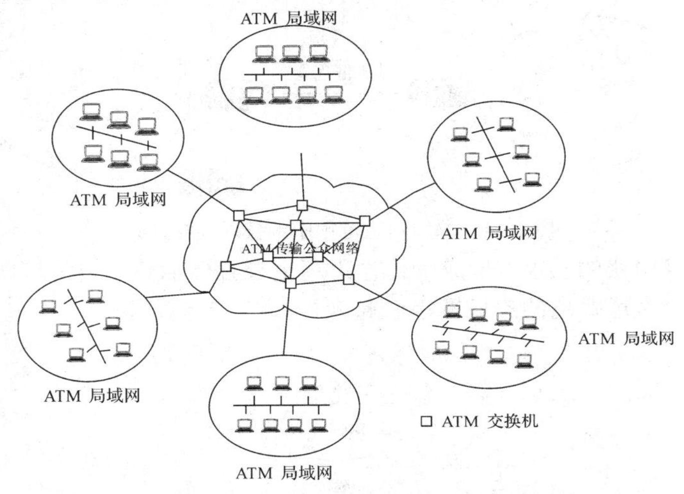

图 15-7　ATM 网络整合局域网与广域网

此外，若 ATM 局域网要通过 ATM 广域网连接其它的 ATM 局域网，由于整个网络上都采用相同的 ATM 技术，所以就不再需要路由器，直接以 ATM 交换机互连即可，如图 15-8 所示。

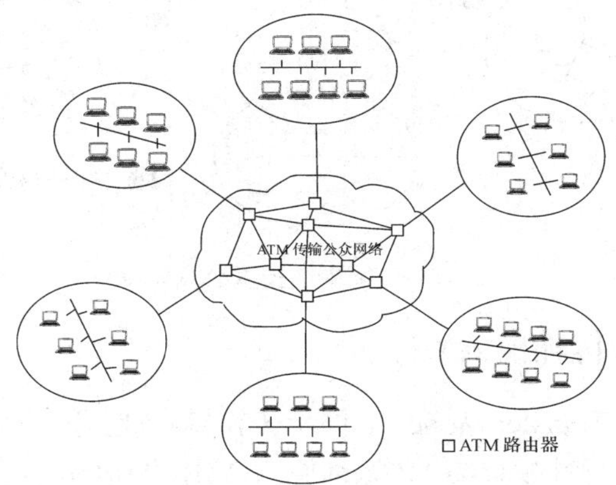

图 15-8　ATM 网络整合局域网与广域网

15.3.3　综合服务数字网络 ISDN

ISDN(Integrated Services Digital Network，综合服务数字网络)，由其名称可看出它原本的目的，就是将语音、数据和图像等多种不同服务的数据传输，都整合到同一个数字线路上，如图 15-9 所示。

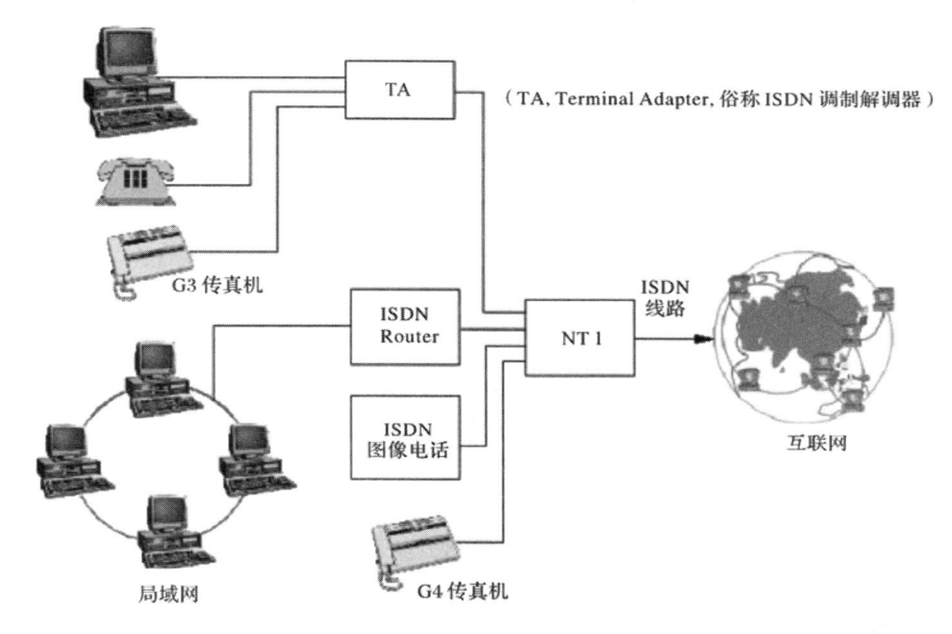

图 15-9　ISDN 的应用

综合业务数字网(ISDN)由数字电话和数据传输服务两部分组成，一般由电话局提供这种服务。ISDN 将可用来传输数据的传输线路称为信道(Channel)，虽然 ISDN 规格中定义了六种不同信道，比较常见的却只有两种：

• B 信道(Bearer Channel)。为 64 kb/s 的数字信道，用于传输用户数据，比如传送数字或语音数据。而且这 64 kb/s 的信道是完整的 64 kb/s，不含 ISDN 控制用的数据。

• D 信道(Data Channel)。为 16kb/s 或 64 kb/s 的数字信道，主要是用来发送控制用的信号。

将不同的信道组合起来，就是一个可供用户使用的接口(Interface)，或者说是访问 ISDN 服务的方式，目前常见的接口有以下两种：

(1) BRI(Basic Rate Interface，基本速率接口)，也称为 BRA(Basic Rate Access)，是由两个 B 信道加上一个 16kb/s 的 D 信道所组成，因此常写成 2B+1D。两个 B 信道必要时可合起来提供 128 kb/s 的传输速率，或者分开运行，例如一条用来上网，一条用来打电话。

(2) PRI(Primary Rate Interface，主速率接口)，也称为 PRA(Primary Rate Access)，在北美地区和日本，为了配合 T1 规格，所以 PRI 是 23B+lD(使用 64 kb/s 的 D 信道)，总速率可达 1.544 Mb/s。在欧洲地区和中国则为配合 E1 规格，所以是用 30B+1D，总速率可达 2.048 Mb/s。

要了解 ISDN 的运行结构，我们可用参考点(Reference Point)与不同类型的设备(Device)

来解释。参考点有时也称为接口，但为免与 BRI、PRI 接口混淆，以下就以参考点称之，参考点是用来描述不同功能群组间的接口，或是边界(Boundary)。参考点共有 R、S、T、U、V 等五种。设备种类也可称为功能群组(Functional Group)，指的是一组 ISDN 运行的程序，如将信息格式化、多工化等。

ISDN 将设备分为以下几类：

(1) TE1(Terminal Equipment Type 1，终端设备一型)。可直接连上 ISDN 线路的设备，如 ISDN 电话机、ISDN 传真机和 ISDN 视频会议设备等。

(2) TE2(Terminal Equipment Type 2，终端设备二型)。不可直接连上 ISDN 线路的设备，如我们的计算机或普通的电话等，这些设备必须通过 TA 才能连上 ISDN。

(3) TA(Terminal Adapter，终端配接器)。让 TE2 能连上 ISDN 的设备。因此我们要让计算机连接 ISDN，需要的不是调制解调器，而是买一台 TA。同理，要将传统电话或传真机连上 ISDN，也都要通过 TA。

(4) NT1(Network Termination 1，网络终端机一型)。NT1 负责将由外部连到家中的 ISDN 线路，转成可供家中设备使用的线路。简单地说，当中国电信拉一条 ISDN 线路到我们家中时，最末端让我们接上 ISDN 设备的地方就可视为 NT1。

(5) NT2(Network Termination 2，网络终端机二型)。NT2 的功能是让由 NT1 牵出来的线路分布给多个设备。因为由 NT1 牵出来的线路，在 100 m 内最多可供连接 8 个设备，虽可应付一般家庭使用，但在使用 PRI 的企业，可能需连接更多的设备，此时可利用 NT2 设备，例如 ISDN 交换机(PABX)，将 ISDN 线路分给多个用户使用。

LT(Line Termination，线路终端机)和 ET(Exchange Termination，交换终端机)这两者都属于电信网络部分，分别代表 ISDN 连线进入 ISDN 交换网络的终端点，以及再进入 PSTN 之前的终端点。

整个 ISDN 的运行环境如图 15-10 所示，图中也标示出各参考点所代表的意义。其中：

- R：代表 TE2 和 TA 间的连线，常见的接口为 RS-232。
- S 与 T：S 代表 TE1 或 TA 与 NT1 或 NT2 间的连线；而 T 则是 NT1 和 NT2 间的连线。由于两者在电气上的性质相同，都是使用两对双绞线，再加上有些 NT1 已整合 NT2 的功能，所以通常 S 和 T 会写在一起以 S/T 表示。
- U 与 V：U 为 NT1 和 LT 间的连线，此处的连线和电话线相同，都是两条铜线。而 V 参考点则是由 ISDN 网络进入 PSTN 的连线。

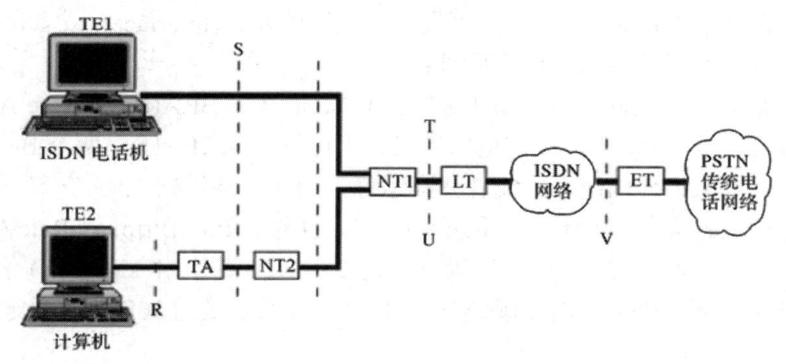

图 15-10　ISDN 的运行结构

使用 ISDN 和使用电话线类似，并不像专线是随时保持通路的，而是需要连线或通话时再拨通。因此使用 ISDN 和电话一样，除了基本月租费外，每次通话或上线要计时收费。因此，我们可将申请 ISDN 视为将传统电话传输线路升级为数字化电话线路的操作，除了有两个 B 信道以及使用设备的不同外，其它都和使用电话差不多。

15.4　租用公用广域网组建 Intranet

Intranet 就是企业或事业单位内部的计算机互联网，是 Internet 技术在一个企业或事业单位的 LAN 或 WAN 上的具体应用。最常见的情况是租用广域网线路把一个企业的若干个远距离的局域网联为一个大网络，例如中国人寿企业网就把总公司与各省分公司、市公司、区(县)公司联成一个整体，实现业务和办公自动化。

Intranet 使用和 Internet 相同的标准和协议(TCP/IP)，但把互联范围局限在单位内部，只有单位内部的员工才能访问 Intranet 上的信息，当然，Intranet 上也可有部分信息向 Internet 上的所有用户开放。

另外，在防火墙技术的支持下，Intranet 上的员工和计算机可以无缝的访问 Internet 上的所有资源，并能阻止 Internet 上的未经授权的计算机或客户访问 Intranet 内未开放的资源。

当今绝大多数企业的 Intranet 都是通过租用公用广域网把分散的局域网连接起来而成的。 如何租用公用广域网来组建企业 Intranet 是很实用的组网技术。下面就详细叙述几种常见的公用广域网的特性和接入方法。

15.4.1　租用 PSTN

PSTN(Public Switched Telephone Network)就是普通的公用电话交换网，是基于模拟技术的电路交换网络。租用 PSTN 实现远程计算机之间或 LAN 与远程站点间或 LAN 与 LAN 间的通信是相对廉价的(但当经过长途线时，电信费也不低)，但其传输质量较差，可靠性不高，数据传输率较低(目前最新的 Modem 标准为 56 kb/s，但在国内的很多电话线路上达不到这个速率)，一般只用在通信速率和质量要求不高的场合，或用作高质量主链路的备用链路。

由于 PSTN 是模拟信道，故通信双方都要用 Modem 来实现用模拟信号传输数字数据。

PSTN 线路可以有多种租用方式(入网方式)，介绍如下：

(1) 租用普通拨号电话线。

这种方式需要通信时才拨号连接，按占线时间计费。适用于传输速率要求不高，通信不频繁的业务。

(2) 租用一条电话专线(不用拨号的电话线)。

这种方式相当于通信双方连接了一条固定的直通线，随时可以通信。其传输质量和速率较拨号电话线好，可用于传输速率要求不高但常年都频繁通信的业务。此种方式的专线租用费较高，但如果经年通信都非常频繁，租用拨号线的通信费累计起来就会比租用专线还高，这时租用专线就合算些。

(3) 经拨号线或电话专线与本市 X.25 网相连，进而与远地城市 X.25 网连接。

这是一种较好的远程方式，传输速率和质量比长话线高，费用却低。

利用PSTN实现远程通信一般都采用PPP(Point to Point Protocol)协议作为链路层协议，可以配置和自动封装多种网络层协议(如IP，IPX，APPLETALK等)。

图15-11是用PSTN把两台PC机连接起来进行通信。

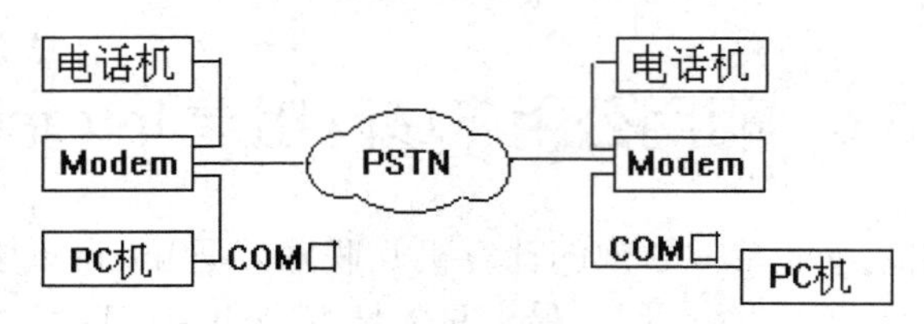

图15-11　用PSTN把两台PC机连接起来

图15-12中许多分散的PC机以拨号方式联入远程LAN中的一台通信/访问服务器而透明共享远程LAN资源。

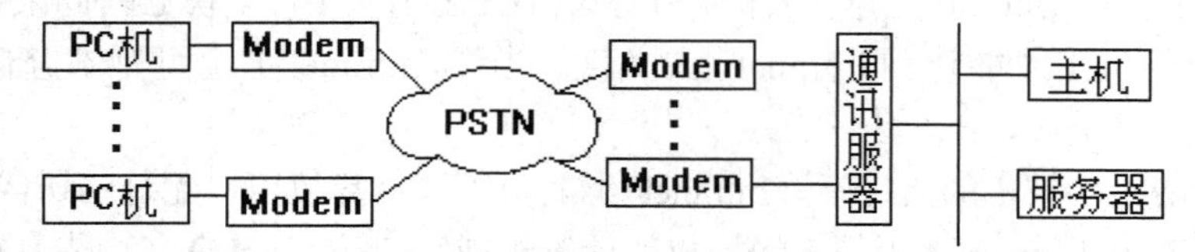

图15-12　分散的PC机以拨号方式联入远程LAN中的一台通信/访问服务器

图15-13是用PSTN连接两个LAN，此时要用到两个路由器。

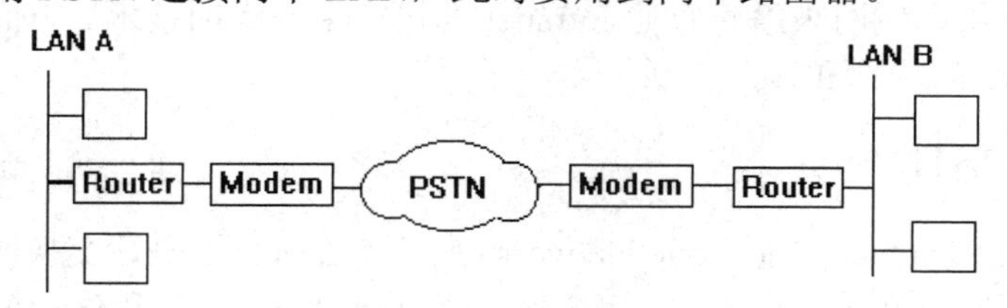

图15-13　用PSTN连接两个LAN

图15-14是用拨号电话线路作为主链路(包交换网链路)的备份线路，当主线路流量超过一定值或出现故障时，自动拨号启动PSTN备份线路进行分流或替换主线路。

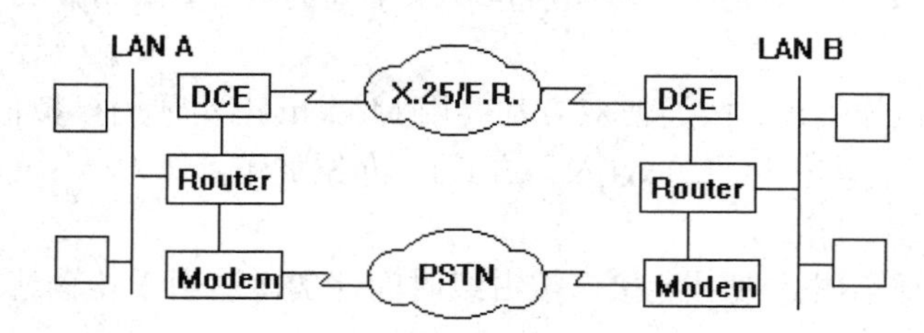

图15-14　用拨号电话线路作为主链路(包交换网链路)的备份线路

15.4.2　租用N-ISDN

1. N-ISDN概述

N-ISDN(Narrow band-Integrated Service Digital Network)即窄带综合业务数字网，俗称“一线通”。可以理解为新一代的数字电话网，在这个网上除了打电话外，还可以支持高速数据传输(64～128 kb/s)、图像传递等。以下把 N-ISDN 简称为 ISDN。

和 PSTN 一样，ISDN 也是电路交换网，提供端到端的直通连接。但 PSTN 线路上传输的是模拟信号，而 ISDN 线路上传输的是数字信号；PSTN 不提供多路复用，而 ISDN 提供时分多路复用。因此和 PSTN 相比，ISDN 有巨大的优势：

(1) ISDN 很快。PSTN 上 Modem 的最新标准为 56kb/s。而一条 ISDN 电话线上最高可达 128 kb/s。此外 PSTN 上 Modem 间协商要花 10～30 秒或更长时间，而 ISDN 连接的建立几秒钟就可完成。

(2) ISDN 很可靠。由于 ISDN 采用数字信号传输，抗干扰性好，又有纠错编码，故通信中更少有错误，更少重传。

(3) ISDN 很经济。一对 ISDN 用户线可连接 8 个用户终端，可以做到打电话和上网同时进行，从而大大节省用户线的投资。1B 带宽的通信费比普通电话的通信费还便宜(但月租费要贵些) 。

128 kb/s 的 2B+D 端口比 64 kb/s 的 DDN 专线的费用要低得多(特别是在无需长时间通信的场合)。

(4) ISDN 很容易获得。如果原来有普通电话，则只要到电话局办一个手续，你的电话线就可以成为 ISDN 话线，且原来的普通话机、传真机、Modem 等可以继续使用(但要配一部 ISDN 终端适配器 TA 才行)；如果原来没有电话，则直接申请一条 ISDN 话线，电话局就会把 NT1 设备安装到你指定的地方。

目前国内 ISDN 提供的业务主要有三大类：

(1) 承载业务：提供在用户之间实时传递信息的手段，而不改变信息本身的内容。承载业务分为电路交换方式、分组交换方式、帧方式三种，但目前一般只提供电路交换的承载业务。

利用 ISDN 提供的承载业务，就可实现远程计算机联网，即组建 Intranet。

(2) 用户终端业务：即用户通过 ISDN 终端所获得的服务，如数字电话、传真、视频通信等。

(3) 补充业务：用户在使用以上两种业务的同时，还可以要求 ISDN 提供额外的功能，即补充业务。ISDN 补充业务非常丰富，已开放的补充业务如下：

- 主叫号码显示。当有电话来时，被叫方在振铃阶段即可获知主叫方的号码(免费)。
- 主叫线识别限制。主叫用户可以抑制自己的号码，使被叫方在振铃时看不到自己的号码(收费)。
- 多用户号码。一对用户线可赋予多个号码，用户可以把不同的号码分配给不同的终端，当外界来话时由相应的终端响应(收费)。
- 子地址。用户除了必须有电话局分配的固定号码外，还可以有子号码，用户可把子号码分配给不同的终端(免费)。
- 用户—用户信息传递。主叫用户可以预先设定一些短语，被叫用户在振铃时 ISDN 话机可显示此短语(收费)。
- 直接拨入。用户在没有话务员干预的情况下直接呼叫 ISPBX(具有综合业务能力的用户交换机)中的用户(免费)。
- 呼叫转移。被叫用户可将呼叫转送到预先指定的号码(免费)。

2. ISDN 定义的用户—网络接口

用户设备与 ISDN 的接口参考模型和实例分别如图 15-15(a)和(b)所示。

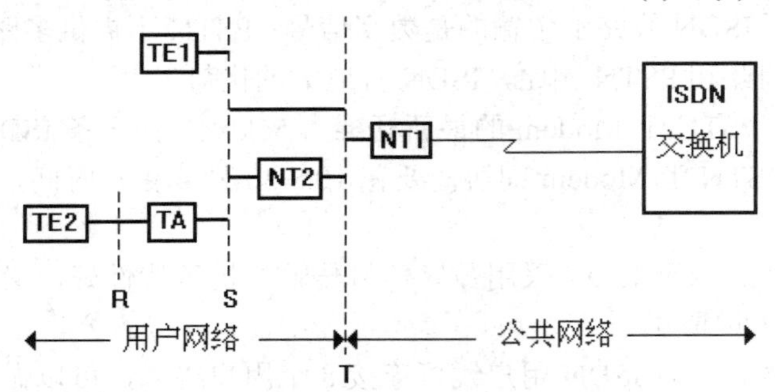

(a) N-ISDN 用户—网络接口参考点模型

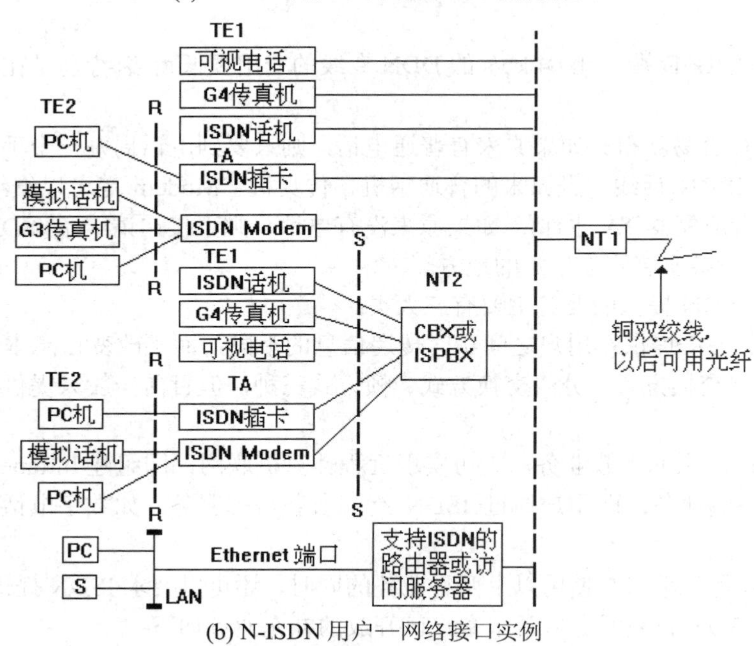

(b) N-ISDN 用户—网络接口实例

图 15-15　N-ISDN 用户—网络接口参考点模型和实例

图中的 R、S、T 是 ISDN 定义的用来描述各类设备间接口的三个参考点。其中参考点 T(Transmission)用于标识用户设备和 ISDN 网络终结设备之间的接口。在参考点 T 的一边为用户设备(对应 DTE)，另一边为网络终结设备(对应 DCE)。参考点 T 描述的接口也称为数字位管道(Digital Pipe)，它的含义是 T 点一边的任何用户都经过同一个双向数字位管道与 ISDN 交换系统互传位流信息，数字位管道用时分复用技术支持多个独立的逻辑信道。ISDN 网络方(电话局方)提供的接口设备为 NT1(Network Termination 1)。NT1 上一般提供有基速接口(BRI)或主速接口(PRI)。

ISDN 把用户设备分为两大类：一类为专用的 ISDN 终端设备，称 TE1(Terminal Equipment 1)，可直接与 NT1 或 NT2 相接，例如 ISDN 数字话机、G4 传真机、可视电话机等即是这类终端；另一类为非 ISDN 终端设备，称为 TE2，需经 ISDN 适配器(TA-Terminal Adapter)适配后才能接到 NT1 或 NT2 上，例如普通模拟电话机、G3 传真机、Modem、普通 PC 机等都是 TE2 类终端。

TE2 类终端要接入 ISDN 须经 ISDN 终端适配器 TA，又称为 ISDN Modem。它主要是将现有模拟设备(普通电话机、G3 传真机等)及不支持 ISDN 帧格式的数字设备(PC 机)的信号转换成 ISDN 帧格式进行传递。TA 基本上分为内置式和外置式两类。外置式 TA 通称为 ISDN Modem，是单独的设备，其外形比较像普通的 Modem。它通常有这样几个端口：

- 用于连接普通电话和传真机的模拟端口。一般为 2 个。
- 用于连接 PC 机 COM 口的 RS232 串行接口。一般为 1 个。
- 用于连接 ISDN 线路的端口。为 1 个。

但 PC 机经外置式 TA 连网的话，传输率可能达不到 128 kb/s。

内置式 TA 通常称为 ISDN PC 适配卡。作为计算机的插卡，它的端口较简单，一般只有一个用于连接 ISDN 线路的端口，有些插卡还带有一个模拟接口。内置式 ISDN 插卡可以提供 ISDN 线路上的完全 128 kb/s 速率，这一点外置式 ISDN 适配器做不到。

在用户设备和网络终结设备之间还可以插入一个 NT2 设备。NT2 是第二类网络终结设备，它具有 OSI/RM 的低三层功能。典型的 NT2 设备是一台具有综合业务能力的用户交换机 ISPBX(Integrated Service Private Branch eXchange，有时也称为 CBX-Computerized Branch eXchange)。另外 LAN 上的 ISDN 路由器、ISDN 访问服务器等原则上也是 NT2 设备。ISDN 终端 TE1 及 ISDN 适配器与 NT2 间的接口用参考点 S 描述。如果不采用 NT2，则 S 和 T 为同一参考点。

此外，非 ISDN 终端 TE2 与 ISDN 适配器 TA 间的接口用参考点 R 描述。

3. ISDN 的接口速率及通信协议

ISDN 为用户提供了两类速率的接口：

- BRI(Basic Rate Interface，基本速率接口，简称基速接口)。
- PRI(Primary Rate Interface，主速率接口，简称主速接口)。

BRI 提供两个 B 通道和一个 D 通道，即 2B+D 端口。B 通道只有物理层协议，传输速率为 64 kb/s，通信用户可以任意选用端—端通信协议；D 通道用于传输信令，具有三层协议，传输速率为 16 kb/s。两个 B 信道和一个 D 信道在一对物理用户线上时分复用。使用多链路 PPP 协议时，每个 BRI 端口的传输速率可达 128 kb/s。

PRI 按国家或地区不同分为两类：T1 和 E1。

T1 = 23B + D，23 个 64 kb/s 的 B 信道，1 个 64 kb/s 的 D 信道，被北美和日本采用。

E1 = 30B + D，30 个 64 kb/s 的 B 信道，1 个 64 kb/s 的 D 信道，被欧洲和其它国家采用。

T1 每帧 125 μs，内含 23 路 8 位的数据，1 路 8 位的信令及 1 位帧编码，故传输率为 $(23 \times 8 + 8 + 1)\text{bit} / 125\ \mu\text{s} = 1.544\ \text{Mb/s}$。

E1 每帧 125 μs，内含 30 路 8 位的数据，1 路 8 位的信令及 8 位同步，故传输率为 $(30 \times 8 + 8 + 8)\ \text{bit} / 125\ \mu\text{s} = 2.048\ \text{Mb/s}$。

无论是 BRI 或 PRI，其接口中的每个 B 信道都可支持一个单独的逻辑数据流，就像一个逻辑端口一样。因此，一个 PRI 径 ISDN 可与多个具有 BRI 端口的设备互联。

D 信道具有三层协议。第一层采用 I.430 和 I.431 建议，第二层协议采用 LAPD(Link Access Protocol，D channel)协议，第三层采用 CCSS NO.7(Common Channel Signalling

System NO.7)协议，(当不使用 D 信道做用户数据传输时)。D 信道的主要功能是传输 ISDN 网络的控制、管理和计费信息，具有封闭性，用户不能干预。

B 信道用于提供电路交换/专线业务时，只有第一层协议(也是 I.430 和 I.431)，上层协议由用户选用。B 信道用于提供分组交换业务时，第一层协议还是 I.430 和 I.431，第二层协议和第三层协议采用 X.25 的第二、三级协议。但这类业务目前未提供。

4. ISDN 组网示例

ISDN 用户设备接入示例已在图 15-5(b)中描述。下面是用 ISDN 组建一个二级 Intranet 的实例，如图 15-16 所示。

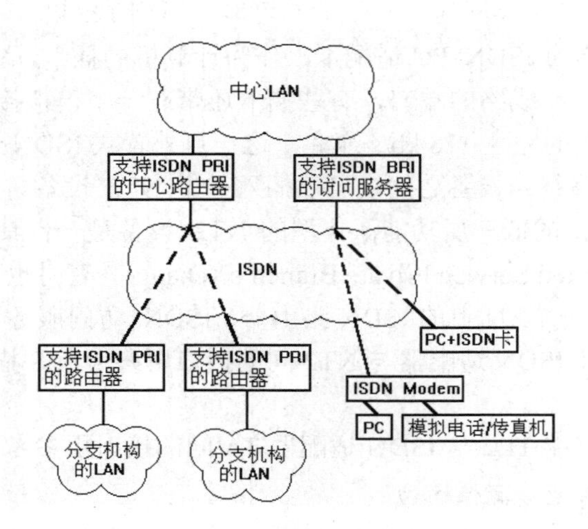

图 15-16　用 ISDN 组建二级企业网示例

图中，中心路由器通过 PRI 端口可与多个分支路由器的 BRI 端口连接，从而把多个分支机构的 LAN 与中心 LAN 互联.

图中 PC 机经过 ISDN 卡或 ISDN Modem 连入有多个 BRI 口的 ISDN 访问服务器，从而联入 LAN。两个 PC 也可以经 ISDN 互联。

15.4.3　租用 DDN

1. DDN 概述

DDN(Digital Data Network，数字数据网) 是采用同步转移模式的数字时分复用技术的电路交换网。

DDN 为用户提供的最典型和最主要的业务是点对点专用电路。从用户角度看， 租用一根 DDN 专线与租用一根电话专线十分相似，例如两个 LAN 经路由器和租用的专线就可以进行全透明的互联。但两者又有区别：

(1) 电话专线是模拟信道，要 Modem；DDN 专线是数字信道，无需 Modem，而是采用特殊的数字接口电路及数字复用设备与用户设备进行连接。接口标准为 CCITT G.703(物理层标准)。

(2) 电话专线是固定的物理连接(线路断了，要等修好后才能再用)，DDN 专线是半固定的连接(即路由可随时申请更改，还具有路由故障自动迂回功能)。

因为 DDN 是按固定月租收费(不管通信量多少)，所以非常适合频繁通信的 LAN 与 LAN 的互联。在要求多个 LAN 互联时最好采用 DDN 中提供的帧中继业务。

2. DDN 提供的业务

1) 专用电路

专用电路包括下述几种电路类型：

- 点对点专用电路。在两个用户间提供一条双向的高速高质的专用电路。这是最典型的业务。
- 一点对多点专用电路。主站可对从站进行广播或轮询。
- 多点对多点专用电路。多点之间可以相互通信，如视话会议系统。

2) 帧中继任务

在专用电路的基础上，通过引入帧中继模块(FRM)，提供永久性虚电路(PVC)方式的帧中继业务，适合于多个 LAN 互联，是一种增值业务。

3) 压缩话音/G3 传真业务

在专业用户电路的基础上，通过在用户入网处引入话音服务模块(VSM) 提供压缩话音/G3 传真业务。用于电话机和 PBX 或 PBX 之间互连。也是一种增值业务，可由电信局方增值，也可由用户方增值。这种业务带来的巨大优点是用户在租用 DDN 专线组网的同时就拥有了自己企业内部的电话网，可以节省大量的长话费(如果 DDN 电路跨越市话区域的话)。

4) 虚拟专用网

用户可以租用 DDN 网的网络资源构成自己的专用网，即虚拟专用网，用户可以对租用的网络资源参与调度和管理。

3. DDN 用户入网速率

DDN 允许的用户入网速率及用户之间的连接如表 15-1 所示。

表 15-1　DDN 允许的用户入网速率及用户之间的连接

业务类型	用户入网速率(kb/s)	用户之间连接
专用线路	2048(E1) N × 64(N = 1～31) 子速率：2.4，4.8，9.6，19.2	TDM 连接
帧中继	2048 N × 64(N = 1～31) 9.6，14.4，16，19.2，32，48	PVC 连接
话音/G3 传真	8.8，16.8，32.8	带信令传输能力的 TDM

DDN 上有二级复用：一级复用称为子速率复用，把多个速率为 2.4～48 kb/s 的支路复合成为 64 kb/s 的合路；二级复用是把 N(N = 1～31)个 64 kb/s 的支路复合成为 2048 kb/s 的合路。

对于专用电路业务，两端用户入网速率必须是相同的；对于帧中继业务，由于 DDN 的 FRM 模块有存储转发帧的功能，故允许入网速率不同的用户互通。

4. 用 DDN 组网示例

图 15-17 是一个用 DDN 组建二级 Intranet 的示意图。

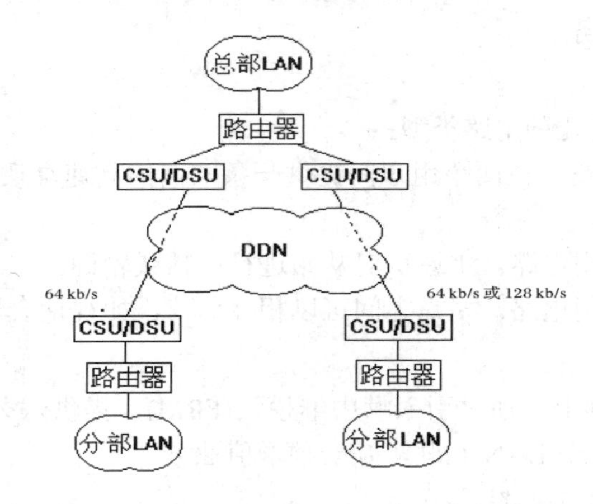

图 15-17　用 DDN 组建二级 Intranet 的示意图

图中的 CSU/DSU 是 DDN 网的 TDM 连接设备，如加拿大新桥公司的 New Bridge Main Street 2603。

15.4.4　租用 Frame Relay(帧中继)

1. 背景

传统的通信子网(如 X.25)为三层网络，当时采用铜质模拟线路，为保证可靠性，每两个节点之间的数据传送都要经过校验和确认，实现出错重发机制，在链路层和网络层都采取了可靠性措施。这样的三层子网模式存在以下问题：

- 现在的线路质量提高了，出错率降低了，逐段检错的必要性已经不大了。
- 采用三层子网模式时，由于要逐段纠错，使节点机的负荷很重，再加上传统的链路层协议是基于固定分配链路吞吐率而设计的，难以适应高速、突发性数据传输的需要。

帧中继技术就是这样一个背景下发展起来的。它有如下的技术特点：

(1) 采用带外信令技术。控制信号在专用的信道内传输，与传送用户数据的信道隔离。

(2) 对出错帧采用丢弃方式，而将出错后的重传纠错功能留给用户域中的端系统处理。这样就摆脱了逐段纠错的繁重任务，提高了效率。

(3) 对物理媒介采用统计复用，动态分配带宽，对突发性数据传输的适应能力强。

2. 帧中继网结构及提供的服务

由帧中继交换网(帧交换节点机互联而成)与帧中继端系统(用户域中的主机、 路由器等(支持帧中继))组成，如图 15-18 所示。

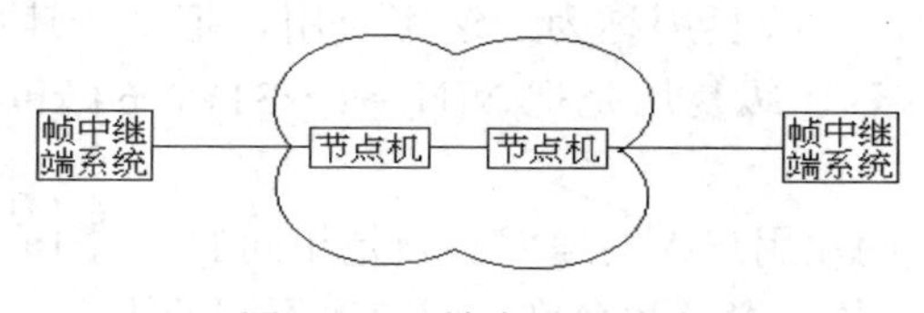

图 15-18　帧中继网结构

帧中继以永久虚电路(PVC)和交换虚电路(SVC)两种方式提供服务，是一种面向连接的服务。

3. 局域网通过帧中继网互连模型

局域网通过帧中继网互连模型可用图 15-19 表示。

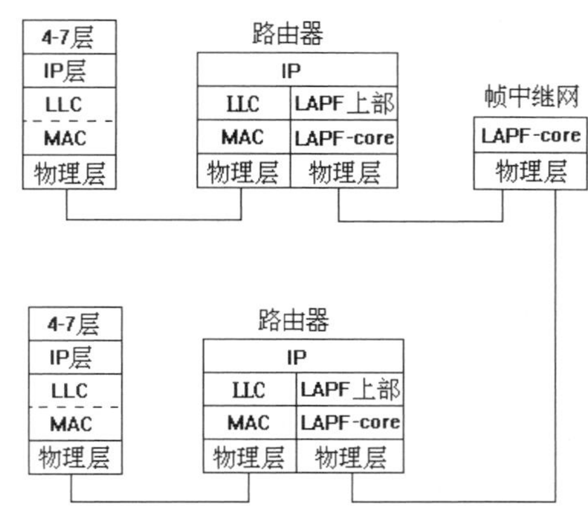

图 15-19　局域网通过帧中继网互连模型

(图注：距离较远时路由器通过 CSU/DSU 连到帧中继交换机。)

4. 帧中继接口

目前帧中继大多用永久型虚电路(PVC)，是由电信部门根据用户需要为两端用户一次设置成的一条固定双向信道。

帧中继用数据链路连接标识号(DLCI)来标识单个物理通道中多路复用的逻辑连接，即是指向哪条 PVC。为用户 DTE 提供的就是各 PVC 的 DLCI，而没有像 X.25 网中的 X.121 那样的物理地址。DLCI 值为 10 位。

帧中继规范为 DTE 和 DCE 之间的接口定义了管理协议，称为 LMI(局部管理接口)。另外还定义了扩展的 LMI，使 DLCI 全局有效。

5. DLCI 和网络地址

在基本的 LMI 中，DLCI 号只是局部有效。此时：

(1) 多条 PVC 连接的两个用户设备可以有不同的 DLCI，但指向的是同一条 PVC。

(2) 不同的端设备可以有相同的 DLCI，如图 15-20 所示。

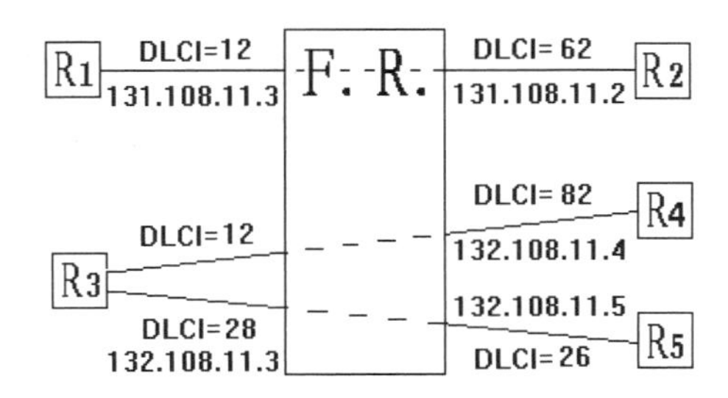

图 15-20　帧中继的 DLCI

帧中继网的网管控制中心会建立一张 PVC 路由表，包含了每个节点机(FRM)的出入端口与各 DLCI 号的对应关系，从而识别每条 PVC 的去向。

帧中继网只有底两层协议，并用 PVC 实现 DTE 之间的逻辑连接。当路由器和 TCP/IP 协议经 F.R.实现局域网互联时，要在路由器上建立 IP 地址和 DLCI 值的映像。

本地路由器知道本地的 IP 地址和 DLCI 号，以及对方路由器的 DLCI 号，要获得对方路由器的 IP 地址，可以有静态和动态两种解析方法：

(1) 静态映像。在本地路由器上设定对方路由器的 IP 地址和本地 DLCI 值的映像。

(2) 动态映像(InARP)。向对方路由器发送 InARP 报文，从应答报文中根据对方路由器的 DLCI 值求得其相应的 IP 地址。

下面是 Cisco 路由器的映像语句(在 R3 上对 R4 映像)：

(1) 静态映像：

frame-relay map ip 132.108.11.3 12 bro

(2) 动态映像：

frame-relay inverse-arp ip 12

6. Cisco 路由器配置帧中继举例

Cisco 路由器支持三类 LMI：ANSI，CCITT，Cisco。可任选一种。

Cisco LMI 通常有非广播多点访问(NBMA)模式和子接口访问模式，其中：

- NBMA 模式一般为全网状拓扑结构，每台路由器在同一接口上有多条 PVC 分别与其它的每台路由器相连，所有互联的路由器都具有同一个 IP 网络号。
- 子接口模式是在路由器的单个物理端口上生成二个或多个子接口，每个子接口可用点对点或点对多点方式连接一台或多台远程路由器，子接口互联的路由器有相同的 IP 网络号。

图 15-21 是三台路由器经 F.R.用 NBMA 模式实现全网状互联的例子，在 NBMA 模式中通常采用静态映像技术。

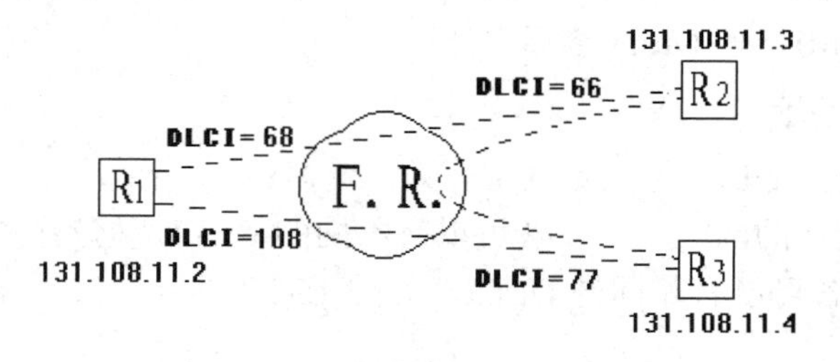

图 15-21　三台路由器经 F.R.用 NBMA 模式实现全网状互联

以 R1 的 S0 端口为例，其执行语句及含义如下：

int　s0　　配置 S0 端口

ip addr 131.108.11.2　255.255.255.0　置 S0 的 IP 地址

en frame-relay　　以 F.R.封包并激活

frame-relay lmi-type ansi　　选 ANSI 作 LMI 标准

frame-relay map ip 131.108.11.3　68 bro　映像 R2 的 IP 地址

frame-relay map ip 131.108.11.4 108 bro　映像 R3 的 IP 地址

其中，bro 为 broadcast 之简写，意为允许广播向前转发或路由更新。

15.4.5　租用 MSTP 线路

MSTP(Multi-Service Transport Platform，多业务传送节点)是基于 SDH 平台，同时实现 TDM 业务、ATM 业务、以太网业务等的接入、处理和传送，提供统一网管的多业务节点。

SDH(Synchronous Digital Hierarchy，同步数字体系)，是国际电报电话咨询委员会(CCITT)(现 ITU-T)于 1988 年接受了 SONET (Synchronous Optical Network，同步光纤网络)概念并重新命名为 SDH，使其成为不仅适用于光纤也适用于微波和卫星传输的通用技术体制。SDH 采用的信息结构等级称为同步传送模块 STM-N(Synchronous Transport Mode，N = 1，4，16，64)，四个 STM-1 同步复用构成 STM-4，16 个 STM-1 或四个 STM-4 同步复用构成 STM-16，四个 STM-16 同步复用构成 STM-64。STM-1 的传输速率为 155.520 Mb/s；而 STM-4 的传输速率为 4 × 155.520 Mb/s = 622.080 Mb/s；STM-16 的传输速率为 16 × 155.520 (或 4 × 622.080) = 2488.320 Mb/s = 2.5 Gb/s。STM-64 的传输速率为 4 × 2.5 Gb/s = 10 Gb/s。

MSTP 是 SDH+新功能模块，最常用的 MSTP 设备是 Metro1000。

MSTP 通道搭建的带宽是 2M×N，最高可达 100 Mb/s 乃至 10 Gb/s。

MSTP 除应具有标准 SDH 传送节点所具有的功能外，还具有以下主要功能特征：

(1) 具有 TDM 业务、ATM 业务和以太网业务的接入功能；

(2) 具有 TDM 业务、ATM 业务和以太网业务的传送功能；

(3) 具有 TDM 业务、ATM 业务和以太网业务的点到点传送功能，保证业务的透明传送；

(4) 具有 ATM 业务和以太网业务的带宽统计复用功能。

目前最常用的是租用 MSTP 用作以太网点到点专线。相当于延长了以太网线的距离。下面图 15-22 是中国银行租用 MSTP 线路组建企业网的示意图。

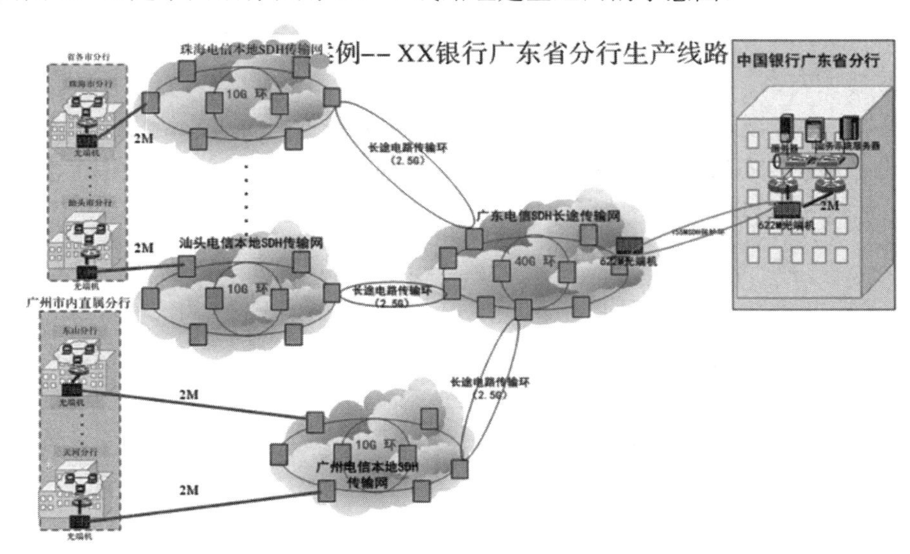

图 15-22　中国银行租用 MSTP 线路组建企业网的示意图

15.4.6　租用裸光纤

这是最近比较流行的一种方式。相当于电信经营商为你在你需要联网的两地敷设了一根光纤，至于这根光纤的用途、采用什么传输技术、定多少传输速度等完全由用户自己决定，用户要自己购买和维护 DCE、DTE 等设备。

15.5　Intranet 实例

本节介绍的是长沙寿险公司的网络方案。

1. 问题的提出

长沙公司要建一个能够处理保险业务、支持办公自动化、提供情报资料服务的 Intranet。

2. 需求分析

1) 用户背景

长沙公司有 9 个区县支公司，1 个营销总部(下辖 8 个营销营业区)，1 个直属营业区，1 个营业总部，共 20 个部门需要上网。

原来的情况是每部门都有 1 台主机或服务器，形成一个自己的小局域网。

其中有 8 个部门与网络中心很近，可以直接用局域网互联，另外 12 个部门要通过租用电信局的广域网实现互联。

每个部门都拥有自己的信息，与其它部门的信息要予以充分隔离，但必要时又要能相互访问。

2) 逻辑模型

根据业务背景，公司网络分市、区县二级结构。公司总部设数据中心，为一高速主干网。8 个较近的部门的局域网与数据中心作局域网直接互联，12 个较远的部门的局域网络通过广域网与数据中心互联。

3. 局域网方案

数据中心的局域网采用快速以太网和局域网交换技术，为星形结构，如图 15-22 所示(可适当划分虚网)。考虑到目前 PC 机、服务器、交换机普遍都支持 1000 Mb/s，所以图 15-23 可以轻松升级为 1000 Mb/s。

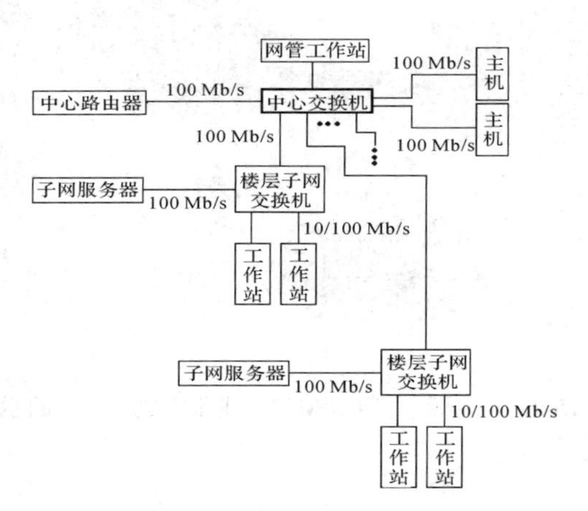

图 15-23　数据中心局域网络方案

区县公司的局域网视情况可采用 10/100/1000 Mb/s 以太网，用交换器组成交换式局域网，结构图如图 15-24 所示。

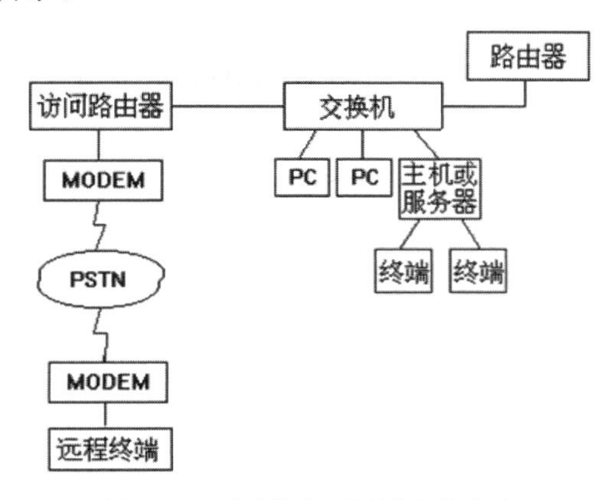

图 15-24　区县公司局域网络方案

其中代理点的远程终端通过 PSTN 和访问路由器连入主机。

局网协议选用 IP(因网上有很多 Unix 主机)。

4. 广域网方案

12 个区县支公司与数据中心的通信选用 DDN(以后可换成帧中继以降低费用)作主线路，用 PSTN 作备份线路。结构如图 15-25 所示。

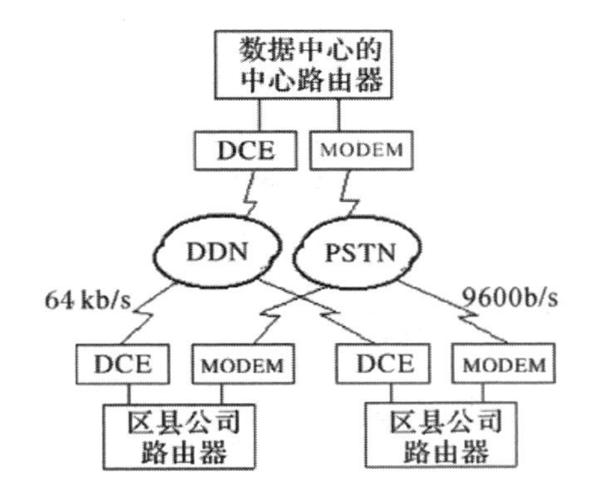

图 15-25　广域网方案

区县公司之间的联系要经过中心路由器。网络拓扑结构为星型结构。路由协议可采用 OSPF、RIP 或静态路由。

项目 15 考核

长沙某公司有一个总部和两个营业部，总部在天心区的国际财富中心，营业部分别在雨花区区政府附近和开福区的芙蓉北路南方明珠，总部和营业部都有一个以太局域网，现在要把它们连为一个整体，请你设计一个联网方案，绘出拓扑图。要说明租用什么广域网线路，需要什么设备，列出设备清单，给出每年的通信费预算。

项目 16　因特网接入技术

知识目标

学习因特网接入设备及标准知识。

技能目标

能够进行因特网接入方案设计、实施。

素质目标

提高工程素质。

16.1　ADSL 接入因特网

ADSL 是英文 Asymmetrical Digital Subscriber Loop(非对称数字用户环路)的英文缩写，ADSL 技术是运行在原有普通电话线上的一种新的高速宽带技术，它利用现有的一对电话铜线，除电话服务外，为用户提供上、下行非对称的数据传输业务。非对称主要体现在上行速率(最高 640 kb/s)和下行速率(最高 8 Mb/s)的非对称性上。上行(从用户到网络)为中速的传输，可达 640 kb/s；下行(从网络到用户)为高速传输，可达 8 Mb/s。

16.1.1　通过 ADSL Modem 接入因特网

家庭用户通过 ADSL 接入因特网的方式如图 16-1 所示。

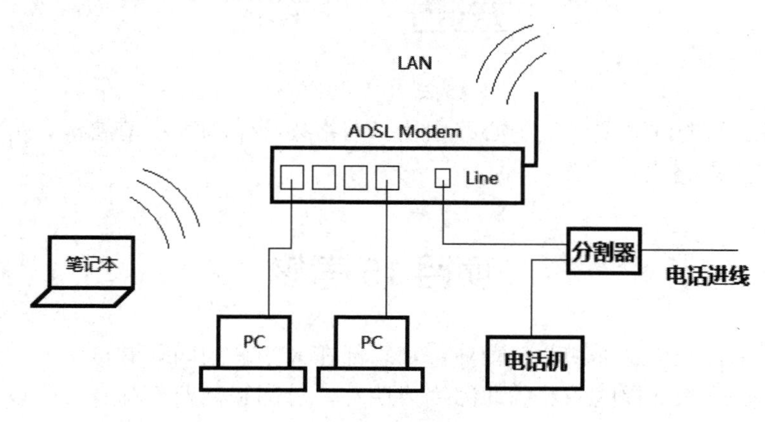

图 16-1　家庭用户通过 ADSL 接入因特网

将 PC 或笔记本电脑用双绞线连接到 ADSL Modem 的以太网接口，配置好 PC 以太网接口的 IP 地址参数(一般为 192.168.1.X，掩码为默认值，网关为 192.168.1.1)，在 PC 的浏览器地址栏输入 http://192.168.1.1，就可以打开 ADSL Modem 上的管理网页登录界面，输入必要的用户名和密码(默认的用户名和密码在用户说明书上有)，就可以进入管理网页对其进行配置管理了。

现在 ADSL Modem 一般都集成了无线 AP 功能，方便家庭用户用笔记本电脑实现无线接入。在管理网页中可以设置 ADSL 的无线网络标识(SSID)，以及接入该无线网络的密码。

配置好 ADSL Modem 后，在 PC 上还要设置宽带上网方式为 ADSL 虚拟拨号(PPP over Ethernet)，并提供从电信部门获得的上网账号和密码，就可以实现以太网连接了。

下面是 Windows 7 上面的设置步骤。

(1) 打开“网络和共享中心”，如图 16-2 所示。

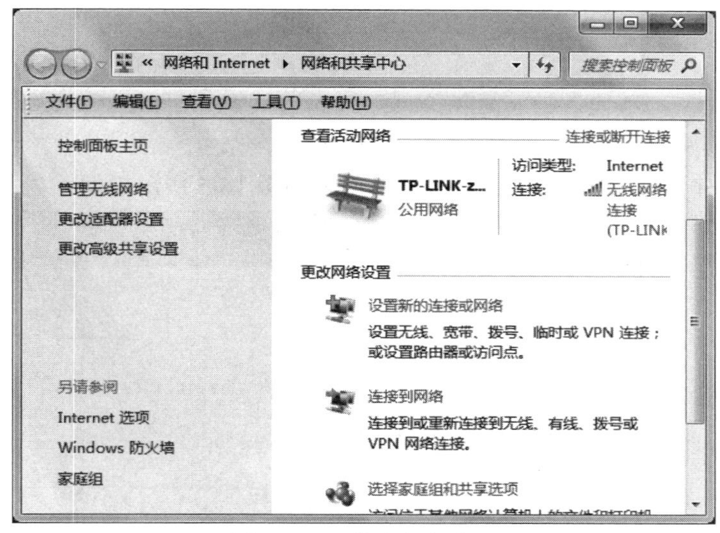

图 16-2　网络和共享中心

(2) 单击“设置新的连接或网络”，出现如图 16-3 所示界面。

图 16-3　连接方式选择界面

(3) 选择“连接到 Internet”，单击“下一步”，出现如图 16-4 所示界面。

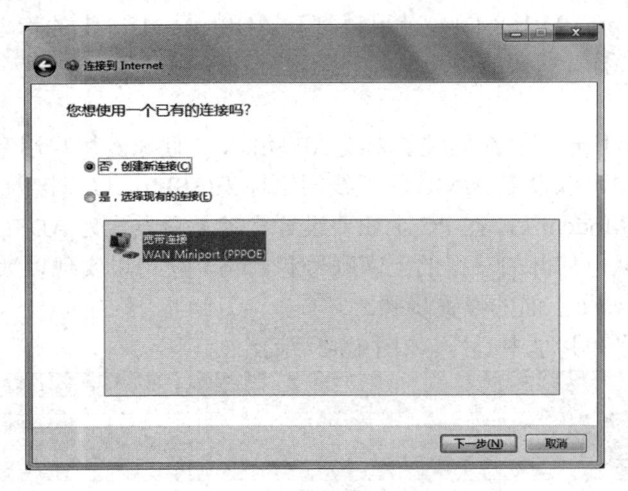

图 16-4　是否使用已有连接

(4) 选择创建新连接，单击“下一步”，出现如图 16-5 所示界面。

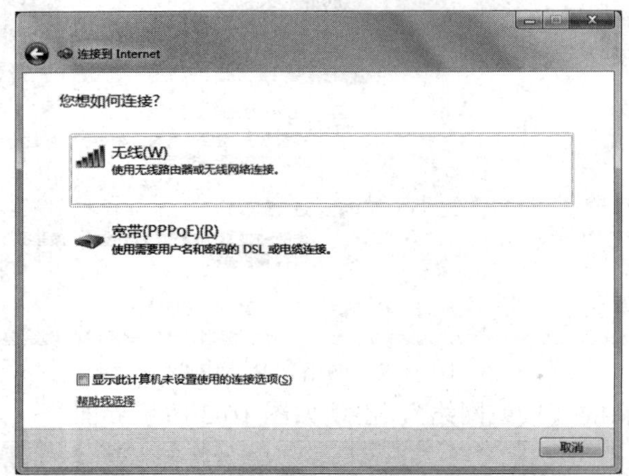

图 16-5　天线连接 or 宽带连接选择界面

(5) 点击“宽带(PPPoE)”，出现如图 16-6 所示界面。

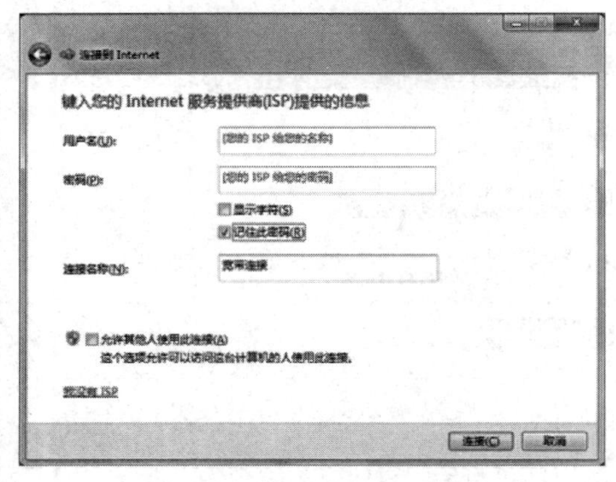

图 16-6　输入用户名和密码

(6) 输入 ISP 提供的用户名称和密码，单击“连接”按钮就可以了。

16.1.2　利用路由器使局域网共享 ADSL 线路

电信部门对 ADSL 家庭用户一般只允许两个 PC 同时上网，如果家庭电脑比较多，家庭成员的手机还想通过 WiFi 上因特网，就要用到无线路由器，下面以 TP-Link 的无线路由器为例介绍其连接方法。

PC、笔记本电脑、路由器、ADSL Modem 及电话线的连接方式如图 16-7 所示(如果 ADSL Modem 也有无线 AP 的话，最好关闭它)。

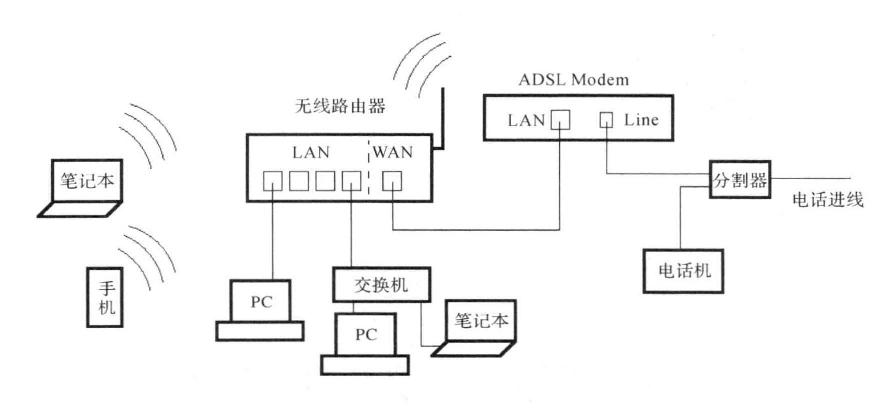

图 16-7　利用路由器使局域网共享 ADSL 线路示例

(1) 将 PC(或笔记本电脑)用双绞线与无线路由器的 LAN 口连接，PC 的以太网口 IP 配置如图 16-8 所示。

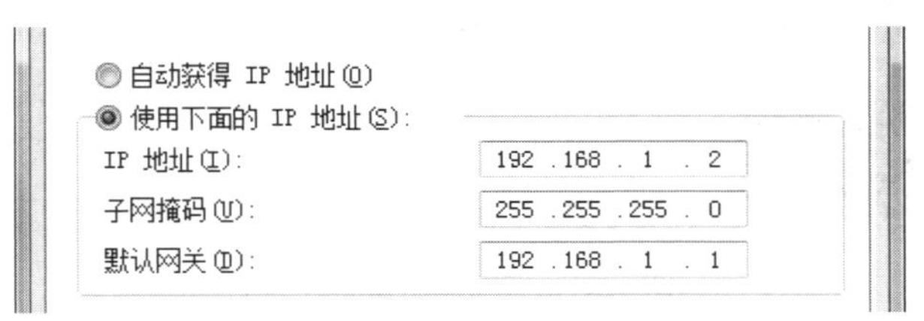

图 16-8　PC 的以太网口 IP 配置

(2) 在 PC 上启动浏览器，地址栏输入 192.168.1.1，出现如图 16-9 所示的登录界面。

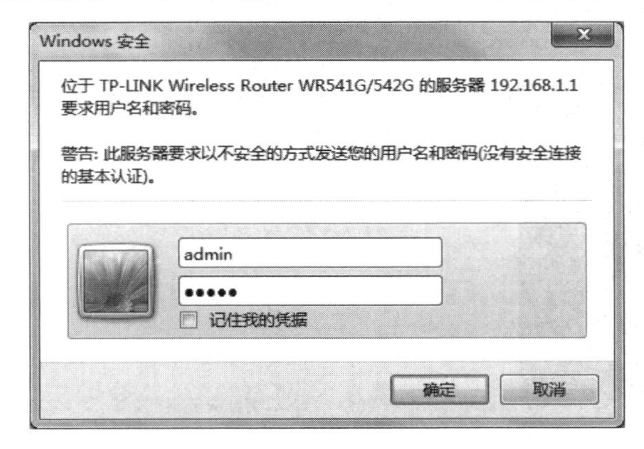

图 16-9　登录界面

(3) 输入用户名和密码(一般出厂用户名和密码都是 admin)，出现如图 16-10 所示界面。

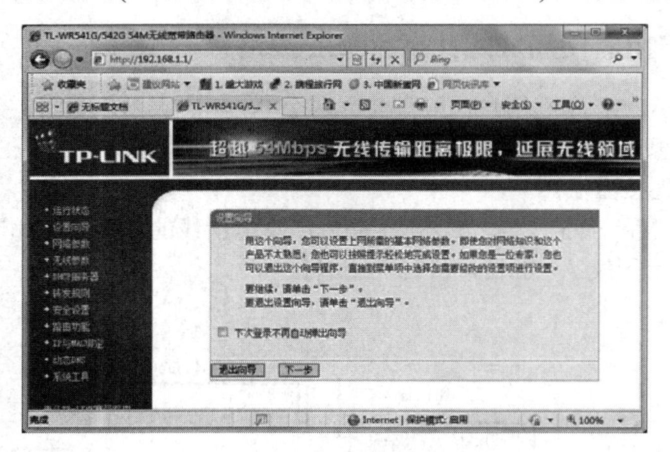

图 16-10　设置向导界面

(4) 点击设置向导，单击“下一步”，出现如图 16-11 所示界面。

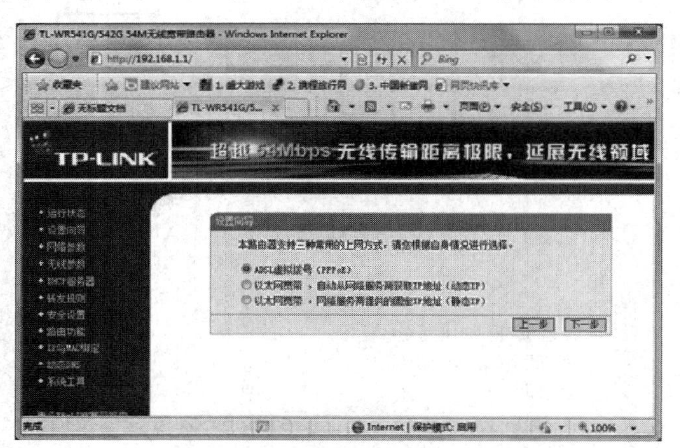

图 16-11　上网方式选择界面

(5) 选择“ADSL 虚拟拨号”作为上网方式，单击“下一步”，出现如图 16-12 所示界面。

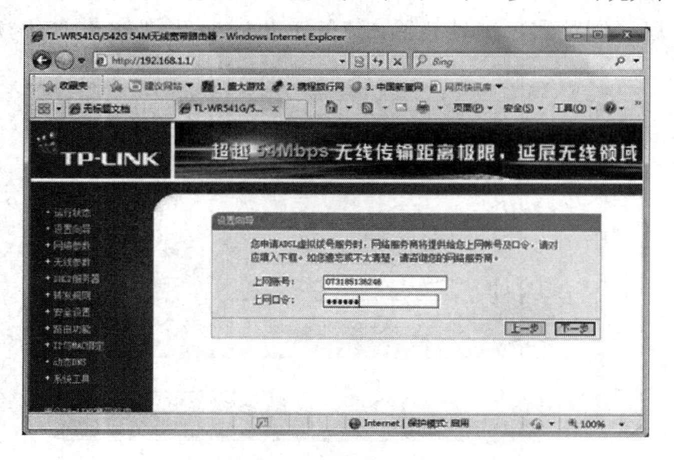

图 16-12　账号和口令输入界面

(6) 输入网络服务商给你的上网账号和口令，单击“下一步”，出现如图 16-13 所示界面。

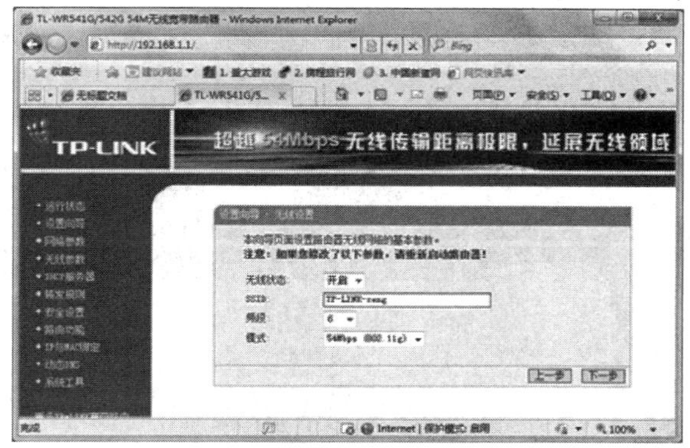

图 16-13　无线设置界面

(7) 输入无线参数，主要是指定 SSID，即无线路由器的标识符。单击“下一步”，出现如图 16-14 所示界面。

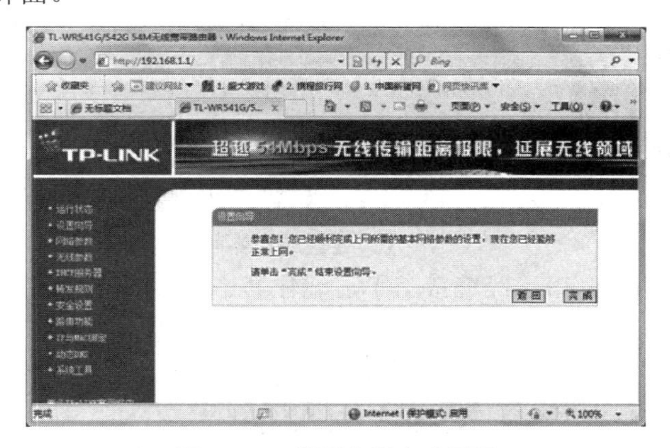

图 16-14　设置向导完成界面

(8) 单击“完成”，返回到主界面。然后再单击左侧的“运行状态”菜单，出现如图 16-15 所示界面。

图 16-15　路由器各状态信息

(9) 单击“连接”按钮，稍等，连接会变成“断线”，界面如图 16-16 所示。

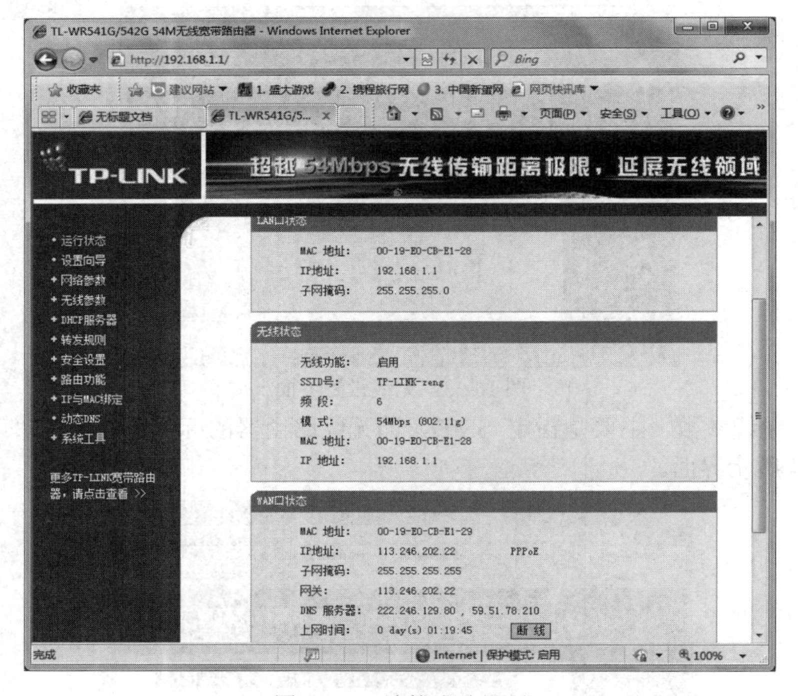

图 16-16　连接成功界面

(10) 可以看到 WAN 口已经连接上了，记住其中的 DNS 服务器地址。单击左侧的“DHCP 服务器”菜单，出现如图 16-17 所示界面。

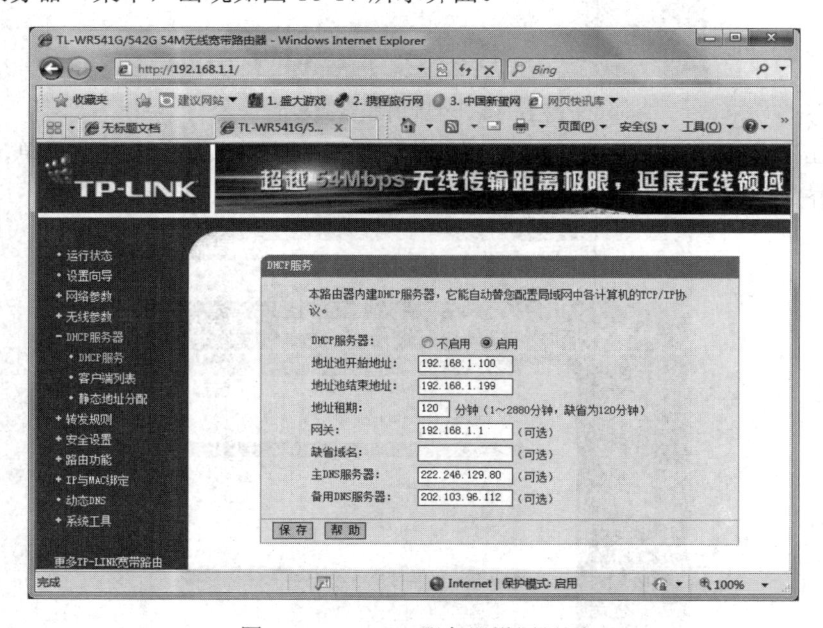

图 16-17　DHCP 服务器设置界面

(11) 输入刚刚记住的 DNS 服务器地址。然后单击“保存”。

(12) 修改 PC 的以太网卡属性为自动获取 IP 及自动获取 DNS。

(13) 要做无线连接的密码设定，就单击左侧的“无线参数”菜单，出现如图 16-18 所示界面。

图 16-18　无线连接密码设置界面

(14) 设定无线连接密码，单击“保存”，则笔记本、手机就可以用这个密码实现和无线路由器的连接，实现上网。

16.2　通过光纤接入因特网

通过光猫+无线路由器的方式可以把一个家庭局域网接入因特网。设置方式与 ADSL Modem+无线路由器的方式相似。

16.3　通过手机接入因特网

以智能手机为例，先把手机设置为 WiFi 热点，设置好 SSID 和接入密码，再把笔记本电脑或者 iPAD 连接到这个 WiFi 热点即可。

下面以联想 S930 安卓系统手机为例说明操作步骤。其它智能手机设置步骤与此大致相同。基本步骤如下：

系统设置→更多→个人热点→开启 WLAN 热点→设置热点的 SSID 及连接该热点的密码→保存即可。

项目 16 考核

在下列几种因特网接入方式中根据实训条件任选一种，实现局域网的因特网接入。在真实网络环境中实现，现场考核。

1. 家庭环境，有电话线路且开通了 ADSL 宽带，有 ADSL Modem、家用路由器(带无线功能)，三台以上 PC 和支持 WiFi 的手机，要求接好家庭网络，使家庭 PC 和手机都能够接入因特网。

2. 家庭环境，有有线电视线路且开通了有线电视宽带，有机顶盒(Cable Modem)、家用路由器(带无线功能)，三台以上 PC 和支持 WiFi 的手机，要求接好家庭网络，使家庭 PC 和手机都能够接入因特网。

3. 家庭环境，有以太网入户线路且开通了宽带，有家用路由器(带无线功能)，三台以上 PC 和支持 WiFi 的手机，要求接好家庭网络，使家庭 PC 和手机都能够接入因特网。

4. 在校园网环境中，实训室有以太网接口接入因特网，知道分配给实训室的 IP 地址、网关地址、DNS 地址，有路由器、交换机、PC 机等，要求在实训室内用路由器和交换机搭建一个局域网，使局域网能够接入因特网，局域网内的 IP 地址自行规划。

5. 家庭环境，有光纤入户和光猫，有家用路由器(带无线功能)，三台以上 PC 和支持 WiFi 的手机，要求接好家庭网络，使家庭 PC 和手机都能够接入因特网。

项目 17　综 合 布 线

知识目标

掌握布线规范知识。

技能目标

能够读懂布线图纸，能够施工。

素质目标

提高工程素质。

17.1　综合布线概述

从 80 年代后期开始，对企业(或校园)网络、电话系统、监检系统等的布线，都广泛采用统一的综合布线系统。综合布线系统(PDS)也称为建筑物与建筑群综合布线系统(Premises Distribution System，PDS)或建筑物结构化综合布线系统(Structured Cabling Systems，SCS)，它是建筑物内或建筑群之间具有统一标准且灵活性极高的模块化的信息传输通道，通过它可以使语音、数据、图像设备、交换设备与其它信息管理系统彼此相连，也能使这些设备与外部通信网相连接。综合布线系统包括建筑物外部网络和电信线路的连线点与应用系统设备之间的所有线缆以及相关的连接部件。综合布线系统是智能大厦的最基本的设施，相当于智能大厦的神经系统。另外，通过综合布线实现了智能大厦的 3A(建筑自动化 BA，通信自动化 CA，办公自动化 OA)系统各种控制信号的连接。下面介绍综合布线的特点、采用的标准以及综合布线的结构和组成。

综合布线是信息技术和信息产业化高速发展的产物，采用星型拓扑结构、模块化设计的综合布线系统，与传统的布线相比有许多特点，主要表现在综合布线系统具有开放性、灵活性、兼容性、可靠性、模块化及经济性等特点。

(1) 开放性。

综合布线系统采用开放式体系结构，符合国际标准，对现有著名厂商的品牌均属开放的，并支持所有的通信协议。这种开放性的特点使得设备的更换或网络结构的变化都不会导致综合布线系统的重新铺设，只需进行简单的跳线管理即可。而传统布线，一旦选定了某种设备，也选定了布线方式和传输介质，如要更换一种设备，必须将原有布线全部更换，如果对已完工了的布线做上述更换，既麻烦又需增加大量资金投入。

(2) 灵活性。

综合布线系统采用星型物理拓扑结构，为了适应不同的网络结构，可以通过跳线，使系统连接成为总线型、环型、星型等不同的逻辑结构，灵活地实现不同拓扑结构网络的组网。而且当终端设备位置需要改变时，直接进行跳线就可以完成，不需要进行更多的布线变动。另外，任意信息点能够连接不同类别的设备，如微机、打印机、终端、服务器、监视器等。而传统布线各系统是封闭的，体系结构是固定的，增减设备十分困难。

(3) 兼容性。

综合布线系统将语音、数据信号的配线统一设计规划，采用统一的传输线、配线设备等，把不同信号综合到一套标准布线系统，不同厂家的产品仅需添加相关的适配器或连接器。而传统的布线各个系统互不相容，造成管线拥挤不堪，设备更换不易。

(4) 可靠性。

综合布线系统中采用高品质的材料和组合压接方式，机械性能、电气性能等各种指标均应达到相关国际标准。而且由于综合布线系统采用星型物理拓扑结构，任何一条线路若有故障不影响其他线路，同时，各系统可以互为备用，又提高了备用冗余。而传统布线在一个建筑物内可能存在多种布线方式，这样会造成各系统交叉干扰，造成系统可靠性降低。

(5) 模块化。

综合布线系统中所有的接插件，如配线架、终端模块等都是积木式的标准件，方便使用、管理和扩充。

(6) 经济性。

前期投资，综合布线系统可能会超过传统布线，但是由于综合布线系统有上述众多优点，而且，采用综合布线系统后期运行维护及管理费会明显下降，所以，从长远的观点来看，综合布线系统整体投资会达到最少。

综合布线的主要标准与规范有：

(1) ISO/IEC 11801；ISO/IEC CD14673 为国际布线标准。

(2) EIA/TIA-568-A：商用建筑物电信布线标准；EIA/TIA 569：施工安装标准；EIA/TIA TSB67：测试有非屏蔽双绞线敷设系统现场测试传送性能规范。

(3) 欧洲标准：EN5016、50168、50169 分别为水平区、工作区和干线区电缆布线标准。

(4) 国内标准(中国工程建设标准化协会标准)：CECS 72：97 为建筑与建筑群综合布线系统工程设计规范；CECS89：97 为建筑与建筑群综合布线系统工程施工与验收规范。

综合布线系统包括六个子系统：工作区子系统、水平区子系统、电信间子系统、干线子系统、设备间子系统和建筑群子系统。

1. 工作区子系统

工作区子系统由终端设备连接到信息插座的连线组成，如图 17-1 所示。终端设备可以是电话、微机和数据终端，也可以是仪器仪表、传感器和探测器等。一个给定的综合布线系统设计可采用多种类别的信息插座，连线包括装配软线、连接器和连接所需的扩展软线，以及在终端设备和信息插座之间搭接。

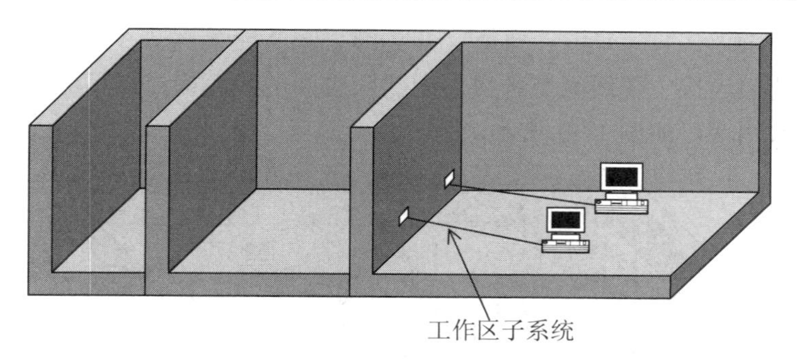

图 17-1　工作区子系统

2. 水平区子系统

水平区子系统(又称为水平干线子系统)，范围从信息插座延伸到电信间子系统的配线架(IDF)。水平区子系统一般处在同一楼层上，通常使用四对非屏蔽双绞线，如图 17-2 所示。对于数据和图像的传输，采用 CAT5 或 CAT5e 类双绞线，部分对传输频宽及高速数据传输有更高要求的信息点，可采用光纤到桌面(FTTD)方式设置。对于语音和控制信号的传输，采用 CAT3 类双绞线。

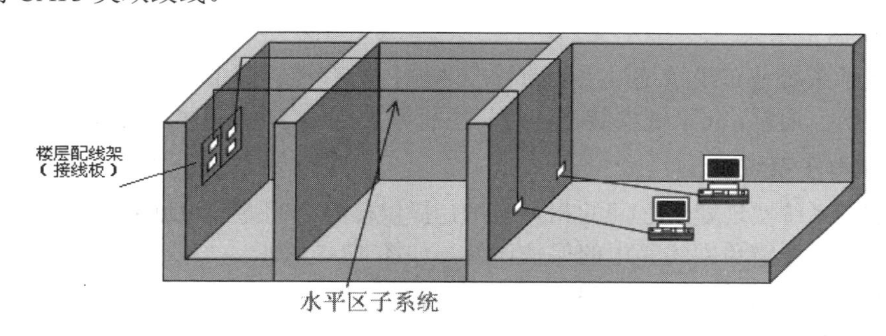

图 17-2　水平区子系统

3. 电信间子系统

电信间子系统在配线间或设备间内，其主要由配线架、跳线设备和光纤配线架(LIU)、集线器或交换机、机柜等组成，连接水平区子系统和干线子系统，实现配线管理，如图 17-3 所示。交连、互连允许将通信线路定位或重新定位到建筑物的不同部分，以便能容易地管理通信线路，在设备移动时能方便地进行跳接。

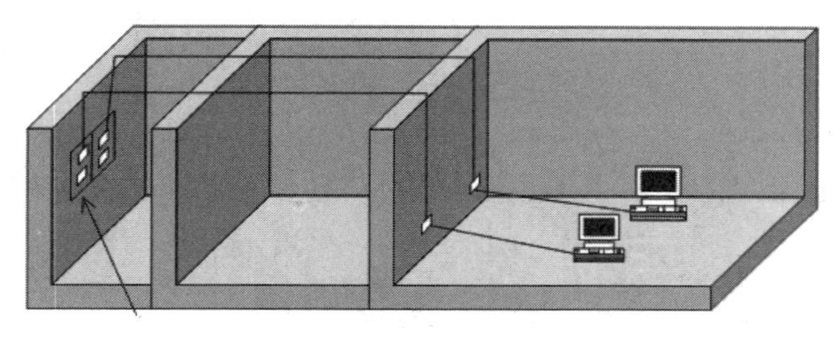

图 17-3　电信间子系统

4. 干线子系统

干线子系统由连接主配线间至各楼层配线间之间的线缆构成，其功能主要是把各分配线架与主配线架相连，如图 17-4 所示。

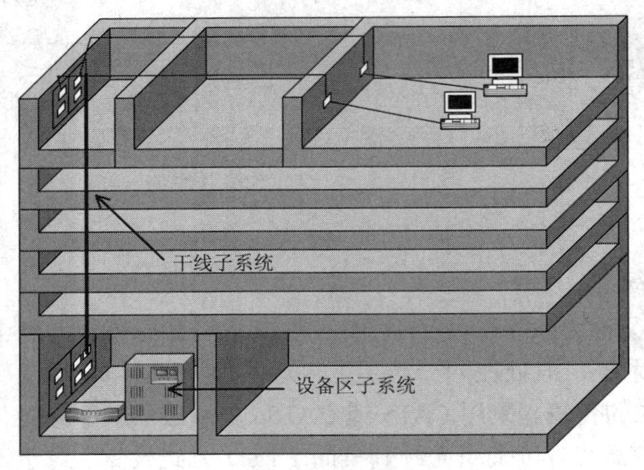

图 17-4　干线子系统和设备区子系统

5. 设备区子系统

设备区子系统是布线系统最主要的管理区域，所有楼层都由电缆或光纤传送至这里，如图 17-4 所示。通常，此系统安装在计算机主机系统、网络系统和程控机系统的主机房内。

6. 建筑群子系统

建筑群子系统实现建筑之间的相互连接，提供楼群之间通信设施所需的硬件。它包括铜线、光纤，以及避免铜线漏电的保护设备，如图 17-5 所示。

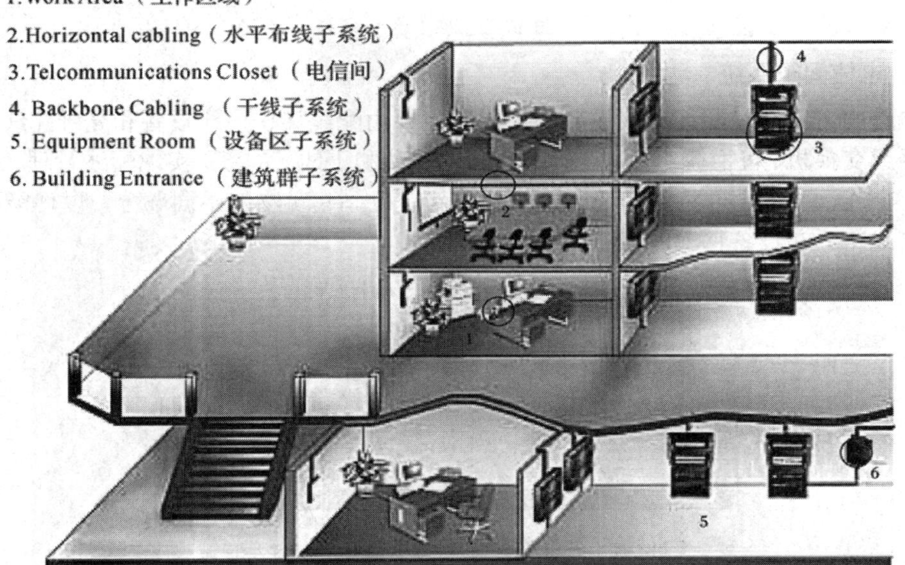

图 17-5　建筑群子系统

17.2　子系统布线工程设计

1. 工作区子系统设计和安装的注意事项

(1) 在《建筑与建筑群综合布线系统工程设计规范》中，对综合布线系统分为三个等级，基本型适用于综合布线系统中配置标准较低的场合；增强型适用于综合布线系统中中等配置标准的场合，二者均用铜芯双绞线组网；综合型适用于综合布线系统中配置标准较高的场合，用光缆和铜芯双绞线混合组网。

(2) 对于基本型，每个工作区有一个信息插座；对于增强型和综合型，每个工作区有两个或两个以上信息插座。

(3) 对于基本型，每个工作区配备一条四双绞线电缆；对于增强型和综合型，每个工作区配备两条四双绞线电缆。

(4) 根据每层楼面的面积计算布线面积，一个终端的服务面积可按 10 m^2 计算。

(5) 对于每个专门的工作区需要提供两种信息插座，一种和语音有关，一种和数据有关。

(6) 信息插座到终端的线缆距离不应超过 3 m。

(7) 信息插座的布设可采用明装式或暗装式，新建建筑采用暗装式，暗装式信息插座选择高于地板 30～40 cm 高的地点安装。

(8) 工作区的每个信息插座都应该支持电话机、数据终端、计算机及监视器等终端设备。

(9) 布线线序符合 EIA / TIA-568-B 或 EIA / TIA-568-A 标准。

(10) 在工作区有些终端需要选择转接器才能连接到信息插座上。在工作区选用的转接器应符合下列要求：

① 当设备连接器和管理区的连接器不同时，用一条专用电缆或转接器。

② 当一条多对电缆运行两种服务时需要一个“Y”转接器。

③ 当水平布线的电缆类型与设备所需的电缆类型不同时，需要无源转接器。

④ 当连接使用不同信号电路的仪器仪表时则需要有源转换器。

⑤ 有时需要线对转移位置以起匹配作用。

⑥ 工作区中的一些通信插座(如 ISDN 终端)需要终端电阻，可以在设备外接一终端电阻。

2. 水平区子系统设计的注意事项

(1) 要保证各水平线缆的长度不超过 90 m，这段长度指楼层配线架到信息插座的电缆长度。跳线或插接软线距离(B)≤5 m，且在整个建筑物内应与各自系统中线缆一致。

(2) 为形成“总线”和“环型”拓扑，水平布线被认为是主干布线的一部分。

(3) 有些网络和业务在水平布线的信息插座处需要电子器件(如阻抗匹配器件)，这些电子器件不能作为水平布线的一部分安装。如果需要，它们只能接在插座外部，起到转接的作用。

(4) 为避免和减少因需求变化带来水平布线的变动，应考虑水平布线应用的广泛性。同时还要考虑水平布线离电气设备多远会造成高强度的电磁干扰。

(5) 水平区子系统布线方法有两种：暗管预埋、墙面引线或地下管槽、地面引线。管道一般采用管径 15 mm 或 20 mm 的 PVC 塑料管或薄壁布线钢管。在管路及桥架的安装过程中，可以按照 EIA/TIA-569 中“民用建筑通信通道和空间标准”进行管路及桥架的敷设。

(6) 水平区子系统的线缆长度确定依据下列的经验公式：

① 水平线缆平均长度 = 平均电缆长度 + 端接容差 5 m(可变)，化简为

$$\text{水平线缆平均长度} = 0.5 \times (L + S) + \text{端接容差 } 5\ \text{m}$$

其中，L 为信息插座离电信间子系统的最长距离，S 为信息插座离电信间子系统的最短距离，平均电缆长度 = (L+S) / 2。

② 每一楼层水平线缆总长度 = 水平线缆平均长度 × 信息点的数量。

③ 整座楼水平线缆总长度 = Σ 每一楼层水平线缆总长度。

3. 电信间子系统设计的注意事项

(1) 在每个电信间都有配线架，交换机等。

(2) 桥接水平布线和干线布线的跳线和插接线不超过 6 m，在超过 6 m 时应从最大允许的水平电缆长度中减去。

(3) 管理连接硬件主要有配线架，使综合布线组成一个完整的信息通道。管理区的核心部件是配线架，配线架分为电缆配线架和光纤配线架(箱)。根据使用的不同情况可以采用打入式或插拔式跳线方法，打入式跳线有专门的工具。配线架要安装在专门的机柜内。

(4) 配线架分为主配线架(MDF)、分配线架(IDF)。主配线架(MDF)放在设备间，分配线架(IDF)放在楼层配线间，信息插座(IO)安装在工作区。三者使综合布线各个子系统连接为一个整体。

(5) EIA / TIA-568A 推荐综合布线系统有两种连接方式：一种是互连方式，另一种是交叉方式。在配线间里，水平电缆和干线电缆连接在同一个连接硬件上，而不需要跳线连接，这种连接方式就是互连方式。水平电缆和干线电缆分别连接在不同连接硬件上，它们之间通过跳线连接起来，这种连接方式称为交叉方式。交叉方式较互联方式投资较多，但可以灵活地改变网络出口。

(6) 综合布线系统应该有完整的标记，综合布线系统使用了三种标记：电缆标记、场标记和插入标记。其中插入标记最常用。这些标记通常是硬纸片或其它方式，由安装人员在需要时取下来使用。一个完整的标记应该包括：建筑物名称、位置、区号、起始点、终止点和功能。

4. 干线子系统设计的注意事项

干线子系统是由主线架(MDF)到各区分线架(IDF)的连接部分，根据对传输信号的不同，分别采用 UTP 电缆或光纤为传输介质，以满足现在和将来所有通信网络的要求。

干线子系统的设计应注意以下方面：

(1) TIA/EIA-568-A 规定了 4 种干线连接介质：100 Ω 非屏蔽电缆(UTP 四对双绞线)、150 Ω 屏蔽电缆(STP-两对双绞线)、62.5/125 μm 多模光纤和单模光纤。虽然 TIA/EIA-568-A 也允许使用 50 Ω 的同轴电缆，但是不推荐在新的布线安装中使用。目前，干线连接中主

要使用 62.5/125 μm 多模光纤。

(2) 垂直布线子系统可采用双绞线电缆或光缆。光缆长度必须小于或等于 500 m，用作高速信号传输的双绞线电缆物理长度必须小于或等于 90 m。

(3) 干线子系统垂直通道有电缆孔、管道、电缆竖井等三种方式可供选择，宜采用电缆竖井方式。水平通道可选择管道方式或电缆桥架方式。

项目 17 考核

任选学院的一栋楼，实地考察并绘制出其综合布线图，标出 6 个分区。

项目 18　高速公路通信系统的组建

知识目标

理解高速公路通信系统基本概念，名词术语。

技能目标

能够读懂高速公路通信系统图纸。

素质目标

提高工程素质。

(注：本项目以湖南省高速公路通信系统为例，内容绝大部分来自湖南省高速公路机电系统新规划。)

18.1　概　　述

湖南省高速公路通信系统的建立是为了适应全省路网管理的需要，提高高速公路的运营效率和服务能力，特别是为全省高速公路收费、监控系统的联网运行提供通信保障，确保高速公路安全、畅通、高效地发挥作用。

18.1.1　通信系统管理体制

湖南省联网通信系统总体架构如图 18-1 所示，由三级管理机构(省通信中心→路段通信分中心→基层无人通信站)和两层网络系统(省域骨干通信网→路段通信网)构成。

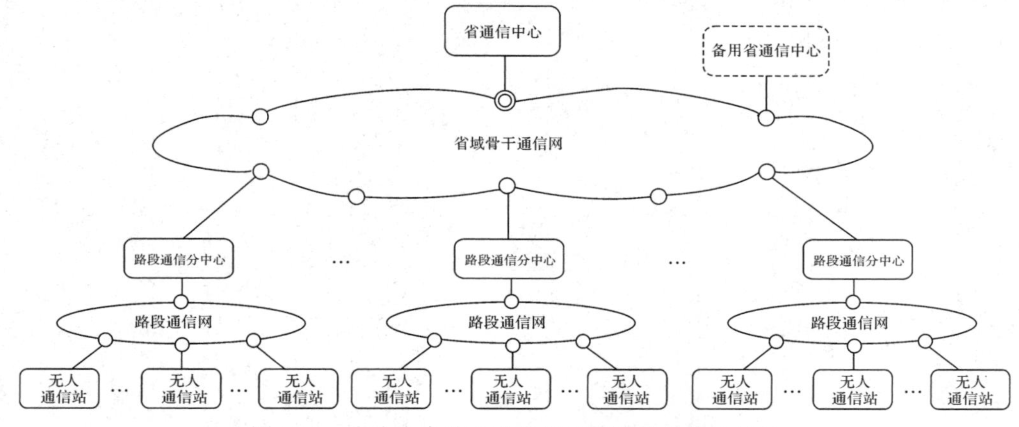

图 18-1　湖南省高速公路联网通信系统总体架构图

1. 省通信中心

全省在长沙市设一处省通信中心，与省高速公路收费、监控中心同址设置。省通信中心配置大容量、高速率中继转接数字传输设备、程控交换设备，以及网管系统等。负责全省各路段通信业务的汇接、转接工作，组织协调各通信分中心与省中心的信息交换。

在中远期，由于全省通信网络日益复杂，建议在邵阳市建设一处备用省通信中心，可以起到对省中心的备用和辅助作用。在省通信中心故障时，备用中心能够自动担负起全省网络管理作用；在省通信中心繁忙时，可以分担省中心部分职能，减轻省中心压力；并且起到关键数据的异地备份作用。

2. 路段通信分中心

路段通信分中心即有人通信站，一般设置在路段(公司)管理处，与收费、监控分中心合建。一般由路段公司配置接入网终端连接设备、数字程控交换设备，以及网管终端设备等，负责本路段(公司)内通信业务的汇集和转接，保证所辖路段的通信畅通。同时在省中心统一指导下，负责完成本路段内的骨干网传输设备，与省通信中心联网。

3. 无人通信站

基层通信站即无人站，通常与高速公路沿线的收费站、服务区、养护工区等合并设置，一般由路段公司配置接入网用户端设备(某些无人站还设有骨干网的中继设备等)，主要以无人值守方式完成公路基层管理单位信息的接入和传输。

18.1.2　通信系统构成与功能

1. 通信系统构成

通信系统的建设为高速公路管理和运营服务，其主要任务是语音、数据、图像信号的传输与交换。现阶段的主要业务有业务电话、指令电话、紧急电话、路侧广播、移动通信及监控、收费系统数据和图像传输等。从规划、设计的角度，目前高速公路通信系统应包含以下子系统：

- 省域骨干网传输系统；
- 路段内接入网系统；
- 语音交换(程控交换)系统；
- 紧急电话与隧道有线广播系统；
- 会议电视系统；
- 数据、图像传输通路；
- 高速公路呼叫服务中心系统；
- 光、电缆工程；
- 通信管道；
- 通信电源系统。

随着高速公路管理现代化的增强和对交通信息化需求的提高，高速公路通信系统将在上述常规业务基础上，逐步扩展会议电视系统、呼叫服务中心系统等一系列增值业务服务。

2. 通信系统功能

从功能和网络层次上划分，高速公路通信网可分为传送网、业务网和支撑网三块内容，如图 18-2 所示。

(1) 传送网分为省域骨干网和路段内接入网两层。

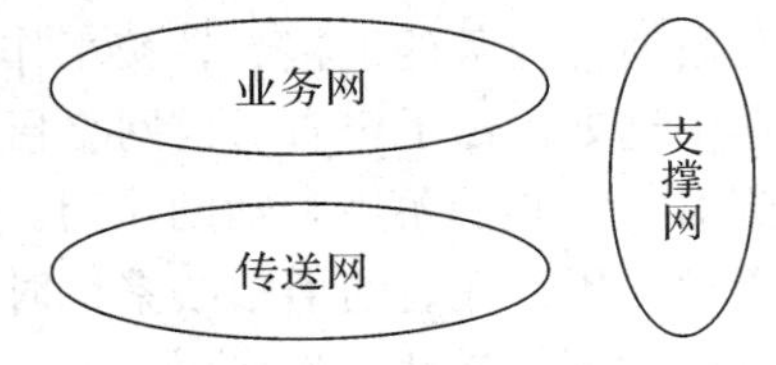

图 18-2　传送网、业务网、支撑网关系图

• 省域骨干网：指连接省通信中心和各路段通信分中心的骨干通信网络平台，由省中心统一规划，并负责组织或指导各路段实施。它的主要功能是为联网运行监控系统、收费系统提供数字传输通道，为省内高速公路电话网提供中继传输通道，为闭路电视监视系统提供图像和控制信号传输通道。同时，全省骨干通信网络平台还应能承载或预留今后新业务发展所需的基础条件和空间，如全省高速公路会议电视系统、呼叫服务中心系统和交通信息化服务等。

• 路段内接入网：指配置在骨干通信网络平台下面一层的各路段内通信系统，由各路段公司负责建设和维护。它的功能是为路段分中心，及其所辖的收费站、服务区、养护工区等各个运营管理部门提供语音、数据、图像等业务的传输服务。

(2) 业务网完成各种类型通信业务的应用或服务，由电话交换网、数据通信网、图像传输网、会议电视网、移动通信网、呼叫服务系统、紧急电话系统、隧道有线广播系统等组成。

(3) 支撑网是构建传送网和业务网所必需的辅助和支持系统，通常由同步网、信令网、网管网构成。

18.2　省域骨干网传输系统

18.2.1　制式选择

省通信中心至各路段通信分中心之间为骨干通信网，是全省传输网络的核心部分。骨干网应能适应大颗粒业务的传送和调度，并提供相对完善的业务保护功能。

结合湖南省高速公路干线传输网的现状，同时更着眼于未来通信业务和技术发展的需要，规划采用 ASON(Automatically Switched Optical Network，自动交换光网络)技术构建全省高速公路骨干传输平台，连接省中心和各路段，实现大容量、高安全性的业务承载。

18.2.2　传输容量及设备选型

规划骨干网采用 ASON 设备建设。新建节点均采用 ASON 设备；已安装的 SDH 设备(包括终端复用器 TM、再生中继器 REG、分插复用器 ADM、同步数字交叉连接设备 SDXC)根据需要，升级、扩容为 ASON 子架，原 SDH 设备作为接入 VC4 颗粒以下业务使用；部分已安装的 SDH 设备(主要为 REG)暂不升级，与 ASON 节点采用透传方案。省中心及月形山、河伏、邵阳等几个重要的骨干节点采用 10 Gb/s 设备；其他骨干节点采用 2.5 Gb/s 并可升级为 10 Gb/s 的设备；边缘节点可根据流量情况采用 2.5 Gb/s 或 622 Mb/s 的传输设备，预留平滑升级到 2.5 Gb/s 的能力。

目前的 ASON 系统具有对大颗粒业务更灵活的调度功能，同时能够提供更为成熟的网络保护，能承载高速 IP、POS(Packet Over SONET/SDH)端口和 SDH 端口并提供 IP、ATM、SDH 链路业务，支持 MESH 组网，充分发挥其智能业务特性又能保证前向的网络兼容性，为高速公路骨干传输层提供低成本综合业务解决方案。

在某些数据业务和多媒体业务流量巨大的 2.5 Gb/s 核心节点，当业务量增长需要传送大于 2.5 Gb/s 的业务颗粒时，应能将 ASON 设备采用基于粗波长 WDM 的方式直接增加波长并可实现在粗波长级别的保护；或更换更高级别速率的光板以提供更大容量的传输能力。在一般节点以及边缘节点或在规划实施的初期阶段，可根据流量情况采用 2.5 Gb/s 或 622 Mb/s 的传输设备，预留平滑升级到 2.5 Gb/s 的能力。

- 光纤类型：ITU-T G.652 单模光纤。
- 工作波长：一般采用 1550nm 工作波长，根据实际情况也可采用 1310nm 工作波长。

18.2.3　网络结构

省域骨干网的组网原则为尽量采用环网。全省高速公路骨干网规划采用 ASON 技术体制构建，鉴于目前已联网路段大部分使用的是标准 SDH-MSTP 系统，因此全省 ASON 骨干网络的建立应通过演进的方式分为近期、远期两个阶段逐步实现。全省的网络结构由原来的多级汇集的方式逐步演进到一级扁平结构，最终形成一个全网 MESH 结构的网状骨干网络。

1. 现有网络——标准 SDH-MSTP 系统

目前骨干网拓扑结构如图 18-3 所示。根据路网建设规划，到 2008 年年底全省将实现 2261 公里高速公路，全网采用 STM-16 等级传输速率。考虑到系统在过渡阶段兼容性和稳定性，建议维持原有路段的骨干网设备(SDH/MSTP—STM-4 或 SDH/MSTP—STM-16)基本不变；在此期间新建入网的环内节点及环外节点则均应采用 ASON 型设备，并预留下一阶段平滑升级到 STM-16 等级的能力。此阶段由于处于新旧系统的交替过渡期，MSTP 系统和 ASON 系统将共存，因此尚不能在全网范围内完全开展智能业务，原有 SDH 设备将提供透明通路的作用。

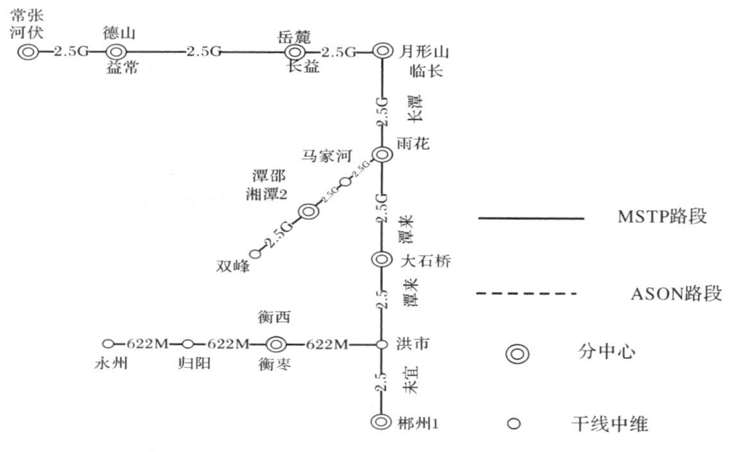

图 18-3　目前骨干网拓扑结构图

目前(2007－2008 年)对此骨干网的升级、改造方案如下(见图 18-4)：

1) 潭耒(大石桥 ADM)—洪市中继—耒宜(郴州 1ADM)

方案：衡炎高速分中心(衡东 ADM)建设能扩容到 10 Gb/s 的 ASONADM 设备，取消洪市中继，大石桥 ADM 和郴州 1 ADM 以 2.5 Gb/s 光接口与衡东 ADM 相接。ADM (Add/Drop Multiplexer，分插复用器)。

2) 长潭(雨花 ADM)—马家河中继—潭邵(湘潭 ADM)

方案：湘潭 ADM 机柜中扩容 ASON 2.5 Gb/s 子架，原 2.5 Gb/s 子架做 VC4 颗粒以下的业务接入使用。

取消马家河中继。

3) 洪市中继—衡枣高速(衡阳西 ADM)—归阳中继—永州中继

方案：取消洪市中继后，衡阳西 ADM 采用 STM-4 接口与衡邵分中心(松木塘 ADM)相接。

永州中继在永州分中心实施时取消或者移到邵永分中心(永州)，并扩容 ASON 2.5 Gb/s 子架，原 2.5 Gb/s 子架做 VC4 颗粒以下的业务接入使用。

4) 常张分中心(河伏)

方案：ADM 设置为能够升级到 10 Gb/s 的 ASON 2.5 Gb/s 设备

5) 邵怀新项目(邵怀分中心(邵阳 2))

方案：ADM 设置能够升级到 10 Gb/s 的 ASON 2.5 Gb/s 设备。

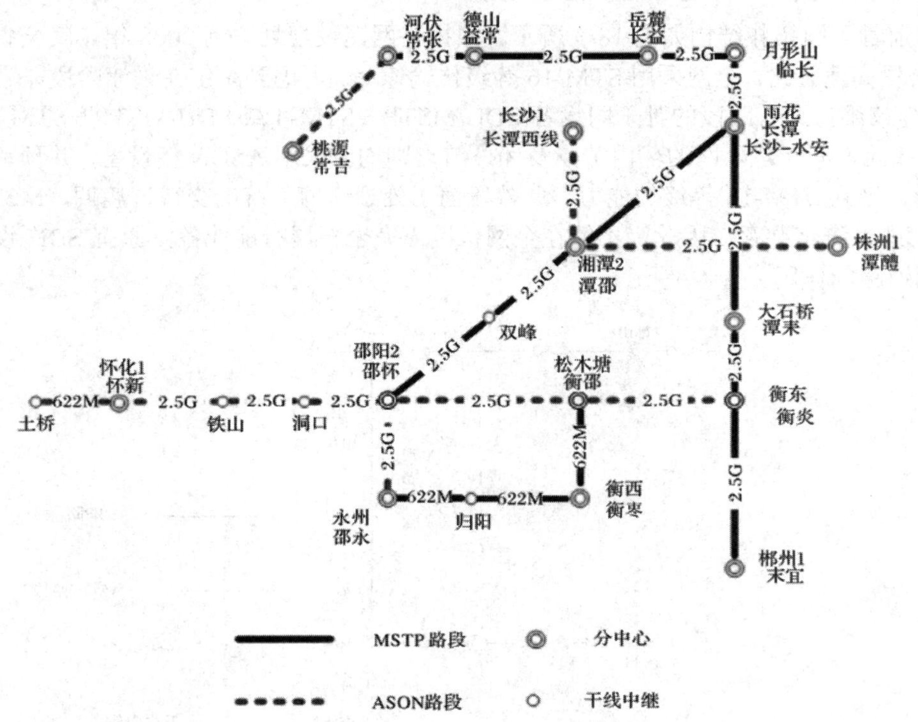

图 18-4　2008 年年底骨干网优化后的拓扑结构图

2. 近期(2010 年)： MSTP 向 ASON 更替，建设省中心，形成“五环七射”网络结构

1) 省中心 ADM 设备建设方案

湖南省高速公路通信中心建设在长沙市内。省通信中心安装 ASON 10G 干线 ADM 设备，配置临长(月形山 ADM)、长益(岳麓 ADM)、长沙-湘潭西线(长沙 1 ADM)三个方向 2.5 Gb/s 光接口，同时，配置绕城公司和省交通厅方向 622M 光接口。

2) 备用省中心 ADM 设备建设方案

建议中远期在邵阳建设备用省通信中心，备用中心与邵怀项目分中心合建，其干线 ADM(邵阳 2)应配置 ASON 10G 干线设备。

3) 近期干线通信网络规划

根据路网建设规划，到 2010 年底全省高速公路通车里程 3587 公里，约占总里程的 63.9%，基本建成“五纵七横”高速公路网中的“三纵六横”，见图 18-5。

全省将实现 “五环七射”骨干网，干线环网全部采用 STM-16 等级传输速率，省中心节点需经过两个环网。在此阶段，除新建骨干网系统均采用 ASON 设备外，建议将早期在各路段上使用的 SDH/MSTP 设备统一升级更替成 2.5 Gb/s 的 ASON 设备，以期在 2010 年底，基本实现全省 ASON 骨干网，在全网开展和提供各种智能业务和服务。

(1) “五环”：一个主干环，四个辅助环。

• 主干环：到 2010 年之前，随着常梅、梅邵高速公路的建成，在湘中部腹地形成由长益、益常、常梅、梅邵、衡邵、潭耒、长潭等高速公路干线通信系统构成的主干环网。主干环节点依次为省中心－岳麓－德山－河伏－黄土店－涟源－邵阳 1－邵阳 2－松木塘－衡东－大石桥－雨花－月形山，经过长沙、常德、邵阳、衡阳、湘潭五大城市，北接岳阳，东联浏阳，西通吉首、怀化，南达永州、郴州，将起到汇聚全省高速公路信息的重要作用。

• 内环：由省中心－长沙 1－湘潭 2－雨花－月形山等节点组成，与主干环相切，起到长沙、湘潭、株洲周边主要干线节点的信息接入和主干环路由保护作用。

• 南环：邵阳 2－永州－宁远－郴州 3－郴州 1－衡东－松木塘等节点组成，与主干环相切，起到永州、郴州、宜章周边高速公路信息接入和主干环路由保护作用。

• 西环：由河伏－桃源－吉首 2－怀化 1－邵阳 2－娄底－黄土店组成，与主干环相切，起到常吉、吉怀、邵怀新等项目信息接入和主干环信息路由保护的作用。

• 西北环：由河伏－张家界－吉首 1－吉首 2 组成，起到常张、吉茶、吉怀、张花等项目信息接入和西环路由保护的作用。

(2) “七射”：澧县－常德高速公路、华容－常德高速公路、随岳高速公路湖南段、永安－浏阳高速公路、醴陵－湘潭高速公路、郴州至汝城高速公路、宜章－风头岭高速公路，以直接或间接的方式连接到骨干环网上。

(3) 其他：衡阳－枣木铺高速公路、娄底－新化高速公路、湘潭－衡阳西线高速公路、长沙－株洲、长沙绕城等项目分别就近接到骨干环网上。

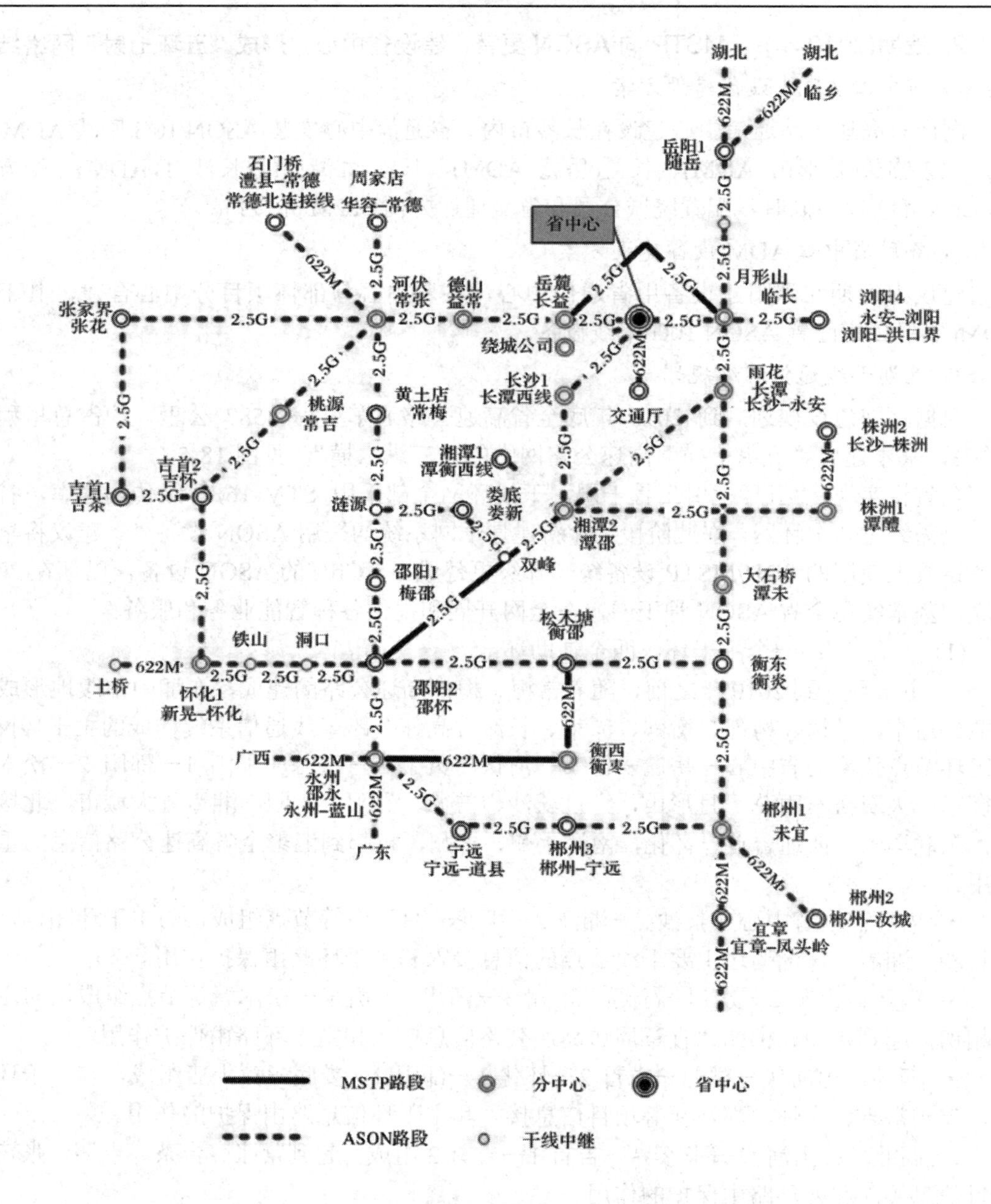

图 18-5　近期(2010 年)骨干网拓扑结构图

3. 远期(2030 年)——全省 ASON 网状网(MESH)

2010 年到 2020 年，省内“五纵七横”高速公路主骨架路网基本建成，全省骨干网将在上阶段规模基础上，通过增加直达链路的方式对“五纵七横”主骨架构成的环网进行加密，并建设完成备用省中心，逐步形成符合全省高速公路网空间分布的自然 Mesh 网结构，从而使湖南省高速公路骨干网总体架构得以完成和定型，并将在以后的发展中基本保持稳定。

2020 年到 2030 年，一方面陆续将新建成的地方加密高速公路挂接在主骨架路网上，或根据需要再对骨干 Mesh 网进行加密，另一方面可根据实际情况对极高负荷量的核心节点及链路进行升级和扩容，见图 18-6。如：近期建设的主干环网上各节点可考虑扩容至 10 Gb/s。

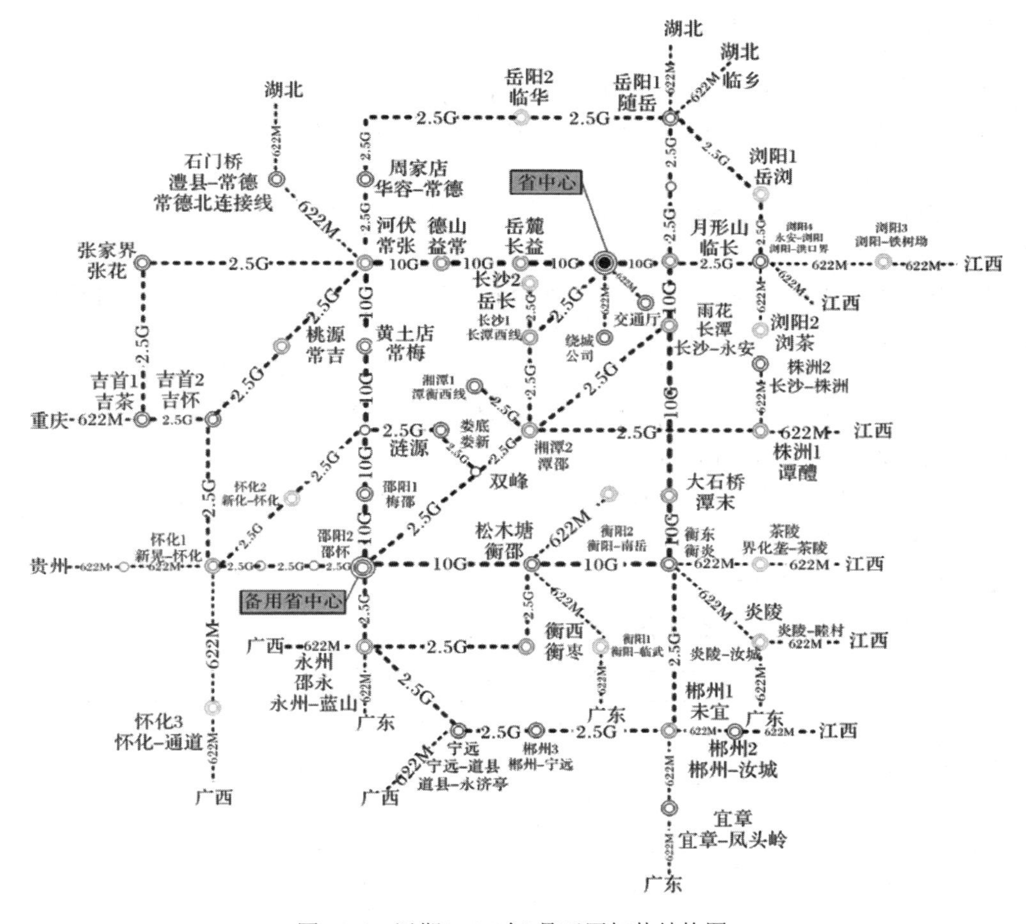

图 18-6　远期(2030 年)骨干网拓扑结构图

18.2.4　保护方式

网络保护规划的总体原则是：近期在高速公路物理分布上成环的路段应尽量组成环网，采用 1+1 保护方式，不能成环的路段采用 1+1 保护形式构成链状网；中远期后随着 ASON 网络在全省的逐步加密和完善，则通过 ASON 的网格状网络结构提供天然的网中网 MESH 保护。

MESH 网络使通信分中心与省中心之间建立多条通信链路，业务传送通道也可实现多路径保护或链路保护，根据业务服务等级(如按结算拆账数据、收费数据、程控中继、监控图像、监控数据、会议电视、办公数据等优先顺序)提供差别化的保护策略。

18.2.5　系统配置

骨干传输系统由省通信中心以及各路段通信分中心干线节点连接组成，主要设备为 ASON 系列的 STM-16 或 STM-4 等级分插复用器、再生中继器，以及相应的网管设备和光缆线路等，主干环网上各干线节点应配置具备升级到 10 Gb/s 能力的 ASON 设备。

1. 传输通道

程控交换机数字中继通道：

① 各通信分中心至省通信中心配置 2 × 2 Mb/s 数字中继通道；

② 各通信分中心至相邻通信分中心预留 1 × 2 Mb/s 数字中继通道。

③ 交通监控系统广域网联网的数据传输通路：各通信分中心至省通信中心配置 1 × 10/100 Mb/s 以太网通路。

④ 收费系统广域网联网的数据传输通路：各通信分中心至省通信中心配置 1×10/100 Mb/s 以太网通路。

⑤ 视频图像传输通路：各通信分中心至省通信中心，2～4 路图像(每路图像带宽 2 × 2 Mb/s 或 1 × 2 Mb/s)，以组播(IP)方式传输。

⑥ 会议电视传输通路：各通信分中心至省通信中心配置 1 × 10/100 Mb/s 以太网通路。

⑦ 交通信息化(办公自动化)广域网联网的数据传输通路：各通信分中心至省通信中心配置 1 × 10/100 Mb/s 以太网通路。

⑧ 高速公路客户服务中心系统(远期实施)：各通信分中心至省通信中心配置 1 × 10/100 Mb/s 以太网通路。

2. 主要节点设备配置

主要汇接、转接骨干节点设备配置情况见表 18-1。

表 18-1　主要汇接、转接骨干节点(ADM)设备配置

序号	骨干节点/所在路段	光口配置及连接方向			备注
		目前(2008 年)	近期(2010 年)	远期(2030 年)	
1	省中心		STM-16：月形山	STM-64：月形山	临长
			STM-16：岳麓	STM-64：岳麓	长益
			STM-16：长沙 1	STM-16：长沙 1	长潭西线
			STM-4：交通厅	STM-4：交通厅	交通厅
			STM-4：绕城公司	STM-4：绕城公司	长沙绕城
2	岳麓/长益	STM-16：月形山	STM-16：月形山		临长
		STM-4：德山	STM-16：省中心	STM-64：省中心	
			STM-16：德山	STM-64：德山	益常
3	河伏/常张	STM-4：德山	STM-16：德山	STM-64：德山	益常
		STM-16：桃源	STM-16：桃源	STM-16：桃源	常吉
			STM-4：石门桥	STM-4：石门桥	常澧
			STM-16：张家界	STM-16：张家界	张花
			STM-16：周家店	STM-16：周家店	华常
			STM-16：黄土店	STM-64：黄土店	常梅
4	涟源/梅邵中继		STM-16：黄土店	STM-16：黄土店	常梅
			STM-16：邵阳 1	STM-16：邵阳 1	梅邵
			STM-4：娄底	STM-16：娄底	娄新

续表一

序号	骨干节点/所在路段	光口配置及连接方向			备注
		目前(2008 年)	近期(2010 年)	远期(2030 年)	
5	邵阳 2/备用省中心/邵怀	STM-16：怀化 1	STM-16：怀化 1	STM-16：怀化 1	怀新
		STM-16：永州	STM-16：永州	STM-16：永州	邵永
		STM-16：松木塘	STM-16：松木塘	STM-64：松木塘	衡邵
		STM-16：双峰	STM-16：双峰	STM-16：双峰	潭邵中继
			STM-16：邵阳 1	STM-64：邵阳 1	梅邵
6	松木塘/衡邵	STM-16：邵阳 2	STM-16：邵阳 2	STM-64：邵阳 2	邵怀
		STM-16：衡东	STM-16：衡东	STM-64：衡东	衡炎
		STM-4:：衡阳西	STM-4:：衡阳西	STM-16:：衡阳西	衡枣
				STM-4:：衡阳 1	衡阳–临武
				STM-4:：衡阳 2	衡阳–南岳
7	衡阳东/衡茶、茶炎、大浦一衡阳	STM-16：大石桥	STM-16：大石桥	STM-64：大石桥	潭耒
		STM-16：松木塘	STM-16：松木塘	STM-64：松木塘	衡邵
		STM-16：郴州 1	STM-16：郴州 1	STM-16：郴州 1	耒宜
				STM-4：茶陵	界化垄茶陵
				STM-4：炎陵	炎陵–汝城 炎陵–睦村
8	雨花/长潭	STM-16：月形山	STM-16：月形山	STM-64：月形山	临长
		STM-16：大石桥	STM-16：大石桥	STM-64：大石桥	潭耒
		STM-4：湘潭 2	STM-16：湘潭 2	STM-16：湘潭 2	潭邵
9	月形山/临长	STM-16：雨花	STM-16：雨花	STM-64：雨花	长潭
		STM-16：岳麓	STM-16：岳麓		长益
			STM-16：省中心	STM-64：省中心	
			STM-16：岳阳 1	STM-16：岳阳 1	随岳
			STM-16：浏阳 4	STM-16：浏阳 4	永安–浏阳 浏阳–洪口界
10	湘潭 2/潭邵	STM-4：雨花	STM-16：雨花	STM-16：雨花	长潭
		STM-16：株洲	STM-16：株洲 1	STM-16：株洲 1	潭醴
			STM-16：双峰	STM-16：双峰	潭邵中继
			STM-16：湘潭 1	STM-16：湘潭 1	湘潭–衡阳西线
11	双峰/潭邵	STM-16：湘潭 2	STM-16：湘潭 2	STM-16：湘潭 2	潭邵
		STM-16：邵阳 2	STM-16：邵阳 2	STM-16：邵阳 2	邵怀
			STM-4：娄底	STM-4：娄底	娄新
12	长沙 1/长潭西线		STM-16：省中心	STM-16：省中心	
			STM-16：湘潭 2	STM-16：湘潭 2	潭邵

续表二

序号	骨干节点/所在路段	光口配置及连接方向			备注
		目前(2008 年)	近期(2010 年)	远期(2030 年)	
13	浏阳 4/永安-浏阳、浏阳-洪口界		STM-16：月形山	STM-16：月形山	临长
				STM-16：浏阳 1	岳浏
				STM-4：浏阳 2	浏茶
				STM-4：浏阳 3	浏阳—铁树坳
14	岳阳 1/随岳		STM-16：月形山	STM-16：月形山	临长
				STM-16：浏阳 1	岳浏
				STM-16：岳阳 2	临湘—华容
				STM-4：湖北	经临长路
				STM-4：湖北	经随岳路
15	吉首 2/吉怀、吉凤		STM-16：桃源	STM-16：桃源	常吉
			STM-16：吉首 1	STM-16：吉首 1	吉茶
			STM-16：怀化 1	STM-16：怀化 1	怀新
				STM-4：贵州	
16	怀化 1/怀新	STM-16：邵阳 2	STM-16：邵阳 2	STM-16：邵阳 2	邵怀
			STM-16：吉首 2	STM-16：吉首 2	吉怀、吉凤
				STM-16：怀化 2	新化—怀化
				STM-4：怀化 3	怀化—通道
17	永州/邵永、永州一蓝山	STM-16：邵阳 2	STM-16：邵阳 2	STM-16：邵阳 2	邵怀
		STM-4：归阳	STM-4：归阳	STM-16：衡西	衡枣
			STM-16：宁远	STM-16：宁远	宁远—道县
				STM-4：广西	
18	宁远/宁远-道县、道县-永济亭		STM-16：永州	STM-16：永州	邵永
			STM-16：郴州 3	STM-16：郴州 3	郴州—宁远
19			STM-4：广西	STM-4：广西	经宁远—道县
				STM-4：广东	经永州—蓝山
20	郴州 1/耒宜	STM-16：衡东	STM-16：衡东	STM-16：衡东	衡炎
			STM-16：郴州 3	STM-16：郴州 3	郴州—宁远
			STM-4：郴州 2	STM-4：郴州 2	郴州—汝城
			STM-4：宜章	STM-4：宜章	宜章—风岭头

18.2.6　传输网管

湖南省高速公路骨干网设两级网管，一级网管为全省统一网管中心，设于省通信中心，对全省干线网实施包括配置管理、性能管理、故障管理、安全管理、计费管理等在内的网络级管理。

二级网管为网元级管理系统，通常设在各路段通信分中心，对本路段所属的传输设备进行维护和管理。对于网络级网管实施带外(业务传输通路 DCC)管理；对于网元级网管实施带内(嵌入控制通路 ECC)管理。

备用省中心(邵阳)设置备用一级传输网管系统，在省中心正常运行时仅起到二级网管作用，在省中心失效时起到一级网管中心作用。

18.2.7　传输网同步

湖南省高速公路骨干网同步系统采用主、从同步方式。

在省通信中心设置区域基准时钟(LPR)，作为全省高速公路数字同步网的主时钟。省中心局内同步分配采用星形结构，局内所有数字同步设备的网元时钟直接从该基准时钟获取定时；局间同步分配采用逐级跟踪的树状结构，利用 ASON STM-N 线路将定时信号传递给下游各路段设备，沿线中继器则采用通过定时方式。

备用省中心(邵阳)设置备用 LPR 系统，在省中心 LPR 正常运行时备用 LPR 不发生作用，在省中心 LPR 失效时，自动启用备用 LPR，全网倒换跟踪备用 LPR 基准时钟。

18.3　路段内接入网系统

18.3.1　制式选择

路段内接入网系统是配置在骨干网下面一层的路段内基层网络。路段内通信系统的建设应面向用户，利用光纤接入网的灵活、多业务的特点，为路段分中心及其所辖的收费站、隧道管理站、服务区、养护工区等基层管理部门提供话音、数据以及图像传输服务。

路段内接入网可以选择 MSTP、IP、ASON 等多种技术体制构建，应根据各路段的实际需求和业务特点而定。一般情况下，高速公路通信系统需传输综合业务，因此以采用 SDH/MSTP 或 ASON 综合业务接入网为宜；在单一数据传输或以数据传输为主的条件下，宜采用 IP 网络解决方案。

随着 ASON 技术和设备的进一步成熟，接入网领域也开始在传统 SDH/MSTP 基础上逐步引入 ASON。智能光网络具备 IP 和 SDH 结合的优势，能更好地提供对数据业务的全方位支撑，同时提供业务分级化、链路配置智能化、拓扑发现自动化等智能网的特性。

由于对交通监控和视频信息服务重视程度的不断增加，带来越来越多的图像业务传输需求的增加，如何有效地利用接入网系统进一步提高图像业务的传送能力，是摆在我们面前的一大难题。采用 ASON 系统+RPR(弹性分组环)技术构建的接入网可以为图像业务的传输带来“按需分配，动态调整”的机制，同时配合新的图像编解码技术，是今后解决长距离图像传输及控制问题的一个很好的选择。

18.3.2　SDH 综合业务接入网

1. 系统构成

SDH 综合业务接入网主要由设置在路段(分)中心或监控通信所的光线路终端(OLT)设

备和设置在路段沿线的各收费站、服务区等的光网络单元(ONU)设备组成。同时还包括 OLT 和 ONU 之间的传输媒质，以及相应的维护管理设备。

2. 网络拓扑

综合业务接入网一般采用 2 芯单模光纤(1+0 保护方式)，通过 OLT 和 ONU 设备隔站相连，组成自愈环网；或者根据站址的分布情况，构成环带链(链网采用 4 芯 1+1 保护方式)或双环结构。

3. 速率选择

综合业务接入网传输速率宜采用 STM-4(622 Mb/s)等级，或根据实际情况采用 STM-16(2.5 Gb/s)或 STM-1(155 Mb/s)等级设备。

4. 光纤类型与工作波长

综合业务接入网采用 G.652 型单模光纤，工作波长宜采用 1310 nm，也可根据需要采用 1550 nm 窗口。

5. 接口配置

路段接入网承载业务的带宽需求及分中心 OLT、无人通信站 ONU 设备的接口配置如表 18-2 所示。

表 18-2　接入网(OLT—ONU)典型业务带宽需求及接口类型

<table>
<tr><th>业务类型</th><th>带宽需求</th><th>接口类型</th><th>备注</th></tr>
<tr><td>收费数据</td><td>2 × 2 Mb/s/站</td><td>10/100 Mb/s 以太网
或 E1(2M)</td><td rowspan="6">ONU 至 OLT 的 10/100 Mb/s 接口可采用 1∶1 配置，也可利用 OLT 的汇聚功能实现 n∶1 配置</td></tr>
<tr><td>监控数据</td><td>1～2 × 2 Mb/s/站</td><td>10/100 Mb/s 以太网
或低速率(RS232、2/4W)</td></tr>
<tr><td>业务电话</td><td>64 kb/s/路</td><td>FXS/FXO</td></tr>
<tr><td>压缩视频
(MPEG-II 或 H.264)</td><td>2 × 2 Mb/s/路</td><td>10/100 Mb/s 以太网</td></tr>
<tr><td>办公网络
(预留)</td><td>1～2 × 2 Mb/s/站</td><td>10/100 Mb/s 以太网</td></tr>
<tr><td>V5 信令</td><td>2～4 × 2 Mb/s/
全路段</td><td>V5.2/OLT</td></tr>
</table>

6. 网管系统

接入网的网管系统应设在 OLT 处，与局端接入设备相连，并通过 OLT 设备实现对沿线 ONU 设备的维护和管理。网管系统应具备网元级管理系统的基本功能，同时预留 Q3 接口，提供集中维护管理的条件。

(1) 中心调度：除日常总中心监视诊断管理外，在设计预案规定下进行实时调度，调整、启动远端节点的预设应急通道，修复后指令下达更新。

(2) 分中心网管调度功能：除日常监视诊断本区域网管理外，应响应和参与骨干网、毗邻环网的故障甄别、修复试验和联调，按省中心指令启动和恢复应急通道及预案配置。

(3) 网管调度和实操人员须实行统一专业培训，获得资格和权限。

(4) 网管制度化：月、季例行检查测试报告，处理路网事件的值守配合和远端联调，抢修报告等及时报告省通信中心。

7. 网同步

光纤综合业务接入网应采用主从同步方式，OLT 和 ONU 设备应从实现了时钟同步程控数字交换机提取同步信息。接入网内较低等级的网元设备(ONU)应从较高等级的网元设备(OLT)信息流中提取时钟同步信息。

ASON 接入网与上述传统 SDH 接入网相比，是将接入网的传输部分由 ASON 设备取代基于 SDH 的 MSTP 的内置传输设备，综合接入部分的功能及配置等基本不变。

将小型智能光网络设备逐步引入到接入网范围，使通信系统自接入端开始即能实现业务通道的自动发现和生成，实现动态带宽分配、多级别保护等智能化特性，同时配合骨干智能光网络系统，真正实现业务端到端的智能化管理。

18.3.3　IP 宽带接入网

1. 系统构成

如图 18-7 所示，采用千兆以太网等技术方案，在路段分中心以及沿线各无人通信站之间构成路段内部基于 IP 的宽带数据网。

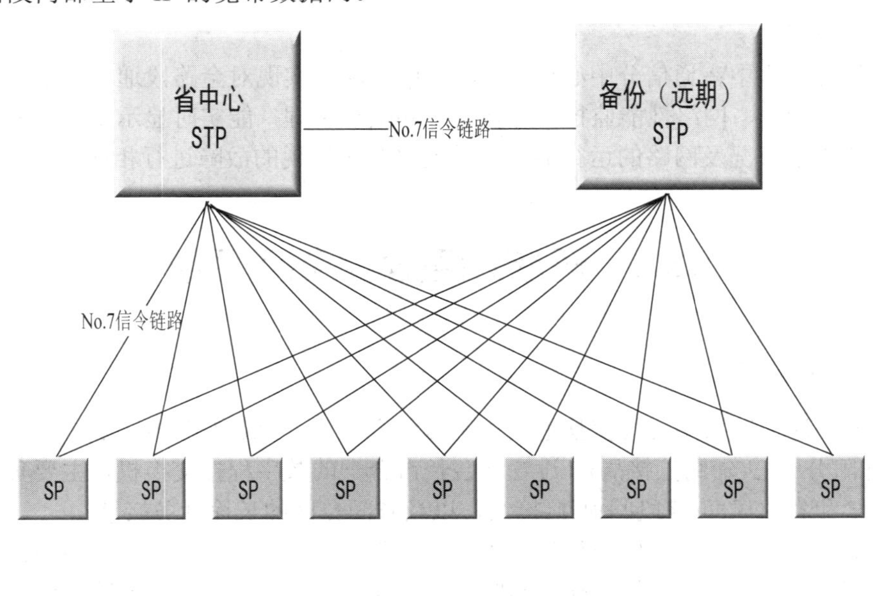

图 18-7　路段千兆以太网构成图

网络结构通常采用星型，也可采用环型。一般由设置在通信分中心和各无人通信站的高性能以太网交换机通过光纤连接构成，实现每个业务节点的语音、视频和数据的信息交换。

2. 系统功能和配置

1) 通信分中心

一般采用两台千兆位三层以太网交换机作为核心交换机，以互为热备份的方式工作。每台交换机配置若干千兆单模光纤端口，与各无人通信站的交换机连接，并配置足够数量的10/100 Mb/s以太网接口用于本地服务器、工作站、语音网关、视频编解码器等的接入。系统采用模块化的结构，配置冗余的交换引擎，冗余电源，支持基于端口和MAC地址等多种VLAN管理方式及协议。

分中心核心交换机也可直接配置语音接口模块(提供语音网关功能)，实现业务电话接入。

2) 无人通信站

通常在每个通信站设置一台局域网交换机，具有三层交换功能。系统采用模块化的结构，具有冗余的交换引擎，冗余电源，支持基于端口和MAC地址等多种VLAN管理方式及协议。

通信站局域网交换机配置千兆光纤端口，与其他无人站或通信分中心相连。并配置一定数量的10/100 Mb/s以太网接口用于本地服务器、工作站、语音网关、接口转换器(V.24/RS232—以太网)、视频编解码器等的接入。对于通信站语音的接入，也可考虑采用配置语音网关模块与本地小交换机(或集团电话)连接的方式解决。

3) 网络管理

网络管理应集中在通信分中心进行，网管中心应能实现对全路段通信网的网络配置管理、故障监控管理、网络性能监控、计费管理和安全管理，能实时显示全网的网络拓扑结构、电路的连接情况及网路的运行情况，并能对其所发现的故障进行相应的处理。

18.4　语音交换(程控交换)系统

18.4.1　网络结构

湖南省高速公路数字程控交换系统由两级体系构成，一级交换中心设在省通信中心(汇接局)和邵阳分中心(辅助汇接局)，设置一台长市合一的数字程控交换机，主要负责本局终端话务接续和省内局间(路段间)汇接接续，以及省间专网的长途话务接续。

二级交换中心设置在各路段通信分中心，主要负责本局所辖范围内的终端话务交换和局间话务交换，以及出入市话交换。同时，视路段管辖范围的大小，某些路段交换中心可根据实际需要在沿线监控通信所配备远端模块局(RM)，对分散的电话用户进行集中。

在一级交换中心和二级交换中心之间设基干路由，其中，二级交换中心至汇接局基干电路为2 × 2 Mb/s，至辅助汇接局基干电路为1 × 2 Mb/s；相邻二级交换中心之间直达路由为 1 × 2 Mb/s；汇接局与辅助汇接局间核心基干电路为 6 × 2 Mb/s。

18.4.2　系统功能

1. 基本业务

(1) 专网内业务电话(BT)、传真机(FAX)和 ISDN 承载业务；
(2) 提供市话、国内和国际长途自动接续业务；
(3) 中继汇接、选择路由和号线连选；
(4) 提供话务台服务和电脑话务员；
(5) 提供用户服务等级分类；
(6) 会议电话功能；
(7) 指令电话功能；
(8) 提供自动测试功能；
(9) 话务量统计功能。

2. 补充业务

对于模拟用户和 ISDN 用户，程控交换系统提供如下补充业务服务：
(1) 直接拨入(DDI)；
(2) 多用户号码(MSN)；
(3) 每个号码应有对应的计费软表，并能送出自己的用户号码；
(4) 三方业务(3PTY)。

18.4.3　接口要求及信令方式

1. 局间信令

数字程控交换机均采用 2 Mb/s 数字中继接口，局间信令采用中国 No.7 信令方式。

2. 与市话网连接的信令

与公用网的市话局间采用 E1 数字中继接口时，应使用中国 No.7 信令方式与公网连接；与公用网的市话局间采用模拟接口时，出中继线信令为 LOOP + DTMF，入中继线信令为 25Hz 铃流。

3. 与接入网连接的接口和信令

除能提供模拟用户接口外，交换机应能够提供符合中国信息产业部标准的 V5.2 接口与接入网连接。

4. 与远端模块的接口和信令

交换机与其远端模块之间采用数字程控交换机的内部信令。数字接口符合中国信息产业部的相关标准和规范。

5. 用户接口

交换机应能够提供符合中国信息产业部标准的U接口和Z接口用于数字用户和模拟用

户的接入。

18.4.4 计费方式

各交换局应根据需要设置计费设备。一般要求高速公路通信专用网内部呼叫不计费；专网用户呼叫市话、国内长途和国际长途的计费方式可参照公网的要求执行。

18.4.5 交换机容量

1. 话务量要求

(1) 普通用户：忙时每线话务量为0.16～0.18Erl(其中发话占55%，受话占45%)。

(2) 中继线：平均每线话务量为0.6～0.7Erl/(其中发话占55%，受话占45%)。

(3) BHCA值：应满足系统运行需要。

(话务量公式为：A = C×t。A是话务量，单位为Erl(爱尔兰)，C是呼叫次数，单位是个，t 是每次呼叫平均占用时长，单位是小时。一般话务量又称小时呼，统计的时间范围是1个小时)

2. 交换机容量配置

交换机装机容量包括初装容量和终期容量，分为用户数量(用户线)和局间中继线容量。初装容量按近期用户数量配置，并预留20%～30%余量。各交换局至省汇接局间基干电路为2 × 2 Mb/s，至辅助汇接局基干电路为1 × 2 Mb/s，与相邻交换局间直达电路为1 × 2 Mb/s。与市话局间的中继线数量一般可按用户线的10%比例设置。终期容量应以满足用户不断发展的业务需求为目标。因此，要求交换机的机型选择应具有可持续发展的能力。

18.4.6 编号方案

湖南省高速公路通信专网电话业务采用统一编号，全网按照5位等位自动拨号方式。编号计划应符合中国邮电部国家标准(GB3971.1-83)以及本地公用网的相关规定(号码制度)。湖南省按照路网结构及空间地理分布相结合的原则分配首位号，分配终期用户为6万号。

(1) 首位字母编号及特服号码如表18-3所示。

表18-3 首位字母编号及特服号码

1	特服及新业务服务首位号	111	备用(线务员查修)
2～7	各省(市)内用户首位号	112	障碍申告
8	交通专网字冠	113	长途挂号记录
9	移动用户首位号	114	问询查号
0	入市话公网冠号	119	火警
		110	匪警特服号码

(2) 湖南省高速公路专网程控交换机电话号码分配如表18-4所示。

表 18-4　湖南省高速公路专网程控交换机电话号码分配表

序号	分中心位置	管理里程(km)	路段名称	里程(km)	号码段	备注
1	省中心				2××××	
2	月形山	183	临湘长沙(临长)	183	30××× 31×××	现为 41、42
3	雨　花	74	长沙—湘潭(长潭)	45	320××— 324××	现为 31
			长沙—永安	29		
4	大石桥	169	湘潭—耒阳(湘耒)	169	33×××	现为 35
5	长 沙 2	135	岳阳—长沙	约 135	34×××	24 公里重复里程
6	长 沙 1	28	长沙—湘潭西线	28	350××— 353××	
7	岳　麓	76	长沙—益阳	76	354××— 358××	现为 33
8	株　洲	73	醴陵—湘潭	73	360××— 364××	
9	株　洲	37	长沙—株洲	37	365××— 368××	
10	湘 潭 1	142	湘潭—衡阳西线	142	37×××	
11	湘 潭 2	229	湘潭—邵阳	218	38×××	现为 61
			韶山互通—韶山	11		
12	绕城公司长沙	64	长沙西北绕城	35	325××— 329××	含重复里程 35 公里
			长沙西南绕城	29		
			其它	14		
13		17	长沙机场高速公路	17	359××	
14	石门桥	135	澧县—常德	115	40×××	
			常德北连接线	20		
15	黄土店	97	常德—梅城	97	41×××	
16	桃　源	223	常德—吉首	223	42××× 430××— 434××	
17	德　山	73	益阳—常德	73	435××— 439××	现为 33
18	河　伏	161	常德—张家界	161	44×××	

续表一

序号	分中心位置	管理里程(km)	路段名称	里程(km)	号码段	备注
19	岳 阳 1	32	随岳高速湖南段	32	450××—453××	
20	岳 阳 2	80	临湘—华容	约 80	454××—458××	
21	许市	141	华容—常德	141	46×××	周家店
22	浏 阳 1	160	岳阳—浏阳	约 160	47×××	
23	浏 阳 2	170	浏阳—茶陵	约 170	48×××	
24	浏 阳 3	70	浏阳—铁树坳(湘赣界)	约 70	490××—494××	
25	浏 阳 4	75	永安—浏阳	40	495××—499××	
			浏阳—洪口界(湘赣界)	35		
26	张家界	154	张家界—花坦	154	50×××	14 公里重复里程
27	吉 首 1	65	吉首—茶洞	65	510××—514××	
28	吉 首 2	154	吉首—怀化	106	52×××	40 公里重复里程
			吉首—凤凰	约 88		
29	怀 化 1	169	邵阳—怀化	169	53×××	现为 96
30	怀 化 2	155	新化—怀化	155	54×××	
31	怀 化 3	210	怀化—通道	约 210	55×××	
32	邵 阳 1	125	梅城—邵阳	125	56×××	
33	邵 阳 2	93	怀化—新晃	93	57×××	现为 97
34	娄 底	90	娄底—新化	90	58×××	
35	永 州	111	邵阳—永州	111	515××—519×× 59×××	
		145	永州-蓝山(湘粤界)	145		
36	松木塘	132	衡阳—邵阳	132	60×××	
37	衡阳西	186	衡阳—枣木铺	186	61×××	现为 53
38	衡 东	137	衡阳—茶陵	83	62×××	
			茶陵—炎陵	约 30		
			大浦—衡阳	24		现为 35

续表二

序号	分中心位置	管理里程(km)	路段名称	里程(km)	号码段	备注
39	衡　阳 1	200	衡阳—临武	约 200	63×××	
40	衡　阳 2	54	衡阳—南岳	54	640××—644××	
41	郴　州 1	135	耒阳—宜章(耒宜)	135	65×××	
42	郴　州 2	101	郴州—汝城	101	66×××	
43	郴　州 3	112	郴州—宁远	112	67×××	
44	炎　陵	146	炎陵—汝城	约 130	68×××	
			炎陵—睦村	16		
45	茶　陵	40	界化垄—茶陵	约 40	690××—694××	
46	宜　章	48	宜章—风头岭(湘粤界)	48	695××—699××	
47	宁　远	146	宁远—道县	90	70×××	
			道县—永济亭(湘桂界)	56		
48		40	益阳南绕城高速	40	390××—393××	
49		23	株洲—易家湾	23	369××	
说明：网络总预留号码段为 394××—399××、459××、645××—649××及 71×××—79×××						

18.4.7　同步系统

采用主从同步方式实现全省交换网的时钟同步。在省中心汇接局设基准时钟，在邵阳设置辅助基准时钟。省通信中心汇接局及邵阳辅助汇接局采用二级节点时钟，接受基准时钟的同步；同步信号通过骨干网将基准时钟送到各分中心交换局，各通信分中心交换局采用三级时钟，与省中心、邵阳分中心的交换机同步。

18.4.8　网络管理和维护

数字程控交换机网管系统可通过 Q3 和 TCP/IP 等接口协议，采用 DDN、FR、分组等方式与省网管中心相连。并满足中国信息产业部关于网管的相关规定。

数字程控交换机的维护和管理应完成对交换设备的性能管理、故障管理、配置管理和安全管理，主要功能如下：

(1) 收集、分析电话网的话务负荷、流量流向和设备利用情况的数据。

(2) 监视电话网的话务负荷状况。
(3) 检测电话网的话务异常现象。
(4) 监视交换设备的重大故障告警。
(5) 判断分析产生话务异常的原因。
(6) 必要时通过人工方式实现部分话务控制和网路调度措施。
(7) 产生各种话务分析报告和汇总报表。
(8) 完成配置管理功能。
(9) 具备网管工作人员操作权限的管理功能。

18.4.9 指令电话系统

指令电话系统是为监控分中心工作人员提供在紧急情况下指挥和调度的一种通信手段。指令电话系统采用数字程控交换机热线、会议等功能实现。

指令电话系统由指令电话控制台(即主机)和指令电话分机构成。指令电话主机装设于监控分中心；指令电话分机设在沿线的各基层单位，如：收费站、通信站、管理所、服务区和养护工区等。

指令电话主机可选用多功能数字话机或多媒体数字录音终端实现；指令电话分机可选用 DTMF 或专用分机(免提式)。

通过指令电话主机可实现对指令电话分机的全呼、组呼和选呼，同时具备录音功能。指令电话主机应设置成各指令电话分机的热线用户，各分机之间不设置选叫功能。

18.5 支撑网

一个完整的通信网需要有若干个用以保障业务网络正常运行、增强网络功能、提高网络服务质量的支撑网。在支撑网中传递的是相应的监测和控制信号。支撑网包括同步网、公共信道信令网、网络管理网等。

18.5.1 同步网

数字同步网是通信网必不可少的重要组成部分，它是保证网络定时性能质量的关键。同步的含义是使通信网内运行的所有数字设备工作在一个相同的平均速率上，如果接收端与发送端时钟频率不一致，接收端会漏读或重读发送来的信息，导致误码的产生，造成传输性能的劣化。网络同步的基本目标是控制数字设备滑动的产生。

同步网由全国基准时钟(PRC)、地区基准时钟(LPR)和同步供给单元(SSU)构成。SSU 具有频率基准选择、处理和定时分配的功能，SSU 可以是独立的同步设备(SASE)，也可以是程控交换、传输设备中的同步功能单元。

根据我国数字同步网的建设规范，高速公路通信系统的同步网采用主从同步法。由于我国 PRC 设置的数量和布局尚不完善，湖南省高速公路通信网络的同步系统应采用 LPR 作为一级节点时钟，为通信系统提供同步源，系统中所有时钟都跟踪 LPR，构成全同步网络。

1. 同步网结构

在湖南省高速公路通信中心及邵阳设置区域基准时钟(LPR)，作为全省高速公路数字同步网的主时钟及备用时钟。区域基准时钟(LPR)由两个铷钟和全球定位系统(GPS)构成，并且区域基准时钟既能接受 GPS 的同步，也能与 PRC 的同步。

2. 定时基准的分配

定时基准的局间分配采用逐级跟踪的树状结构，局间定时基准链路主、备用均采用 SDH 传输系统，利用 ASON STM－N 线路信号传送并从中提取定时基准序号。为避免定时环路和时钟倒挂等问题，ASON 设备和同步节点 SSU 均应具有 SSM(同步状态信息)功能。

局内定时信号采用并行方式分配。

3. 同步网的网管系统

在省通信中心、邵阳均设置二级网管节点，要求其管理能力可进一步扩充。

18.5.2 信令网

信令网不仅可以传送与电话有关的客户服务控制信号，还可传送其它如网络管理和维护信息信号，是整个网络的神经系统。针对湖南省高速公路的实际建网情况，目前，全省已建成的高速公路已采用 No.7 信令方式组建了程控交换网，因此可依托于全省高速公路的程控交换网建立湖南省高速公路信令逻辑网，即 No.7 信令网。

根据湖南高速公路程控交换网的规模，信令网的信令转接点(STP)和信令点(SP)采用与交换机合设的方式组建。各分中心交换机之间信令经过 STP 转接；分中心交换机和省中心汇接局交换机之间采用直联方式。

远期，考虑到网内信令点的大量增加，可根据需要在邵阳扩增信令转接点，与省中心交换机共同构成双汇接设计，形成信令转接点 STP 的异地备份。届时，两个一级汇接局交换机之间信令采用直联方式连接。湖南省高速公路信令网结构如图 18-8 所示。

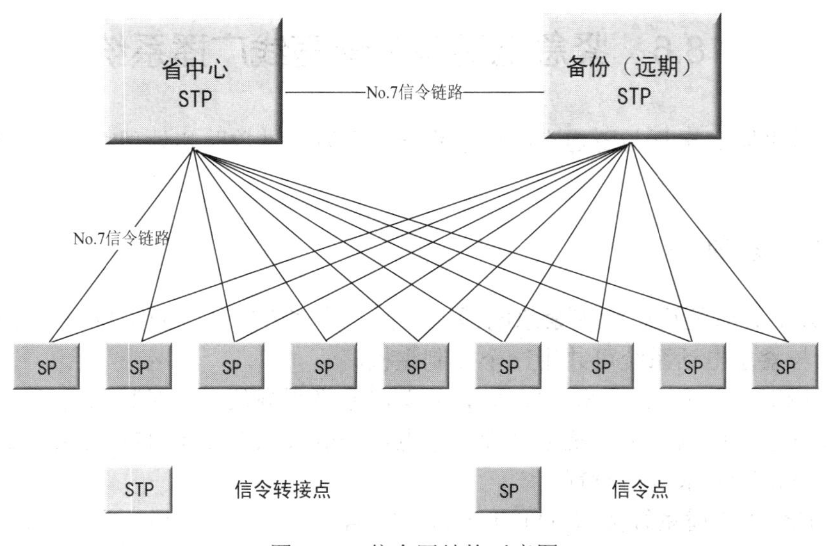

图 18-8 信令网结构示意图

18.5.3　网管网

网管网是收集、处理、管理、存储有关通信网络维护、操作和管理信息的一种综合手段，使主管通信网的部门可以对整个通信网络进行全面掌控。由于高速公路路段维护力量较弱，因此省中心对全省路网的集中统一管理就更加至关重要。

结合湖南省高速公路通信系统实际情况，采用将网管网进行分类、分级实行全省统一网管、统一监控的方式，可极大减少运维成本、减轻运维压力，提高运维效率和质量。

从分类角度看，全省通信系统网管网可分为交换网管网、传输网管网、接入网管网、电源网管网、环境监控网管网、时钟同步网管网等；从分级角度看，全省通信系统网管网可分为两级，第一级为省中心，属网络级网管；第二级为各路段分中心，属网元级网管。对于网络级网管实施带外管理，即通过专门的数据通道将省中心网管与各分中心网管相连；对于子网级网管实施带内管理，直接管理业务子网的通信设备。

实现全省统一、集中的网管目标必须根据实际情况分步实施。

(1) 第一阶段：部分网络层集中网管系统。

根据目前湖南省高速公路建设现状，在省中心可适时考虑建设程控交换网、骨干网等的集中网络管理系统，该系统应具备网络层网管系统的部分功能，实现端到端的业务管理。

路段内采用网元级网管系统，即在路段通信分中心设置本地维护终端，对通信分中心所辖区域内的程控交换机、综合业务接入网、光传输网、通信电源等网元进行管理。

(2) 第二阶段：网络层网管系统。

各专业的集中网管系统通过标准 Q3 协议和一定的管理模式互通，不同厂家的设备均可通过标准接口和协议纳入全省的网络层网管系统，实现网元、网络管理的一体化，最终建成标准的网管网。

18.6　紧急电话与隧道有线广播系统

采用光纤型紧急电话与隧道有线广播系统，作为提供救助和处理特别突发事件的有效工具。

18.6.1　设置原则

(1) 各分中心或隧道站设置紧急电话控制台，管辖所属区段的紧急电话分机，隧道有线广播系统与紧急电话系统可共用一个控制主机。

(2) 普通路段紧急电话分机按照每 1 公里在道路两侧预留一对紧急电话平台，按每 2 公里一对设置紧急电话分机；隧道区段紧急电话分机按照 JTB/T D71—2004《公路隧道交通工程设计规范》要求进行设置。

(3) 隧道有线广播系统按照 JTB/T D71—2004《公路隧道交通工程设计规范》要求进行设置。

18.6.2　系统构成

1. 紧急电话系统构成

紧急电话系统由紧急电话分机、传输线路和紧急电话控制台等部分组成，采用光纤型紧急电话系统。紧急电话控制台由紧急电话控制主机、紧急电话管理计算机及相应外设、打印机、录音机和值班电话机等组成。

紧急电话控制台应配备以太网或串行通信接口(RS-232)以便与监控系统联网。

紧急电话系统为独立的求援系统，不允许接入交换机网。

2. 隧道有线广播系统构成

隧道有线广播系统由音源设备、控制设备、功放设备、广播传输电缆和扬声器等部分组成。隧道是一个狭长的空间，为避免隧道内混响的影响，可采用分左右洞、分音区、分通道的广播方式或其它有效抑制措施。

18.6.3　系统功能

1. 紧急电话系统

(1) 识别、定位和显示紧急电话分机的呼叫，并能储存和显示同时发生的呼叫。

(2) 可以中断和保持呼叫分机的接续。

(3) 建立管理计算机数据库，包括信号区段、桩号、呼叫分机号码、呼叫通信时间、事故类型和帮助类型等，实现计算机与值班员的人机对话，采用中文界面。

(4) 紧急电话控制台系统应具有对局部路段事故率和局部时间段事故率的统计报表功能。

(5) 区段内紧急电话分机设备的变动、增减可通过人机命令简单操作实现。

(6) 紧急电话控制台要有自动录音功能，录音宜采用数字录音，分事件存储在硬盘上，录音时应有剩余存贮时间提示，回放应通过键盘操作完成。

(7) 应能进行系统的人工和自动测试，并可自动显示系统测试结果。

(8) 紧急电话控制台计算机采用串行通信或局域网方式(根据监控系统要求确定)与监控计算机网络相连，可实时将紧急电话系统各种数据输入监控主计算机；要求紧急电话控制台具有联网功能，高一级的紧急电话控制台能够监听到低一级紧急电话主控机与其对应的紧急电话分机间的通话。

(9) 紧急电话分机可以采用低压集中供电方式、蓄电池供电方式和太阳能供电方式等。

(10) 紧急电话分机具有防雷保护功能以及防潮、防腐蚀等功能。

(11) 紧急电话分机具有视频图像监控功能，值班员可以在分中心或隧道站看到报警者的实时图像，也可以采用控制台呼叫分机的方式随时观察隧道或路面的情况。

2. 有线广播系统

(1) 音区多路切换选择功能，可进行单音区、多音区、单扬声器、多扬声器广播。

(2) 信源多路切换选择功能。

(3) 音量调节功能。

(4) 循环广播功能。

(5) 广播信息数字录音、录时功能。

(6) 计算机控制和管理功能。

(7) 与隧道监控系统信息联网功能，根据监控系统的信息，启动隧道广播。

(8) 远端功放和扬声器工作状态检测功能。

(9) 远程隧道广播系统接入功能。

(10) 广播声音清晰、隧道内无混响。

(11) 具有防雷保护功能以及防潮、防腐蚀等功能。

18.7 会议电视系统

18.7.1 系统构成

全省高速公路会议电视系统由省中心会议电视系统和各路段分中心会议电视系统构成，即由中心会议室和分会议室 MCU(多点控制单元)、会场视讯终端及传输通道构成两级网络结构。

会议电视网络宜采用 H.323 标准组建，并能兼容专线方式接入，支持 64 kb/s、384 kb/s、786 kb/s～2048 kb/s 的传输速率。

各分中心至省中心配置 10/100 Mb/s 以太网接口，带宽为 1 × 2 Mb/s。也可根据会场的条件，利用程控交换系统的 2B + D(ISDN)通道开展会议电视业务。

18.7.2 系统功能

会议电视系统的主要功能如下：

(1) 具有交互式多媒体(图像、语音、数据等)会议电视系统。

(2) 具有会议控制功能，提供如下的会议控制功能，适应各种形式不同的会议：

- 广播方式；
- 双方会谈方式，两个会议开音，其余会议闲音；
- 座谈方式，会议画面动态分配；
- 主席会场可以监视任一会场的画面，指定分会场发言；
- 如果取得遥控权，可以遥控其它会场的摄像机；
- 镜头位置预置功能；
- 全中文集中控制操作；
- 视频计算机处理。

18.7.3 设备配置

会场设备由会议电视系统多点控制单元(MCU)和终端设备组成。

1. 多点控制单元(MCU)

MCU 是会议电视系统的核心部件。它的主要功能是多个会议电视终端进行通信时，进行图像与语音的分配(或切换)。MCU 由后台微机进行管理，管理员可通过人机界面实现对 MCU 的配置和测试。MCU 的基本功能如下：

(1) 接收来自会场的视频、音频、控制等各种数据组合而成的数字流。

(2) 提取各方的音频分量并进行混合处理，即将数字音频信号混合相加，再变成数字流输出到各会场。

(3) 对视频和控制数据进行选择和切换处理。

(4) 发送需要的数字流到各分会场。

(5) 可实时监测会议的进行状态和线路的状态，以便能在出现故障时及时报告并处理。

(6) 在 MCU 的控制下，主席终端可监视会议内任意会场。

(7) 在一个 MCU 中，可同时组织相互独立的几个会议。

(8) MCU 应支持至少两级级联组网和控制，在级联组网时，省中心 MCU、分中心 MCU 及会议终端应能互通互控，能通过 MCU 管理终端或网管系统对各 MCU 进行统一管理，能实现对各 MCU 的配置和维护。

(9) 可召开不同速率的会议，省中心 MCU 应至少具有 49 个 2 Mb/s 速率以上终端的接入能力，同时应具备空闲插槽为将来升级使用。

2. 终端设备

终端设备负责音频、视频信号的采集处理与压缩编码，同时要将 MCU 传来的数据压解并回收。终端设备包括摄像设备、电视机、音响设备、终端处理器、终端管理系统等。

终端处理器主要完成视频、音频信号的编解码，传输信号的复用和解复用、命令的实时转发和协议。

终端管理系统用于终端系统的维护、管理、告警等功能，它具有会议控制的功能，用户可以通过它来控制会议。

18.8　数据、图像传输通路

18.8.1　数据传输通路

高速公路主要包含以下数据业务：收费数据、监控数据、办公自动化(OA)数据、视频会议数据、交通信息服务数据等。通过全省统一的传输平台，为公路运营管理者、道路使用者以及社会公众等诸多方面提供快速、安全、有效的数据信息服务。

1. 收费数据传输方案

• 第一层：收费亭(车道)至收费站(由收费系统负责)。

• 第二层：收费站至收费分中心，一般由综合业务接入网提供 10/100 Mb/s 以太网传输通路(包括硬盘录像机联网信道)。

• 第三层：收费分中心至省中心，由骨干传输系统提供 10/100 Mb/s 以太网传输通路，组成全省高速公路收费专用广域数据网。

当各收费站至省中心的通信线路由于某种原因中断时，各收费站可准备一台专用的 PC

机通过向当地电信部门申请的 PSTN(或 DDN)线路拨入省收费中心的远程访问服务器，作为收费数据的备份传输路由，以保障收费业务的正常运作。

2. 监控数据传输方案

- 第一层：监控外场设备至所属监控分中心，一般先通过光纤接到就近的通信站，再由综合业务接入网提供低速率或 10/100 Mb/s 以太网传输通路至通信分中心。
- 第二层：各监控分中心至省监控中心，由骨干传输系统提供 10/100 Mb/s 以太网传输通路，组成全省高速公路监控专用广域数据网。

3. 办公数据传输方案

全省办公数据网络基于 IP 技术构建，由各分中心办公数据子网和省中心(包括交通厅)办公数据子网组成，传输通路由骨干传输系统提供或预留 10/100 Mb/s 的以太网接口。

18.8.2 图像传输通路

图像传输通路主要指监控、收费闭路电视传输通路，包括传输介质(单模光纤)、视频光端机、视频压缩编解码设备和数据控制链路等。

1. 监控图像传输通路

- 第一层：道路沿线的摄像机(或隧道内的摄像机)通过数字非压缩视频光端机以点对点或级联(节点式)方式直接传至就近的无人通信站(图像的反向控制信号与图像复用传输)。
- 第二层：在无人通信站，监控和收费图像一起经数字压缩编码(MPEG-II 或 H.264)后，通过综合业务接入网提供的数字传输通道传至监控分中心，每路图像占用不少于 2 × 2 Mb/s 带宽(MPEG-II 协议)或 1 × 2 Mb/s 带宽(H.264 协议)。
- 第三层：各监控分中心图像信号传至省中心，各分中心采用组播方式传分别上传 2～4 路图像(含监控、收费图像)至省监控中心，组成全省广域视频传输网，视频压缩编解码技术采用 MPEG-II 或 H.264，通过骨干传输系统提供的数字传输通路，每路图像占用 2 × 2 Mb/s 带宽(MPEG-II 协议)或 1 × 2 Mb/s 带宽(H.264 协议)。

2. 收费图像传输通路

- 第一层：收费亭(车道)的摄像机至收费站(光纤方式，由收费系统负责)。
- 第二层：收费站至收费(监控)分中心：与就近监控图像一起经数字压缩编码(MPEG-II 或 H.264)后，通过综合业务接入网提供的数字传输通道传收费分中心，每路图像占用不少于 2 × 2 Mb/s 带宽(MPEG-II 协议)或 1 × 2 Mb/s 带宽(H.264 协议)。
- 第三层：各分中心采用组播方式传分别上传 2～4 路图像(含监控、收费图像)至省监控中心，组成全省广域视频传输网，视频压缩编解码技术采用 MPEG-II 或 H.264，通过骨干传输系统提供的数字传输通路，每路图像占用 2 × 2 Mb/s 带宽(MPEG-II 协议)或 1 × 2 Mb/s 带宽(H.264 协议)。

3. 数字视频联网设备配置

省中心、路段分中心与无人通信站之间的视频图像联网应实现数字传输、计算机操作和网络化管理。

在无人通信站，配置以太交换机、MPEG-II 或 H.264 视频编码器等设备；在省中心、路段分中心，配置以太交换机、MPEG-II 或 H.264 视频解码器、网络管理器、多媒体终端(监视器)等设备。

网络管理器管理本地所有视频资源的设备，接收来自本地控制键盘和多媒体监控终端的请求，实现视频切换，还可根据需要对网络上其它网络管理器进行远程控制。多媒体监控终端安装视频管理软件和视频解压卡，实现对图像的截取、存储、录像等操作。

视频管理软件以客户/服务器方式工作，服务器部分安装在视频管理器上，客户端软件安装在多媒体监控终端 PC 上。用户通过多媒体监控终端实现对视频监控的各种控制操作。该软件还需能根据用户特定的要求进行二次开发。

18.9　高速公路呼叫服务中心系统

高速公路呼叫服务中心系统，主要提供服务申告、紧急救援服务，远期还可向社会公众提供高速公路通行状况、气象信息、出行信息、宣传交通法规、运输安全、电话号码查询等查询服务。

湖南省高速公路呼叫服务中心的服务范围远期应能覆盖全省高速公路。在省中心设置高速公路呼叫服务中心(或由特定运营商托管)，远期还可逐步在各个监控分中心设置呼叫服务子中心。

18.9.1　系统方案

1. 技术体制

呼叫服务中心系统有三种技术模式：基于交换机方式、基于板卡方式和一体化平台方式。三种呼叫中心技术模式比较分析如表 18-5 所示。

表 18-5　三种呼叫中心技术模式比较表

项目/类型	基于板卡方式	基于交换机方式	一体化平台方式
组成	不同功能的厂家板卡	由许多设备组成：电话交换机、CTI 服务器、IVR 服务器等	整合的通信、CTI 服务器系统
处理能力	一般	大	大
功能	专用系统，针对不同项目开发	齐全	齐全
稳定性	一般	稳定	稳定
构建成本	低	高	中
扩容	复杂	容易	容易
组网	支持 E1 级联	支持 E1 级联	支持 IP 分布式组网、E1 级联
远程坐席	一般不支持	支持	支持

考虑到系统的专业性和扩展性以及呼叫中心的发展趋势，湖南省高速公路呼叫服务中心系统宜采用基于交换机的方式或一体化平台的技术体制。

2. 体系结构

呼叫中心的体系机构如图 18-9 所示。

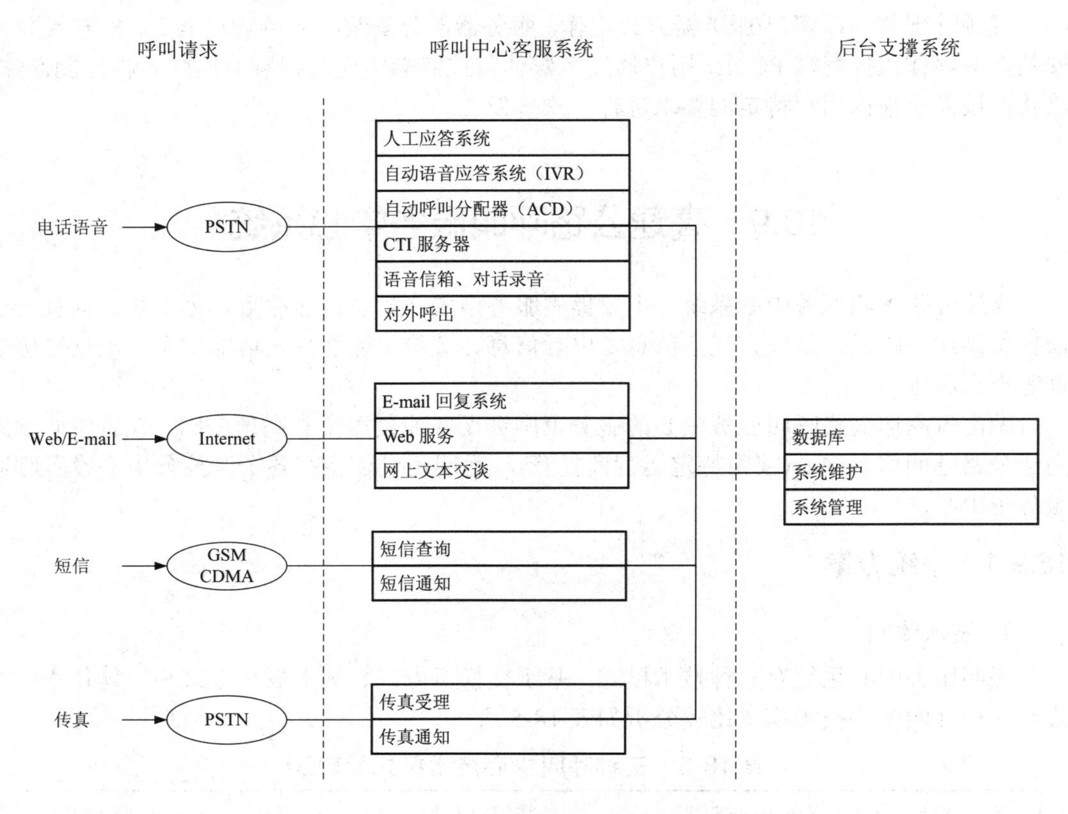

图 18-9　呼叫中心体系结构图

湖南省中心的呼叫服务中心远期应提供包括电话语音、Web/E-mail、短信及传真等多种接入方式，近期省呼叫服务中心仅提供电话语音的接入方式。

3. 网络结构

呼叫服务中心系统有两种网络结构：集中式客户服务系统和分布式客户服务系统。前者设一个省级呼叫服务中心覆盖服务全省。后者设一个省级服务中心，在各路段分中心设若干呼叫服务子中心，可设置 1～2 台呼叫中心的远端坐席，与各路段紧急电话控制台通过数据网相连，共同实现紧急救援的功能。呼叫服务子中心具有独立处理客户服务业务功能，并能向服务中心自动转发(或人工转发)。

根据系统的业务需求，并结合一次设计分期实施的原则，湖南省高速公路呼叫服务中心系统宜近期采用集中式客户服务系统，远期逐步过渡到分布式客户服务系统。

4. 客服号码选择方案

根据《电信网码号资源管理办法》(中华人民共和国信息产业部令第 28 号)的相关要求，

对于电信业务经营者、服务型企、事业单位或基础电信业务经营者可有资格申请“96XXX”作为客户服务中心接入码，由所在省通信管理局负责分配审批。因此，湖南省高速公路呼叫服务中心系统建议采用”96XXX”5 位交通专用客户服务号码。

18.9.2　系统构成

(1) 全省高速公路呼叫服务中心系统采用分布式二层网络结构(服务中心和子中心)。在省中心设高速公路呼叫服务中心，在各监控分中心设服务子中心。服务中心与服务子中心之间由骨干网提供 10/100M 以太通路。省级呼叫服务中心可根据话务量暂设少量坐席(比如设 4 个坐席)，各分中心设置 1～2 台呼叫中心的远端坐席。

(2) 呼叫服务中心由硬件和相关软件设备构成。硬件包括排队机、服务中心/交互式语音应答服务器(CTI/ IVR)、录音/应用服务器、数据库服务器、交换机、坐席终端、传真机、打印机和 UPS 电源等。软件包括 CTI 控制子系统、自动语音(ACD)/传真子系统、坐席子系统、监控管理子系统、数据库管理系统、业务处理子系统、统计分析子系统等。

18.9.3　系统功能

呼叫中心的系统功能包含如下几个方面：

(1) 自动服务功能。服务中心提供无人值守的 24 小时自动语音服务。声讯台使用树型结构，让每一语音通道按照设定的流程进行循序、分支或跳转，自动语音逐步引导客户选择电话按键，实现投诉录音、投诉查询、自动咨询服务。

(2) 人工受理及业务处理功能。坐席业务台能实现投诉受理、举报受理、救援处理、统计报表等功能。

(3) 客户电话咨询的受理。

(4) 救援、调度功能。

(5) 投诉、举报、咨询信息的录入。

(6) 投诉、举报、咨询的受理后处理。

(7) 系统数据维护。

(8) 系统维护包括：系统设置、数据管理、综合信息、投诉双方信息、通讯录管理、参考资料管理等。

(9) 投诉、举报、咨询、调度业务统计及报表。

18.10　光、电缆工程

光、电缆设备用以支持湖南省高速公路联网通信的光纤数字传输系统、图像传输系统，以及用于语音、图像、数据等综合业务的各种接入系统。

所有光电缆设备的采购、运输、安装和验收均应符合相关行业规范和最新国家标准。

18.10.1　光缆配置原则

光缆配置要求如下：

- 干线 SDH 传输系统：≥4 芯(视需要而定)；
- 光纤接入网系统：　4 芯；
- CCTV 传输光端机：1 芯/套；
- 备用：　≥8 芯(视需要而定)。

室外一般采用适用于管道敷设的 GYTA B1.1 型单模光缆，光纤数量的确定应在上述原则指导下根据具体要求而定，并在实际工程应用中不断调整、优化，以达到光缆资源的合理使用。具体路段实施时，应充分考虑该路段分中心与相邻路段分中心联网以及相邻分中心联网路由经过该路段的光纤需求情况配置干线光缆。

18.10.2　电缆配置原则

电缆主要设置在室内，一般采用铜芯 PVC 绝缘电缆以及相应的配线设施，安装在通信站、收费站、服务区、停车区、通信分中心和养护工区等沿线设施楼内，用以满足综合通信网的音频和低速数据业务的接入需求(如各种音频、数据配线电缆)。电话配线电缆至少应预留 50%的备用线对；数据配线电缆至少应预留 30%的备用线对。

18.11　通 信 管 道

18.11.1　管材选择

参照国内各省市以及湖南省已建、在建高速公路通信管道的建设和实际应用情况，干线通信管道管材采用 HDPE 硅芯管，横穿分歧管道采用钢塑复合压力管。

18.11.2　设计容量

公路通信管道容量应根据公路专用通信网业务需求、公用网和其它专用网租用的需求以及远期备用等因素进行设计。在上述相同条件下，原则上各路段干线通信管道容量应相等，但在通信管道交汇处，应增大总汇接方向的容量。

干线通信管道一般沿高速公路的中央分隔带敷设。管孔标称直径为 φ40/33mm。主线管道规划设计容量如表 18-6 所示。

表 18-6　主线通信管道容量及适用路段

孔数 / 用途 / 类别	公路通信专用网	备 用	其它	合 计	备 注
国道主干线	4	4	4	12 孔	
重要路段	4	4	4	12 孔	如环网等路段
一般路段	4	2	2	8 孔	靠省界处的“边缘”路段

注：过小桥、通道桥、通道和涵洞采用 310 × 190 的玻璃钢管箱，内敷硅芯管。

分歧通信管道容量应根据道路沿线各房建设施和道路沿线监控外场终端设备对通信业务的需求进行设计。分歧通信管道容量如表 18-7 所示。

表 18-7　分歧通信管道容量及适用场合

数量 / 使用场所	数 量	出线方向	备 注
汇接中心	6～10	单向分歧	ϕ100 × 5 钢塑复合压力管
路段分中心	4～6	单向分歧	ϕ100 × 5 钢塑复合压力管
收费站	4	单向分歧	ϕ100 × 5 钢塑复合压力管
服务区	2	双向分歧	ϕ100 × 5 钢塑复合压力管
停车区	1	双向分歧	ϕ100 × 5 钢塑复合压力管
养护工区	2	单向分歧	ϕ100 × 5 钢塑复合压力管
隧道管理站	4～6	单向分歧	ϕ100 × 5 钢塑复合压力管
监控外场设备	2	单向分歧	ϕ100 × 5 钢塑复合压力管
紧急电话	1	双向分歧	ϕ100 × 5 钢塑复合压力管

18.11.3　通信管道的管理

通信管道是高速公路的宝贵资源，应统一规划和统一分配。各路段在分配管道或出租管道时应向省高速公路主管部门申报。同时应注意各路段的通信管道应与相邻路段的通信管道互相贯通；省际的通信管道应相互衔接或预留衔接条件。

18.12　通信电源系统

通信系统应为每个通信站和通信分中心提供和安装通信设施所需要的电源及其配套设备，包括成套的稳压电源、整流电源、蓄电池、UPS 和防雷接地设备等。

18.12.1　基本要求

通信电源系统的基本要求包括：

(1) 整流电源应采用灵活的积木结构，整流模块按 n+1 方式配置。电源应设施稳定、安全可靠、易于维护。

(2) 电源设备能达到全自动化，适合无人值守的要求，具备远端维护管理接口。

(3) 电源设备的管理应能与光纤数字传输系统的网管结合设置，能够在分中心通过维护终端，对通信电源系统(包括整流电源、蓄电池等)进行远端监测和维护。

18.12.2 容量配置

1. 整流器容量配置

通信站设备用电负荷及整流器模块容量配置如表 18-8 所示。

表 18-8 通信站设备用电负荷及整流器模块容量配置表

通 信 站	交换机(SPC)	干线传输(ADM、REG)	接入设备(OLT、ONU)	合计	整流器容量配置
省通信中心	20	8A		28A	100A
路通信分中心	20	8A	6A	34A	100A
无人通信站		8A	6A	14A	30A

注：无人中继站含 REG 设备。

2. 蓄电池容量配置

通信站蓄电池容量配置如表 18-9 所示。

表 18-9 通信站蓄电池容量配置表

通 信 站	蓄电池容量	电压	组数	交流停电后保护小时	备 注
省通信中心	400 Ah	−48 V	2	2 × 8	每组 200AH
路通信分中心	400 Ah	−48 V	2	2 × 8	每组 200AH
无人通信站	100 Ah	−48 V	1	1 × 8	每组 100AH

3. 通信站交流用电负荷

通信站交流用电负荷如表 18-10 所示。

表 18-10 通信站交流用电负荷表

通 信 站	通信设备用电(KW)	维护用电(KW)	合计(KW)	备注
省通信中心	8	4	12	
路通信分中心	8	4	12	
无人通信站	3	1	4	

18.12.3 电源系统防雷保护

为了防止雷电进入供电线路，除了按电力系统安装规定在配电室，进线端加有进线保护，并在变压器高压侧加装高压避雷器外，由于电磁感应和静电感应在低压侧也会出现较大过电压，加之雷击波可直接侵入低压器。因此，在低压三相进线端必须加装避雷器。通信电源由机房的配电盘上引出交流 220V 后、在电源引出线上加一电源避雷器。然后再引入到所需交流 220V 的设备上去。

为保证通信质量和用电安全，通信站均设独立的联合接地装置。联合接地电阻应不大于 1 欧姆。接地系统由房建部门设计，建议接地装置的埋设和引入线应与通信机房的房建工程同步实施。

18.13　通信机房建筑要求

(1) 机房面积：通信(分)中心机房建筑面积一般为三个标准模数开间(如：开间 10.8 m × 进深 6 m)即可；如果考虑值班员(例如，话务台、管理终端等)位置需要与设备隔离，增加玻璃隔断，可适当加大用房进深，留出 1 个标准开间的办公面积。无人通信站机房建筑面积一般为 1 个标准模数开间(如：开间 3.6 m × 进深 6 m)即可。

(2) 机房层高：一般通信机房拟采用最高 2.2 m 的标准机柜，因此对楼层净空高度建议大于 3.3 米。

(3) 机房荷载：满足《电信专用房屋设计规范》(YD/T 5003-2005)的相关要求。

(4) 防静电地板和金属走线槽：各通信站防静电地板下净空高度(不包括防静电地板、室内装修的高度)建议为 20 cm。活动地板下铺装走线槽，线缆槽建议为 200 mm × 100 mm 镀锌金属槽，槽体厚度为 2 mm，盖板 1.5 mm，镀锌量为 500 g/m^2。防静电活动地板下的地面，可采用水泥砂浆抹灰，地面材料应平整、耐磨。

(5) 各无人通信站、通信(分)中心机房温湿度：应安装有空调设备，温度 22.5 度(可调 15～30 度)，湿度 50%(30%～70%可调)。

(6) 设备集中的一侧尽量不设窗户。建议所有的窗户使用双层密闭窗防尘，并贴膜、加窗帘遮阳。

(7) 室内照明灯具以吸顶式或嵌入式(如有吊顶)为宜，吊顶宜选用不起尘的吸声材料；机房内的墙壁表面应平整、光洁，不易起尘，不易积灰，应避免眩光；墙壁涂料应选用无挥发性、无刺激性的无光漆。

(8) 机房应配备必需的防火消防设施。

18.14　典型光网络平台 OptiX OSN 3500 简介

18.14.1　OptiX OSN 3500 概貌

OptiX OSN 3500 STM-64/STM-16 智能光传输平台(以下简称 OptiX OSN 3500)是华为技术有限公司根据城域网现状和未来发展趋势，推出的融 SDH、Ethernet、ATM、PDH 等技术为一体的新一代智能光传输平台。它实现了在同一平台上高效传送语音和数据业务，支持 E1、T1、E3、DS3、E4、STM-1(电/光)、STM-4、STM-16、STM-64、AU3 透传，以及 10/100/1000 M 以太网业务。OptiX OSN 3500 业务管理简单方便，升级和扩容快速且不会中断业务。它以高速率的总线架构，支持产品向智能光网络平滑演进。图 18-10 所示是

OptiX OSN 3500 的外观。

图 18-10　OptiX OSN 3500 外观

OptiX OSN 3500 主要应用于城域传输网中的汇聚层和骨干层。借助于内置强大的交叉矩阵，设备具有 MADM 的灵活组网和业务调度能力；内置以太网二层交换技术实现专线互连，实现 IP 业务的高质量传送和带宽高效利用。还可与 OptiX OSN 9500、OptiX 10G、OptiX OSN 2500、OptiX Metro 1000/500 混合组网，优化运营商投资、降低建网成本。图 18-11 所示是 OptiX OSN 3500 在传输网络中的位置。

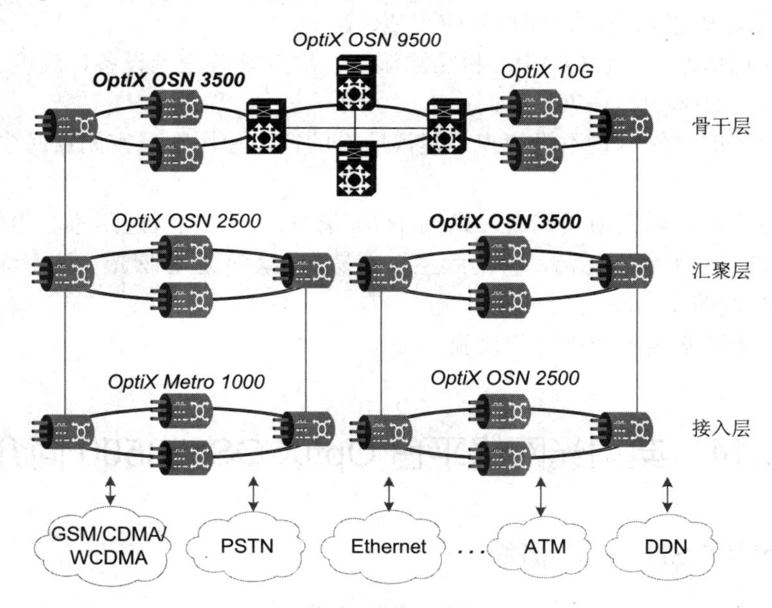

图 18-11　OptiX OSN 3500 在网络中的位置

18.14.2 OptiX OSN 3500 的特点

1. 可灵活配置为 STM-16 系统或 STM-64 系统

OptiX OSN 3500 可以灵活配置为 STM-16 系统或 STM-64 系统，分别用于汇聚层或骨干层。STM-16 系统可以平滑升级到 STM-64 系统，图 18-12 和图 18-13 所示分别为 OptiX OSN 3500 在 STM-16 系统和 STM-64 系统时的接入容量。

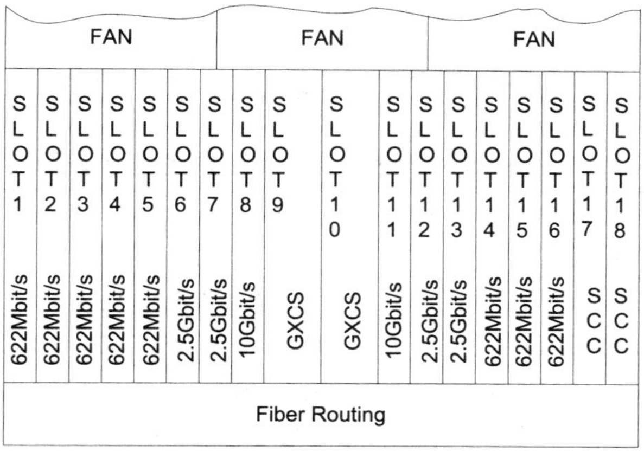

FAN							FAN						FAN				
SLOT1	SLOT2	SLOT3	SLOT4	SLOT5	SLOT6	SLOT7	SLOT8	SLOT9	SLOT10	SLOT11	SLOT12	SLOT13	SLOT14	SLOT15	SLOT16	SLOT17	SLOT18
622Mbit/s	622Mbit/s	622Mbit/s	622Mbit/s	622Mbit/s	2.5Gbit/s	2.5Gbit/s	10Gbit/s	GXCS	GXCS	10Gbit/s	2.5Gbit/s	2.5Gbit/s	622Mbit/s	622Mbit/s	622Mbit/s	SCC	SCC
Fiber Routing																	

图 18-12　配置为 STM-16 系统时的接入容量

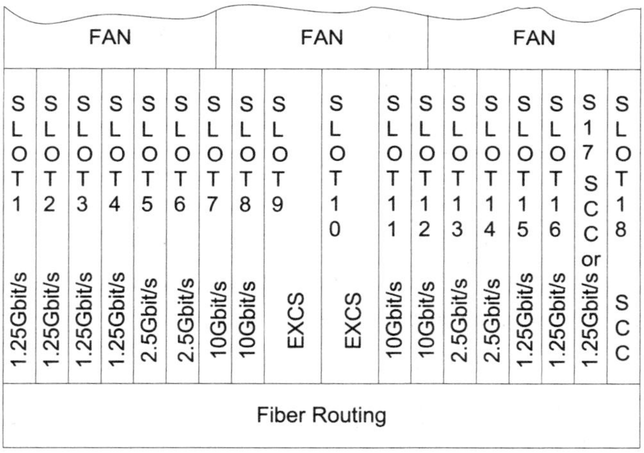

FAN							FAN						FAN				
SLOT1	SLOT2	SLOT3	SLOT4	SLOT5	SLOT6	SLOT7	SLOT8	SLOT9	SLOT10	SLOT11	SLOT12	SLOT13	SLOT14	SLOT15	SLOT16	S17 SCC or	SLOT18
1.25Gbit/s	1.25Gbit/s	1.25Gbit/s	1.25Gbit/s	2.5Gbit/s	2.5Gbit/s	10Gbit/s	10Gbit/s	EXCS	EXCS	10Gbit/s	10Gbit/s	2.5Gbit/s	2.5Gbit/s	1.25Gbit/s	1.25Gbit/s	1.25Gbit/s	SCC
Fiber Routing																	

图 18-13　配置为 STM-64 系统时的接入容量

2. 高集成度

OptiX OSN 3500 子架尺寸为 730mm(高) × 496mm(宽) × 295mm(深)，单子架含 15 个处理板槽位，16 个接口板槽位。一个 2.2 m ETSI 300 mm 机柜可以安装 2 个 OptiX OSN 3500 子架。

3. 以太网业务

OptiX OSN 3500 实现了语音业务和数据业务在同一平台上的传输和汇聚。

- 支持 10 Mb/s/100 Mb/s/1000 Mb/s 以太网业务的接入和处理；
- 支持 HDLC、LAPS 或 GFP 协议封装；
- 支持以太网业务的透明传输、汇聚和二层交换；
- 支持 LCAS，可以充分提高传输带宽效率；
- 支持 L2 VPN 业务，可以实现 EPL(Ethernet Private Line，以太网专线)、EVPL(Ethernet

Virtual Private Line，以太网虚拟专线)、EPLn/EPLAN(Ethernet Private LAN，以太网私有局域网)和 EVPLn/EVPLAN(Ethernet Virtual Private LAN，以太网虚拟私有局域网)业务。

4. 接口

OptiX OSN 3500 提供了丰富的 SDH 业务接口、PDH 业务接口、以太网业务接口、时钟接口、告警接口和管理接口，如表 18-11 所示。

表 18-11　OptiX OSN 3500 提供的业务和辅助接口

SDH 接口	STM-1 电接口 STM-1 光接口： I-1、S-1.1、L-1.1、L-1.2、Ve-1.2 STM-4 光接口：I-4、S-4.1、L-4.1、L-4.2、Ve-4.2 STM-16 光接口：I-16、S-16.1、L-16.1、L-16.2、L-16.2Je、V-16.2Je、U-16.2Je、彩色光口(支持定波长输出，可与波分设备对接) STM-64 光接口：I-64.2、S-64.2b、L-64.2b、Le-64.2、Ls-64.2、V64.2b、彩色光口(支持定波长输出，可与波分设备对接)
PDH 接口	E1，T1，E3，DS3，E4 业务电接口
以太网接口	10Base-T, 100Base-TX, 1000Base-SX, 1000Base-LX
时钟接口	2048 kb/s、2048 kHz
告警接口	16 路输入 4 路输出的开关量告警接口； 级联机柜告警灯输入接口； 4 路机柜告警灯输出接口
管理接口	1 路支持 Modem 接入的 RS232DCE 远程维护接口 OAM； 4 路透明传输串行数据的辅助数据口 Series 1～4； 1 路 64kb/s 的同向数据通道 F1 接口； 以太网网管接口； 1 路管理串口 F&f
公务接口	1 个公务电话接口； 2 个出子网话音接口

5. 交叉能力

OptiX OSN 3500 有两种版本的交叉板可选，即普通交叉时钟板 GXCS 和增强型交叉时钟板 EXCS，交叉能力如表 18-12 所示。

表 18-12　OptiX OSN 3500 的交叉能力

交叉时钟板	高阶交叉能力	低阶交叉能力	扩展子架容量
GXCSA	35 Gb/s	5 Gb/s	0 Gb/s
EXCSA	60 Gb/s	5 Gb/s，可扩展到 20G b/s	0 Gb/s
EXCSB	58.75 Gb/s	5 Gb/s，可扩展到 20 Gb/s	1.25 Gb/s

6. 业务接入能力

OptiX OSN 3500 通过配置不同类型、不同数量的单板实现不同容量的业务接入，它的各种业务的最大接入能力如表 18-13 所示。

表 18-13　OptiX OSN 3500 的业务接入能力

业务类型	单子架最大接入能力
STM-64 标准或级联业务	4 路
STM-16 标准或级联业务	8 路
STM-4 标准或级联业务	46 路
STM-1 标准业务	92 路
STM-1(电)业务	78 路
E4 业务	32 路
E3/DS3 业务	48 路
E1/T1 业务	504 路
快速以太网(FE)业务	92 路
千兆以太网(GE)业务	30 路

7. 设备级保护

OptiX OSN 3500 提供如表 18-14 所示的设备级保护。

表 18-14　OptiX OSN 3500 提供的设备级保护

保护对象	保护方式
E1/T1 业务处理板	1:N(N≤8)TPS 保护
E3/DS3 业务处理板	1:N(N≤3)TPS 保护
E4/STM-1 业务处理板	1:N(N≤3)TPS 保护
交叉连接与时钟板	1+1 热备份
系统控制与通信板	1+1 热备份
-48V 电源接口板	1+1 热备份
单板 3.3V 电源	1:N 集中热备份
* OptiX OSN 3500 支持三个不同类型的 TPS 保护组共存。	

8. 组网和保护

OptiX OSN 3500 是 MADM 系统，可提供多达 50 路 ECC 的处理能力，完全满足复杂组网的要求,支持 STM-1/STM-4/STM-16/STM-64 级别的线形网、环形网、枢组形网络、环带链、相切环和相交环等复杂网络拓扑。同时，OptiX OSN 3500 支持四纤/二纤复用段环保护、线性复用段保护、共享光路虚拟路径保护和子网连接保护等网络级保护，其中复用段环的最大支持能力如表 18-15 所示。

表 18-15　OptiX OSN 3500 复用段环的最大支持能力

保护方式	最大支持能力
STM-64 四纤环形复用段保护	最大支持 1 个
STM-64 二纤环形复用段保护	最大支持 2 个
STM-16 四纤环形复用段保护	最大支持 2 个
STM-16 二纤环形复用段保护	最大支持 4 个

项目 18 考核

分组，每组选定湖南省某高速公路段，分析其通信系统，说明功能，绘出拓扑，列出设备清单。

参 考 文 献

[1]　曾瑶辉. 实用网络技术. 北京：电子工业出版社，2001.
[2]　谢希仁. 计算机网络. 5 版. 北京：电子工业出版社，2007.
[3]　Wendell Odom Tom Knott，北京邮电大学 思科网络技术译，思科网络技术学院教程 CCNA1，人民邮电出版社，2008.